Christoph Schnabel

Synthese von Jatrophan-Diterpenen

Christoph Schnabel

Synthese von Jatrophan-Diterpenen

Erste Totalsynthese eines Jatrophans aus einer Euphorbia-Art

Südwestdeutscher Verlag für Hochschulschriften

Impressum/Imprint (nur für Deutschland/only for Germany)
Bibliografische Information der Deutschen Nationalbibliothek: Die Deutsche Nationalbibliothek verzeichnet diese Publikation in der Deutschen Nationalbibliografie; detaillierte bibliografische Daten sind im Internet über http://dnb.d-nb.de abrufbar.
Alle in diesem Buch genannten Marken und Produktnamen unterliegen warenzeichen-, marken- oder patentrechtlichem Schutz bzw. sind Warenzeichen oder eingetragene Warenzeichen der jeweiligen Inhaber. Die Wiedergabe von Marken, Produktnamen, Gebrauchsnamen, Handelsnamen, Warenbezeichnungen u.s.w. in diesem Werk berechtigt auch ohne besondere Kennzeichnung nicht zu der Annahme, dass solche Namen im Sinne der Warenzeichen- und Markenschutzgesetzgebung als frei zu betrachten wären und daher von jedermann benutzt werden dürften.

Coverbild: www.ingimage.com

Verlag: Südwestdeutscher Verlag für Hochschulschriften GmbH & Co. KG
Dudweiler Landstr. 99, 66123 Saarbrücken, Deutschland
Telefon +49 681 37 20 271-1, Telefax +49 681 37 20 271-0
Email: info@svh-verlag.de

Zugl.: Dortmund, Tu, Diss., 2011

Herstellung in Deutschland:
Schaltungsdienst Lange o.H.G., Berlin
Books on Demand GmbH, Norderstedt
Reha GmbH, Saarbrücken
Amazon Distribution GmbH, Leipzig
ISBN: 978-3-8381-2828-3

Imprint (only for USA, GB)
Bibliographic information published by the Deutsche Nationalbibliothek: The Deutsche Nationalbibliothek lists this publication in the Deutsche Nationalbibliografie; detailed bibliographic data are available in the Internet at http://dnb.d-nb.de.
Any brand names and product names mentioned in this book are subject to trademark, brand or patent protection and are trademarks or registered trademarks of their respective holders. The use of brand names, product names, common names, trade names, product descriptions etc. even without a particular marking in this works is in no way to be construed to mean that such names may be regarded as unrestricted in respect of trademark and brand protection legislation and could thus be used by anyone.

Cover image: www.ingimage.com

Publisher: Südwestdeutscher Verlag für Hochschulschriften GmbH & Co. KG
Dudweiler Landstr. 99, 66123 Saarbrücken, Germany
Phone +49 681 37 20 271-1, Fax +49 681 37 20 271-0
Email: info@svh-verlag.de

Printed in the U.S.A.
Printed in the U.K. by (see last page)
ISBN: 978-3-8381-2828-3

Copyright © 2011 by the author and Südwestdeutscher Verlag für Hochschulschriften GmbH & Co. KG and licensors
All rights reserved. Saarbrücken 2011

„*Luck, it is true, is necessary,*

but the greater the number of experiments carried out,

the greater is the probability of being lucky."

Sir Hans Adolf Krebs (1900–1981)
Nobelpreisträger (1953)

für Chantal

Kurzfassung

Dieses Buch präsentiert die erstmalige Totalsynthese von zwei Jatrophan-Diterpenen aus einer *Euphorbia*-Art. Die von Seip und Hecker im Jahr 1984 aus *Euphorbia characias* isolierten Jatrophane **C** und **D** konnten in 27 bzw. 26 Stufen synthetisiert werden. Aufbauend auf einer von Helmboldt entwickelten Syntheseroute für das Cyclopentan **A** konnte 3-*epi*-Characiol (**B**) in 23 Stufen hergestellt werden (s. Abb. A). Wichtige Schlüsselschritte waren hierbei eine *B*-Alkyl-Suzuki–Miyaura-Kupplung zum Aufbau der C6/C7-Bindung sowie eine Ringschluss-Metathese an C12/C13 zum Schließen des Zwölfrings.

Abb. A: Synthese der beiden Jatrophane **C** und **D** aus *E. characias*.

Im zweiten Projekt dieser Arbeit konnte ein wichtiges Intermediat **E** für die geplante Totalsynthese des Jatrophan-Diterpens Euphoheliosnoid D (**F**) aus *Euphorbia helioscopia* in 24 Stufen hergestellt werden. Zentrale Schritte waren eine Wittig-Olefinierung zur Generierung der C5/C6-Doppelbindung sowie eine Aldol-Addition zum Aufbau der C7/C8-Bindung (s. Abb. B).

Abb. B: Fortschritte für die geplante Totalsynthese von Euphoheliosnoid D (**F**).

*Bild wurde auf dem eigenen Balkon aufgenommen.

Abstract

This book presents the first total synthesis of two jatrophane diterpenes from an *Euphorbia* species. Isolated in 1984 by Seip and Hecker, the two jatrophanes **C** and **D** were synthesized in 26 and 27 steps, respectively. Starting with the cyclopentane **A**, which was synthesized according to Helmboldt, 3-*epi*-Characiol (**B**) could be obtained in 23 steps (see Fig. A). A B-alkyl Suzuki–Miyaura cross-coupling for the formation of the C6/C7 bond as well as ring-closing metathesis for the closure of the twelve-membered ring at C12/C13 were utilized as key reactions.

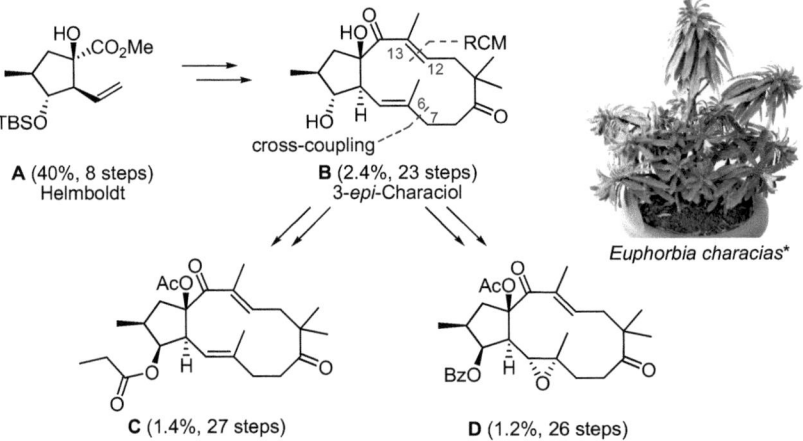

Fig. A: Synthesis of the two jatrophanes **C** and **D** from *E. characias*.

The second part of this thesis describes the synthesis of an important intermediate **E** in 24 steps which could be used for the total synthesis of the jatrophane diterpene Euphoheliosnoid D (**F**) from *Euphorbia helioscopia*. Crucial steps were a Wittig olefination for the generation of the C5/C6 double bond and an aldol addition for the formation of the C7/C8 bond (see Fig. B).

Fig. B: Advances in the total synthesis of Euphoheliosnoid D (**F**).

*Picture was recorded on the own balcony.

Inhaltsverzeichnis

	Seite
1. Einleitung	**1**
1.1 Krebs: Todesursache Nummer 2	3
1.2 MDR: Multidrug Resistance	5
1.3 Naturstoffe als MDR-Modulatoren	12
1.4 Jatrophan-Diterpene	14
1.5 Pflanzen der Gattung *Euphorbia* (Wolfsmilch) und *Jatropha*	17
2. Stand der Forschung	**23**
2.1.1 Jatrophon (**30**): Isolierung und Charakterisierung	25
2.1.2 Synthese von (±)-16-Normethyljatrophon (**58**)	25
2.1.3 Synthese von (±)-Jatrophon (**30**) und (±)-2-*epi*-Jatrophon	28
2.1.4 Totalsynthese von (+)-Jatrophon (**30**)	29
2.2.1 Die Hydroxyjatrophone A (**98**), B (**99**) und C (**100**)	31
2.2.2 Totalsynthese von Hydroxyjatrophon A (**98**) und B (**99**)	31
2.3 Synthese des Cyclopentanfragments **107** nach Yamamura *et al.*	32
2.4.1 Synthese des Cyclopentanfragments **117** nach Hiersemann *et al.*	33
2.4.2 Totalsynthese von (−)-15-*O*-Acetyl-3-*O*-propionyl-17-norcharaciol (**127**)	35
2.5 Synthese des Cyclopentanfragments **140** nach Mulzer *et al.*	37
2.6 Synthese des Cyclopentanfragments **151** nach Uemura *et al.*	38
2.7 Synthese der Cyclopentanfragmente (2*R*)- und (2*S*)-**162** nach Lentsch und Rinner	39
2.8 Vergleich der fünf Cyclopentansynthesen	41
3. Ziele der Arbeit	**43**
3.1 Das Jatrophan 15-*O*-Acetyl-3-*O*-propionylcharaciol (**116**)	45
3.2 Die Jatrophan-Epoxide **174** und **175**	46
3.3 Syntheseplanung	50
4. Eigene Ergebnisse	**53**
4.1.1 Synthese des Cyclopentans **117**	55
4.1.2 Synthese der Allene **237** und **238**	62
4.2.1 Synthese von 3-*epi*-Characiol (**274**)	68
4.2.2 Synthese von (−)-15-*O*-Acetyl-3-*O*-propionylcharaciol (**116**)	80
4.2.3 Synthese von (−)-15-*O*-Acetyl-3-*O*-benzoylcharaciol-(5*R*,6*R*)-oxid (**174**)	85

4.3.1 Euphoheliosnoid D (**291**): Isolierung, Charakterisierung und Retrosynthese 90

4.3.2 Versuche zum Aufbau der C5/C6-Bindung durch eine HWE-Reaktion 93

4.3.3 Aufbau der C5/C6-Bindung durch eine Wittig-Reaktion 98

4.3.4 Aufbau der C7/C8-Bindung: Aldol-Route 1 108

4.3.5 Aufbau der C7/C8-Bindung: Aldol-Route 2 121

5. Jatrophan-Diterpene als MDR-Modulatoren **127**

5.1 Bisherige Erkenntnisse aus der Literatur 129

5.2 Ergebnisse der synthetisierten Jatrophan-Diterpene 133

6. Zusammenfassung & Ausblick **139**

6.1 Totalsynthese der beiden Jatrophan-Diterpene **116** und **174** aus *E. characias* 141

6.2 Ergebnisse zur Synthese von Euphoheliosnoid D (**291**) aus *E. helioscopia* 145

6.3 Die MDR-modulierenden Eigenschaften der synthetisierten Jatrophane 150

6.4 Ausblick 151

7. Experimenteller Teil **157**

7.1 Allgemeine Angaben 159

7.2 Tabelle aller synthetisierten Verbindungen 165

7.3 Versuchsvorschriften 167

8. Abkürzungsverzeichnis **275**

1 Einleitung

1.1 Krebs: Todesursache Nummer 2

Krebs ist in Deutschland nach Herz-Kreislauf-Krankheiten die zweithäufigste Todesursache. Im Jahr 2009 starben in Deutschland 854544 Menschen, davon erlagen 216128 Personen Krebskrankheiten, das bedeutet, dass in Deutschland durchschnittlich alle zweieinhalb Minuten eine Person an den Folgen von Krebs stirbt. In Abb. 1 sind graphisch die Anteile der einzelnen Todesursachen dargestellt.[1]

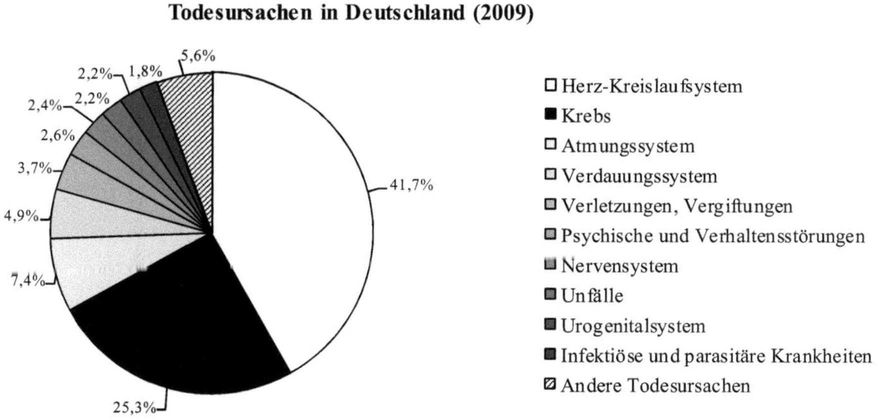

Todesursachen in Deutschland (2009)

- Herz-Kreislaufsystem — 41,7%
- Krebs — 25,3%
- Atmungssystem — 7,4%
- Verdauungssystem — 4,9%
- Verletzungen, Vergiftungen — 3,7%
- Psychische und Verhaltensstörungen — 2,6%
- Nervensystem — 2,4%
- Unfälle — 2,2%
- Urogenitalsystem — 2,2%
- Infektiöse und parasitäre Krankheiten — 1,8%
- Andere Todesursachen — 5,6%

Abb. 1: Krebs ist für ca. ein Viertel aller Todesursachen verantwortlich.[1]

Bei einer Krebserkrankung mutieren gesunde Zellen.[2] Diese Beobachtung wurde schon Mitte des 19. Jahrhunderts vom deutschen Arzt Rudolf Virchow entdeckt und beschrieben („*Looking at cancerous growths through his microscope, Virchow discovered an uncontrolled growth of cells.... As Virchow examined the architecture of cancers, the growth often seemed to have acquired a life of its own, as if the cells had become possessed by a new and mysterious drive to grow.*").[3] Die eigentlichen krebsbildenden Zellen werden aber durch Mutation von normalen Stammzellen erzeugt, wie schon bei verschiedenen Tumorarten gezeigt werden konnte.[4] Diese Krebsstammzellen, die keine Stammzellregulation aufweisen

---

[1] Quelle: Statistisches Bundesamt. Genauere Informationen und Daten können auf den zugehörigen Internetseiten http://www.destatis.de bzw. https://www-genesis.destatis.de erhalten werden (21.10.2010).
[2] Greenman, C.; Stephens, P.; Smith, R.; Dalgliesh, G. L.; Hunter, C.; Bignell, G.; Davies, H.; Teague, J.; Butler, A.; Stevens, C.; Edkins, S.; O'Meara, S.; Vastrik, I.; Schmidt, E. E.; Avis, T.; Barthorpe, S.; Bhamra, G.; Buck, G.; Choudhury, B.; Clements, J.; Cole, J.; Dicks, E.; Forbes, S.; Gray, K.; Halliday, K.; Harrison, R.; Hills, K.; Hinton, J.; Jenkinson, A.; Jones, D.; Menzies, A.; Mironenko, T.; Perry, J.; Raine, K.; Richardson, D.; Shepherd, R.; Small, A.; Tofts, C.; Varian, J.; Webb, T.; West, S.; Widaa, S.; Yates, A.; Cahill, D. P.; Louis, D. N.; Goldstraw, P.; Nicholson, A. G.; Brasseur, F.; Looijenga, L.; Weber, B. L.; Chiew, Y.-E.; de Fazio, A.; Greaves, M. F.; Green, A. R.; Campbell, P.; Birney, E.; Easton, D. F.; Chenevix-Trench, G.; Tan, M.-H.; Khoo, S. K.; Teh, B. T.; Yuen, S. T.; Leung, S. Y.; Wooster, R.; Futreal, P. A.; Stratton, M. R. *Nature* **2007**, *446*, 153–158.
[3] Mukherjee, S. *The emperor of all maladies – A biography of cancer* **2010**, Scribner New York, S. 15.
[4] Schatton, T.; Murphy, G. F.; Frank, N. Y.; Yamaura, K.; Waaga-Gasser, A. M.; Gasser, M.; Zhan, Q.; Jordan, S.; Duncan, L. M.; Weishaupt, C.; Fuhlbrigge, R. C.; Kupper, T. S.; Sayegh, M. H.; Frank, M. H. *Nature* **2008**, *451*, 345–349.

und somit nahezu „unsterblich" sind, werden nach neuesten Erkenntnissen als eigentliche Quelle aller Tumorzellen erachtet und sollten das zu bekämpfende Ziel bei einer Therapie sein.[5]

Mutationen können durch fehlerhafte DNA-Reparaturprozesse, durch angeborene genetische Defekte, durch Chemikalien oder andere Umwelteinflüsse (z.B. UV-Licht, γ-Strahlung) ausgelöst werden.[6] Die mutierten Zellen teilen sich aufgrund fehlender Kontroll- und Reparaturmechanismen mit einer höheren Geschwindigkeit als gesunde Zellen weiter, sie zeichnen sich durch eine höhere Lebenszeit sowie einer Resistenz gegenüber wachstumshemmenden Signalen aus. Die Umgehung des programmierten Zelltodes sowie die Neubildung von abnormen Blutgefäßen[7] und die Möglichkeit zur Invasion in fremdes Gewebe (Metastasenbildung) sind weitere charakteristische Eigenschaften von Tumorzellen.[8] Außerdem können weitere, noch gefährlichere Mutationen erfolgen. Dadurch breitet sich der Tumor immer weiter aus und kann gesundes Gewebe verdrängen.

Krebszellen können praktisch überall im Körper entstehen.[9] Häufig sind Krebserkrankungen in der Lunge und den Bronchien, den Genital- und Harnorganen, der Leber, im Darm, der Brustdrüse, der Prostata sowie in der Bauchspeicheldrüse anzutreffen.[1]

Trotz einer langsam zurückgehenden Anzahl der Todesfälle seit 1980, steigt der Anteil der Personen, die einem Krebsleiden erliegen sind. In der folgenden Abb. 2 ist der stetige Anstieg gut zu erkennen.[1]

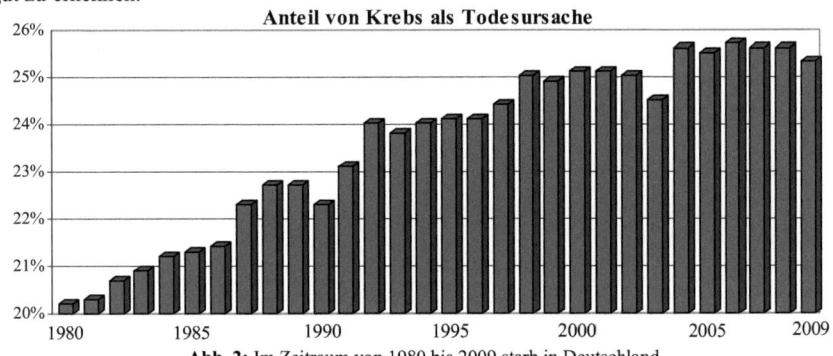

Abb. 2: Im Zeitraum von 1980 bis 2009 starb in Deutschland ein immer höherer Anteil von Menschen an Krebs.[1]

Zurzeit gibt es keine hundertprozentige effektive Behandlungsmethode zur Heilung von Krebserkrankungen.[10] Ein großes Problem bei der Behandlung ist, dass es in den Krebszellen

---

[5] Clarke, M. F.; Becker, M. W. *Neue Strategien gegen Krebs* **2009**, Spektrum der Wissenschaft, S. 16−23.
[6] Collins, F. S.; Barker, A. D. *Neue Strategien gegen Krebs* **2009**, Spektrum der Wissenschaft, S. 6−14.
[7] a) Jain, K. J. *Science* **2005**, *307*, 58−62. b) Jain, K. J. *Neue Strategien gegen Krebs* **2009**, Spektrum der Wissenschaft, S. 32−40.
[8] Hanahan, D.; Weinberg, R. A. *Cell* **2000**, *100*, 57−70.
[9] Varmus, H. *Science* **2006**, *312*, 1162−1165.
[10] Gottesman, M. M. *Annu. Rev. Med.* **2002**, *53*, 615−627.

viele energieabhängige Transport-Proteine gibt, die Wirkstoffe erkennen und aus den Zellen entfernen können. Sehr häufig sollen diese Wirkstoffe einen Tod der Krebszellen induzieren (Apoptose) und somit das Krebsgeschwür bekämpfen. Krebszellen reagieren unterschiedlich auf diese Wirkstoffe und weisen eine hohe genetische Heterogenität auf.[10] Dadurch können sie leichter mutieren. Selbst wenn keine intrinsische Resistenz bei potenten Wirkstoffen vorliegt, werden die resistenten Varianten der Tumorzellen übermäßig wachsen. Durch diesen Verteidigungsmechanismus weisen Krebszellen eine hohe Wirkstoff-Resistenz auf. Dieses Phänomen wird als Multidrug Resistance (MDR) bezeichnet.

1.2 MDR: Multidrug Resistance

Die Multidrug Resistance wird vor allem bei der Therapie von Tumoren beobachtet und beschreibt eine Resistenz gegenüber Arzneistoffen.[10] Diese Resistenz kann auch bei Infektionen mit Bakterien, Pilzen, Viren oder Parasiten vorkommen. Hierbei findet eine Überexpression von ABC(ATP-Binding-Cassette)-Proteinen statt. Diese Membranproteine transportieren aktiv unter Verwendung von ATP als Energiequelle auch chemisch nicht verwandte Wirkstoffe aus den Zellen. Dies hat eine geringere intrazelluläre Konzentration des Medikaments und somit einen Wirkungsverlust zur Folge. Vor allem Tumorzellen und Bakterien haben viele dieser Transportproteine, die eine Akkumulation des Wirkstoffes in den Zellen verhindern sollen und somit Teil ihrer Überlebensstrategie sind.

Auch in gesunden Zellen sind Transportproteine vorhanden. Im menschlichen Körper sind zurzeit mindestens 49 verschiedene dieser Membranproteine identifiziert.[11] Ihre Aufgabe ist der Transport von Nährstoffen sowie anderen Molekülen gegen ein Konzentrationsgefälle unter Verwendung von ATP. Eine wichtige Aufgabe hierbei ist die Abwehr von Fremdstoffen, die schädlich für den Organismus sein können. Transportproteine kommen überall im Körper vor, sind aber vor allem in der Blut-Hirn- und Blut-Hoden-Schranke sowie in der Plazenta-Schranke anzutreffen, um diese Organe bzw. das ungeborene Kind vor schädlichen Substanzen zu schützen. Bei diesem Verteidigungsmechanismus erkennen die Transportproteine Fremdstoffe und entfernen sie aus dem Zellinneren.[12]

In Tumorzellen sind deutlich mehr dieser Transportproteine vorhanden als in gesunden Zellen. Durch diese Strategie versuchen die Krebszellen, Fremdstoffe, also die Wirk- bzw. Arzneistoffe, zu entfernen, um somit ihr Überleben zu sichern.

Momentan werden diese Transportproteine in sieben Gruppen eingeteilt. Die drei wichtigsten Gruppen werden als ABCB, ABCC und ABCG bezeichnet. Zu den ABCB-Transportproteinen, die auch als MDR-(Multidrug Resistance)-Proteine bezeichnet werden, gehört das P-Glycoprotein (P-gp, ABCB1, MDR1). Es wurde erstmals 1976 von Juliano und Ling in

---

[11] a) Dean, M.; Rzhetsky, A.; Allikmets, R. *Genome Res.* **2001**, *11*, 1156–1166. b) Pérez-Tomás, R. *Curr. Med. Chem.* **2006**, *13*, 1859–1876.

[12] Szakács, G.; Paterson, J. K.; Ludwig, J. A.; Booth-Genthe, C.; Gottesman, M. M. *Nat. Rev. Drug Discovery* **2006**, *5*, 219–234.

Eierstöcken des chinesischen Hamsters nachgewiesen.[13] Dieses Protein mit einem Molekulargewicht von 170 kDa verfügt über zwölf transmembrane Domänen (H1–H12 links in Abb. 3 bzw. TM1–TM12 rechts in Abb. 3) sowie zwei ATP-Bindungsstellen (grün und violett links in Abb. 3 bzw. NBD1 und NBD2 rechts in Abb. 3).[14]

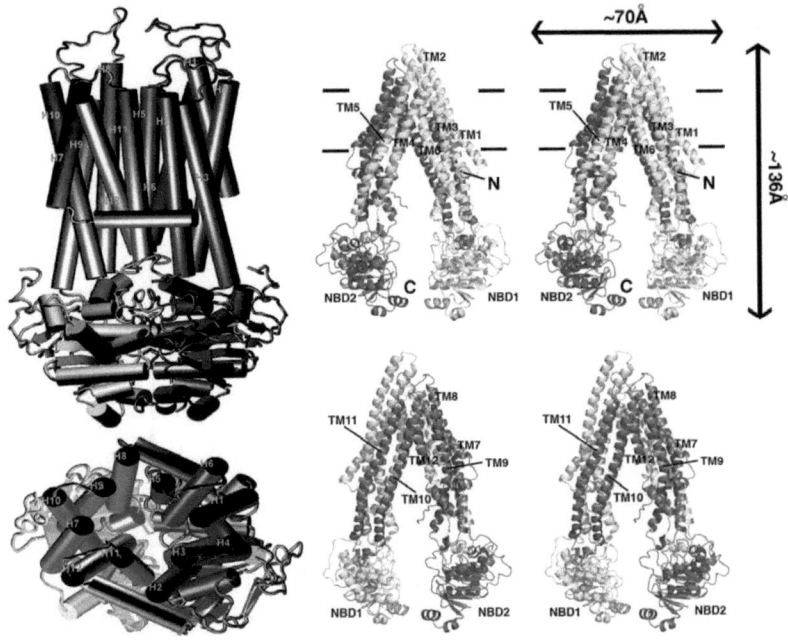

Abb. 3: Topologiemodell[15] (links) und Kristallstruktur[16] (rechts) des P-Glycoproteins.

Das P-Glycoprotein kommt in geringeren Konzentrationen in den meisten Geweben vor, ist aber vor allem im Darm, in den Nieren, in der Galle sowie in den Zellen der Blut-Hirn-, der Blut-Hoden-, der Blut-Brustgewebe- und der Blut-Innenohr-Schranke zu finden.[14]

Beim Transport eines Moleküls (Wirkstoff, Xenobiotikum) aus einer Zelle durch P-Glycoprotein bindet dieses Molekül an eine der beiden ATP-Bindungsdomänen und aktiviert diese. Die daraus resultierende Hydrolyse von ATP hat eine Veränderung der Form und somit das Ausscheiden des Moleküls aus der Zelle zur Folge. Eine weitere ATP-Hydrolyse ist notwendig, um den Grundzustand des Proteins wieder herzustellen. Durch das P-Glycoprotein werden vor allem hydrophobe und kationische Substanzen aus den Zellen transportiert.[14]

---

[13] Juliano, R. L.; Ling, V. *Biochim. Biophys. Acta, Biomembr.* **1976**, *455*, 152–166.
[14] Sharom, F. J. in *Drug Transporters: Molecular Characterization and Role in Drug Disposition* You, G.; Morris, M. E. (Ed.), **2007**, Wiley-VCH Hoboken, *1. edition*, S. 223–262.
[15] Stenham, D. R.; Campbell, J. D.; Sansom, M. S. P.; Higgins, C. F.; Kerr, I. A.; Linton, K. J. *FASEB* **2003**, *17*, 2287–2289.
[16] Aller, S. G.; Yu, J.; Ward, A.; Weng, Y.; Chittaboina, S.; Zhuo, R.; Harrell, P. M.; Trinh, Y. T.; Zhang, Q.; Urbatsch, I. L.; Chang, G. *Science* **2009**, *323*, 1718–1722.

Eine weitere wichtige Gruppe der ABC-Transporterproteine sind die ABCC-Proteine, die auch als MRP (Multidrug Resistance associated Proteins) bezeichnet werden. Bisher sind 13 dieser Proteine (ABCC1–ABCC13 bzw. MRP1–MRP13) identifiziert worden.[17] Auch diese Transportproteine sind überall im Körper zu finden, vor allem aber in der Leber, in den Nieren, in der Bauchspeicheldrüse und im Darm. Im Gegensatz zu den ABCB-Proteinen transportieren sie hauptsächlich organische Anionen. Es werden teilweise aber auch neutrale organische und anorganische Substanzen (wie z.B. cis-Platin) transportiert.[18]

Die dritte große Gruppe umfasst die ABCG-Proteine, mit ihrem bekanntesten Vertreter ABCG2, das auch als BCRP (Breast Cancer Resistance Protein) oder MXR (Mitoxantrone Resistance Protein) bezeichnet wird. Die Bezeichnung BCRP ist irreführend, da dieses Protein sowohl im Brustgewebe als auch unter anderem in der Leber und in den Zellen der Blut-Hirn- und Plazenta-Schranke vorkommt.[19] Durch das BCRP werden vor allem große hydrophobe Moleküle transportiert, die positiv oder negative geladen sein können.

Das nicht zur ABC-Transporter Familie gehörende LRP (Lung Resistance Protein) ist ein weiteres Protein, das für das Phänomen Multidrug Resistance verantwortlich gemacht wird.[20] Mit dem Verstehen des Phänomens der Multidrug Resistance wurde nun nach Substanzen gesucht, die diesen Effekt aufheben bzw. mindern können. Diese Substanzen werden als MDR-Modulatoren bzw. MDR-Inhibitoren bezeichnet. Im Laufe der Entwicklung wurden die MDR-Modulatoren in drei Generationen eingeteilt.

Die Wirkstoffe der ersten Generation wurden nicht gezielt als MDR-Inhibitoren entwickelt, sondern sie erwiesen sich als solche bei ihrer eigentlichen klinischen Anwendung. Typische Beispiele sind der Calciumionenkanalblocker Verapamil (($\pm$)-1),[21] das Antimalariamittel Chinin (2)[22] und das Immunsuppressivum Cyclosporin A (3)[23] (s. Abb. 4).

---

[17] Stein, U.; Walther, W. *Am. J. Cancer* **2006**, *5*, 285–297.
[18] Borst, P.; Evers, R.; Kool, M.; Wijnholds, J. *J. Natl. Cancer Inst.* **2000**, *92*, 1295–1301.
[19] a) Doyle, L. A.; Yang, W.; Abruzzo, L. V.; Krogmann, T.; Gao, Y.; Rishi, A. K.; Ross, D. D. *Proc. Natl. Acad. Sci. USA* **1998**, *95*, 15665–15670. b) Sarkadi, B.; Özvegy-Laczkaa, C.; Németa, K.; Váradi, A. *FEBS Lett.* **2004**, *567*, 116–120.
[20] a) Dalton, W. S.; Scheper, R. J. *J. Natl. Cancer Inst.* **1999**, *91*, 1604–1605. b) Kitazono, M.; Sumizawa, T.; Takebayashi, Y.; Chen, Z.-S.; Furukawa, T.; Nagayama, S.; Tani, A.; Takao, S.; Aikou, T.; Akiyama, S.-I. *J. Natl. Cancer Inst.* **1999**, *91*, 1647–1653.
[21] a) Rogan, A. M.; Hamilton, T. C.; Young, R. C.; Klecker Jr., R. W.; Ozols, R. F. *Science* **1984**, *224*, 994–996. b) Presant, C. A.; Kennedy, P. S.; Wiseman, R.; Gala, K.; Bouzaglou, A.; Wyres, M.; Naessig, V. *Am. J. Clin. Oncol.* **1986**, *9*, 355–357. c) Ozols, R. F.; Cunnion, R. E.; Klecker, R. W.; Hamilton, T. C.; Ostchega, Y.; Parillo, J. E.; Young, R. C. *J. Clin. Oncol.* **1987**, *5*, 641–647. d) Bellamy, W. T.; Dalton, W. S.; Kailey, J. M.; Gleason, M. C.; McCloskey, T. M.; Dorr, R. T.; Alberts, D. S. *Cancer Res.* **1988**, *48*, 6365–6370. e) Chatterjee, M.; Robson, C. N.; Harris, A. L. *Cancer Res.* **1990**, *50*, 2818–2822.
[22] a) Chauffert, B.; Pelletier, H.; Corda, C.; Solary, E.; Bedenne, L.; Caillot, D.; Martin, F. *Br. J. Cancer* **1990**, *62*, 395–397. b) Solary, E.; Velay, I.; Chauffert, B.; Bidan, J.-M.; Caillot, D.; Dumas, M.; Guy , H. *Cancer* **1991**, *68*, 1714–1719.
[23] a) Slater, L. M.; Sweet, P.; Stupecky, M.; Gupta, S. *J. Clin. Invest.* **1986**, *77*, 1405–1408. b) Toffoli, G.; Sorio, R.; Gigante, M.; Corona, G.; Galligioni, E.; Boiocchi, M. *Br. J. Cancer* **1997**, *75*, 715–721. c) Manetta, A.; Blessing, J. A.; Hurteau , J. A. *Gynecol. Oncol.* **1998**, *68*, 45–46. d) Lin, H.-L.; Lui, W.-Y.; Liu, T.-Y.; Chi, C.-W. *Br. J. Cancer* **2003**, *88*, 973–980. e) Qadir, M.; O'Loughlin, K. L.; Fricke, S. M.; Williamson, N. A.; Greco,

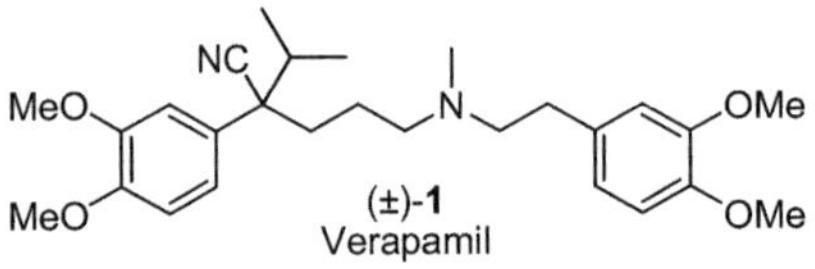

(±)-**1**
Verapamil

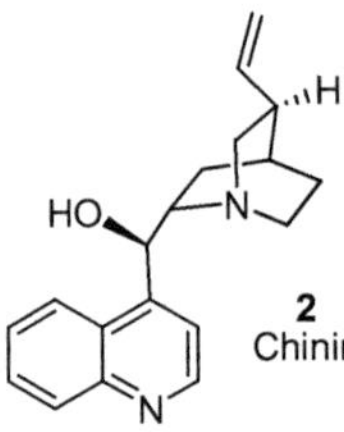

2
Chinin

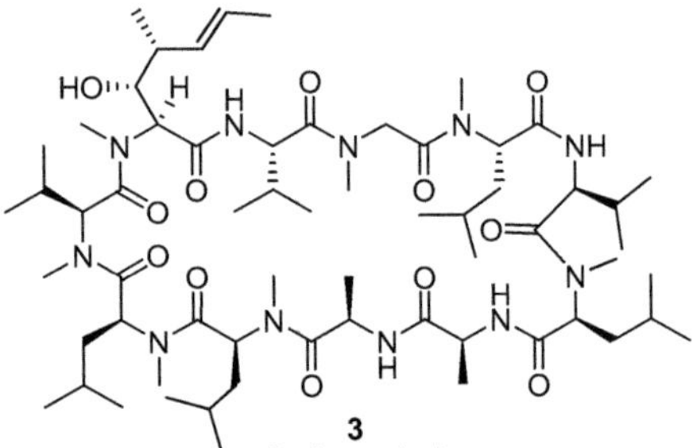

3
Cyclosporin A

Abb. 4: Typische Vertreter von MDR-Modulatoren der ersten Generation.

Diese Substanzen hatten aber nur eine niedrige Affinität zu den Transportproteinen, was wiederum höhere Dosen erforderte. Dies führte zu erhöhten Toxizitäten. Ein weiterer Nachteil war, dass die MDR-Modulatoren der ersten Generation selbst Substrate für die Transportproteine sind und somit beim Transportprozess in Konkurrenz zu den eigentlichen Wirkstoffen stehen.

Dies führte zur Entwicklung der MDR-Modulatoren der zweiten Generation, die teilweise Weiterentwicklungen von MDR-Inhibitoren der ersten Generation waren, wie z.B. Dexverapamil ((*R*)-**1**)[24] oder Valspodar (PSC833) (**5**)[25] (s. Abb. 5).

Ein weiteres Beispiel ist das erstmals 1997 als MDR-Modulator getestete Biricodar (VX710) (**4**).[26] Diese Modulatoren erwiesen sich als deutlich potenter als die der ersten Generation. So ist Valspodar (**5**) 10–20 mal so wirksam wie Cyclosporin A (**3**). Trotzdem waren diese Verbindungen immer noch zu toxisch und selbst Substrate für die Transportproteine. Ein weiteres Problem dieser Modulatoren war, dass sie teilweise den Metabolismus und die Ausscheidung des Wirkstoffes verhinderten, was wiederum zu erhöhten Toxizitäten führte.

W. R.; Minderman, H.; Baer, M. R. *Clin. Cancer Res.* **2005**, *11*, 2320–2326. f) Xia, C. Q.; Liu, N.; Miwa, G. T.; Gan, L.-S. *Drug Metab. Dispos.* **2007**, *35*, 576–582.

[24] a) Bissett, D.; Kerr, D. J.; Cassidy, J.; Meredith, P.; Traugott, U.; Kaye, S. B. *Br. J. Cancer* **1991**, *64*, 1168–1171. b) Kornek, G.; Raderer, M.; Schenk, T.; Pidlich, J.; Schulz, F.; Globits, S.; Tetzner, C.; Scheithauer, W. *Cancer* **1995**, *76*, 1356–1362.

[25] a) Boesch, D.; Gavériaux, C.; Jachez, B.; Pourtier-Manzanedo, A.; Bollinger, P.; Francis Loor, F. *Cancer Res.* **1991**, *51*, 4226–4233. b) Twentyman, P. R.; Bleehen, N. M. *Eur. J. Cancer Clin. Oncol.* **1991**, *27*, 1639–1642.

[26] a) Germann, U. A.; Shlyakhter, D.; Mason, V. S.; Zelle, R. E.; Duffy, J. P.; Galullo, V.; Armistead, D. M.; Saunders, J. O.; Boger, J.; Harding, M. W. *Anti-Cancer Drugs* **1997**, *8*, 125–140. b) Yanagisawa, T.; Newman, A.; Coley, H.; Renshaw, J.; Pinkerton, C. R.; Pritchard-Jones, K. *Br. J. Cancer* **1999**, *80*, 1190–1196. c) Minderman, H.; O'Loughlin, K. L.; Pendyala, L.; Baer, M. R. *Clin. Cancer Res.* **2004**, *10*, 1826–1834.

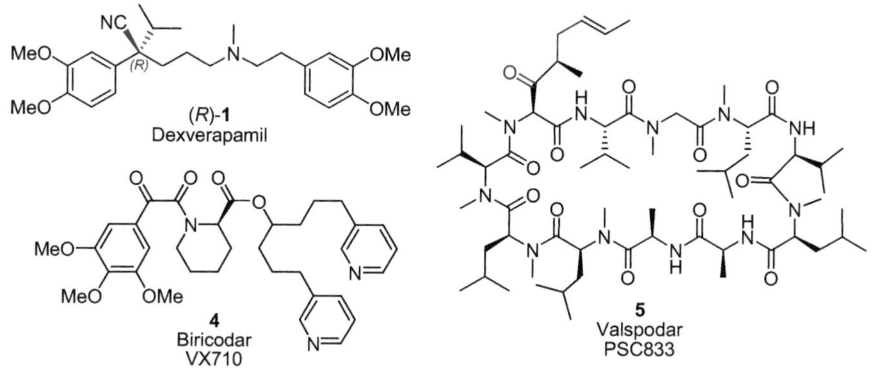

Christoph Schnabel   1 Einleitung

Abb. 5: Typische Vertreter von MDR-Inhibitoren der zweiten Generation.

Die MDR-Inhibitoren der dritten Generation waren hauptsächlich Entwicklungen beruhend auf Struktur-Aktivitäts-Beziehungen.[27] In Abb. 6 sind einige dieser MDR-Modulatoren dargestellt, die alle N- und O-haltig sind. Typisch für diese Modulatoren ist die Anwesenheit von mehreren aromatischen Ringen sowie stickstoffhaltigen Heterocyclen (Pyridin, Chinolin, Imidazol, Piperazin, etc.). Weitere charakteristische Merkmale sind sekundäre bzw. tertiäre Amide und Ether-Einheiten.[28]

Der MDR-Modulator Zosuquidar (LY335979) (**6**) zählt zu den potentesten P-Glycoprotein-Inhibitoren. Er inhibiert speziell das P-Glycoprotein und ist in nanomolaren Konzentrationen aktiv,[29] was in Phase-I- und Phase-II-Studien belegt werden konnte.[30]

Laniquidar (**7**) ist ein sehr wirksamer P-Glycoprotein-Inhibitor ohne weitere bekannte pharmakokinetische Wechselwirkungen.[31] Der P-gp- und BCRP-Inhibitor Elacridar (GF120918) (**8**) wurde schon erfolgreich in Phase-I-Untersuchungen getestet.[32] Timcodar

---

[27] Velingkar, V. S.; Dandekar, V. D. *Int. J. Pharm. Scienc. Res.* **2010**, *1*, 104–111.
[28] Wiese, M.; Pajeva, I. K. *Curr. Med. Chem.* **2001**, *8*, 865–713.
[29] a) Dantzig, A. H.; Law, K. L.; Cao, J.; Starling, J. J. *Curr. Med. Chem.* **2001**, *8*, 39–50. b) Green, L. J.; Marder, P.; Slapak, C. A. *Biochem. Pharmacol.* **2001**, *61*, 1393–1399.
[30] a) Rubin, E. H.; de Alwis, D. P.; Pouliquen, I.; Green, L.; Marder, P.; Lin, Y.; Musanti, R.; Grospe, S. L.; Smith, S. L.; Toppmeyer, D. L.; Much, J.; Kane, M.; Chaudhary, A.; Jordan, C.; Burgess, M.; Slapak, C. A. *Clin. Cancer Res.* **2002**, *8*, 3710–3717. b) Fracasso, P. M.; Goldstein, L. J.; de Alwis, D. P.; Rader, J. S.; Arquette, M. A.; Goodner, S. A.; Wright, L. P.; Fears, C. L.; Gazak, R. J.; Andre, V. A. M.; Burgess, M. F.; Slapak, C. A.; Schellens, J. H. M. *Clin. Cancer Res.* **2004**, *10*, 7220–7228. c) Sandler, A.; Gordon, M.; de Alwis, D. P.; Pouliquen, I.; Green, L.; Marder, P.; Chaudhary, A.; Fife, K.; Battiato, L.; Sweeney, C.; Jordan, C.; Burgess, M.; Slapak, C. A. *Clin. Cancer Res.* **2004**, *10*, 3265–3272.
[31] van Zuylen, L.; Sparreboom, A.; van der Gaast, A.; van der Burg, M. E. L.; van Beurden, V.; Bol, C. J.; Woestenborghs, R.; Palmer, P. A.; Verweij, J. *Clin. Cancer Res.* **2000**, *6*, 1365–1371.
[32] a) Sparreboom, A.; Planting, A. S. T.; Jewell, R. C.; van der Burg, M. E. L.; van der Gaast, A.; de Bruijn, P.; Loos, W. J.; Nooter, K.; Chandler, L. H.; Paul, E. M.; Wissel, P. S.; Verweij, J. *Anti-Cancer Drugs* **1999**, *10*, 719–728. b) Malingré, M. M.; Beijnen, J. H.; Rosing, H.; Koopman, F. J.; Jewell, R. C.; Paul, E. M.; Ten Bokkel Huinink, W. W.; Schellens, J. H. M. *Br. J. Cancer* **2001**, *84*, 42–47. c) Planting, A. S.; Sonneveld, P.; van der Gaast, A.; Sparreboom, A.; van der Burg, M. E. L.; Luyten, G. P.; de Leeuw, K.; de Boer-Dennert, M.; Wissel, P. S.; Jewell, R. C.; Paul, E. M.; Purvis Jr., N. B.; Verweij, J. *Cancer Chemother. Pharmacol.* **2005**, *55*, 91–99. d) Kuppens, I. E. L. M.; Witteveen, E. O.; Jewell, R. C.; Radema, S. A.; Paul, E. M.; Mangum, S. G.; Beijnen, J. H.; Voest, E. E.; Schellens, J. H. M. *Clin. Cancer Res.* **2007**, *13*, 3276–3285.

(VX853) (**9**) ist eine Weiterentwicklung von Biricodar (VX710) (**4**) und zeigte MDR-modulierende Aktivitäten bei der Bekämpfung von bakteriellen Krankheiten.[33]

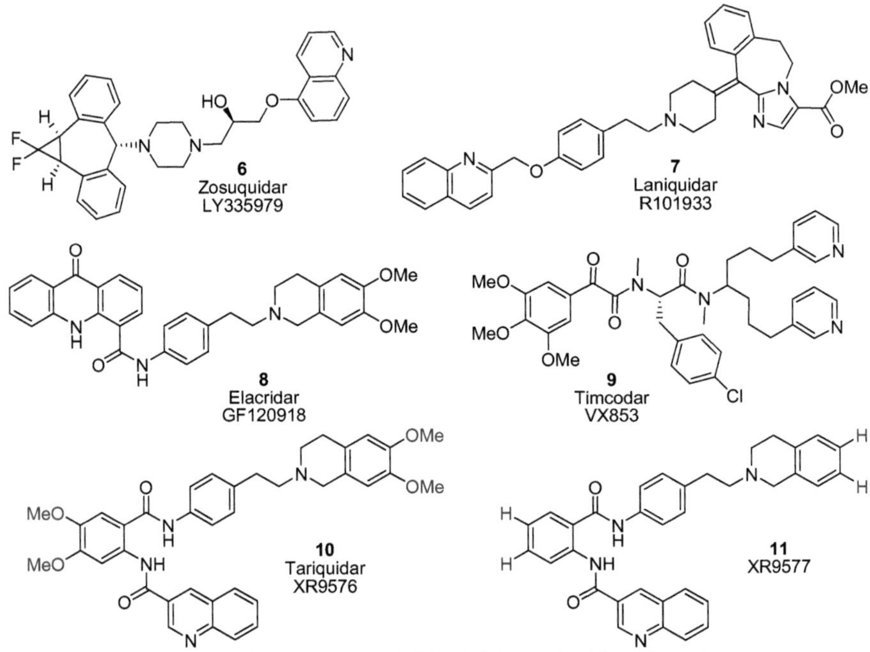

Abb. 6: Typische Vertreter von MDR-Modulatoren der dritten Generation.

Ein weiterer sehr potenter P-Glycoprotein-Inhibitor ist Tariquidar (XR9576) (**10**), der in Phase-I- und Phase-II-Untersuchungen seine Wirksamkeit zeigen konnte.[34] Trotz dieser guten Ergebnisse[35] wurden nach meinem Kenntnisstand bisher keine Phase-III-Untersuchungen für diesen Modulator durchgeführt. Eine Weiterentwicklung des MDR-Modulators Tariquidar (**10**) ist XR9577 (**11**),[36] welches noch bessere Ergebnisse bei der Inhibierung des P-Glycoproteins und des Breast Cancer Resistance Proteins erzielte.[37]

In Abb. 7 ist eine allgemeine schematische Darstellung des Phänomens der Multidrug Resistance und dessen Inhibierung abgebildet.[38] Im linken Bild werden die Wirkstoff-

---

[33] Mullin, S.; Mani, N.; Grossman, T. H. *Antimicrob. Agents Chemother.* **2004**, *48*, 4171–4176.
[34] a) Mistry, P.; Stewart, A. J.; Dangerfield, W.; Okiji, S.; Liddle, C.; Bootle, D.; Plumb, J. A.; Templeton, D.; Charlton, P. *Cancer Res.* **2001**, *61*, 741–758. b) Walker, J.; Martin, C.; Callaghan, R. *Eur. J. Cancer* **2004**, *40*, 594–605. c) di Nicolantonio, F.; Knight, L. A.; Glaysher, S.; Whitehouse, P. A.; Mercer, S. J.; Sharma, S.; Mills, L.; Prin, A.; Johnson, P.; Charlton, P. A.; Norris, D.; Cree, I. A. *Anti-Cancer Drugs* **2004**, *15*, 861–869. d) Pusztai, L.; Wagner, P.; Ibrahim, N.; Rivera, E.; Theriault, R.; Booser, D.; Symmans, F. W.; Wong, F.; Blumenschein, G.; Fleming, D. R.; Rouzier, R.; Boniface, G.; Hortobagyi, G. N. *Cancer* **2005**, *104*, 682–691.
[35] Fox, E.; Bates, S. E. *Expert Rev. Anticancer Ther.* **2007**, *7*, 447–459.
[36] Müller, H.; Pajeva, I. K.; Globisch, C.; Wiese, M. *Bioorg. Med. Chem.* **2008**, *16*, 2448–2462.
[37] a) Jekerle, V.; Klinkhammer, W.; Reilly, R. M.; Piquette-Miller, M.; Wiese, M. *Cancer Chemother. Pharmacol.* **2007**, *59*, 61–69. b) Müller, H.; Klinkhammer, W.; Globisch, C.; Kassack, M. U.; Pajeva, I. K.; Wiese, M. *Bioorg. Med. Chem.* **2007**, *15*, 7470–7479.

Moleküle durch ein Membranprotein aus der Zell transportiert. Bei der Modulation durch Inhibitoren der ersten und zweiten Generation werden diese selbst als Substrate von den Transportproteinen betrachtet und erhöhen somit die intrazellulare Konzentration des Wirkstoffes (mittleres Bild). Erst die Inhibitoren der dritten Generation besitzen eine genügend hohe Affinität, um an die Transportproteine (z.B. an die ATP-Bindungstelle) so zu koordinieren, dass diese nicht mehr in der Lage sind, Wirkstoffe zu transportieren (rechtes Bild). Die Inhibitoren werden dabei nicht durch die Transportproteine transportiert.

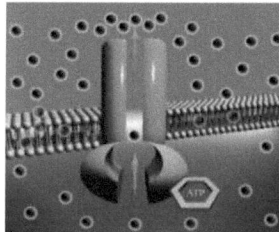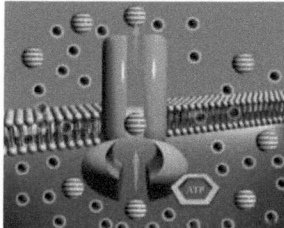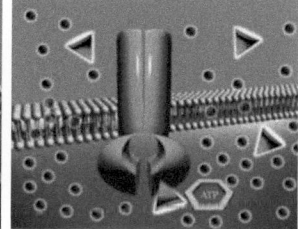

Abb. 7: Schematische Darstellung eines Transmembranproteins, das aus dem Zellinneren die Wirkstoffe (kleine Kugeln) transportiert (Bild links); bei den MDR-Modulatoren der ersten und zweiten Generation (größere Kugeln) konkurrieren diese mit den Wirkstoffen (Bild Mitte); die MDR-Inhibitoren der dritten Generation (Dreiecke) binden an das Transportprotein und erzwingen eine Konformationsänderung, so dass kein Transport mehr erfolgen kann (Bild rechts).[38]

Trotz der bisher gewonnenen Erkenntnisse über das Phänomen Multidrug Resistance, trotz des Auffindens und Verstehens von Funktionsmerkmalen von Transportproteinen in normalen und in Krebszellen sowie der Entwicklung von potenten MDR-Inhibitoren der dritten Generation, gibt bis heute noch keinen einzigen zugelassenen MDR-Modulator. Dies liegt an den hohen Anforderungen, die den MDR-Modulatoren gestellt werden. Zum einen sollen sie nicht toxisch sein und eine hohe Wirkung bei geringer Konzentration möglichst im nano- bzw. pikomolaren Bereich aufweisen. Eine hohe Affinität für das Transportprotein sollen sie dabei aufweisen, ohne selber als Substrat zu fungieren. Sie sollen keine pharmakokinetischen Wechselwirkungen mit anderen Proteinen eingehen. Schließlich sollen sie nur ein bestimmtes Transportprotein (z.B. nur P-Glycoprotein) inhibieren und dann möglichst nur die in den Krebszellen.[39]

---

[38] Thomas, H.; Coley, H. M. *Cancer Control* **2003**, *10*, 159–165.
[39] Robert, J.; Jarry, C. *J. Med. Chem.* **2003**, *46*, 4805–4817.

1.3 Naturstoffe als MDR-Modulatoren

Bislang wurden viele Sekundärstoffe aus der Natur isoliert, die als potentielle MDR-Modulatoren fungieren können bzw. die eine Leitstruktur für zukünftige MDR-Modulatoren aufweisen.[40] So konnten z.B. Alkaloiden (**12**,[41] **13**,[42] **15**[43] und **16**[44]) aber auch dem Depsipeptid **14**[45] MDR-modulierende Eigenschaften nachgewiesen werden (s. Abb. 8).

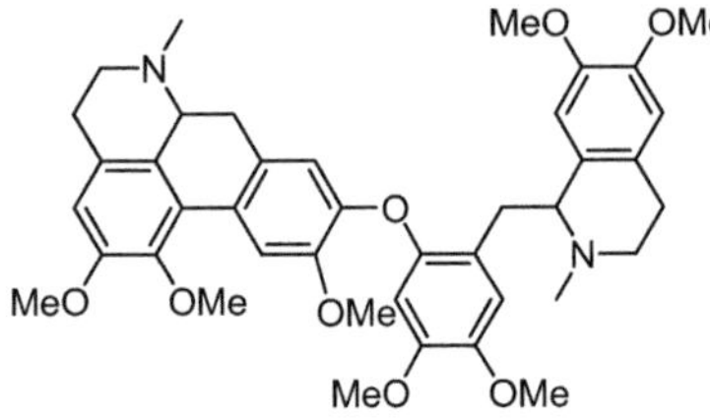

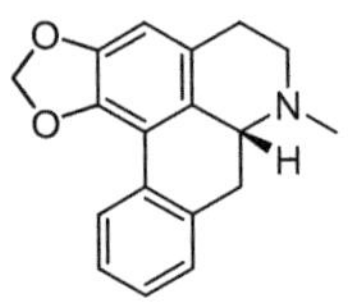

Abb. 8: Die Alkaloide **12**,[41] **13**,[42] **15**[43] und **16**,[44] das Depsipeptid **14**[45] und der Pentacyclus **17**.[46]

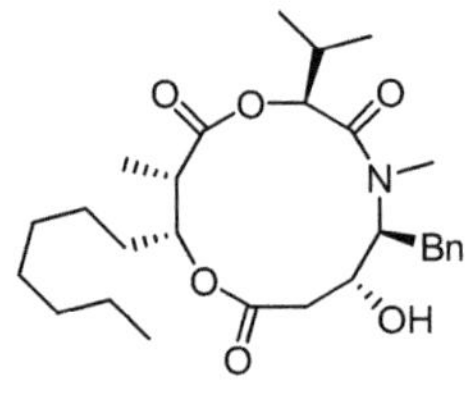

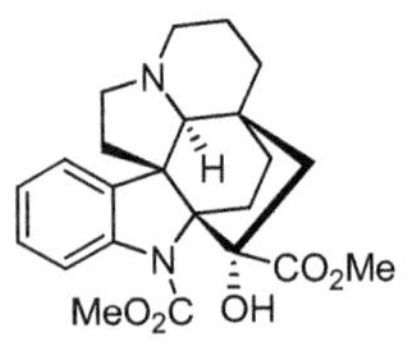

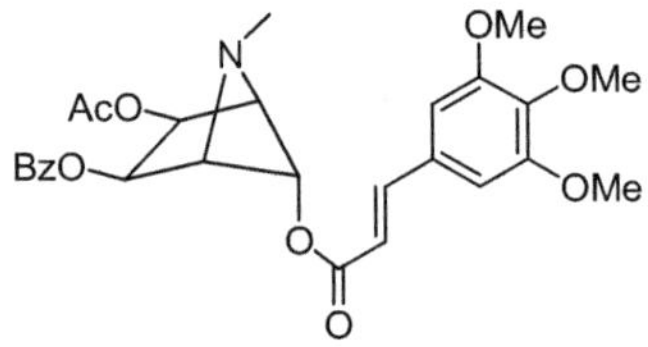

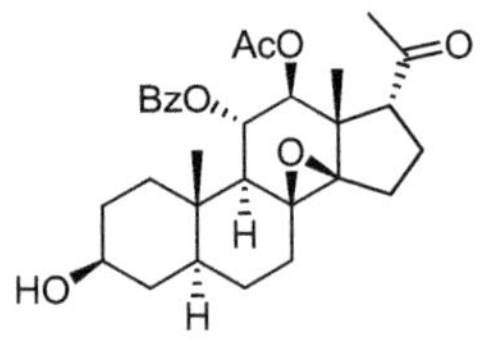

Aber auch eine Reihe von Terpenen weisen MDR-modulierende Eigenschaften auf, wie z.B. die Sesquiterpene **18**,[47] **19**[48] und **20**[49] und die Triterpene **21**,[50] **22**[51] und **23**[52] (s. Abb. 9).

---

[40] a) Teodori, E.; Dei, S.; Martelli, C.; Scapecchi, S.; Gualtieri, F. *Curr. Drug Targ.* **2006**, *7*, 893–909. b) Molnár, J.; Engi, H.; Hohmann, J.; Molnár, P.; Deli, J.; Wesolowska, O.; Michalak, K.; Wang, Q. *Curr. Top. Med. Chem.* **2010**, *10*, 1757–1768. c) Nabekura, T. *Toxins* **2010**, *2*, 1207–1224.
[41] Chen, G.; Ramachandran, C.; Krishan, A. *Cancer Res.* **1993**, *53*, 2544–2547.
[42] You, M.; Wickramaratne, D. B. M.; Silva, G. L.; Chai, H.-B.; Chagwedera, T. E.; Farnsworth, N. R.; Cordell, G. A.; Kinghorn, D. A.; Pezzuto, J. M. *J. Nat. Prod.* **1995**, *58*, 598–604.
[43] Kam, T.-S.; Subramaniam, G.; Sim, K.-M.; Yoganathan, K.; Koyano, T.; Toyoshima, M.; Rho, M.-C.; Hayashi, M.; Komiyama, K. *Bioorg. Med. Chem. Lett.* **1998**, *8*, 2769–2772.
[44] a) Silva, G. L.; Cui, B.; Chávez, D.; You, M.; Chai, H.-B.; Rasoanaivo, P.; Lynn, S. M.; O'Neill, M. J.; Lewis, J. A.; Besterman, J. M.; Monks, A.; Farnsworth, N. R.; Cordell, G. A.; Pezzuto, J. M.; Kinghorn, A. D. *J. Nat. Prod.* **2001**, *64*, 1514–1520. b) Chávez, D.; Cui, B.; Chai, H.-B.; García, R.; Mejía, P.; Farnsworth, N. R.; Cordell, G. A.; Pezzuto, J. M.; Kinghorn, A. D. *J. Nat. Prod.* **2002**, *65*, 606–610.
[45] Stratmann, K.; Burgoyne, D. L.; Moore, R. E.; Patterson, G. M. L.; Smith, C. D. *J. Org. Chem.* **1994**, *59*, 7219–7226.
[46] Hu, Y.-J.; Shen, X.-L.; Lu, H.-L.; Zhang, Y.-H.; Huang, X.-A.; Fu, L.-C.; Fong, W.-F. *J. Nat. Prod.* **2008**, *71*, 1049–1051.
[47] Kim, S. E.; Kim, Y. H.; Kim, Y. C.; Lee, J. J. *Planta Med.* **1998**, *64*, 332–334.
[48] a) Kim, S. E.; Kim, Y. H.; Lee, J. J. *J. Nat. Prod.* **1998**, *61*, 108–111. b) Kim, S. E.; Kim, H. S.; Hong, Y. S.; Kim, Y. C.; Lee, J. J. *J. Nat. Prod.* **1999**, *62*, 697–700. c) Kennedy, M. L.; Cortés-Selva, F.; Pérez-Victoria, J. M.; Jiménez, I. A.; González, A. G.; Muñoz, O. M.; Gamarro, F.; Castanys, S.; Ravelo, A. G. *J. Med. Chem.* **2001**, *44*, 4668–4676.
[49] Bazzaz, B. S. F.; Memariani, Z.; Khashiarmanesh, Z.; Iranshahi, M.; Naderinasab, M. *Braz. J. Microbiol.* **2010**, *41*, 574–580.
[50] Ramachandran, C.; Rabi, T.; Fonseca, H. B.; Melnick, S. J.; Escalon, E. A. *Int. J. Cancer* **2003**, *105*, 784–789.

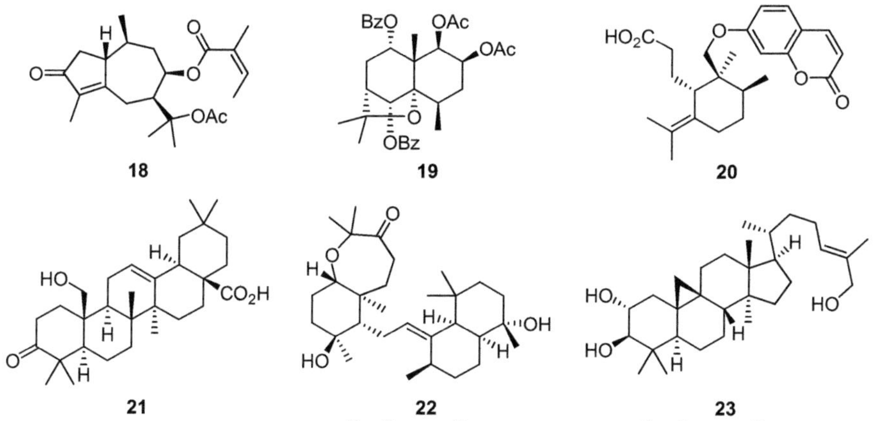

Abb. 9: Die Sesquiterpene **18**,[47] **19**[48] und **20**[49] und die Triterpene **21**,[50] **22**[51] und **23**.[52]

Des Weiteren besitzen auch einige Diterpene MDR-modulierende Aktivitäten, so z.B. das Pimaran **24**,[53] das Labdan **25**,[54] das Briaran **26**,[55] das Segetan **27**,[56] das Lathyran **28**[57] als auch das Jatrophan **29**[58] (s. Abb. 10).

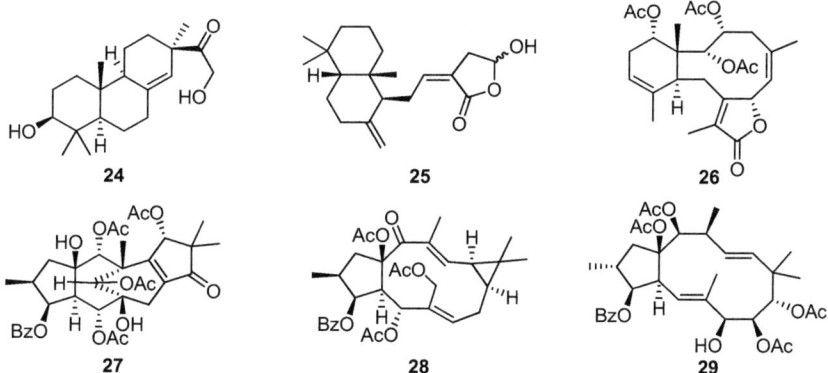

Abb. 10: Diterpene mit MDR-modulierenden Eigenschaften.

---

[51] a) Jain, S.; Laphookhieo, S.; Shi, Z.; Fu, L.; Akiyama, S.; Chen, Z.-S.; Youssef, D. T. A.; van Soest, R. W. M.; El Sayed, K. A. *J. Nat. Prod.* **2007**, *70*, 928–931. b) Jain, S.; Abraham, I.; Carvalho, P.; Kuang, Y.-H.; Shaala, L. A.; Youssef, D. T. A.; Avery, M. A.; Chen, Z.-S.; El Sayed, K. A. *J. Nat. Prod.* **2009**, *72*, 1291–1298.
[52] Hossain, C. F.; Jacob, M. R.; Clark, A. M.; Walker, L. A.; Nagle, D. G. *J. Nat. Prod.* **2003**, *66*, 398–400.
[53] Ma, G.-X.; Wang, T.-S.; Yin, L.; Pan, Y. *J. Nat. Prod.* **1998**, *61*, 112–115.
[54] Kunnumakkara, A. B.; Ichikawa, H.; Anand, P.; Mohankumar, C. J.; Hema, P. S.; Nair, M. S.; Aggarwal, B. B. *Mol. Cancer Ther.* **2008**, *7*, 3306–3317.
[55] Aoki, S.; Okano, M.; Matsui, K.; Itoh, T.; Satari, R.; Akiyama, S.; Kobayashi, M. *Tetrahedron* **2001**, *57*, 8951–8957.
[56] Madureira, A. M.; Gyémánt, N.; Ascenso, J. R.; Abreu, P. M.; Molnár, J.; Ferreira, M. J. U. *J. Nat. Prod.* **2006**, *69*, 950–953.
[57] Jiao, W.; Dong, W.; Li, Z.; Deng, M.; Lu, R. *Bioorg. Med. Chem.* **2009**, *17*, 4786–4792.
[58] Hohmann, J.; Molnár, J.; Rédei, D.; Evanics, F.; Forgo, P.; Kálmán, A.; Argay, G.; Szabó, P. *J. Med. Chem.* **2002**, *45*, 2425–2431.

Auffällig ist, dass eine große Anzahl von Naturstoffen mit zum Teil stark unterschiedlichen chemischen Strukturelementen MDR-modulierende Eigenschaften besitzt. Über Jatrophan-Diterpene gibt es eine Reihe von Publikationen über ihre MDR-modulierenden Aktivitäten,[59] was diese Naturstoffklasse zu einem sehr interessanten Syntheseziel macht.

1.4 Jatrophan-Diterpene

Im Jahr 1970 isolierten Kupchan et al. aus der Pflanze *Jatropha gossypiifolia* ein Diterpen mit einem neuen Grundgerüst.[60] Sie nannten es Jatrophon (**30**), das somit Namensgeber einer neuen Diterpenklasse, der Jatrophane, wurde. In Abb. 11 ist das Jatrophan-Grundgerüst **31** dargestellt, das aus einem annellierten (C4, C15) Fünf- und Zwölfring besteht sowie aus den fünf Methylgruppen (C16, C17, C18, C19 und C20).[61]

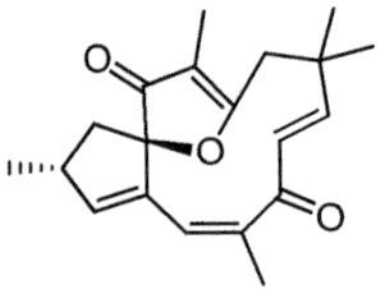

30
Jatrophon

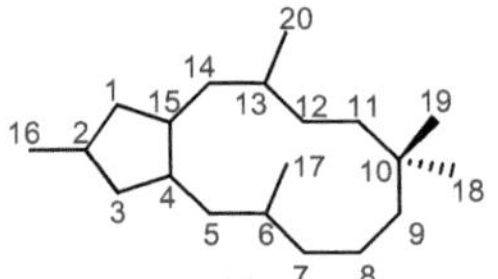

31

Abb. 11: Jatrophon (**30**) und das Jatrophan-Grundgerüst **31**.

Seit der Entdeckung von Jatrophon (**30**) im Jahr 1970 wurden bis zum Jahr 2010 über 220 weitere Jatrophane ausschließlich aus Pflanzen der Familie der *Euphorbiaceae* (Wolfsmilchgewächse) isoliert.[62] Der größte Teil wurde hierbei aus Pflanzen der Gattung *Euphorbia* (Wolfsmilch) isoliert.[63] Lediglich fünf Jatrophane konnten nach meinem Kenntnisstand bisher aus Pflanzen der Gattung *Jatropha* gewonnen werden.[60,64]

Die bisher isolierten Jatrophane zeichnen sich durch eine große strukturelle Vielfalt aus (s. Abb. 12). Viele Jatrophane weisen eine Vielzahl an freien bzw. veresterten Hydroxyl-Gruppen auf (z.B. die Jatrophane **32**,[65] **33**,[66] **34**,[67] **35**[68] und **36**[69]).

---

[59] Die einzelnen Publikationen werden noch ausführlich im Kapitel 5.1 erwähnt. Dort wird auch noch auf Struktur-Aktivitäts-Beziehungen eingegangen.
[60] Kupchan, S. M.; Sigel, C. W.; Matz, M. J.; Renauld, J. A. S.; Haltiwanger, R. C.; Bryan, R. F. *J. Am. Chem. Soc.* **1970**, *92*, 4476–4477.
[61] Die in Abb. 11 dargestellte Jatrophan-Nummerierung wird in diesem Buch durchgehend für alle Verbindungen angewendet.
[62] Siehe Referenzen 58, 60, 63–81 und 89–111.
[63] Shi, Q.-W.; Su, X.-H.; Kiyota, H. *Chem. Rev.* **2008**, *108*, 4295–4327.
[64] a) Taylor, M. D.; Smith III, A. B.; Furst, G. T.; Gunasekara, S. P.; Bevelle, C. A.; Cordell, G. A.; Farnsworth, N. R.; Kupchan, S. M.; Uchida, H.; Branfman, A. R.; Dailey, J., R. G.; Sneden, A. T. *J. Am. Chem. Soc.* **1983**, *105*, 3177–3183. b) Aiyelaagbe, O. O.; Adesogan, K.; Ekundayo, O.; Gloer, J. B. *Phytochemistry* **2007**, *68*, 2420–2425.
[65] Duarte, N.; Lage, H.; Ferreira, M. J. U. *Planta Med.* **2008**, *74*, 61–68.
[66] Liu, L. G.; Tan, R. X. *J. Nat. Prod.* **2001**, *64*, 1064–1068.
[67] Jakupovic, J.; Morgenstern, T.; Bittner, M.; Silva, M. *Phytochemistry* **1998**, *47*, 1601–1609.
[68] Liu, L. G.; Tan, R. X.; Gong, Y. M. *Chin. Chem. Lett.* **2006**, *17*, 201–203.
[69] Ferreira, A. M. V. D.; Carvalho, L. H. M.; Carvalho, J. M. J.; Sequeira, M. M.; Silva, A. M. S. *Phytochemistry* **2002**, *61*, 373–377.

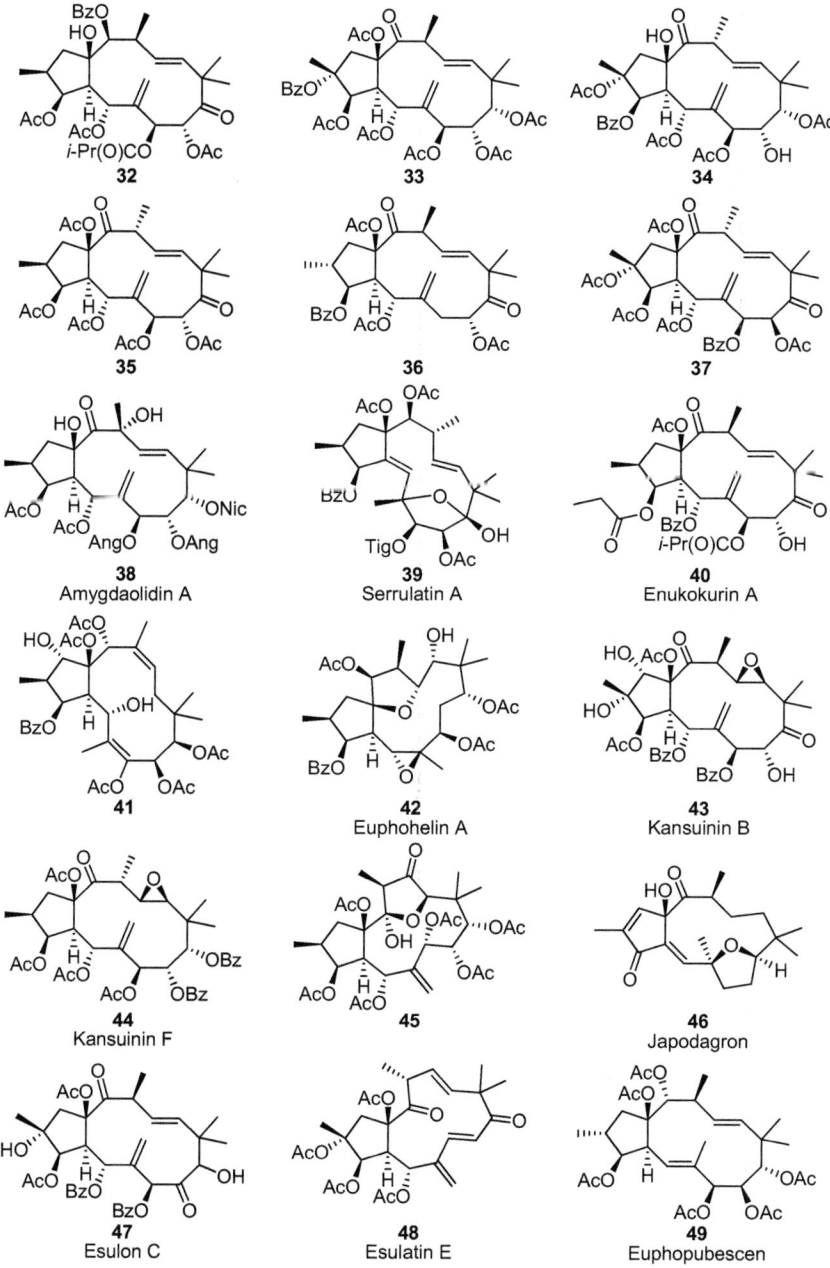

Abb. 12: Kleine Auswahl bisher isolierter und charakterisierter Jatrophane.

Auch die Art der Ester variiert. So kommen sehr oft Essig- und Benzoesäureester (Jatrophan **37**[70]), aber auch Angelika- und Nicotinsäureester (Amygdaolidin A (**38**)[71]), Tiglinsäureester (Serrulatin A (**39**)[72]) oder Propion- und Isobuttersäureester (Enukokurin A (**40**)[73]) vor. Des Weiteren sind auch Enolacetate zu finden (Jatrophan **41**[74]).

Einige Jatrophane weisen auch Epoxy-Einheiten auf, wie z.B. Euphohelin A (**42**)[75] an C5/C6 oder Kansuinin B (**43**)[76] und Kansuinin F (**44**)[77] an C11/C12. Auch lassen sich Lactol- (Serrulatin A (**39**)[72] und Jatrophan **45**[78]) und Tetrahydrofuran-Einheiten (Euphohelin A (**42**)[74] und Japodagron (**46**)[64b]) finden.

Sehr oft ist an C9 und/oder C14 eine Keto-Funktion anzutreffen (Kansuinin B (**43**)[75]), aber es gibt auch Keto-Funktionen an C3 (Japodagron (**46**)[64b]) bzw. C8 (Esulon C (**47**)[79]).

Jedes bisher isolierte Jatrophan weist mindestens eine C=C-Doppelbindung auf. Am häufigsten lassen sich C=C-Doppelbindungen an C6/C20 bzw. C11/C12 (Enukokurin A (**40**)[73] und Esulatin E (**48**)[80]) finden. Es gibt auch Jatrophane mit C=C-Doppelbindungen an C1/C2 (Japodagron (**46**)[64b]), C3/C4 (Jatrophon (**30**)[60]), C4/C5 (Serrulatin A (**39**)[72] und Japodagron (**46**)[64b]), C5/C6 (Jatrophon (**30**)[60] und Euphopubescen (**49**)[81]), C7/C8 (Esulatin E (**48**)[79]) und C12/C13 (Jatrophon (**30**)[60] und Jatrophan **41**[74]). Die meisten endocyclischen C=C-Doppelbindungen im Zwölfring haben eine (*E*)-Konfiguration, aber es gibt auch Jatrophane mit einer (*Z*)-konfigurierten Doppelbindung (Jatrophan **41**[74]).

Biosynthetisch werden die Jatrophane, wie alle anderen Diterpene auch, aus Geranylgeranylpyrophosphat (**50**) aufgebaut.[82] Nach Abspaltung des Pyrophosphat-Anions kann das daraus entstehende Allylkation **51** den 14-gliedrigen Ring **52** bilden, der nach Deprotonierung Cembren A (**53**), den einfachsten Vertreter der Diterpenklasse der Cembrane **54**, ergibt (s. Abb. 13).[83]

---

[70] Appendino, G.; Jakupovic, S.; Tron, G. C.; Jakupovic, J.; Milon, V.; Ballero, M. *J. Nat. Prod.* **1998**, *61*, 749–756.
[71] Corea, G.; Fattorusso, C.; Fattorusso, E.; Lanzotti, V. *Tetrahedron* **2005**, *61*, 4485–4494.
[72] Hohmann, J.; Rédei, D.; Evanics, F.; Kálmán, A.; Argay, G.; Bartók, T. *Tetrahedron* **2000**, *56*, 3619–3623.
[73] Fakunle, C. O.; Connolly, J. D.; Rycroft, D. S. *J. Nat. Prod.* **1989**, *52*, 279–283.
[74] Mongkolvisut, W.; Sutthivaiyakit, S. *J. Nat. Prod.* **2007**, *70*, 1434–1438.
[75] Kosemura, S.; Shizuri, Y.; Yamamura, S. *Bull. Chem. Soc. Jpn.* **1985**, *58*, 3112–3117.
[76] Uemura, D.; Katayama, C.; Uno, E.; Sasaki, K.; Chen, Y.-P.; Hsu, H.-Y. *Tetrahedron Lett.* **1975**, *16*, 1703–1706.
[77] Pan, Q.; Ip, F. C. F.; Zhu, H.-X.; Min, Z.-D. *J. Nat. Prod.* **2004**, *67*, 1548–1551.
[78] Liu, L. G.; Meng, J. C.; Wu, X. S.; Li, X. Y.; Zhao, X. C.; Tan, R. X. *Planta Med.* **2002**, *68*, 244–248.
[79] Manners, G. D.; Davis, D. G. *Phytochemistry* **1987**, *26*, 727–730.
[80] Günther, G.; Hohmann, J.; Vasas, A.; Máthé, I.; Dombi, G.; Jerkovic, G. *Phytochemistry* **1998**, *47*, 1309–1313.
[81] Valente, C.; Pedro, M.; Ascenso, J. R.; Abreu, P. M.; Nascimento, M. S. J.; Ferreira, M. J. U. *Planta Med.* **2004**, *70*, 244–249.
[82] Lynen, F.; Henning, U. *Angew. Chem.* **1960**, *72*, 820–829.
[83] Breitmaier, E. *Terpene – Aromen, Düfte, Pharmaka, Pheromone* **2005**, Wiley-VCH Weinheim, *2. Auflage*, S. 3–9.

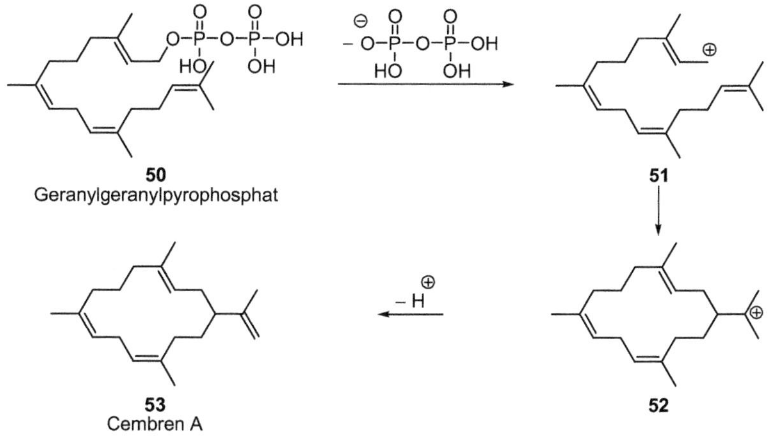

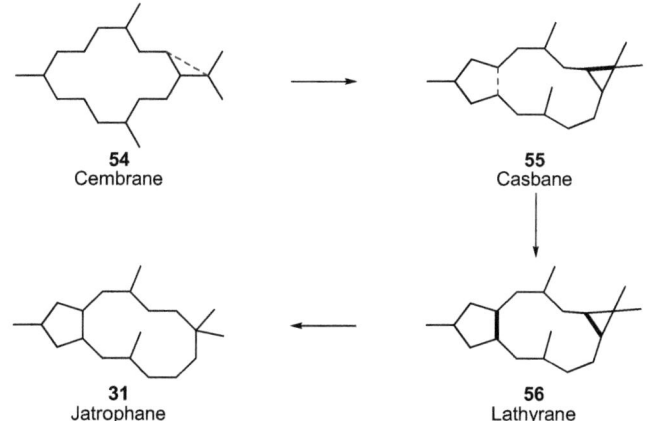

Abb. 13: Mögliche Bildung von Cembren A (**53**) aus Geranylgeranylpyrophosphat (**50**).

Ausgehend von den Cembranen **54** kann sich nun durch Bildung eines Dreirings die Klasse der Casbane **55** bilden, aus denen durch Bildung einer neuen C-C-Bindung die tricyclischen Lathyrane **56** entstehen. Durch Brechen einer der Bindungen des Dreirings könnten dann die bicyclischen Jatrophane **31** entstehen (s. Abb. 14).[84]

Abb. 14: Mögliche biosynthetische Bildung der Jatrophane **31** aus den Cembranen **54**.

1.5 Pflanzen der Gattung *Euphorbia* (Wolfsmilch) und *Jatropha*

Alle Jatrophane wurden bisher aus Pflanzen der Gattungen *Euphorbia* (Wolfsmilch) oder *Jatropha*, die zur Familie der *Euphorbiaceae* (Wolfsmilchgewächse) gehören, isoliert.[84] Die taxonomische Einteilung dieser Pflanzen ist in Abb. 15 dargestellt.

---

[84] Breitmaier, E. *Terpene – Aromen, Düfte, Pharmaka, Pheromone* **2005**, Wiley-VCH Weinheim, *2. Auflage*, S. 67–75.

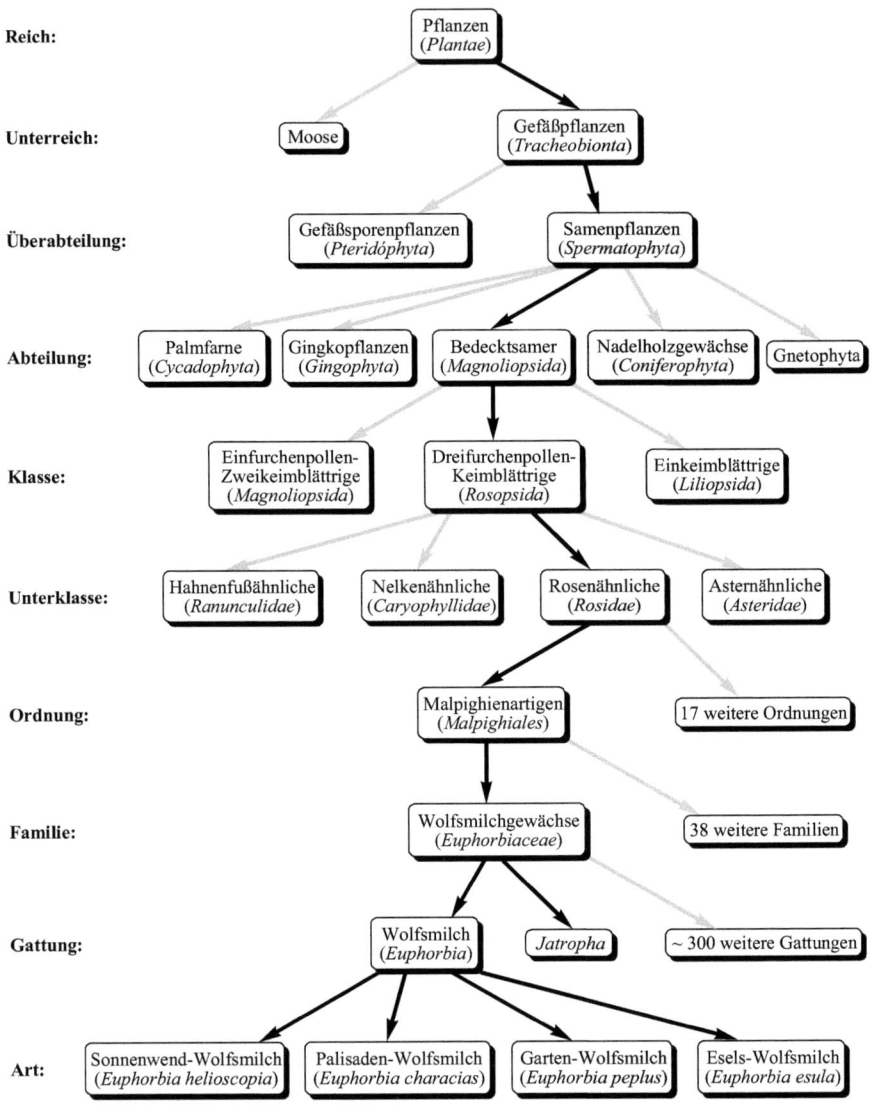

Abb. 15: Taxonomie der Pflanzen[85] der Gattung *Euphorbia* und *Jatropha*.[86]

---

[85] Sitte, P.; Weiler, E. W.; Kadereit, J. W.; Bresinsky, A.; Körner, C. *Lehrbuch der Botanik für Hochschulen* **2002**, Spektrum – Akademischer Verlag Heidelberg-Berlin, *35. Auflage*, Kapitel 11.
[86] Zurzeit werden ca. 2100 Pflanzen der Art *Euphorbia* und 175 Pflanzen der Art *Jatropha* zugeordnet.

Euphorbia- und *Jatropha-*Pflanzen kommen weltweit vor und haben alle einen in der Regel weißen, giftigen und hautreizenden Milchsaft, der ihnen als Fraßschutz und Wundverschluss dient. Für die hautreizende Wirkung werden aber nicht Jatrophan-Diterpene[87] sondern hauptsächlich Ingenan-Diterpene verantwortlich gemacht.[88]

Jatrophane wurden bisher aus folgenden *Euphorbia-* und *Jatropha-*Arten isoliert:

- *Euphorbia altotibetic*[89]
- *Euphorbia amygdaloid* (Mandelblättrige Wolfsmilch)[71]
- *Euphorbia canariensis* (Kanaren-Wolfsmilch)[90]
- *Euphorbia characias* (Palisaden-Wolfsmilch)[91]
- *Euphorbia dendroides* (Baum-Wolfsmilch)[92]
- *Euphorbia esula* (Esels-Wolfsmilch)[58,78,79,80,93]
- *Euphorbia guyoniana*[94]
- *Euphorbia helioscopia* (Sonnenwend-Wolfsmilch)[75,95]
- *Euphorbia hyberna* (Irische Wolfsmilch)[69,96]
- *Euphorbia kansui*[76,77,97]

---

[87] Hohmann, J.; Rédei, D.; Mathé, I.; Forgó, P.; Blazsó, G.; Falkay, S.; Molnár, J.; Wolfard, K.; Molnár, A.; Thalhammer, T. in *Poisonous plants and related toxins*; Acamovic, T., Stewart, C. S., Pennycott, T. W., (Ed.) 2004, CAB International Wallingford, *1. edition*, S. 96–101.

[88] a) Rizk, A. M.; Hammouda, F. M.; El-Missiry, M. M.; Radwan, H. M.; Evans, F. J. *Phytochemistry* **1985**, *24*, 1605–1606. b) Fürstenberger, G.; Hecker, E. *J. Nat. Prod.* **1986**, *49*, 386–397. c) Zayed, S. M. A. D.; Farghaly, M.; Taha, H.; Gotta, H.; Hecker, E. *J. Cancer Res. Clin. Oncol.* **1998**, *124*, 131–140.

[89] Li, P.; Feng, Z. X.; Ye, D.; Huan, W.; Gang, W. D.; Dong, L. X. *Helv. Chim. Acta* **2003**, *86*, 2525–2532.

[90] Miranda, F. J.; Alabadí, J. A.; Ortí, M.; Centeno, J. M.; Pinón, M.; Yuste, A.; Sanz-Cervera, J. F.; Marco, J. A.; Alborch, E. *J. Pharm. Pharmacol.* **1998**, *50*, 237–241.

[91] a) Seip, E.; Hecker, E. *Phytochemistry* **1984**, *23*, 1689–1694. b) Corea, G.; Fattorusso, E.; Lanzotti, V.; Motti, R.; Simon, P.-N.; Dumontet, C.; di Pietro, A. *Planta Med.* **2004**, *70*, 657–665.

[92] Corea, G.; Fattorusso, E.; Lanzotti, V.; Taglialatela-Scafati, O.; Appendino, G.; Ballero, M.; Simon, P.-N.; Dumontet, C.; di Pietro, A. *J. Med. Chem.* **2003**, *46*, 3395–3402.

[93] a) Manners, G. D.; Wong, R. Y. *J. Chem. Soc., Perkin Trans. I* **1985**, 2075–2081. b) Onwukaeme, N. D.; Rowan, M. G. *Phytochemistry* **1992**, *31*, 3479–3482. c) Hohmann, J.; Vasas, A.; Günther, G.; Máthé, I.; Evanics, F.; Dombi, G.; Jerkovich, G. *J. Nat. Prod.* **1997**, *60*, 331–335. d) Sekine, T.; Kamiya, M.; Ikegami, F.; Qi, J.-F. *Nat. Prod. Lett.* **1998**, *12*, 237–239. e) Hohmann, J.; Vasas, A.; Günther, G.; Imre, M.; Ferenc, E.; Gyorgy, D.; Gyula, J. *Acta Pharm. Hung.* **1998**, *68*, 175–182. f) Günther, G.; Martinek, T.; Dombi, G.; Hohmann, J.; Vasas, A. *Magn. Reson. Chem.* **1999**, *37*, 365–370. g) Evanics, F.; Hohmann, J.; Redei, D.; Vasas, A.; Günther, G.; Dombi, G. *Acta Pharm. Hung.* **2001**, *71*, 289–292.

[94] a) El-Bassouny, A. A.; Hirata, T.; Ohta, S.; Ahmed, A. A. *Nippon Kagakkai Koen Yokoshu* **2006**, *86*, 1349. b) El-Bassouny, A. A. *Asian J. Chem.* **2007**, *19*, 4553–4562. c) Hegazy, M.-E. F.; Mohamed, A. E. H. H.; Aoki, N.; Ikeuchi, T.; Ohta, E.; Ohta, S. *Phytochemistry* **2010**, *71*, 249–253.

[95] a) Yamamura, S.; Kosemura, S.; Ohba, S.; Ito, M.; Saito, Y. *Tetrahedron Lett.* **1981**, *22*, 5315–5318. b) Shizuri, Y.; Kosemura, S.; Ohtsuka, J.; Terada, Y.; Yamamura, S. *Tetrahedron Lett.* **1983**, *24*, 2577–2580. c) Shizuri, Y.; Kosemura, S.; Ohtsuka, J.; Terada, Y.; Yamamura, S.; Ohba, S.; Ito, M.; Saito, Y. *Tetrahedron Lett.* **1984**, *25*, 1155–1158. d) Yamamura, S.; Shizuri, Y.; Kosemura, S.; Ohtsuka, J.; Tayama, T.; Ohba, S.; Ito, M.; Saito, Y.; Terada, Y. *Phytochemistry* **1989**, *28*, 3421–3436. e) Zhang, W.; Guo, Y.-W. *Planta Med.* **2005**, *71*, 283–286. f) Zhang, J.-Q.; Guo, Y.-W. *Chem. Pharm. Bull.* **2006**, *54*, 1037–1039. g) Barla, A.; Birman, H.; Kültür, S.; Öksüz, S. *Turk. J. Chem.* **2006**, *30*, 325–332. h) Lu, Z.-Q.; Guan, S.-H.; Li, X.-N.; Chen, G.-T.; Zhang, J.-Q.; Huang, H.-L.; Liu, X.; Guo, D.-A. *J. Nat. Prod.* **2008**, *71*, 873–876. i) Barile, E.; Borriello, M.; di Pietro, A.; Doreau, A.; Fattorusso, C.; Fattorusso, E.; Lanzotti, V. *Org. Biomol. Chem.* **2008**, *6*, 1756–1762. j) Geng, D.; Shi, Y.; Min, Z. D.; Liang, J. Y. *Chin. Chem. Lett.* **2010**, *21*, 73–75.

[96] Appendino, G.; Spagliardi, P.; Ballero, M.; Seu, E. *Fitoterapia* **2002**, *73*, 576–582.

- *Euphorbia lateriflora*[73,98]
- *Euphorbia maddeni*[99]
- *Euphorbia mongolica*[100]
- *Euphorbia obtusifolia* (Stumpfblättrige Wolfsmilch)[101]
- *Euphorbia paralias* (Strand-Wolfsmilch)[102]
- *Euphorbia peplus* (Garten-Wolfsmilch)[58,67,103]
- *Euphorbia platyphyllus* (Breitblättrige Wolfsmilch)[104]
- *Euphorbia pubescens*[81,105]
- *Euphorbia salicifolia* (Weidenblättrige Wolfsmilch)[58,106]
- *Euphorbia segetalis* (Saat-Wolfsmilch)[107]
- *Euphorbia semiperfoliata*[70]
- *Euphorbia serrulata* (Steife Wolfsmilch)[58,72,108]
- *Euphorbia sieboldiana* (Rettichähnliche Wolfsmilch)[109]
- *Euphorbia sororia*[110]
- *Euphorbia terracina*[111]
- *Euphorbia tithymaloides* (Teufelsrückgrat)[74]
- *Euphorbia tuckeyana* (Cabo Verde Wolfsmilch)[65]
- *Euphorbia turczaninowii*[66,68]

---

[97] a) Uemura, D.; Hirata, Y. *Tetrahedron Lett.* **1975**, *16*, 1697–1700. b) Uemura, D.; Hirata, Y. *Tetrahedron Lett.* **1975**, *16*, 1701–1702. c) Pan, Q.; Min, Z. D. *Chin. Chem. Lett.* **2002**, *13*, 1178–1180. d) Wang, L.-Y.; Wang, N.-L.; Yao, X.-S.; Miyata, S.; Kitanaka, S. *J. Nat. Prod.* **2002**, *65*, 1246–1251. e) Wang, L.-Y.; Wang, N.-L.; Yao, X.-S.; Miyata, S.; Kitanaka, S. *Chem. Pharm. Bull.* **2003**, *51*, 935–941. f) Chen, Y.-L.; Yuan, D.; Xu, X.; Fu, H.-Z. *China J. Chin. Mat. Med.* **2008**, *33*, 1836–1839.
[98] Fakunle, C. O.; Connolly, J. D.; Rycroft, D. S. *Fitoterapia* **1992**, *63*, 329–332.
[99] Sahai, R.; Rastogi, R. P.; Jakupovic, J.; Bohlmann, F. *Phytochemistry* **1981**, *20*, 1665–1667.
[100] Hohmann, J.; Rédei, D.; Forgo, P.; Molnár, J.; Dombi, G.; Zorig, T. *J. Nat. Prod.* **2003**, *66*, 976–979.
[101] Marco, J. A.; Sanz-Cervera, J. F.; Checa, J.; Palomares, E.; Fraga, B. M. *Phytochemistry* **1999**, *52*, 479–485.
[102] a) Jakupovic, J.; Morgenstern, T.; Marco, J. A.; Berendsohn, W. *Phytochemistry* **1998**, *47*, 1611–1618. b) Abdelgaleil, S. A. M.; Kassem, S. M. I.; Doe, M.; Baba, M.; Nakatani, M. *Phytochemistry* **2001**, *58*, 1135–1139.
[103] a) Hohmann, J.; Vasas, A.; Günther, G.; Dombi, G.; Blazsó, G.; Falkay, G.; Máthé, I.; Jerkovich, G. *Phytochemistry* **1999**, *51*, 673–677. b) Hohmann, J.; Evanics, F.; Berta, L.; Bartók, T. *Planta Med.* **2000**, *66*, 291–294. c) Corea, G.; Fattorusso, E.; Lanzotti, V.; Motti, R.; Simon, P.-N.; Dumontet, C.; di Pietro, A. *J. Med. Chem.* **2004**, *47*, 988–992. d) Song, Z.-Q.; Mu, S.-Z.; Di, Y.-T.; Hao, X.-J. *Chin. J. Nat. Med.* **2010**, *8*, 81–83.
[104] Hohmann, J.; Forgo, P.; Csupor, D.; Schlosser, G. *Helv. Chim. Acta* **2003**, *86*, 3386–3393.
[105] a) Valente, C.; Ferreira, M. J. U.; Abreu, P. M.; Pedro, M.; Cerqueira, F.; Nascimento, M. S. *Planta Med.* **2003**, *69*, 361–366. b) Valente, C.; Ferreira, M. J. U.; Abreu, P. M.; Gyémánt, N.; Ugocsai, K.; Hohmann, J.; Molnár, J. *Planta Med.* **2004**, *70*, 81–84. c) Valente, C.; Pedro, M.; Duarte, A.; Nascimento, M. S. J.; Abreu, P. M.; Ferreira, M. J. U. *J. Nat. Prod.* **2004**, *67*, 902–904.
[106] Hohmann, J.; Evanics, F.; Dombi, G.; Molnár, J.; Szabó, P. *Tetrahedron* **2001**, *57*, 211–215.
[107] Jakupovic, J.; Jeske, F.; Morgenstern, T.; Tsichritzis, F.; Marco, J. A.; Berendsohn, W. *Phytochemistry* **1998**, *47*, 1583–1600.
[108] Rédei, D.; Hohmann, J.; Evanics, F.; Forgo, P.; Szabó, P.; Máthé, I. *Helv. Chim. Acta* **2003**, *86*, 280–289.
[109] Kamano, Y.; Kuroda, N.; Kizu, H.; Komiyama, K. *Tennen Yuki Kagobutsu Toronkai Koen Yoshishu* **1997**, *39*, 505–510.
[110] a) Huang, Y.; Aisa, H. A. *Helv. Chim. Acta* **2010**, *93*, 1156–1161. b) Huang, Y.; Aisa, H. A. *Phytochemistry Lett.* **2010**, *3*, 176–180.
[111] Marco, J. A.; Sanz-Cervera, J. F.; Yuste, A.; Jakupovic, J.; Jeske, F. *Phytochemistry* **1998**, *47*, 1621–1630.

- *Jatropha gossypiifolia*[60,64a]
- *Jatropha podagrica* (Pagoden-Pflanze)[64b]

2
Stand der Forschung

2.1.1 Jatrophon (30): Isolierung und Charakterisierung

Das erste isolierte und charakterisierte Jatrophan, Jatrophon (**30**), wurde 1970 von Kupchan *et al.* entdeckt[60] und somit zum Namensgeber einer ganzen Klasse von Diterpenen. Durch mehrmalige Extraktion der getrockneten Wurzeln (11.7 kg) von *Jatropha gossypiifolia* mit Ethanol, Benzen und Hexan und anschließender Säulenchromatographie konnten Kupchan *et al.* Jatrophon (**30**) als farblosen Feststoff (1.37 g, 0.012%) isolieren.[60]

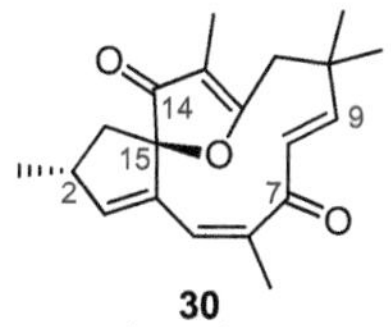

Abb. 16: Struktur von Jatrophon (**30**) aus *Jatropha gossypiifolia*.[112]

Jatrophon (**30**) besitzt zwei Chiralitätszentren an C2 und C13, zwei ungesättigte Keton-Einheiten an C7 und C14 sowie eine 2-*spiro*-Furan-3-on-Einheit (s. Abb. 16). Die Strukturaufklärung erfolgte zunächst durch HRMS, Elementaranalyse, ^{1}H-NMR-, IR- und UV-Spektroskopie. Es folgten Derivatisierungsreaktionen zu C9- und C14-Ketalen sowie eine reversible Reaktion mit trockenem Bromwasserstoff in Eisessig zum Dibromid **57** (s. Abb. 17).[60]

Abb. 17: Reversible Umsetzung von Jatrophon (**30**) zum Dibromid **57**.[60]

Sowohl von dem Dibromid **57** als auch später von Jatrophon (**30**)[113] konnten Röntgenkristallstrukturanalysen erhalten werden, so dass die Konstitution und die relative sowie absolute Konfiguration zweifelsfrei bestätigt ist. Jatrophon (**30**) zeigte inhibierende Aktivität u.a. gegenüber lymphatischer Leukämie, die die Autoren mit einer möglichen 1,4-Addition von Thiol-Gruppen an C9 von Jatrophon (**30**) erklären.[114]

2.1.2 Synthese von (±)-16-Normethyljatrophon (58)

Im Jahr 1981 publizierten Smith III *et al.* eine Synthese für (±)-16-Normethyljatrophon (**58**).[115] Ihre retrosynthetische Analyse verfolgte eine Mukaiyama-Aldol-Addition[116]

---

[112] *Jatropha gossypiifolia* wird im englischsprachigen Raum als Belly-ache bush bezeichnet.
[113] Kupchan, S. M.; Sigel, C. W.; Matz, M. J.; Gilmore, C. J.; Bryan, R. F. *J. Am. Chem. Soc.* **1976**, *98*, 2295–2300.
[114] Taylor, M. D.; Smith III, A. B.; Malamas, M. S. *J. Org. Chem.* **1983**, *48*, 4257–4261.
[115] Smith III, A. B.; Guaciaro, M. A.; Schow, S. R.; Wovkulich, P. M.; Toder, B. H.; Hall, T. W. *J. Am. Chem. Soc.* **1981**, *103*, 219–222.
[116] Mukaiyama, T.; Hayashi, M. *Chem. Lett.* **1974**, *3*, 15–16.

zum Schließen des mittelgroßen Ringes an C5/C6 sowie ein säurekatalysierter Ringschluss der 3-Furanon-Einheit und eine Aldol-Addition[117] zur Knüpfung der C12/C13-Bindung (s. Abb. 18).

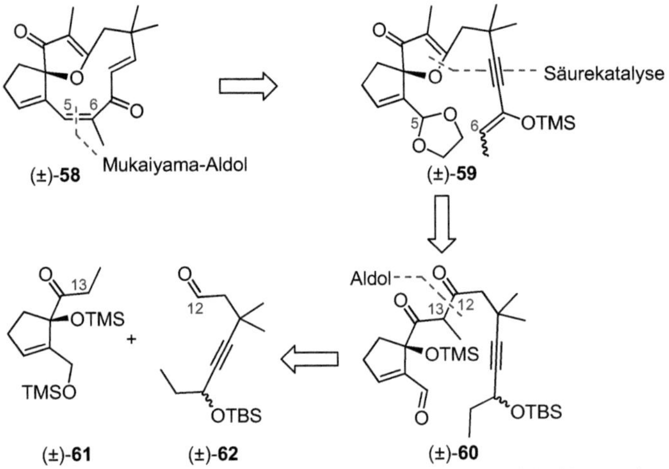

Abb. 18: Retrosynthese für (±)-16-Normethyljatrophon (58) nach Smith III et al.

Die Synthese des Fünfringfragments (±)-61 begann mit Cyclopent-2-enon (63), das in vier Schritten zum Allylalkohol 65 umgesetzt wurde.[118] Nach Einführung der TBS-Gruppe erfolgte eine C3-Kettenverlängerung durch ein lithiiertes Dithian zum tertiären Alkohol (±)-66.[119] Nach Spaltung des Dithioketals und zwei Schutzgruppenoperationen wurde das Fünfringfragment (±)-61 als Racemat erhalten (s. Abb. 19).

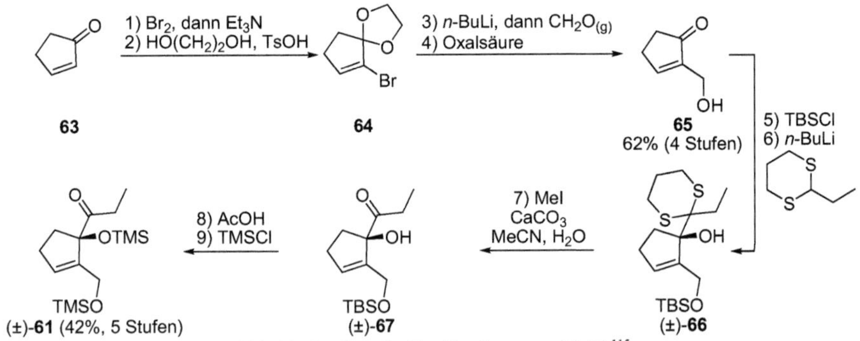

Abb. 19: Synthese des Fünfringfragments (±)-61.[115]

---

[117] a) Borodin, A. P. *J. Prakt. Chem.* **1864**, *93*, 413–425. b) Wurtz, C. A. *J. Prakt. Chem.* **1872**, *5*, 457–464.
[118] a) Branca, S. J.; Smith III, A. B. *J. Am. Chem. Soc.* **1978**, *100*, 7767–7768. b) Guaciaro, M. A.; Wovkulich, P. M.; Smith III, A. B. *Tetrahedron Lett.* **1978**, *19*, 4661–4664.
[119] a) Corey, E. J.; Seebach, D. *Angew. Chem.* **1965**, *77*, 1134–1135. b) Corey, E. J.; Seebach, D. *Angew. Chem., Int. Ed.* **1965**, *4*, 1075–1077.

Die Seitenkette wurde ausgehend vom tertiären Alkohol **68** hergestellt. Schlüsselschritt hierbei war die Kettenverlängerung des literaturbekannten[120] terminalen Alkins **70**. Die anschließende TBS-Einführung, Reduktion und Collins-Oxidation[121] ergaben den Aldehyd (±)-**62** mit einer Gesamtausbeute von 8% über acht Stufen (s. Abb. 20).

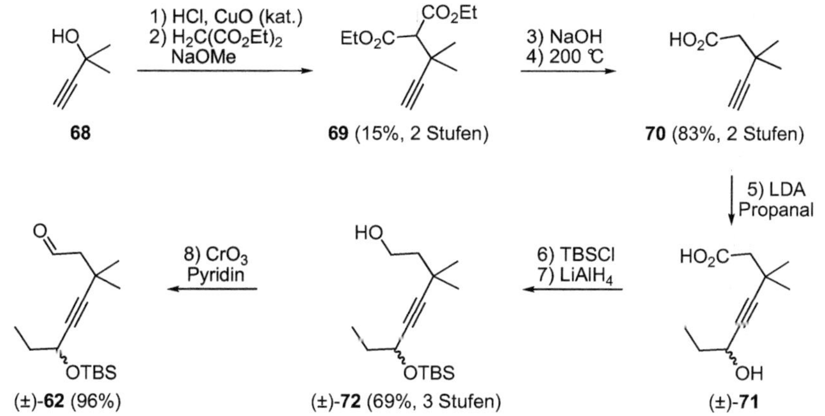

Abb. 20: Synthese der Seitenkette (±)-**62**.[115,120]

Bei der anschließenden Aldol-Addition[117] mit LDA als Base wurden das Keton (±)-**61** und der Aldehyd (±)-**62** unter Ausbildung der C12/C13-Bindung verknüpft (s. Abb. 21).

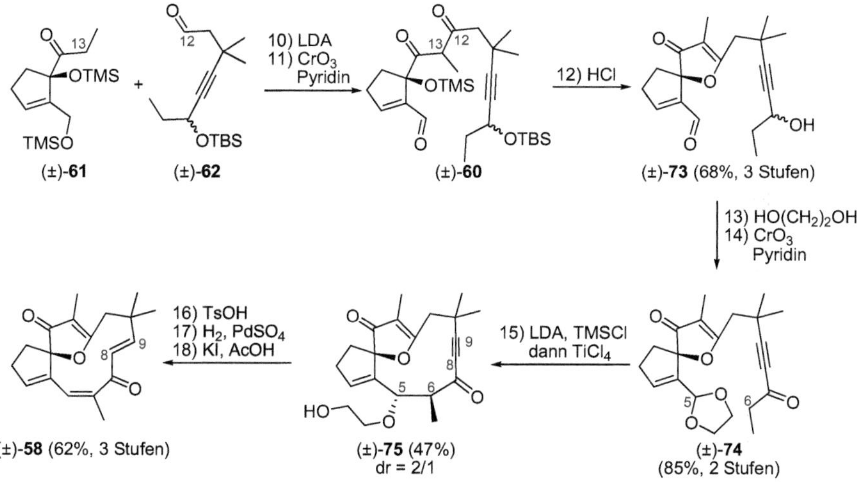

Abb. 21: Fertigstellung der Totalsynthese von (±)-16-Normethyljatrophon (**58**).[115]

---

[120] Behrens, O. K.; Corse, J.; Huff, D. E.; Jones, R. G.; Soper, Q. F.; Whitehead, C. W. *J. Biol. Chem.* **1948**, *175*, 771–792.
[121] a) Poos, G. I.; Arth, G. E.; Beyler, R. E.; Sarett, L. H. *J. Am. Chem. Soc.* **1953**, *75*, 422–429. b) Collins, J. C.; Hess, W. W.; Frank, F. J. *Tetrahedron Lett.* **1968**, *9*, 3363–3366.

Anschließend wurde gemäß dem Collins-Protokoll[121] zum einen der sekundäre Alkohol zum Keton sowie der primäre TMS-geschützte Alkohol zum Aldehyd (±)-**60** oxidiert. Nach säurevermittelter 3-Furanon-Bildung, Acetalisierung und Oxidation erfolgte der Ringschluss durch eine Mukaiyama-Acetal-Aldol-Addition[116] mit 47% Ausbeute. Bei der anschließenden Eliminierung entstand zunächst die (*E*)-konfigurierte Doppelbindung an C5/C6, die nach langer Reaktionszeit (zwei Wochen) isomerisierte. In der vorletzten Stufe wurde nach einer Eliminierungsreaktion des Alkins (±)-**75** zunächst zum (*Z*)-Alken reduziert, welches dann mit Kaliumiodid in Essigsäure zur (*E*)-konfigurierten Doppelbindung an C8/C9 isomerisiert wurde (s. Abb. 21).

(±)-16-Normethyljatrophon (**58**) wurde ausgehend von Cyclopent-2-enon (**63**) in 18 Stufen mit einer Gesamtausbeute von 4% hergestellt.

2.1.3 Synthese von (±)-Jatrophon (30) und (±)-2-*epi*-Jatrophon

Neun Jahre nach der Veröffentlichung der Synthese von (±)-16-Normethyljatrophon (**58**) publizierten Hegedus *et al.* die erste racemische Totalsynthese von (±)-Jatrophon (**30**).[122] Ihre Synthese weist einige Parallelen zu der von Smith III *et al.* auf. Unterschiede in der Fünfringsynthese ausgehend von 4-Methylcyclopent-2-enon ((±)-**76**) sind die Kettenverlängerung mit Propylenoxid sowie die Spaltung des Dithians mit Quecksilberdichlorid. Die C2-Diastereomere konnten säulenchromatographisch getrennt werden und nach Spaltung des TBS-Ethers zum Bis-TMS-Ether (±)-**81** mit Bis(trimethylsilyl)acetamid (BSA) (**80**)[123] umgesetzt werden (s. Abb. 22).

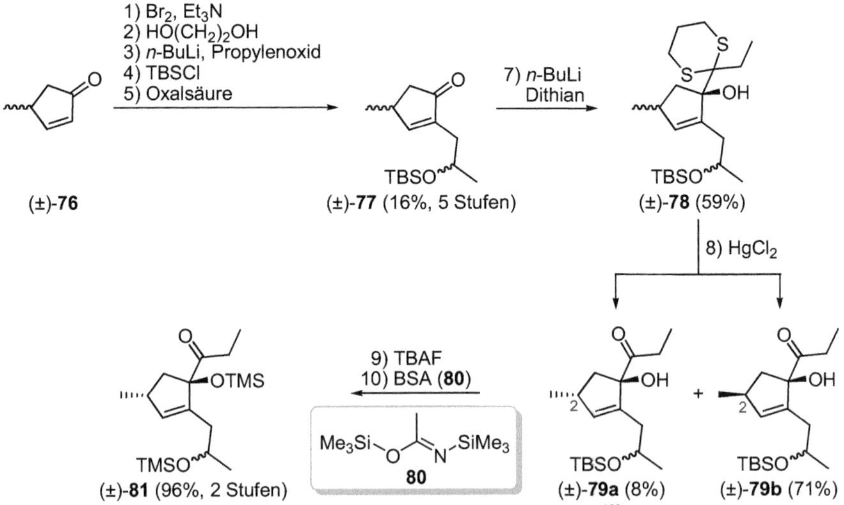

Abb. 22: Synthese des Fünfringfragments (±)-**81**.[122]

---

[122] Gyorkos, A. C.; Stille, J. K.; Hegedus, L. S. *J. Am. Chem. Soc.* **1990**, *112*, 8465–8472.
[123] Klebe, J. F.; Finkbeiner, H.; White, D. M. *J. Am. Chem. Soc.* **1966**, *88*, 3390–3395.

Auch hier erfolgte dann die Verknüpfung der Seitenkette **82** durch eine Aldol-Addition.[117] Nach einer Corey–Kim-Oxidation[124] und der Spaltung beider TMS-Ether mit TASF (Tris-(dimethylamino)sulfoniumdifluortrimethylsilicat) (**84**)[125] wurde *in situ* der 3-Furanon-Ring unter leicht sauren Bedingungen geschlossen (s. Abb. 23).

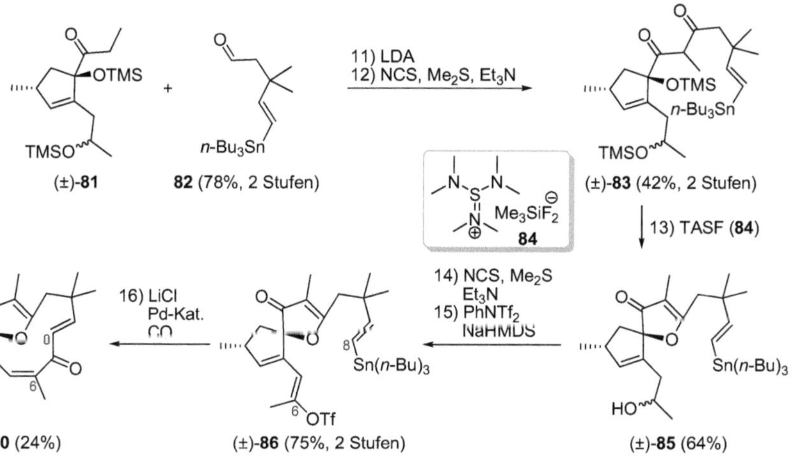

Abb. 23: Abschluss der Totalsynthese von (±)-Jatrophon (**30**).[122]

Der Schlüsselschritt nach Bildung des Vinyltriflats (±)-**86**[126] war eine palladiumkatalysierte carbonylierende Kreuzkupplung[127] zum Schließen des Ringes, was mit einer Ausbeute von 24% gelang (s. Abb. 23).

(±)-Jatrophon (**30**) konnte in 16 Stufen mit einer Ausbeute von 0.04% hergestellt werden. Analog erfolgte die Synthese von (±)-2-*epi*-Jatrophon mit einer Gesamtausbeute von 1%.

2.1.4 Totalsynthese von (+)-Jatrophon (30)

Die erste enantioselektive Synthese von (+)-Jatrophon (**30**) konnten Han und Wiemer im Jahr 1992 realisieren.[128] Ihre Synthese startete mit dem aus der Polei-Minze stammenden chiralen Monoterpen Pulegon (**87**).[129] Nach oxidativer Spaltung des Sechsrings und Dieckmann-Cyclisierung[130] erhielten sie ein Gemisch aus Regioisomeren **88** und **89**, von dem sie das ungewünschte Regioisomer **89** zu einem späteren Zeitpunkt abtrennen konnten. Die Einführung

---

[124] Corey, E. J.; Kim, C. U. *Tetrahedron Lett.* **1974**, *15*, 287–290.
[125] Noyori, R.; Nishida, I.; Sakata, J. *J. Am. Chem. Soc.* **1983**, *105*, 1598–1608.
[126] Mc Murry, J. E.; Scott, W. J. *Tetrahedron Lett.* **1983**, *24*, 979–982.
[127] a) Crisp, G. T.; Scott, W. J.; Stille, J. K. *J. Am. Chem. Soc.* **1984**, *106*, 7500–7506. b) Stille, J. K. *Angew. Chem.* **1986**, *98*, 504–519. c) Stille, J. K. *Angew. Chem., Int. Ed.* **1986**, *25*, 508–524.
[128] Han, Q.; Wiemer, D. F. *J. Am. Chem. Soc.* **1992**, *114*, 7692–7697.
[129] Becicka, B. T.; Koerwitz, F. L.; Drtina, G. J.; Baenziger, N. C.; Wiemer, D. F. *J. Org. Chem.* **1990**, *55*, 5613–5619.
[130] Dieckmann, W. *Ber. Dtsch. Chem. Ges.* **1894**, *27*, 102–103.

des zweiten Chiralitätszentrums erfolgte durch eine Dihydroxylierung des Alkens **90** mit OsO$_4$/NMO[131] mit substratinduzierter Diastereoselektivität (s. Abb. 24).

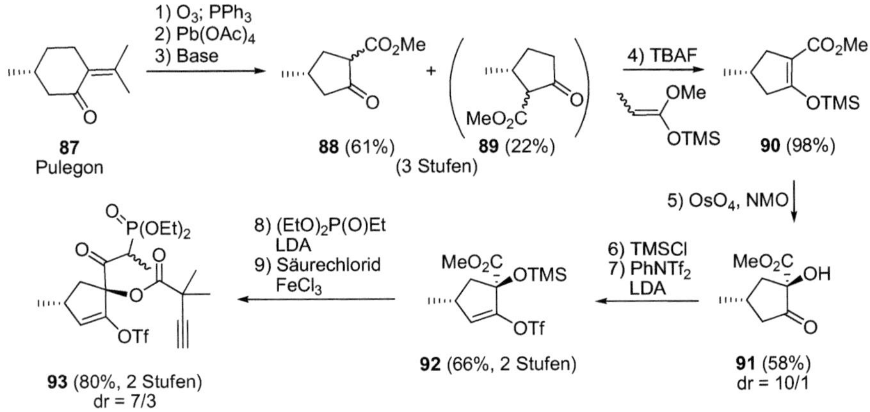

Abb. 24: Synthese des β-Ketophosphonats **93**.[128]

In den folgenden Schritten wurde zunächst das Vinyltriflat **92** gebildet und anschließend die β-Ketophosphonat-Einheit eingeführt und der tertiäre TMS-geschützte Alkohol unter lewissauren Bedingungen zunächst desilyliert und dann acyliert (s. Abb. 24).

Der Aufbau der 3-Furanon-Einheit erfolgte durch eine Horner–Wadsworth–Emmons-Reaktion[132] gefolgt von einer Stille-Kreuzkupplung[127] (s. Abb. 25).

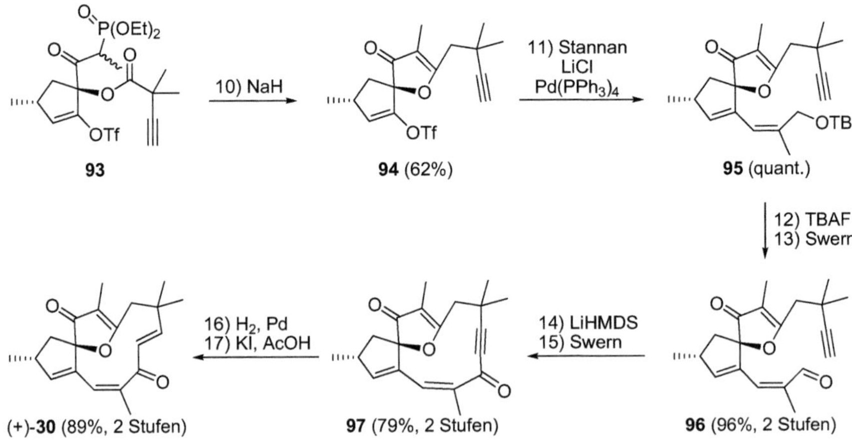

Abb. 25: Abschluss der Totalsynthese von (+)-Jatrophon (**30**).[128]

---

[131] McCormick, J. P.; Tomasik, W.; Johnson, M. W. *Tetrahedron Lett.* **1981**, *22*, 607–610.
[132] a) Horner, L.; Hoffmann, H.; Wippel, H. G. *Chem. Ber.* **1958**, *91*, 61–63. b) Wadsworth, W. S.; Emmons, W. D. *J. Am. Chem. Soc.* **1961**, *83*, 1733–1738.

Nach Desilylierung und Swern-Oxidation[133] wurde der Ring durch einen Angriff des lithiierten Alkins auf den Aldehyd **96** geschlossen (s. Abb. 25). Drei weitere Schritte erfolgten und ergaben (+)-Jatrophon (**30**), dessen analytische Daten mit denen des Naturstoffes übereinstimmten, in 17 Stufen mit einer Gesamtausbeute von 8%.

2.2.1 Die Hydroxyjatrophone A (98), B (99) und C (100)

Im Jahr 1983, 13 Jahre nach der Entdeckung von Jatrophon (**30**), konnten Smith III *et al.* ebenfalls aus den getrockneten Wurzeln (25 kg) von *Jatropha gossypiifolia* die Hydroxyjatrophone A (**98**) (95 mg), B (**99**) (140 mg) und C (**100**) (48 mg) isolieren (s. Abb. 26).[64a]

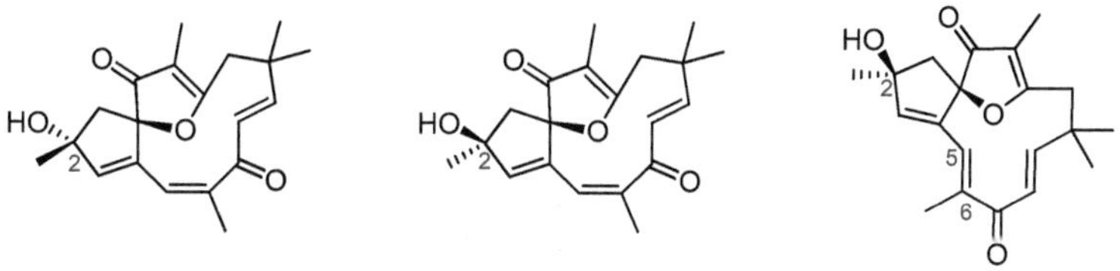

Abb. 26: Die Hydroxyjatrophone A (**98**), B (**99**) und C (**100**).

Alle drei neuen Jatrophane **98**, **99** und **100** haben im Vergleich zu Jatrophon (**30**) eine Hydroxygruppe an C2, wobei Hydroxyjatrophon B (**99**) das C2-Epimer zu Hydroxyjatrophon A (**98**) ist. Hydroxyjatrophon C (**100**) hat im Vergleich zu **30**, **98** und **99** eine (*E*)-konfigurierte Doppelbindung an C5/C6. Die Strukturaufklärung erfolgte auch hier durch HRMS, IR-, UV- und NMR-Spektroskopie sowie durch Derivatisierungsreaktionen und einen Vergleich mit schon synthetisierten Verbindungen.[115]

2.2.2 Totalsynthese von Hydroxyjatrophon A (98) und B (99)

Die erste enantioselektive Totalsynthese eines Jatrophan-Diterpens gelang Smith III *et al.* mit der Synthese von (+)-Hydroxyjatrophon A (**98**) und (+)-Hydroxyjatrophon B (**99**).[134] Hierzu wurde Dion **101** zunächst in den racemischen Bicyclus (±)-**102** überführt (s. Abb. 27).[135] Nach Veresterung mit (+)-*O*-Methylmandelsäurechlorid[136] konnten die beiden C2-Diastereomere säulenchromatographisch getrennt werden. Die anschließende Reduktion mit Aluminiumhydrid[137] und Spaltung des Acetals unter sauren Bedingungen und Silylierung mit TESCl ergaben enantiomerenrein die Cyclopentenone (2*R*)-**105** und (2*S*)-**105**.

---

[133] Omura, K.; Swern, D. *Tetrahedron* **1978**, *34*, 1651–1660.
[134] Smith III, A. B.; Lupo Jr., A. T.; Ohba, M.; Chen, K. *J. Am. Chem. Soc.* **1989**, *111*, 6648–6656.
[135] Smith III, A. B.; Dorsey, B. D.; Ohba, M.; Lupo Jr., A. T.; Malamas, M. S. *J. Org. Chem.* **1988**, *53*, 4314–4325.
[136] Bonner, W. A. *J. Am. Chem. Soc.* **1951**, *73*, 3126–3132.
[137] Brown, H. C.; Yoon, N. M. *J. Am. Chem. Soc.* **1966**, *88*, 1464–1472.

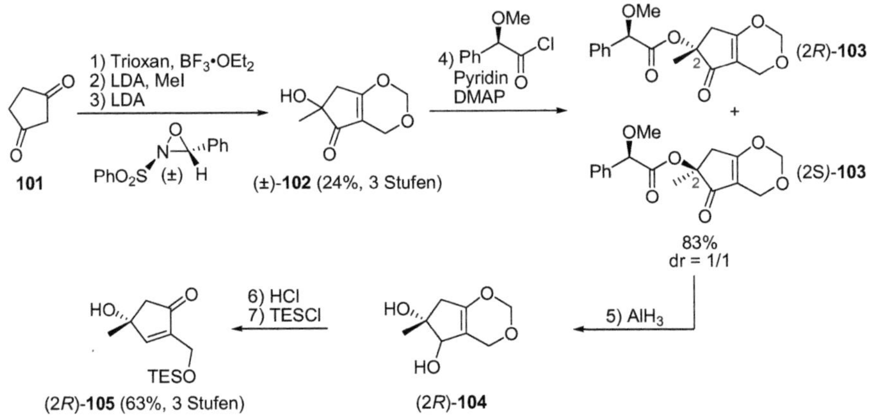

Abb. 27: Enantioselektive Synthese der Cyclopentenone (2R)-**105** und (2S)-**105**.[134]

Die anschließende Synthese verlief analog zur Synthese von (±)-16-Normethyljatrophon (**58**) (s. Abb. 27) und ergab Hydroxyjatrophon A (**98**) und B (**99**) mit einer Gesamtausbeute von 0.01% bzw. 0.35% über 20 Stufen.

2.3 Synthese des Cyclopentanfragments 107 nach Yamamura *et al.*

Die japanische Arbeitsgruppe um Yamamura veröffentlichte im Jahr 1993 eine Synthese für ein Cyclopentanfragment **107**,[138] das ein Intermediat für die Totalsynthese von den Euphoscopinen[95a,b,d] und Epieuphoscopinen[95d] sowie weiterer Jatrophane[95h] sein könnte (s. Abb. 28).

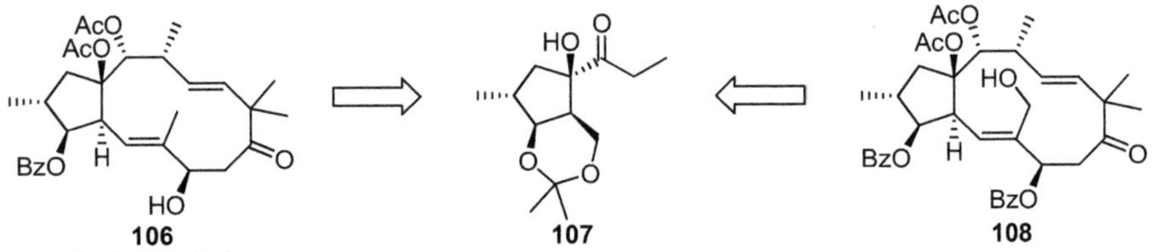

Abb. 28: Euphoscopin A (**106**),[95a] Cyclopentanfragment **107** und weiteres Jatrophan **108**.[95h]

Ihre Synthese begann mit dem Alkohol **109**,[139] der nach TBS-Veretherung diastereoselektiv dihydroxyliert wurde. Nach mehreren Schutzgruppenoperationen und Redoxprozessen wurde das Keton **112** mit dem Petasis-Reagenz[140] olefiniert. Ein weiterer Schlüsselschritt ist die Addition eines Cer-Organyls[141] an das Keton **113**. Im vorletzten Schritt erfolgte eine kupfer-

---

[138] Matsuura, T.; Nishiyama, S.; Yamamura, S. *Chem. Lett.* **1993**, *22*, 1503–1504.
[139] Sugai, T.; Mori, K. *Synthesis* **1988**, 19–22.
[140] Petasis, N. A.; Bzowej, E. I. *J. Am. Chem. Soc.* **1990**, *112*, 6392–6394.
[141] Imamoto, T.; Kusumoto, T.; Tawarayama, Y.; Sugiura, Y.; Mita, T.; Hatanaka, Y.; Yokoyama, M. *J. Org. Chem.* **1984**, *49*, 3904–3912.

katalysierte Carbamat-Bildung,[142] welches anschließend im basischen Milieu zum α-Hydroxyketon **107** umgesetzt wurde (s. Abb. 29).

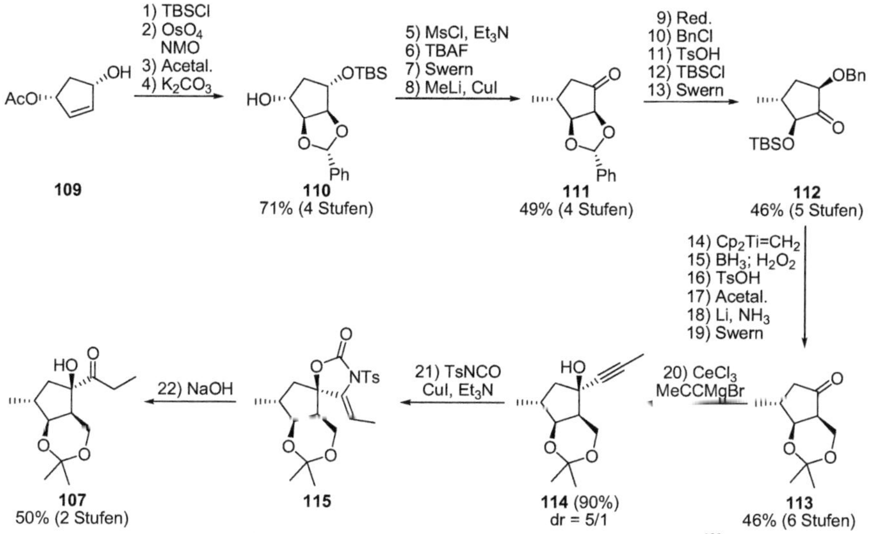

Abb. 29: Synthese des Cyclopentanfragments **107** nach Yamamura et al.[138]

Diese Synthese beinhaltet eine hohe Anzahl an Schutzgruppenoperationen sowie Redoxprozessen, was die hohe Stufenanzahl von 22 und somit die geringe Gesamtausbeute (3%) erklärt.

2.4.1 Synthese des Cyclopentanfragments 117 nach Hiersemann *et al.*

In unserem Arbeitskreis wurde von Helmboldt eine Synthesesequenz zu einem Cyclopentanfragment **117** entwickelt, das u.a. Ausgangspunkt für die Totalsynthese von dem Jatrophan **116**[91a] und Pubescen A (**118**)[105a] sein könnte (s. Abb. 30).[143,144]

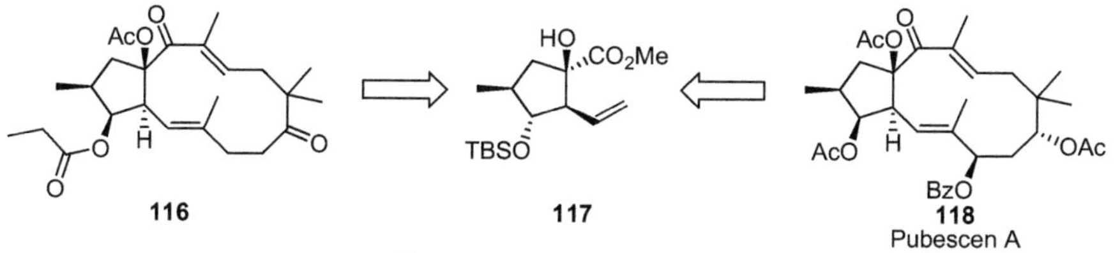

Abb. 30: Jatrophan **116**,[91a] Cyclopentanfragment **117** und Pubescen A (**118**).[105a]

Die achtstufige Synthese beginnt mit einer Evans-*syn*-Aldol-Addition[145] von Crotonaldehyd an das acylierte Evans-Auxiliar **119**. Nach Abspaltung des Auxiliars mit NaOMe[145a] und

---

[142] Ohe, K.; Ishihara, T.; Chatani, N.; Kawasaki, Y.; Murai, S. *J. Org. Chem.* **1991**, *56*, 2267–2268.
[143] Helmboldt, H.; Rehbein, J.; Hiersemann, M. *Tetrahedron Lett.* **2004**, *45*, 289–292.
[144] Helmboldt, H. *Studien zur Synthese von Jatrophan-Diterpenen* Dissertation, Technische Universität Dresden, **2006**.

Einführung der TBS-Schutzgruppe[146] wurde der Ester **121** zunächst mit DIBAH[147] reduziert und dann mit der Parikh–Doering-Oxidation[148] zum Aldehyd **122** oxidiert. Anschließend erfolgte eine HWE-Olefinierung[132] unter Masamune–Roush-Bedingungen[149] mit dem Phosphonat (±)-**123**[150] zum Enolacetat **124**, welches dann mit K_2CO_3 in Methanol zum α-Ketoester **125** umgeestert wurde. Im Schlüsselschritt dieser Sequenz wurde dieser in einer nicht katalysierten Carbonyl–En-Reaktion[151] zu den Cyclopentanen **117** und **126** umgesetzt, die säulenchromatographisch getrennt werden können (s. Abb. 31).

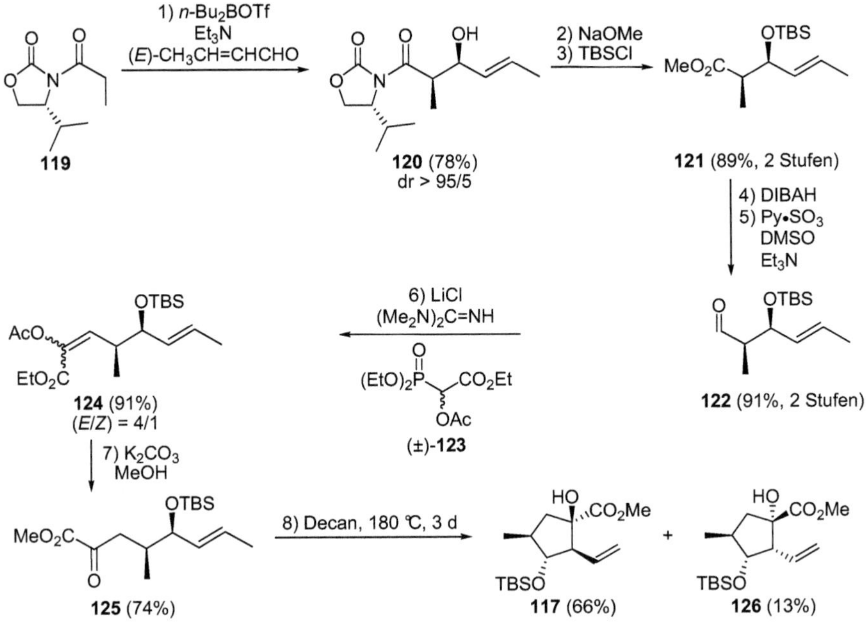

Abb. 31: Synthese des Cyclopentans **117** nach Helmboldt.[143,144]

Bei der Carbonyl–En-Reaktion werden von vier möglichen Diastereomeren nur zwei gebildet. Mit dieser eleganten Synthese konnte Helmboldt das Cyclopentan **117** in acht Stufen mit einer Gesamtausbeute von 28% im Multigramm-Maßstab erhalten.

---

[145] a) Evans, D. A.; Bartroli, J.; Shih, T. L. *J. Am. Chem. Soc.* **1981**, *103*, 2127–2129. b) Evans, D. A.; Nelson, J. V.; Vogel, E.; Taber, T. R. *J. Am. Chem. Soc.* **1981**, *103*, 3099–3111.
[146] Corey, E. J.; Venkateswarlu, K. *J. Am. Chem. Soc.* **1972**, *94*, 6190–6191.
[147] a) Ziegler, K.; Schneider, K.; Schneider, J. *Angew. Chem.* **1955**, *67*, 425–425. b) Miller, A. E. G.; Biss, J. W.; Schwartzman, L. H. *J. Org. Chem.* **1959**, *24*, 627–630.
[148] Parikh, J. R.; Doering, W. v. E. *J. Am. Chem. Soc.* **1967**, *89*, 5505–5507.
[149] Blanchette, M. A.; Choy, W. C.; Davis, J. T.; Essenfeld, A. P.; Masamune, S.; Roush, W. R.; Sak, T. *Tetrahedron Lett.* **1984**, *25*, 2183–2186.
[150] Schmidt, U.; Langner, J.; Kirschbaum, B.; Braun, C. *Synthesis* **1994**, 1138–1140.
[151] a) Hiersemann, M. *Synlett* **2000**, 415–417. b) Hiersemann, M. *Eur. J. Org. Chem.* **2001**, *2001*, 483–491. c) Hiersemann, M.; Abraham, L.; Pollex, A. *Synlett* **2003**, 1088–1095.

2.4.2 Totalsynthese von (–)-15-*O*-Acetyl-3-*O*-propionyl-17-norcharaciol (127)

Helmboldt gelang es als Erstem, ein Norjatrophan-Diterpen **127** enantioselektiv herzustellen.[144,152] Schlüsselschritte seiner Retrosynthese waren eine Ringschluss-Metathese[153] zum Schließen des Zwölfringes an C5/C6 sowie eine HWE-Olefinierung[132] an C12/C13 (s. Abb. 32).

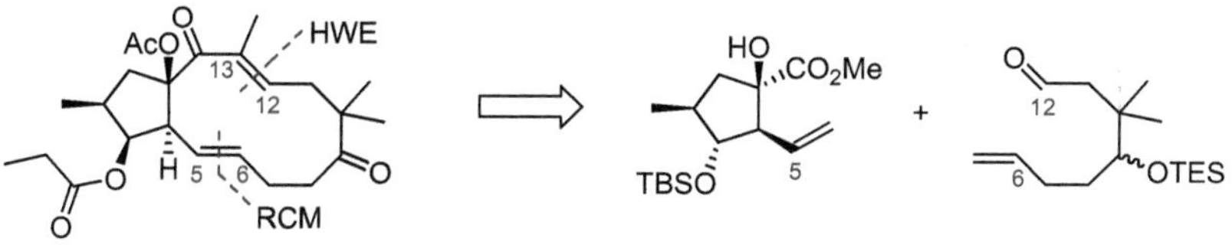

Abb. 32: Retrosynthese für (–)-15-*O*-Acetyl-3-*O*-propionyl-17-norcharaciol (**127**).

Der Aldehyd (±)-**128** wurde ausgehend von 2-Iodethanol (**129**) in einer siebenstufigen Synthese mit einer Gesamtausbeute von 50% hergestellt. Schlüsselschritte hierbei waren die Alkylierung von Isobuttersäureethylester sowie eine Grignard-Addition[154] an den Aldehyd **131** (s. Abb. 33).

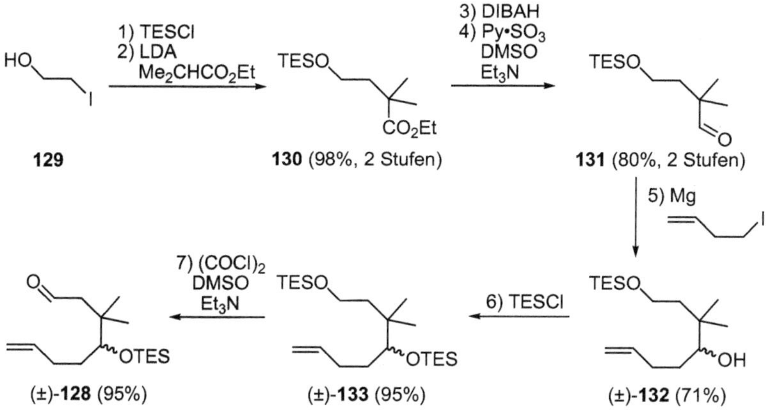

Abb. 33: Synthese des Aldehyds (±)-**128**.[144,152]

Das Produkt der Carbonyl–En-Reaktion, das Cyclopentan **117**, wurde zunächst als TMS-Ether geschützt und anschließend zum Phosphonat **134** umgesetzt. Bei der folgenden HWE-Reaktion[132] wurde das Trien **135** erhalten. Nach Spaltung des TMS- und TES-Ethers wurde der sekundäre Alkohol mit Dess–Martin-Periodinan[155] zu dem Keton **136** oxidiert.

---

[152] Helmboldt, H.; Köhler, D.; Hiersemann, M. *Org. Lett.* **2006**, *8*, 1573–1576.
[153] a) Tsuji, J.; Hashiguchi, S. *Tetrahedron Lett.* **1980**, *21*, 2955–2958. b) Grubbs, R. H. *Handbook of Metathesis* **2003**, Wiley-VCH New York, *1. edition*. c) Conrad, J. C.; Fogg, D. E. *Curr. Org. Chem.* **2006**, *10*, 185–202.
[154] Grignard, V. *C. R. Acad. Sci.* **1900**, 1322–1324.
[155] a) Dess, D. B.; Martin, J. C. *J. Org. Chem.* **1983**, *48*, 4155–4156. b) Dess, D. B.; Martin, J. C. *J. Am. Chem. Soc.* **1991**, *113*, 7277–7287.

Anschließend wurde desilyliert, die Konfiguration an C3 durch eine Mitsunobu-Reaktion[156] invertiert und der erhaltene 4-Brombenzoesäureester mit K_2CO_3 gespalten. Die Veresterung mit Propionsäure und EDC•HCl[157] führte zum Ester **137** (s. Abb. 34).

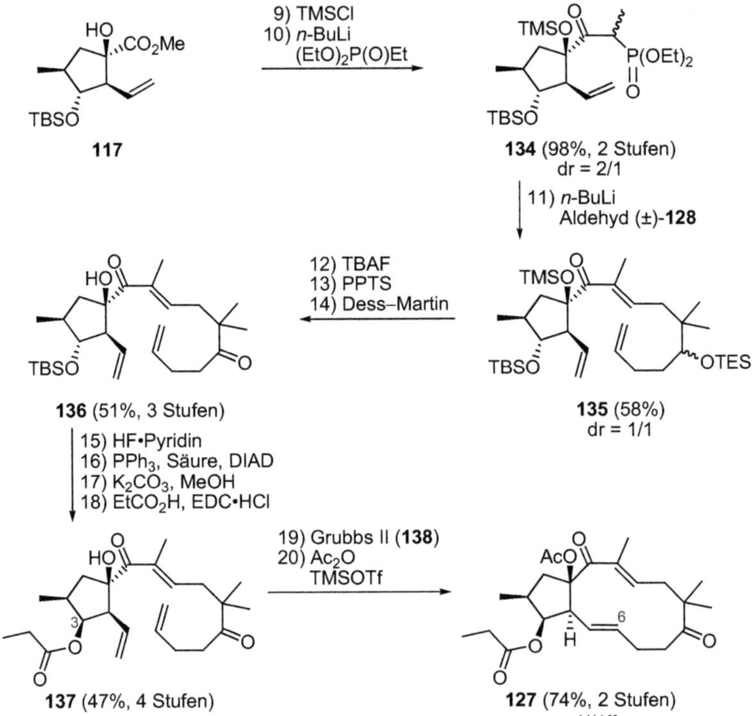

Abb. 34: Abschluss der Synthese des Norjatrophans **127**.[144,152]

Die Ringschluss-Metathese mit dem Grubbs-II-Katalysator (**138**) (s. Abb. 96)[158] führte zu dem Bicyclus, der anschließend mit Essigsäureanhydrid und katalytischen Mengen TMSOTf[159] das Norjatrophan **127** ergab. Versuche, den Zwölfring mit einer Methylgruppe an C6 zu schließen, führten nicht zum Erfolg. (−)-15-*O*-Acetyl-3-*O*-propionyl-17-norcharaciol (**127**) wurde in 20 Stufen mit einer Gesamtausbeute von 3% synthetisiert.

---

[156] a) Mitsunobu, O.; Yamada, M. *Bull. Chem. Soc. Jpn.* **1967**, *40*, 2380–2382. b) Mitsunobu, O. *Synthesis* **1981**, 1–28.
[157] Sheehan, J.; Cruickshank, P.; Boshart, G. *J. Org. Chem.* **1961**, *26*, 2525–2528.
[158] a) Scholl, M.; Ding, S.; Lee, C. W.; Grubbs, R. H. *Org. Lett.* **1999**, *1*, 953–956. b) Scholl, M.; Trnka, T. M.; Morgan, J. P.; Grubbs, R. H. *Tetrahedron Lett.* **1999**, *40*, 2247–2250. c) Weskamp, T.; Kohl, F. J.; Hieringer, W.; Gleich, D.; Herrmann, W. A. *Angew. Chem.* **1999**, *111*, 2573–2576. d) Weskamp, T.; Kohl, F. J.; Hieringer, W.; Gleich, D.; Herrmann, W. A. *Angew. Chem., Int. Ed.* **1999**, *38*, 2416–2419. e) Huang, J.; Stevens, E. D.; Nolan, S. P.; Petersen, J. L. *J. Am. Chem. Soc.* **1999**, *121*, 2674–2678. f) Ackermann, L.; Fürstner, A.; Weskamp, T.; Kohl, F. J.; Herrmann, W. A. *Tetrahedron Lett.* **1999**, *40*, 4787–4790. g) Huang, J.; Schanz, H.-J.; Stevens, E. D.; Nolan, S. P. *Organometal.* **1999**, *18*, 5375–5380.
[159] Procopiou, P. A.; Baugh, S. P. D.; Flack, S. S.; Inglis, G. G. A. *J. Org. Chem.* **1998**, *63*, 2342–2347.

2.5 Synthese des Cyclopentanfragments 140 nach Mulzer et al.

Eine weitere Synthese für ein Cyclopentanfragment, Vinyltriflat **140**, präsentierte die Arbeitsgruppe Mulzer.[160] Dieses Cyclopentan **140** könnte weiter umgesetzt werden, um z.B. die Jatrophane Pepluanin A (**139**)[103c] oder Esulon A (**141**)[93a] zu synthetisieren (s. Abb. 35).

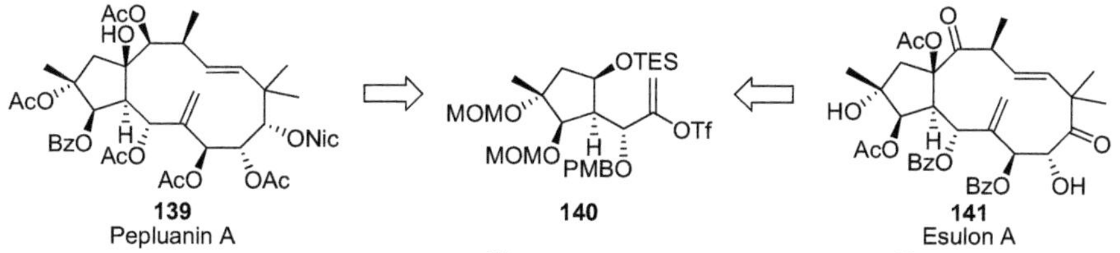

Abb. 35: Pepluanin A (**139**),[103c] Cyclopentan **140** und Esulon A (**141**).[93a]

Startend mit Furfuryl-Alkohol (**142**) konnten Mulzer et al. den Alkohol (±)-**143** herstellen, der durch eine enzymatische, kinetische Racematspaltung zu dem Acetat **144** umgesetzt wurde (s. Abb. 36).[161]

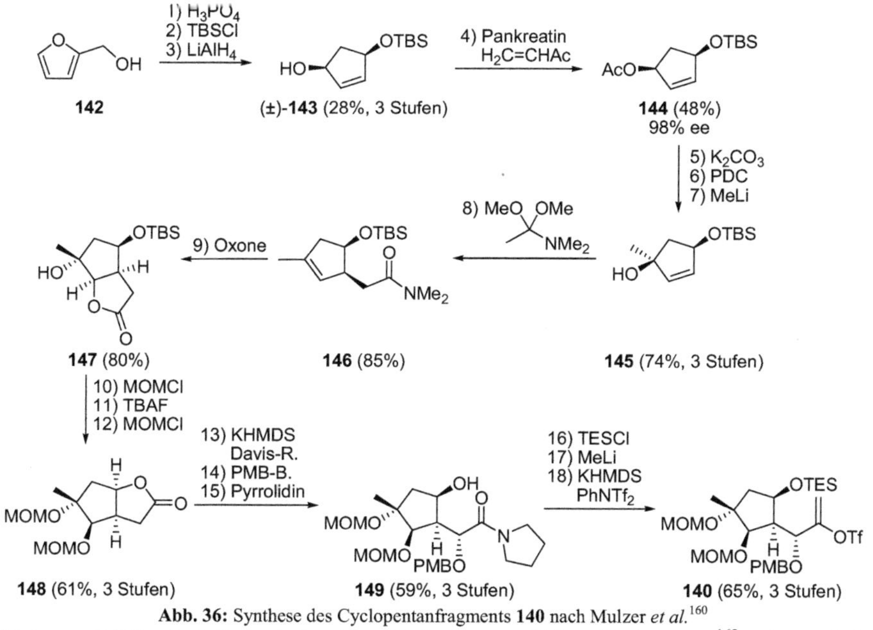

Abb. 36: Synthese des Cyclopentanfragments **140** nach Mulzer et al.[160]

Weitere Schlüsselschritte sind eine Eschenmoser–Claisen-Umlagerung[162] des Allylalkohols **145** zu dem γ,δ-ungesättigten Amid **146** sowie eine Epoxidierung mit Oxone[163] und

---

[160] a) Gilbert, M. W.; Galkina, A.; Mulzer, J. *Synlett* **2004**, 2558–2562. b) Mulzer, J.; Gilbert, M. W.; Giester, G. *Helv. Chim. Acta* **2005**, *88*, 1560–1579.
[161] a) Laumen, K.; Schneider, M. *Tetrahedron Lett.* **1984**, *25*, 5875–5878. b) Curran, T. T.; Hay, D. A. *Tetrahedron: Asymmetry* **1996**, *7*, 2791–2792. c) Roy, A.; Schneller, S. W. *J. J. Org. Chem.* **2003**, *68*, 9269–9273.
[162] Wick, A. E.; Felix, D.; Stehen, K.; Eschenmoser, A. *Helv. Chim. Acta* **1964**, *47*, 2425–2429.

anschließender *in situ* Bildung des Lactons **147**. Nach drei Schutzgruppenoperationen wurde das Lacton **148** mit dem Davis-Reagenz[164] in α-Position hydroxyliert. Einführung der PMB-Gruppe mit dem PMB-Bundle-Reagenz[165] und Öffnung des Lactons mit Pyrrolidin ergaben das Amid **149**. Nach drei weiteren Stufen wurde das Vinyltriflat **140** erhalten (s. Abb. 36). Mulzer *et al.* konnten das Cyclopentanfragment **140** ausgehend von Furfuryl-Alkohol (**142**) in 18 Stufen mit einer Gesamtausbeute von 2% synthetisieren.

2.6 Synthese des Cyclopentanfragments 151 nach Uemura *et al.*

Im Jahr 2007 publizierten Uemura *et al.* eine Synthese für das Cyclopentan **151**,[166] das als Intermediat für die Totalsynthese von Jatrophanen wie z.B. Kansuinin A (**150**)[97a,b] oder D (**152**)[97e] dienen könnte (s. Abb. 37).

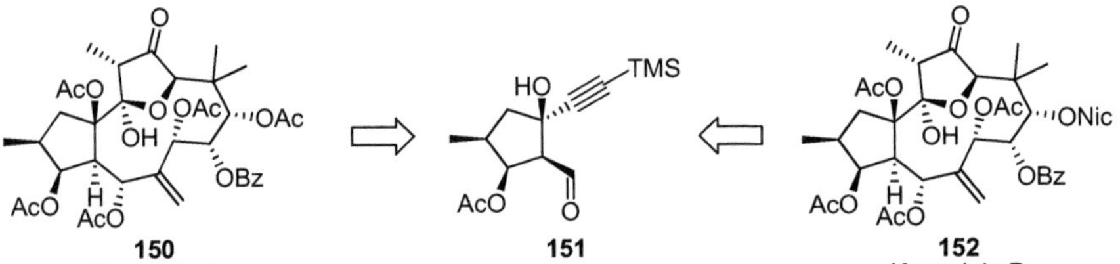

150
Kansuinin A

151

152
Kansuinin D

Abb. 37: Kansuinin A (**150**),[97a,b] Cyclopentan **151** und Kansuinin D (**152**).[97e]

Ihre Synthese startete mit dem Roche-Ester (**153**),[167] der in drei Stufen zu dem Aldehyd **154** umgesetzt wurde.[168] Dieser wurde in einer Mukaiyama-Aldol-Reaktion[116] zum β-Hydroxyester **155** umgesetzt,[116,169] welcher anschließend diastereoselektiv mit Formaldehyd zum Diol **156** hydroxymethyliert wurde.[170] Der Ringschluss erfolgte durch eine SmI$_2$-vermittelte Cyclisierung des δ-Iodesters **157** mit katalytischen Mengen Eisen-(III)-acetylacetonat zum Keton **158**.[171] Ein weiterer Schlüsselschritt war der diastereoselektive Angriff des Grignard-Reagenzes[154] von der konvexen Seite des Bicyclues **158**. Nach vier Schutzgruppenoperationen sowie einer Oxidation erhielten Uemura *et al.* schließlich den Aldehyd **151** (s. Abb. 38).

---

[163] Murray, R. W.; Jeyaraman, R. *J. Org. Chem.* **1985**, *50*, 2847–2853.
[164] Davis, F. A.; Chaltophadhyay, S.; Towson, T. C.; Lol, S.; Reddy, T. *J. Org. Chem.* **1988**, *53*, 2087–2089.
[165] Nakajima, N.; Horita, K.; Abe, R.; Yonemitsu, O. *Tetrahedron Lett.* **1988**, *29*, 4139–4142.
[166] Shimokawa, K.; Takamura, H.; Uemura, D. *Tetrahedron Lett.* **2007**, *48*, 5623–5625.
[167] a) Züger, M. F.; Giovannini, F.; Seebach, D. *Angew. Chem.* **1983**, *95*, 1024–1024. b) Züger, M. F.; Giovannini, F.; Seebach, D. *Angew. Chem., Int. Ed.* **1983**, *22*, 1012–1012. c) Review: Banfi, L.; Guanti, G. *Synthesis* **1993**, 1029–1056.
[168] Kawabata, T.; Kimura, Y.; Ito, Y.; Terashima, S.; Sasaki, A.; Sunagawa, M. *Tetrahedron Lett.* **1988**, *44*, 2149–2165.
[169] a) Reetz, M. T.; Kesseler, K. *J. Chem. Soc., Chem. Comm.* **1984**, 1079–1080. b) Shirai, F.; Nakai, T. *Chem. Lett.* **1989**, *18*, 445–448.
[170] Rodriguez, L.; Lu, N.; Yang, N.-L. *Synlett* **1990**, 227–228.
[171] a) Molander, G. A.; McKie, J. A. *J. Org. Chem.* **1993**, *58*, 7216–7227. b) Molander, G. A.; Shakya, S. R. *J. Org. Chem.* **1994**, *59*, 3445–3452.

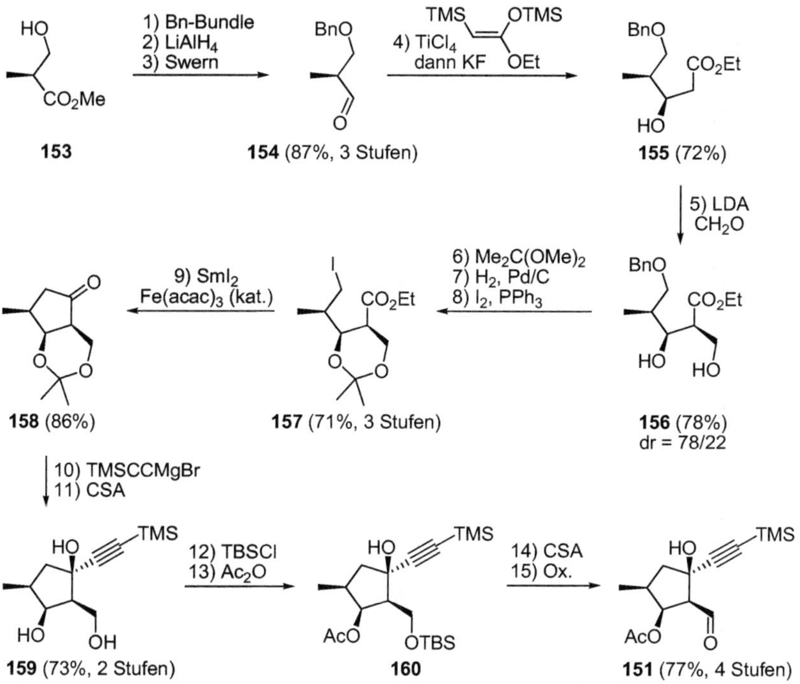

Abb. 38: Synthese des Cyclopentanfragments **151** nach Uemura *et al.*[166]

Ausgehend vom Roche-Ester (**153**) konnten Uemura *et al.* das Cyclopentan **151** in 15 Stufen mit einer Gesamtausbeute von 17% synthetisieren.

2.7 Synthese der Cyclopentanfragmente (2*R*)- und (2*S*)-162 nach Lentsch und Rinner

Eine weitere Fünfringsynthese veröffentlichte die österreichische Arbeitsgruppe Rinner mit der Synthese der beiden C2-Epimere **162**,[172] die für die Totalsynthese von Jatrophanen wie PI-3 (**161**)[104] oder Altotibetin A (**163**)[89] verwendet werden könnten (s. Abb. 39).

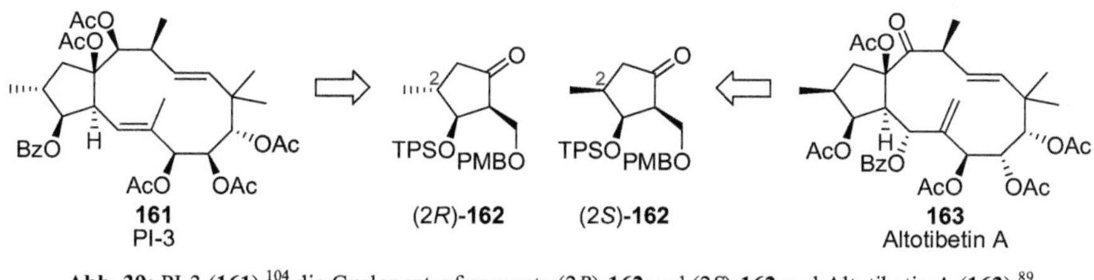

Abb. 39: PI-3 (**161**),[104] die Cyclopentanfragmente (2*R*)-**162** und (2*S*)-**162** und Altotibetin A (**163**).[89]

Ihre Synthese begann mit der Alkylierung von (*S*,*S*)-Pseudoephedrinpropionamid (**164**) mit Allyliodid.[173] Nach reduktiver Abspaltung des Auxiliars mit Lithiumamidotrihydroborat[174]

---

[172] Lentsch, C.; Rinner, U. *Org. Lett.* **2009**, *11*, 5326–5328.

und IBX-Oxidation[175] wurde der Aldehyd **166** in einer diastereoselektiven Aldol-Addition mit dem chiralen Ester (R)-HYTRA ((R)-(+)-2-Hydroxy-1,2,2-triphenylethylacetat)[176] zu dem β-Hydroxyester **167** umgesetzt. Anschließend wurde umgeestert, hydroxymethyliert, eliminiert und die TPS-Schutzgruppe[177] eingeführt (s. Abb. 40).

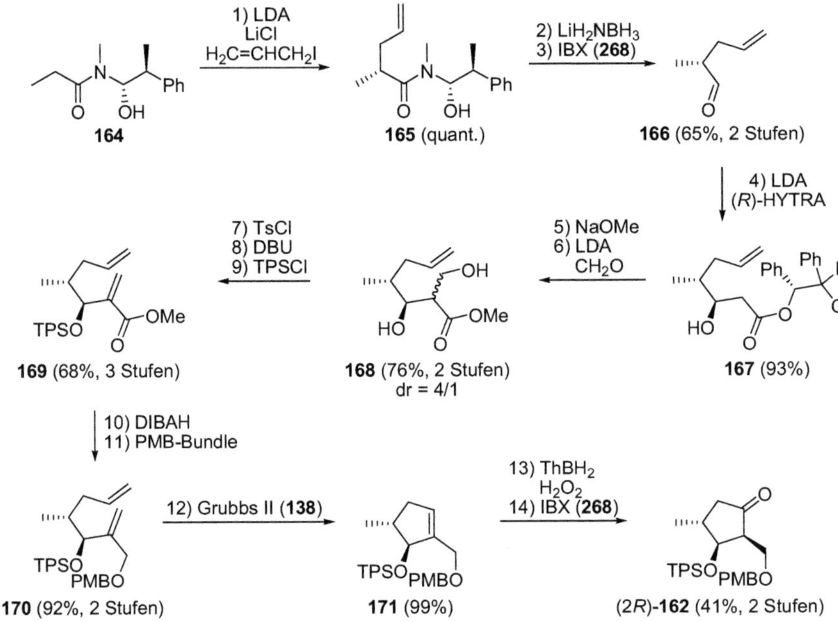

Abb. 40: Synthese des Cyclopentanfragments (2R)-**162** nach Lentsch und Rinner.[172]

Der Ringschluss erfolgte nach zwei weiteren Reaktionen durch eine Ringschluss-Metathese mit dem Grubbs-II-Katalysator (**138**).[158] Nach regio- und diastereoselektiver Hydroborierung mit Thexylboran[178] und IBX-Oxidation[175] erhielten sie das Keton (2R)-**162** (s. Abb. 40). Ausgehend von dem chiralen Auxiliar **164** konnten Lentsch und Rinner das Cyclopentan (2R)-**162** in 14 Stufen mit einer Gesamtausbeute von 12% synthetisieren. Analog dazu erhielten sie das Cyclopentan (2S)-**162** in 14 Stufen mit einer Gesamtausbeute von 9%.

---

[173] Myers, A. G.; Yang, B. H.; Chen, H.; McKinstry, L.; Kopecky, D. J.; Gleason, J. L. *J. Am. Chem. Soc.* **1997**, *119*, 6496–6511.
[174] Myers, A. G.; Yang, B. H.; Kopecky, D. J. *Tetrahedron Lett.* **1996**, *37*, 3623–3626.
[175] a) Frigerio, M.; Santagostino, M. *Tetrahedron Lett.* **1994**, *35*, 8019–8022. b) Frigerio, M.; Santagostino, M.; Sputore, S.; Palmisano, G. *J. Org. Chem.* **1995**, *60*, 7272–7276. c) Tohma, H.; Kita, Y. *Adv. Synth. Catal.* **2004**, *346*, 111–124.
[176] Braun, M.; Graf, S.; Herzog, S. *Org. Synth.* **1995**, *72*, 32.
[177] Hanessian, S.; Lavallee, P. *Can. J. Chem.* **1975**, *53*, 2975–2977.
[178] Brown, H. C.; Pfaffenberger, C. D. *J. Am. Chem. Soc.* **1967**, *89*, 5475–5477.

2.8 Vergleich der fünf Cyclopentansynthesen

In Abb. 41 sind alle fünf präsentierten Cyclopentansynthesen mit der Gesamtanzahl der Stufen sowie der Gesamtausbeute stark zusammengefasst dargestellt. Zum besseren Vergleich wurden bei den Synthesen von Yamamura *et al.*, Mulzer *et al.* und Uemura *et al.* die Zwischenprodukte **114**, **172** und **173** dargestellt, bei denen der Fünfring und alle Chiralitätszentren schon aufgebaut sind. Die älteste Synthese stammt von Yamamura *et al.* und ist die längste Synthesesequenz mit 20 bzw. 22 Stufen.[138] Ihr Cyclopentan **107** weist eine ähnliche Komplexität auf wie das Cyclopentan **117** aus dem Arbeitskreis Hiersemann,[143] das mit der geringsten Stufenanzahl sowie der höchsten Gesamtausbeute dieser fünf Synthesesequenzen hergestellt werden konnte.

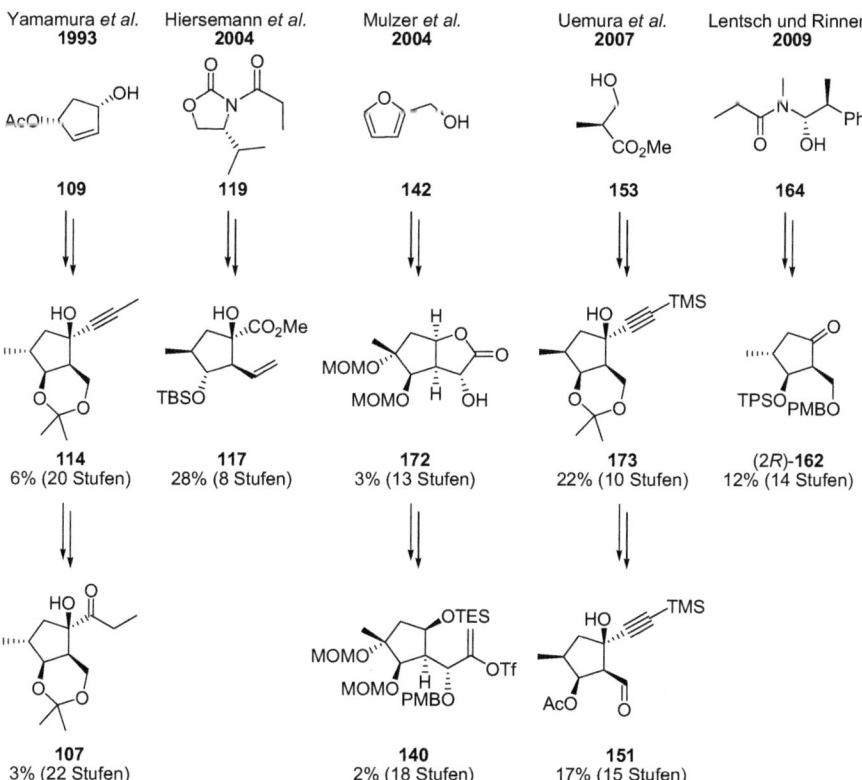

Abb. 41: Zusammenfassung der fünf Cyclopentansynthesen.

Das von Mulzer *et al.* synthetisierte Cyclopentan **140** besitzt fünf Chiralitätszentren[160] und somit mehr als die anderen vier Cyclopentane. Auch hier war eine höhere Gesamtstufenanzahl als bei Hiersemann *et al.* zur Fertigstellung notwendig. Die Synthese des Cyclopentans **173** von Uemura *et al.*[166] ist nur halb so lang wie die von Yamamura *et al.* bei ähnlicher

Komplexität. Die Cyclopentansynthese von Lentsch und Rinner hat den Vorteil, dass sowohl das Cyclopentan (2R)-**162** als auch (2S)-**162** hergestellt werden konnten.[172] Aber auch hier ist die Stufenanzahl fast doppelt so hoch wie bei der Synthese von Hiersemann *et al.*, was letztendlich auch für eine geringere Gesamtausbeute verantwortlich ist.

Nach meinem Kenntnisstand gibt es keine weiteren publizierten Total- oder Teilsynthesen von Jatrophanen bzw. Jatrophan-Fragmenten.

3
Ziele der Arbeit

3.1 Das Jatrophan 15-*O*-Acetyl-3-*O*-propionylcharaciol (116)

Das Hauptziel dieser Arbeit ist die Totalsynthese des Jatrophan-Diterpens 15-*O*-Acetyl-3-*O*-propionylcharaciol (**116**). Dieses Jatrophan **116** sowie sieben weitere Jatrophane **174–180** wurden aus dem Milchsaft (**116**, **174–178**) bzw. aus den Wurzeln (**179**, **180**) der Pflanze *Euphorbia characias* isoliert (s. Abb. 42).[91a]

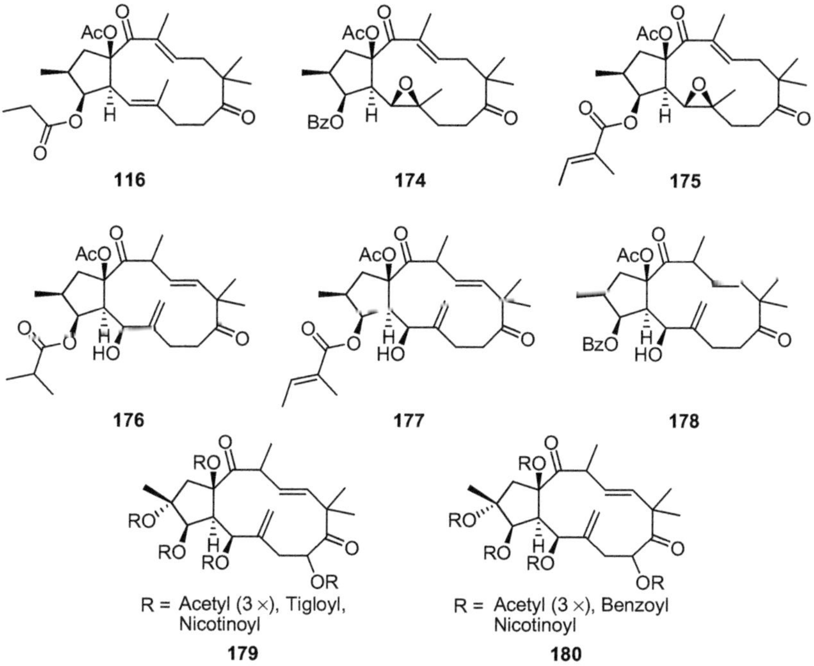

Abb. 42: Die acht Jatrophane **116**, **174–180**, isoliert aus *Euphorbia characias*.[91a]

Die Isolierung erfolgte aus 400 ml des Milchsaftes von *Euphorbia characias*, der 1977 in Südfrankreich gesammelt und in 400 ml Methanol aufbewahrt wurde.[179] Nach Dekantieren wurde der verbleibende Feststoff viermal mit je einem Liter Aceton extrahiert. Der eingeengte Extrakt (75 g) wurde durch drei Mehrfachextraktionen (Craig-Verteilung) mit Petrolether-Methanol-Wasser bzw. Tetrachlorkohlenstoff-Methanol-Wasser weiter aufgereinigt. Nach präparativer Dünnschichtchromatographie erhielten Seip und Hecker 15-*O*-Acetyl-3-*O*-propionylcharaciol (**116**) mit einer Ausbeute von 11 mg (0.015%).[91a]

Zur Charakterisierung wurde zunächst ein UV-Spektrum aufgenommen. Aus den Ergebnissen der Massenspektrometrie konnten die Summenformel von $C_{25}H_{36}O_6$ sowie die Reste von Essig- und Propionsäure entnommen werden. Es folgten intensive ^{1}H-NMR-Auswertungen, die ein Jatrophan-Grundgerüst bestätigten, welches sie Characiol (**181**) nannten.[91a] Aufgrund

---

[179] Seip, E.; Hecker, E. *Phytochemistry* **1983**, *22*, 1791–1795.

der geringen Substanzmenge konnten die Positionen der Säurereste nicht bestimmt werden, so dass es sich bei dem Naturstoff auch um das Konstitutionsisomer **182** handeln könnte. Da sich aber bei den bisher charakterisierten Jatrophanen (**174**, **175**) und Lathyranen[179] der Acetyl-Rest immer an C15 befand, schlugen Seip und Hecker die in Abb. 42 gezeigte Struktur **116** vor. Eine Prileschajew-Reaktion[180] mit *m*-Chlorperbenzoesäure[181] erbrachte das Epoxid **183** (s. Abb. 43), das identische Signale im ^{1}H-NMR-Spektrum im Bereich des Grundgerüstes wie die beiden Jatrophane **174** und **175** aufwies (s. Abb. 42).

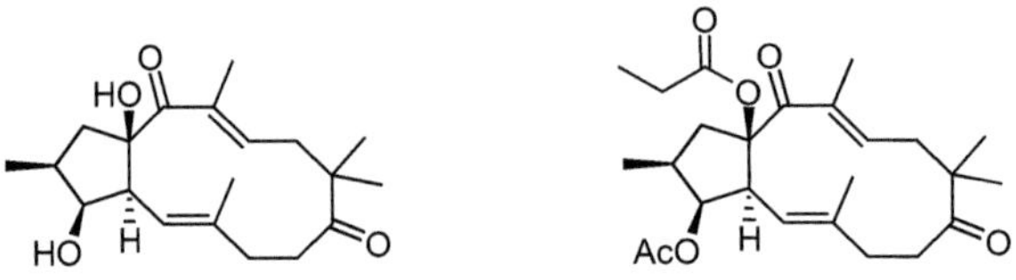

Abb. 43: Characiol (**181**), das Konstitutionsisomer **182** und Epoxidierung zum Epoxid **183**.[91a]

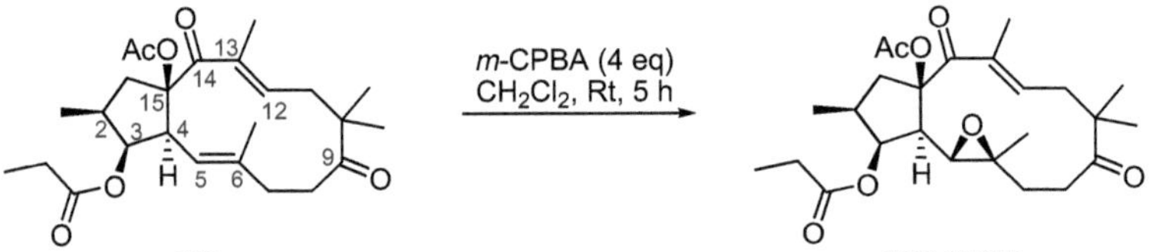

Das Jatrophan **116** besitzt ein bicyclisches Grundgerüst mit einem Fünf- und einem Zwölfring, die *trans*-annelliert sind. Neben den beiden Brückenkopf-C-Atomen (C4, C15) gibt es noch zwei weitere Chiralitätszentren im Fünfring (C2, C3). Im Zwölfring sind zwei dreifach substituierte (*E*)-konfigurierte C=C-Doppelbindungen (C5/C6, C12/C13) sowie eine Keton- (C9) und eine Enon-Einheit (C14) zu finden.

Nach einer erfolgreichen Synthese des Jatrophans **116** ist eine analoge Synthese des Konstitutionsisomers **182** erstrebenswert, um nach Vergleich der ^{1}H-NMR-Spektren die genaue Konstitution des Naturstoffes nachweisen zu können.

3.2 Die Jatrophan-Epoxide 174 und 175

Ein weiteres Ziel dieser Arbeit nach der Totalsynthese des Jatrophans **116** wäre die Herstellung der Jatrophane **174** und **175**, die in analoger Weise nach Veresterung mit Benzoe- bzw. Tiglinsäure an C3 und anschließender Epoxidierung der C5/C6-Doppelbindung zugänglich sein sollten.

Diese beiden Epoxide **174** und **175** wurden auch aus dem Milchsaft von *Euphorbia characias* in einer Ausbeute von 23 mg (0.031%) bzw. 86 mg (0.12%) isoliert.[91a] Auch hier erfolgte die

---

[180] Prileschajew, N. *Chem. Ber.* **1909**, *42*, 4811–4815.
[181] Anderson, W. K.; Veysoglu, T. *J. Org. Chem.* **1973**, *38*, 2267–2268.

Charakterisierung durch Massenspektrometrie, UV-, IR- und ^{1}H-NMR-Spektroskopie. Für das Epoxid **174** konnte zusätzlich noch ein ^{13}C-NMR-Spektrum erhalten werden. Eine partielle Verseifung des Diesters **175** mit KOH in Methanol führte zu dem tertiären Alkohol **184** (s. Abb. 44), womit die Position der Säurereste bestimmt werden konnte. Die Zuordnung der Säurereste beim Epoxid **174** konnte durch die Tieffeldverschiebung des 3-C*H*-Atoms im ^{1}H-NMR-Spektrum erklärt werden, was auf die Veresterung mit Benzoesäure zurückzuführen sei.[91a]

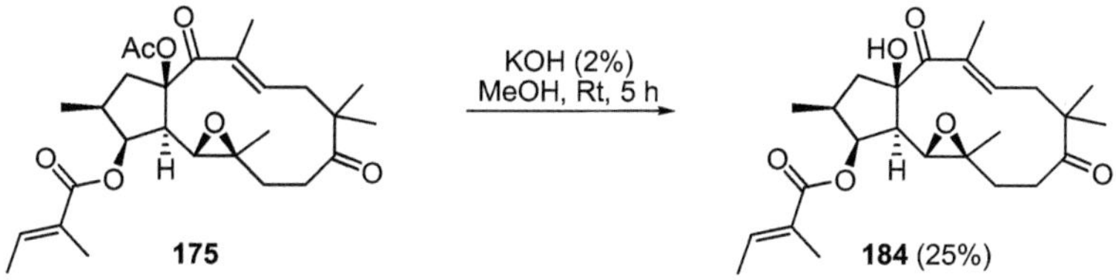

Abb. 44: Verseifung des Jatrophans **175** zum tertiären Alkohol **184**.[91a]

Die Zuordnung der Konfigurationen im Fünfring erfolgte durch Vergleich der Kopplungskonstanten sowie durch Vergleiche der ^{1}H-NMR-Daten mit denen der Fünfringe von Lathyranen (**190** und **191**), deren Konfiguration durch Röntgenkristallstrukturanalyse geklärt worden war.[182]

Drehwerte wurden für die Jatrophane **116**, **174** und **175** nicht bestimmt, und es wurden auch keine Aussagen über die absolute Konfiguration getroffen. Die absolute Konfiguration konnte aber schon von anderen Jatrophanen[89,93a] bzw. von nichtnatürlichen Derivaten[95a,c] bestimmt werden (s. Abb. 45).

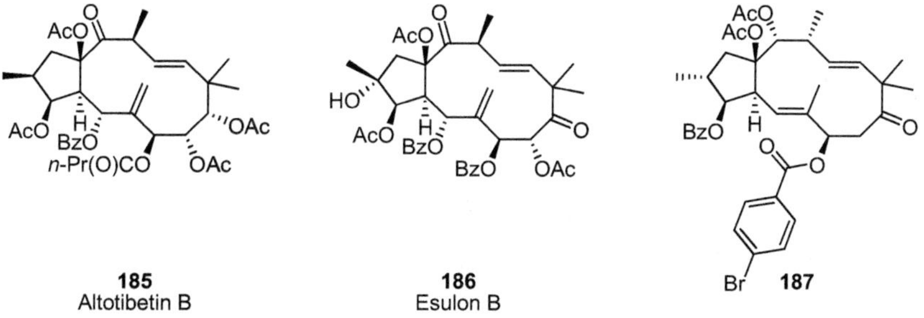

185
Altotibetin B

186
Esulon B

187

Abb. 45: Altotibetin B (**185**),[89] Esulon B (**186**)[93a] und nichtnatürliches Derivat **187**.[95a]

Aus diesen kristallographischen und CD-spektroskopischen[102b] Daten kann entnommen werden, dass Jatrophane, deren Brückenkopf-C-Atome (C4, C15) sp^3-hybridisiert sind, das

---

[182] a) Zechmeister, K.; Röhrl, M.; Brandl, F.; Hechtfischer, S.; Hoppe, W.; Hecker, E.; Adolf, W.; Kubinyi, H. *Tetrahedron Lett.* **1970**, *11*, 3071–3073. b) Narayanan, P.; Röhrl, M.; Zechmeister, K.; Engel, D. W.; Hoppe, W. *Tetrahedron Lett.* **1971**, *12*, 1325–1328.

allgemeine Grundgerüst **31a** bzw. **31b** mit der folgenden Konfiguration besitzen und immer *trans*-annelliert sind (s. Abb. 46).[183]

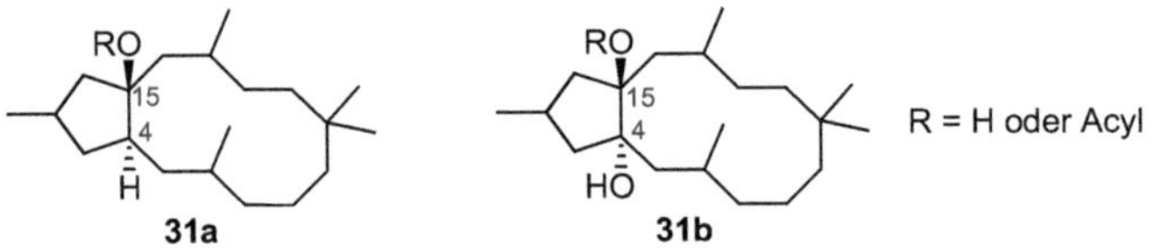

Abb. 46: Allgemeine Jatrophan-Grundgerüste **31a** und **31b** mit sp^3-hybridisierten Brückenkopfatomen.

Die Bestimmung der Konfiguration der Epoxy-Einheit (C5/C6) erwies sich als schwieriger und ergab unterschiedliche Deutungen. Seip und Hecker verglichen die Epoxide **174** und **175** mit Lathyranen, die ebenfalls diese Epoxy-Einheit aufweisen.[179] Sie isomerisierten das Lathyran **188** unter sauren Bedingungen u.a. zu dem Allylalkohol **189** (s. Abb. 47). Anschließend postulierten sie nach Vergleich mit den Lathyranen **190** und **191**,[182] deren Konfiguration durch Röntgenkristallstrukturanalyse geklärt werden konnte, dass somit die β-Position[184] der Hydroxyl-Gruppe an C5 eindeutig ermittelt sei („ *... the β-position of the hydroxyl at C-5 was unequivocally established.*") und übertrugen dies auch auf die von ihnen isolierten Lathyrane.[179]

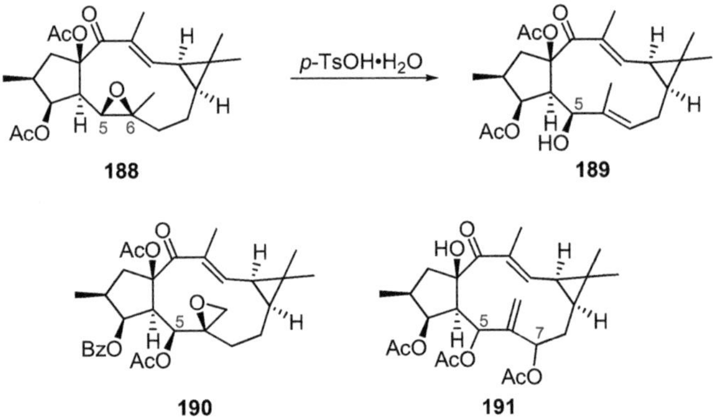

Abb. 47: Isomersierung des Lathyrans **188** und die Lathyrane **190** und **191**.[179] Interessanterweise lässt sich aus der Darstellung für das Lathyran **191** nicht die Konfiguration für C5 und C7 herleiten.[182b]

Seip und Hecker postulierten eine (5β,6β)-Konfiguration für die Epoxy-Einheit, was der Konfiguration (5*S*,6*S*) entspricht und widersprachen („*... for the OH-5 in lathyrol [...] the α-position was erroneously assumed.*")[179] damit den Überlegungen von Uemura *et al.*

---

[183] Nach meinem Kenntnisstand besitzen alle bis jetzt isolierten und charakterisierten Jatrophane mit sp^3-hybridisierten Brückenkopfatomen die in Abb. 46 gezeigte *trans*-Konfiguration.
[184] Mit der α- bzw. β-Konfiguration (Position) wird analog zur Haworth-Projektion bei Zuckern beschrieben, ob ein Substituent unterhalb (α-Konfiguration) oder oberhalb (β-Konfiguration) der Ringebene liegt.

Uemura *et al.* isolierten 1976 die Lathyrane Jolkinol A, B (**192**), C und D (**195**).[185] Durch chemische Umsetzung konnten sie Jolkinol B (**192**) und D (**195**) in das Diol **194** überführen. Zusätzlich konnten sie Jolkinol B (**192**) in zwei Stufen in Lathyrol (**193**) überführen (s. Abb. 48), was erstmals von Adolf und Hecker erwähnt worden war.[186] Aufgrund dieser Publikation und aufgrund von ihnen aufgenommenen, aber nicht publizierten NMR-Daten von Lathyrol (**193**) postulierten sie für C5/C6 eine α-Konfiguration (5R,6R). Im Artikel von Adolf und Hecker wird aber keine konkrete Aussage bzgl. der Konfiguration von C5 von Lathyrol (**193**) gemacht.[186]

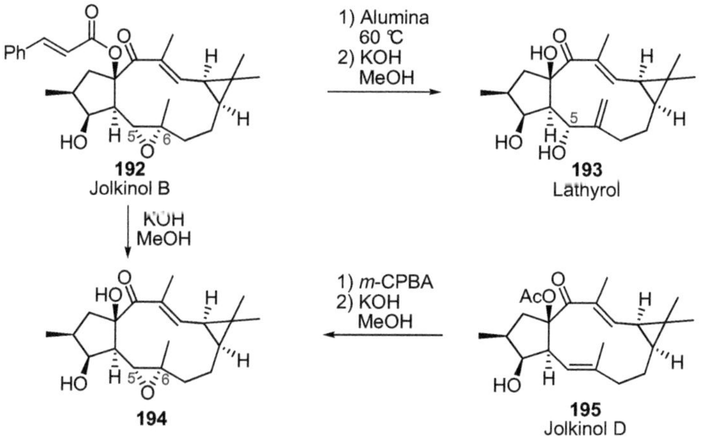

Abb. 48: Nachweis der Konfiguration an C5 und C6 nach Uemura *et al.*[185]

Unterstützt werden die Angaben von Uemura *et al.* durch Manners und Wong.[93a] Nach ihrer Konfigurationsanalyse schlagen sie analog zu Esulon A (**141**)[93a] und Kansuinin B (**43**)[76] für C5 eine α-Konfiguration (5R) vor. Sie heben hervor, dass bei den Röntgenkristallstrukturanalysen[182] lediglich die absolute Konfiguration ermittelt wurde, jedoch nicht die Konfiguration für C5 und C7. Durch die ungenauen Angaben der stereochemischen Informationen für die Lathyrane **190** und **191** sei somit keine Übertragung auf neue Naturstoffe, wie Seip und Hecker es vollzogen,[91a,179] möglich.[93a]

Erst im Jahr 1999 wurden konkrete NMR-Daten sowie eine Konformationsanalyse von Lathyrol (**193**) publiziert.[187] Appendino *et al.* konnten zeigen, dass an C5 eine α-Konfiguration (5R) vorliegt. Die unterschiedlichen Deutungen für C5 führen sie auf die kleine Kopplungskonstante $J_{4,5}$ in Lathyrol (**193**) zurück und verweisen auch hier bei den Röntgenkristallstrukturanalysen[182] auf die fehlenden Angaben über die Konfiguration einzelner Atome.

---

[185] Uemura, D.; Nobuhara, K.; Nakayama, Y.; Shizuri, Y.; Hirata, Y. *Tetrahedron Lett.* **1976**, *17*, 4593–4596.
[186] Adolf, W.; Hecker, E. *Experienta* **1971**, *27*, 1393–1394.
[187] Appendino, G.; Belloro, E.; Tron, G. C.; Jakupovic, J.; Ballero, M. *J. Nat. Prod.* **1999**, *62*, 1399–1404.

Weitere Publikationen über die Isolierung und Charakterisierung von Jatrophanen und Lathyranen mit einer C5/C6-Epoxy-Einheit zeigen diese auch mit einer α-Konfiguration (5R,6R), die durch NOE-Studien belegt wurde,[188] oder ohne dass näher auf die Bestimmung dieser Konfigurationen eingegangen wurde.[81,189]

Ein weiteres Ziel dieser Arbeit wäre nach Synthese der beiden Jatrophane **174** und **175** zu beweisen, welche Konfiguration an C5/C6 vorliegt (s. Abb. 49).

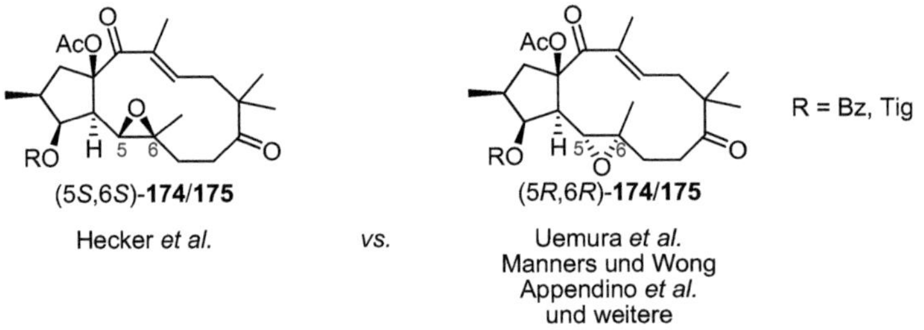

(5S,6S)-**174/175** vs. (5R,6R)-**174/175**

R = Bz, Tig

Hecker et al.   Uemura et al.
              Manners und Wong
              Appendino et al.
              und weitere

Abb. 49: Unterschiedliche Meinungen zur Konfiguration von C5/C6.

Bisher gibt es noch keine Untersuchungen über MDR-modulierende Eigenschaften von Jatrophanen mit einem Characiol-Grundgerüst **181**. Aufbauend auf einer erfolgreichen Totalsynthese der natürlichen Jatrophane **116**, **174** und **175** sollen weitere nichtnatürliche Derivate hergestellt werden und diese auf ihre MDR-modulierenden Aktivitäten getestet werden. Ziel soll es sein, Struktur-Aktivitäts-Beziehungen über Jatrophane mit einem Characiol-Grundgerüst aufzustellen.

3.3 Syntheseplanung

In Abb. 50 ist die Retrosynthese für das Jatrophan 15-*O*-Acetyl-3-*O*-propionylcharaciol (**116**) dargestellt. In seinen Studien zur Totalsynthese dieses Diterpens versuchte Helmboldt,[144] den Zwölfring an C13/C14 durch eine Nozaki–Hiyama–Kishi-Reaktion[190] bzw. an C5/C6 durch eine Ringschluss-Metathese[153] zu schließen, was nicht gelang. Das Ziel dieser Arbeit ist es nun, den zwölfgliedrigen Ring an C12/C13 mittels einer Ringschluss-Metathese zu schließen. Ein weiterer wichtiger retrosynthetischer Schlüsselschritt ist der Aufbau der C6/C7-Bindung. Dies soll durch eine *B*-Alkyl-Suzuki–Miyaura-Kupplung[191] realisiert werden. Aufbauend auf den Ergebnissen von Köhler[192] konnte ich zeigen, dass diese Reaktion

---

[188] a) Vasas, A.; Hohmann, J.; Forgob, P.; Szabó, P. *Tetrahedron* **2004**, *60*, 5025–5030. b) Duarte, N.; Gyémánt, N.; Abreu, P. M.; Molnár, J.; Ferreira, M. J. U. *Planta Med.* **2006**, *72*, 162–168.
[189] Xu, W.; Zhu, C.; Cheng, W.; Fan, X.; Chen, X.; Yang, S.; Guo, Y.; Ye, F.; Shi, J. *J. Nat. Prod.* **2009**, *72*, 1620–1626.
[190] a) Okude, Y.; Hirano, S.; Hiyama, T.; Nozaki, H. *J. Am. Chem. Soc.* **1977**, *99*, 3179–3181. b) Kimura, K.; Nozaki, H.; Hiyama, T. *Tetrahedron Lett.* **1981**, *22*, 1037–1040. c) Jin, H.; Uenishi, J.-I.; Christ, W. J.; Kishi, Y. *J. Am. Chem. Soc.* **1986**, *108*, 5644–5646.
[191] Miyaura, N.; Ishiyama, T.; Ishikawa, M.; Suzuki, A. *Tetrahedron Lett.* **1986**, *27*, 6369–6372.
[192] Köhler, D. *Studien zur Totalsynthese des Jatrophan-Diterpens (−)-15-Acetyl-3-propionylcharaciol* Diplom-Arbeit, Technische Universität Dresden, **2006**.

eine gute Methode ist, um die Seitenkette (±)-**198** einzuführen.[193] Im Rahmen dieser Arbeit soll entgegen erster Versuche[192,193] das Schutzgruppenmuster geändert werden und an C14/C15 ein Acetal als Schutzgruppe für die 1,2-Dioleinheit eingeführt werden (s. Abb. 50).

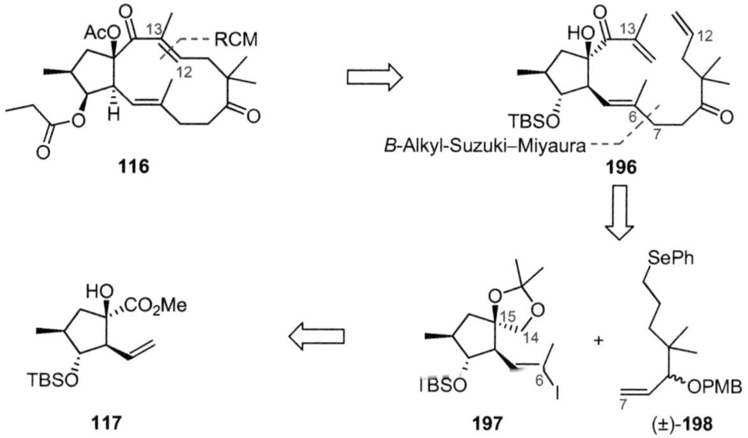

Abb. 50: Retrosynthese für das Jatrophan-Diterpen **116**.

Eine optimierte Syntheseroute für das Cyclopentanfragment **117** wurde bereits von Helmboldt entwickelt (s. Abb. 31)[143,144,152] und soll auch hier im Multigramm-Maßstab angewandt werden.

Die Ziele dieser Arbeit sind im Folgenden zusammengefasst:
- Synthese des Triens **196** aufbauend auf den Ergebnissen von Helmboldt,[143,144,152] Köhler[192] und mir[193]
- Schließen des Zwölfrings durch eine Ringschluss-Metathese an C12/C13
- Totalsynthese des Jatrophan-Diterpens 15-*O*-Acetyl-3-*O*-propionylcharaciol (**116**)
- Synthese des Konstitutionsisomers **182** mit anschließender Klärung der richtigen Konstitution des Naturstoffes
- Totalsynthese der Jatrophan-Diterpen-Epoxide **174** und **175**
- Beweis der Konfiguration der Epoxy-Einheit an C5/C6
- Synthese weiterer Derivate für MDR-Untersuchungen
- Aufstellung von Struktur-Aktivitäts-Beziehungen für Jatrophane mit einem Characiol-Grundgerüst **181** bzgl. ihrer MDR-modulierenden Eigenschaften

---

[193] Schnabel, C. *Untersuchungen zur Synthese von (−)-15-Acetyl-3-propionylcharaciol Aufbau der dreifach substituierten C=C-Doppelbindung C5/C6* Master-Arbeit, Universität Dortmund, **2007**.

Naturstoffe aus terrestrischen und marinen Quellen waren und sind eine wichtige Basis für die Entdeckung von Leitstrukturen von Wirkstoffen zur Heilung von Krankheiten, wie Newman und Cragg in ihrem Übersichtsartikel feststellen konnten („... *we have again demonstrated that natural products play a dominant role in the discovery of leads for the development of drugs for the treatment of human diseases.*").[194] Auch Jatrophan-Diterpene weisen interessante pharmakologische Wirkungen auf. So werden in Kap. 5.1 die MDR-modulierenden Eigenschaften einiger bisher isolierter Jatrophane beschrieben.

Bisher konnten Jatrophan-Diterpene nur aus Pflanzen der Gattung *Euphorbia* bzw. *Jatropha* isoliert werden, die allgemein als invasiv gelten und einen giftigen, hautreizenden Milchsaft besitzen.[87] Die biologische Verfügbarkeit der isolierten Jatrophane ist zumeist sehr gering, die Jatrophane **116**, **174** und **175** aus *E. characias* konnten nur in 0.015%, 0.031% bzw. 0.12% Ausbeute erhalten werden.[91a] Eine gezielte Kultivierung dieser Pflanzen erscheint somit aus ökonomischen und ökologischen Aspekten nicht sinnvoll.

Auch können aus natürlichen Jatrophanen nur begrenzt Derivatisierungen vorgenommen werden. Dagegen können aufbauend auf einer geeigneten Synthesestrategie deutlich mehr Veränderungen bzgl. der Regio- und Stereoselektiviät durchgeführt werden. Durch diese strukturell vielfältigeren, nichtnatürlichen Jatrophane können differenziertere Struktur-Aktivitäts-Beziehungen aufgestellt und evt. potentere Wirkstoffe erkannt werden.

Die Naturstoffsynthese kann auch zur Klärung der Konstitution (s. Jatrophan **116**) oder der Konfiguration (s. Jatrophane **174** und **175**) beitragen. Teilweise wird erst nach einer Synthese im Labor die exakte Struktur des Naturstoffes erkannt, und vorangegangene Strukturvorschläge müssen revidiert werden.[195]

Ein weiteres fürsprechendes Argument für die Naturstoffsynthese ist die Untersuchung der Anwendungsmöglichkeiten einzelner Methoden, wie z.B. die der RCM-Reaktion. Lässt sich mit dieser Reaktion der Bicyclus von Jatrophan-Diterpenen an C12/C13 unter Aufbau einer dreifach substituierten Doppelbindung schließen? Oder werden hier die Grenzen einer Methodik erreicht, wie es Helmboldt z.B. feststellen musste.[144,152]

Letztendlich sind die Strukturen von Naturstoffen teilweise sehr anspruchsvoll, was sie für den Synthesechemiker zu einem herausfordernden und interessanten Syntheseziel machen.

---

[194] Newman, D. J.; Cragg, G. M. *J. Nat. Prod.* **2007**, *70*, 461–477.
[195] a) Nicolaou, K. C.; Snyder, S. A. *Angew. Chem.* **2005**, *117*, 1036–1069. b) Nicolaou, K. C.; Snyder, S. A. *Angew. Chem., Int. Ed.* **2005**, *44*, 1012–1044.

4
Eigene Ergebnisse

4.1.1 Synthese des Cyclopentans 117

Die Syntheseroute für das Cyclopentan **117** wurde von Helmboldt entwickelt[144] und ist in Kap. 2.4.1 in Abb. 31 dargestellt. Zunächst musste das literaturbekannte acylierte Evans-Auxiliar **119**[196] aus der Aminosäure (*D*)-Valin (**199**) hergestellt werden. Hierzu wurde (*D*)-Valin (**199**) mit NaBH$_4$ und Iod zu (*D*)-Valinol (**200**) reduziert[197] und anschließend zum cyclischen Carbamat **201** umgesetzt.[198] Dann wurde mit Propionylchlorid acyliert (s. Abb. 51).[145a]

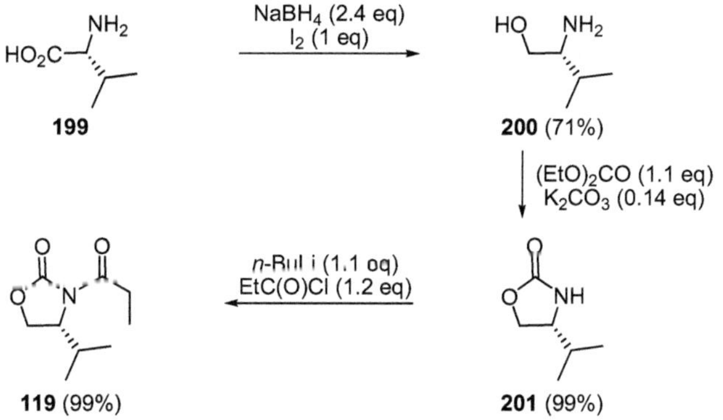

Abb. 51: Dreistufige Synthese des acylierten Evans-Auxiliars **119**.

Anschließend erfolgte die *syn*-Aldol-Reaktion[145] mit Crotonaldehyd und ergab das Aldol-Produkt **120** mit einer Ausbeute von 94%. Diese Reaktion konnte problemlos im 17 g-Maßstab ohne Ausbeuteverluste oder schlechtere Diastereomerenverhältnisse (dr > 95/5) durchgeführt werden (s. Abb. 52).

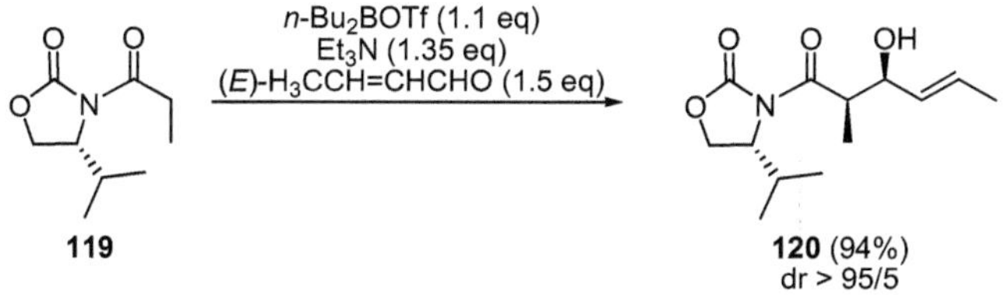

Abb. 52: Synthese des Aldol-Produktes **120**.

Durch die *syn*-Aldol-Reaktion wurden diastereomerenrein die ersten zwei Chiralitätszentren aufgebaut. Dann erfolgte die Abspaltung des Auxiliars **201** mit NaOMe[145a] und lieferte den Methylester **202** in guter Ausbeute. Auch diese Reaktion konnte wie alle anderen Reaktionen zum Aufbau des Cyclopentans **117** im Multigramm-Maßstab analog zu Helmboldts Arbeiten[143,144,152] reproduzierbar durchgeführt werden (s. Abb. 53).

---

[196] Diese Chemikalie ist u.a. bei TCI erhältlich (5 g, 217.90 €): http://www.tcieurope.eu/de/catalog/I0594.html (11.02.2011).
[197] McKennon, M. J.; Meyers, A. I.; Drauz, K.; Schwarm, M. *J. Org. Chem.* **1993**, *58*, 3568–3571.
[198] Newman, M. S.; Kutner, A. *J. Am. Chem. Soc.* **1951**, *73*, 4199–4204.

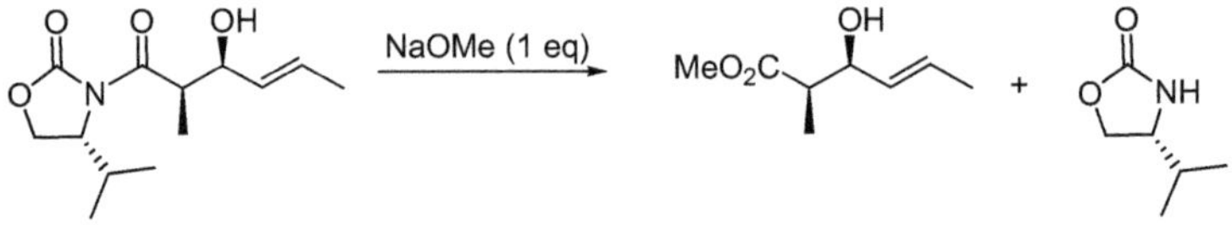

120 202 (84%) 201 (82%)

Abb. 53: Synthese des Methylesters **202**.

Anschließend wurde die TBS-Schutzgruppe mit TBSCl und Imidazol als Base eingeführt[146] und ergab den TBS-Ether **121** in sehr guten Ausbeuten (s. Abb. 54).

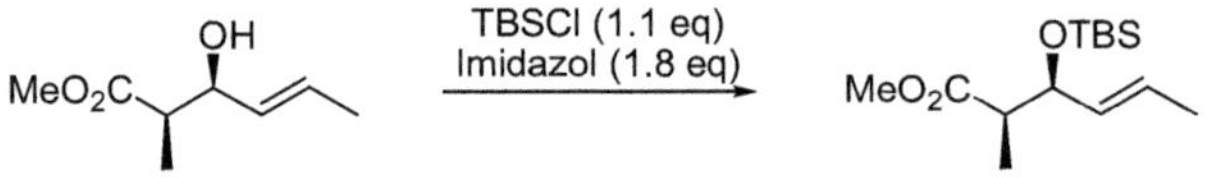

202 121 (96%)

Abb. 54: Synthese des TBS-Ethers **121**.

Nach Reduktion mit DIBAH[147] und Parikh–Doering-Oxidation[148] des rohen Alkohols wurde der Aldehyd **122** mit einer Ausbeute von 89% über zwei Stufen erhalten (s. Abb. 55).

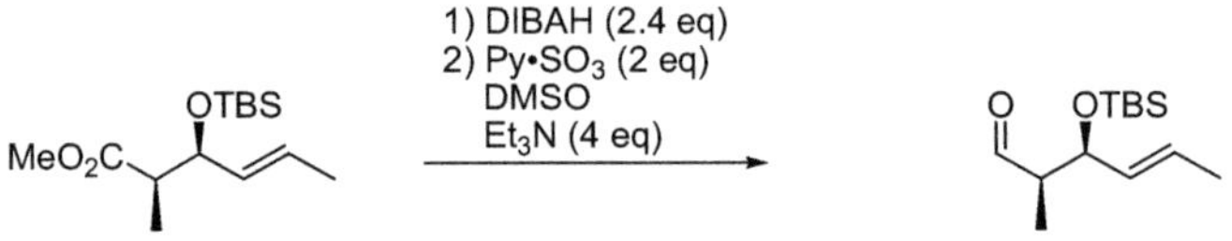

121 122 (89%, 2 Stufen)

Abb. 55: Synthese des Aldehyds **122**.

Für die folgende HWE-Olefinierung[132] musste zunächst das (±)-Phosphonat **123**[150] hergestellt werden. Auch dies gelang analog zu Helmboldts Arbeiten[144] in guter Ausbeute (s. Abb. 56).

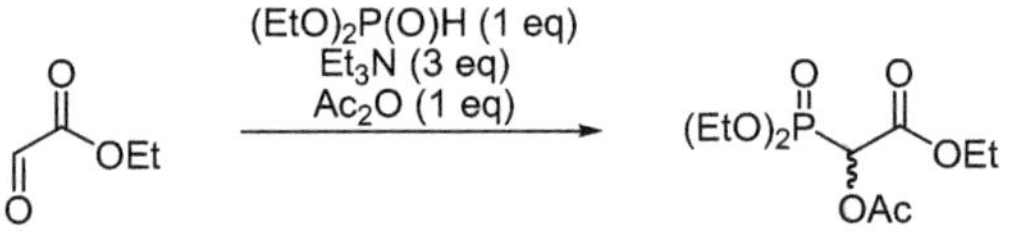

203 (±)-123 (90%)

Abb. 56: Synthese des Phosphonats (±)-**123** im Multigramm-Maßstab.

Die HWE-Olefinierung[132] wurde unter Masamune–Roush-Bedingungen[149] mit Tetramethylguanidin als Base durchgeführt und ergab das Enolacetat **124** als Mischung von (*E*/*Z*)-Isomeren (s. Abb. 57), die säulenchromatographisch nicht getrennt werden können. Dies stellte aber kein Problem dar, da das (*E*/*Z*)-Verhältnis keinen Einfluss auf den weiteren Reaktionsverlauf hat.

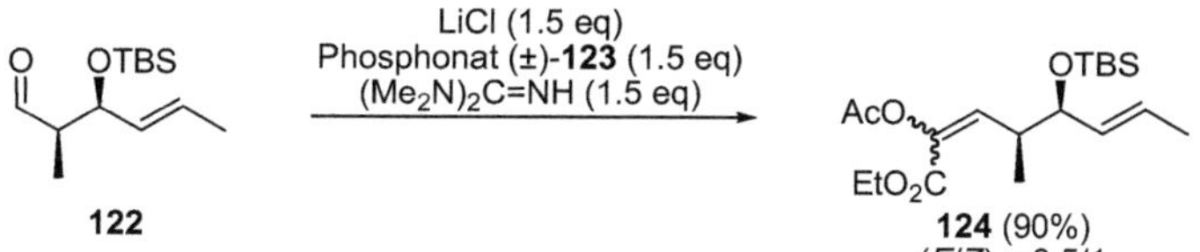

Abb. 57: Synthese des Enolacetats **124** als (*E*/*Z*)-Gemisch.

Die anschließende Umesterung mit K_2CO_3 in Methanol ergab den α-Ketoester **125** in sehr guten Ausbeuten (s. Abb. 58).

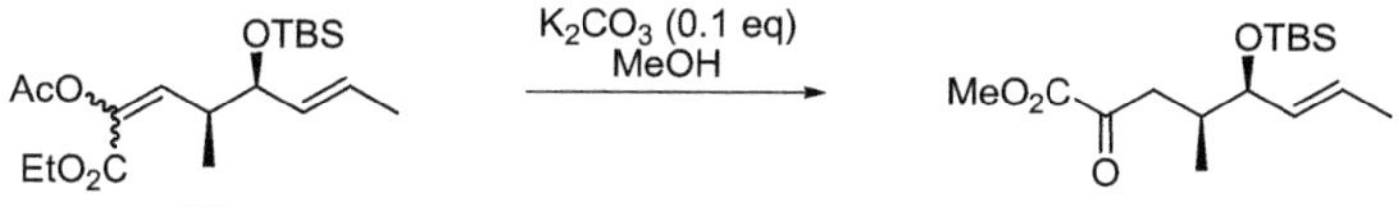

Abb. 58: Umesterung zum α-Ketoester **125**.

Gemäß der etablierten Synthesestrategie von Helmboldt[143,144,152] wurde für die intramolekulare, unkatalysierte Carbonyl–En-Reaktion der α-Ketoester **125** in Decan (Sdp. 174 °C) gelöst und in einem Druckgefäßrohr für vier Tage bei 180 °C gerührt (s. Abb. 59). Von den vier möglichen Diastereomeren werden bei dieser Reaktion nur die zwei Cyclopentane **117** und **126** mit einem Diastereomerenverhältnis von 5/1 zugunsten des gewünschten, thermodynamisch stabileren Diastereomers **117** gebildet (s. Abb. 59). Die beiden Cyclopentane **117** und **126** lassen sich problemlos per Säulenchromatographie trennen.

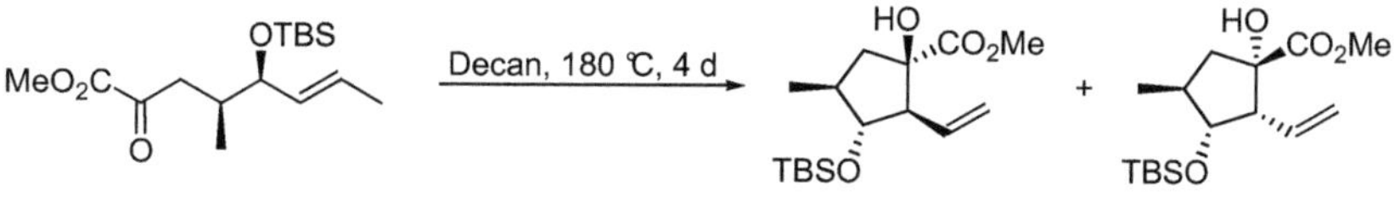

Abb. 59: Intramolekulare Carbonyl–En-Reaktion.

Bei dieser intramolekularen Carbonyl–En-Reaktion des Typs I werden aus dem ε,ζ-ungesättigten α-Ketoester **125** die homoallylischen Cyclopentanole **117** und **126** gebildet.

Zusammenfassend lässt sich sagen, dass die von Helmboldt[144] entwickelte Syntheseroute zum Cyclopentan **117** im Multigramm-Maßstab durchführbar, reproduzierbar und sehr robust ist. Es genügt für alle Reaktionen eine grobe Aufreinigung durch Säulenchromatographie ohne Abtrennung aller Nebenprodukte, ohne dass Ausbeuteverluste in den Nachfolgereaktionen erkennbar sind. So konnten ausgehend von dem Evans-Auxiliar **201** (8.3 g, 67 mmol) die Cyclopentane **117** und **126** in 25% (5.3 g, 17 mmol) bzw. 5% (1.1 g, 3.5 mmol) in neun Stufen erhalten werden.

Neben dem atomökonomischen Aspekt bietet diese Carbonyl–En-Reaktion auch den Vorteil der Reversibilität. Schon Helmboldt konnte beobachten, dass Rühren der einzelnen, diasteromerenreinen Cyclopentane **117** und **126** bei 180 °C wiederum ein 5/1-Gemisch der beiden Cyclopentane **117** und **126** ergibt (s. Abb. 60).[144] So kann das unerwünschte Mindermengendiastereomer **126** in das gewünschte Hauptmengendiastereomer **117** überführt werden.

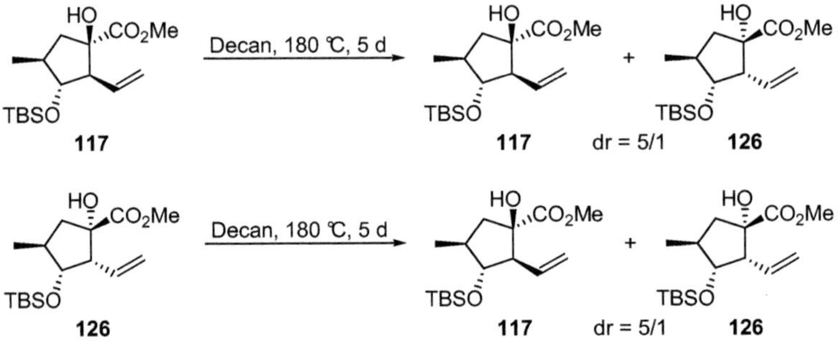

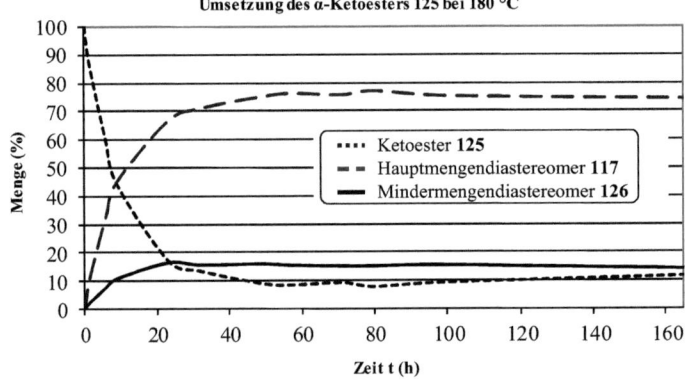

Abb. 60: Erhitzen der jeweiligen Cyclopentane **117** und **126** ergibt immer ein 5/1-Gemisch zugunsten des gewünschten Hauptmengendiastereomers **117**.

Diese Carbonyl–En-Reaktion wurde aufgrund ihrer Reversibilität noch einmal eingehender ^{1}H-NMR-spektroskopisch[199] untersucht.[200] Hierzu wurden drei Versuchsreihen mit Umsatz-Zeit-Kurven des α-Ketoesters **125** sowie der beiden Cyclopentane **117** und **126** aufgenommen.[201] In Abb. 61 ist die Umsetzung des α-Ketoesters **125** zu sehen, der für 165 Stunden bei 180 °C gerührt wurde.

Abb. 61: Umsetzung des α-Ketoesters **125** bei 180 °C für 165 h.

---

[199] Die Auswertung erfolgte durch das Programm MestReNova 5.3.2. Nach Fourier-Transformation sowie Phasenkorrektur erfolgte die Basislinienkorrektur mit der Whittaker-Smoother-Methode. Zur Integration wurde jeweils das Signal eines olefinischen H-Atoms benutzt.
[200] Helmboldt hat diesbezüglich schon erste Untersuchungen durchgeführt.[144]
[201] Für diese Untersuchungen wurden jeweils 200 mg (0.64 mmol) der jeweiligen Substanz in 3.3 ml Decan gelöst und in einem Ölbad (Badtemperatur: 180 °C) gerührt. Die Probenentnahme erfolgte durch eine Spritze (Probevolumen: 0.1 ml). Anschließend wurde das Decan entfernt und die Probe in CDCl$_3$ gelöst. Für jede Datenreihe wurden drei Versuchsreihen durchgeführt.

Aus Abb. 61 ist gut zu entnehmen, dass nach ca. 50 Stunden das Gleichgewicht erreicht ist und bis zum Ende der Messreihe (165 h) kaum noch Veränderungen eintreten. Außerdem lässt sich aus diesem Diagramm das Diastereomerenverhältnis von 5/1 schon sehr gut erkennen. Für die beiden Cyclopentane **117** und **126** wurden die gleichen Versuchsreihen durchgeführt. Die Diagramme sind in Abb. 62 dargestellt.

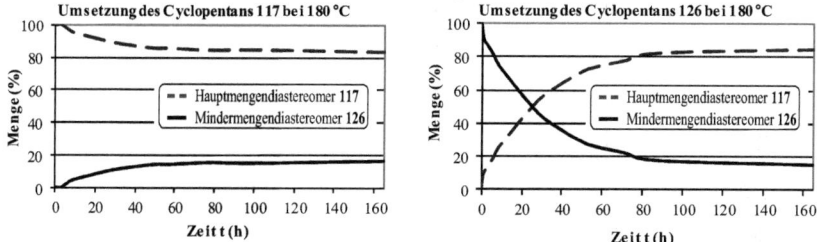

Abb. 62: Umsetzung des Cyclopentans **117** (links) und des Cyclopentans **126** (rechts) bei 180 °C.

Auch aus den beiden Diagrammen in Abb. 62 lässt sich gut ableiten, dass nach Rühren bei 180 °C sich wieder ein Diastereomerenverhältnis von 5/1 einstellt. In den Spektren sind auch die Signale des α-Ketoesters **125** zu erkennen. Da sie hier aber aufgrund von Überlappungen nicht eindeutig integrierbar sind, wurden keine Kurven für den α-Ketoester **125** eingefügt. Die Signale für den α-Ketoester **125** lassen aber den Rückschluss zu, dass sich das Gleichgewicht in beiden Fällen über den α-Ketoester **125** einstellt.

Das Verhältnis der beiden Cyclopentane **117** und **126** für alle drei Versuchsreihen ist in Abb. 63 zu sehen. Der dr bei der Umsetzung des α-Ketoesters **125** ist in blau, der beim Cyclopentan **117** in rot und der beim Cyclopentan **126** in schwarz dargestellt.

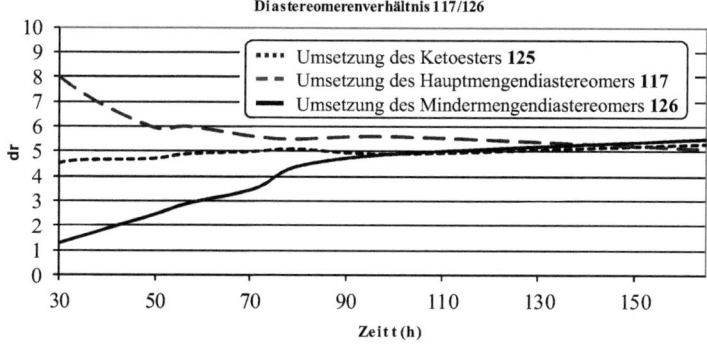

Abb. 63: Der dr im Messzeitraum von 30–165 h bei den drei Versuchsreihen.

Aus diesen drei Kurven lässt sich sehr gut das Diastereomerenverhältnis von 5/1 für alle drei Umsetzungen ablesen. Dieser dr stimmt auch überein mit den experimentellen Ergebnissen bei der Umsetzung des α-Ketoesters **125**, die die Cyclopentane **117** und **126** immer im Verhältnis von 5/1 ergab.

Um die Ausbeute bzw. Reaktionszeit zu optimieren, wurden andere Lösemittel getestet. Ein Wechsel des Lösemittels von Decan zu 2,2,2-Trifluorethanol führte zur Zersetzung des Startmaterials nach Rühren für 24 Stunden bei 120 °C. Ebenso wurde Zersetzung bei den Lösemitteln DMSO und DMF beobachtet (jeweils 24 h bei 180 °C).

Die Carbonyl–En-Reaktion des α-Ketoesters **125** erfolgte bisher unkatalysiert bei sehr hohen Temperaturen (180 °C). Helmboldt führte erste katalysierte Testreaktionen mit den Lewis-Säuren SnCl$_4$, Sc(OTf)$_3$, Lu(OTf)$_3$ und Cu(OTf)$_2$ durch, was aber nur zur Zersetzung führte.[144] Durch Einsatz einer geeigneten Lewis-Säure könnte aber evt. die Reaktionsdauer reduziert sowie das Diastereomerenverhältnis zugunsten des Cyclopentans **117** verbessert werden. In der Literatur sind einige Lewis-Säure-katalysierte bzw. -vermittelte Carbonyl–En-Reaktionen bekannt (s. Abb. 64).[202]

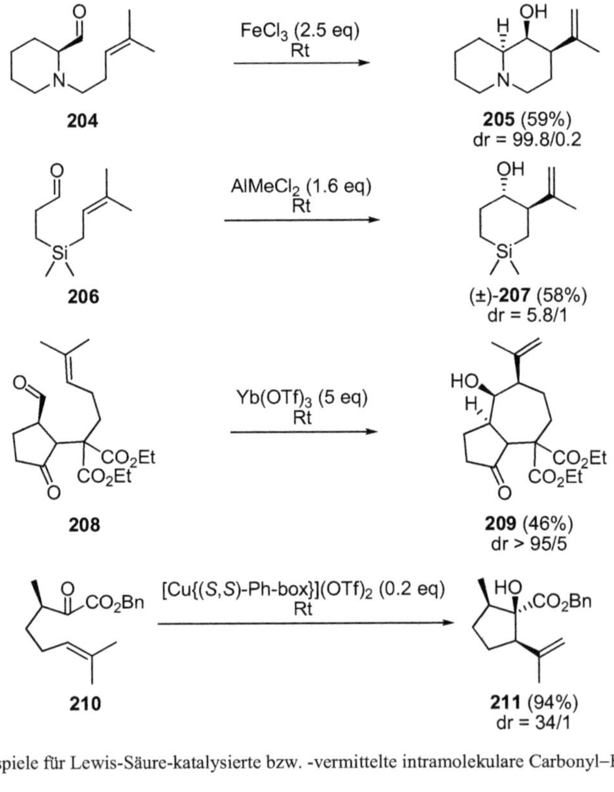

Abb. 64: Beispiele für Lewis-Säure-katalysierte bzw. -vermittelte intramolekulare Carbonyl–En-Reaktionen.

So konnten intramolekulare Carbonyl–En-Typ-I-Reaktionen u.a. mit den Lewis-Säuren FeCl$_3$,[203] AlMeCl$_2$,[204] Yb(OTf)$_3$,[205] TiCl$_4$[206] und BF$_3$·OEt$_2$[207] durchgeführt werden (s.

---

[202] Für einen Übersichtsartikel siehe: Clarke, M. L.; France, M. B. *Tetrahedron* **2008**, *64*, 9003–9031.
[203] Laschat, S.; Grehl, M. *Chem. Ber.* **1994**, *127*, 2023–2034.

Abb. 64). Auch Reaktionen mit der chiralen Lewis-Säure [Cu{(S,S)Ph-box}](OTf)$_2$[208] sind bekannt, führten aber bei dem α-Ketoester **125** nicht zum Erfolg.[144] Wie man aus den Beispielen in Abb. 64 erkennen kann, können auf diesem Weg homoallylische Cyclopentanole, Cyclohexanole und Cycloheptanole gebildet werden.

Bei dem Versuch, den α-Ketoester **125** mit verschiedenen Lewis-Säuren zur Reaktion zu bringen, wurde aber keine gewünschte Produktbildung registriert. Es wurde lediglich keine Umsetzung oder Zersetzung des Startmaterials sowie die Bildung eines unbekannten Produktes (Tab. 1, Eintrag 1 und 3) beobachtet (s. Tab. 1).

Eintrag	Lewis-Säure	Temperatur	Zeit	Resultat
1	BF$_3$•OEt$_2$	−78 °C	1 h	Edukt **125** + unbekanntes Produkt
2	TiCl$_4$	−78 °C	1 h	Edukt **125** + Zersetzung
3	AlCl$_3$ + Me$_3$Al	−78 °C	1.5 h	unbekanntes Produkt + Zersetzung
4	AuCl$_3$	0 °C	1 h	Zersetzung
5	FeCl$_3$	0 °C	1 h	Zersetzung
6	Gd(OTf)$_3$	Rt	1.5 h	Edukt **125**
7	Eu(OTf)$_3$	40 °C	1 h	Edukt **125**
8	Ho(OTf)$_3$	Rt	2 h	Edukt **125**
		40 °C	1 h	Zersetzung
9	Yb(OTf)$_3$	Rt	2 h	Edukt **125**
		40 °C	1.5 h	Zersetzung
10	LiCl	100 °C	1 h	Edukt **125**

Tab. 1: Einsatz verschiedener Lewis-Säuren für die Carbonyl–En-Reaktion.

Ein Problem könnte hierbei die Instabilität der TBS-Gruppe gegenüber Lewis-Säuren sein.[209] Auch eine vorherige Abspaltung der TBS-Gruppe mit TBAF[146] brachte keinen Fortschritt und führte erwartungsgemäß zu dem Lactol **212** (s. Abb. 65).

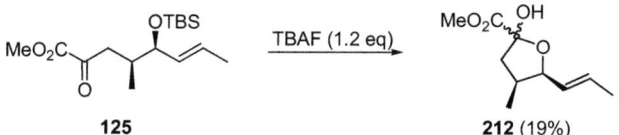

Abb. 65: Abspaltung der TBS-Gruppe mit TBAF.

---

[204] Robertson, J.; Hall, M. J.; Stafford, P. M.; Green, S. P. *Org. Biomol. Chem.* **2003**, *1*, 3758–3767.
[205] Page, P. C. B.; Gambera, G.; Hayman, C. M.; Edgar, M. *Synlett* **2006**, 3411–3414.
[206] Aubert, C.; Bégué, J.-P.; Bonnet-Delpon, D. *Chem. Lett.* **1989**, *18*, 1835–1838.
[207] Okachi, T.; Fujimoto, K.; Onaka, M. *Org. Lett.* **2002**, *4*, 1667–1669.
[208] Yang, D.; Yang, M.; Zhu, N.-Y. *Org. Lett.* **2003**, *5*, 3749–3752.
[209] Abspaltung mit a) Sc(OTf)$_3$: Oriyama, T.; Kobayashi, Y.; Noda, K. *Synlett* **1998**, 1047–1048. b) BF$_3$•OEt$_2$: Kelly, D. R.; Roberts, S. M.; Newton, R. F. *Synth. Commun.* **1979**, *9*, 295–299. c) FeCl$_3$: Cort, A. D. *Synth. Commun.* **1990**, *20*, 757–760.

Zusammenfassend lässt sich feststellen, dass die von Helmboldt[144] gewählten Bedingungen für die intramolekulare Carbonyl–En-Reaktion des α-Ketoesters **125** (Decan, 180 °C, 3–5 d) bisher nicht weiter optimiert werden konnten.

4.1.2 Synthese der Allene 237 und 238

Helmboldt beschrieb in seiner Dissertation die Synthese mehrerer α-Ketoester und deren Umsetzung zu verschiedenen Cyclopentanen.[144] Bei dem Versuch, den (2R)-α-Ketoester **213** zur Reaktion zu bringen, beobachtete er jedoch lediglich eine Zersetzung (s. Abb. 66). Auch ein Wechsel der Schutzgruppe (Benzyl) ergab ein schlecht trennbares Gemisch von mindestens drei Diastereomeren (**216**, **217** und **218**) (s. Abb. 66).[210] Der neuste Ansatz besteht nun darin, über einen (Z)-konfigurierten α-Ketoester **219** zum (2R)-Cyclopentan **214** zu gelangen.[211] Dazu sollte das entsprechende Alkin synthetisiert werden, das nach Lindlar-Hydrierung[212] den (Z)-konfigurierten α-Ketoester **219** ergeben soll. Im Rahmen dieser Arbeit sollte nun der (Z)-konfigurierte (2S)-α-Ketoester **220** analog zu Helmboldts etablierter Route synthetisiert und anschließend untersucht werden, ob das gewünschte Cyclopentan **117** in der Carbonyl–En-Reaktion evt. bei niedrigeren Temperaturen in verbesserter Ausbeute gebildet werden kann (s. Abb. 66).

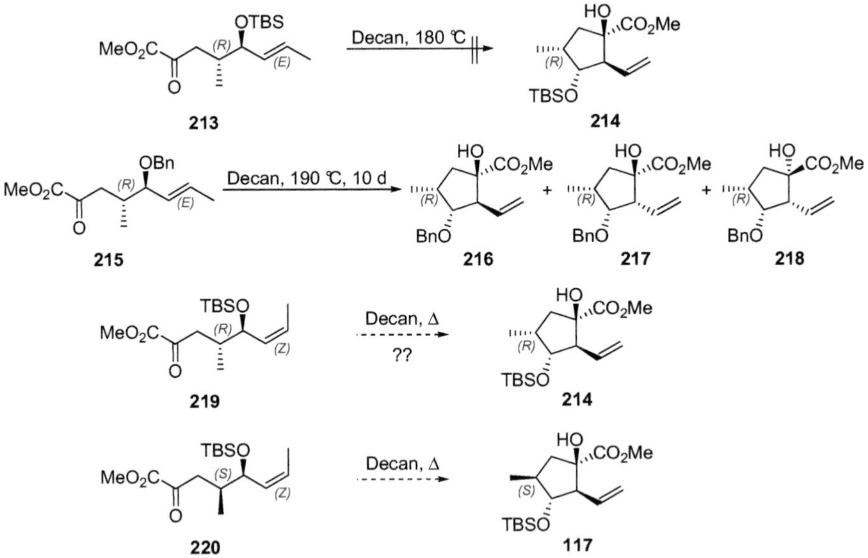

Abb. 66: Ausschnitt aus den bisherigen Ergebnissen der Carbonyl–En-Reaktion.

---

[210] Stockhausen, K. *Arbeiten zur Synthese des Cyclopentanfragments des Naturstoffes Pubescen D* Diplom-Arbeit, Technische Universität Dortmund, **2009**.
[211] Butt, L. *Arbeiten zur Synthese des Cyclopentanfragments von Euphoheliosnoid C* Master-Arbeit, Technische Universität Dortmund, **2010**.
[212] Lindlar, H. *Helv. Chim. Acta* **1952**, *35*, 446–450.

Die Synthese begann mit der literaturbekannten Oxidation von 2-Butinol (**221**) mit Braunstein[213] zu 2-Butinal (**222**).[214] Direkt im Anschluss wurde der Aldehyd **222** in einer Evans-*syn*-Aldol-Reaktion[145] zu dem Alkohol **223** umgesetzt (s. Abb. 67).[215]

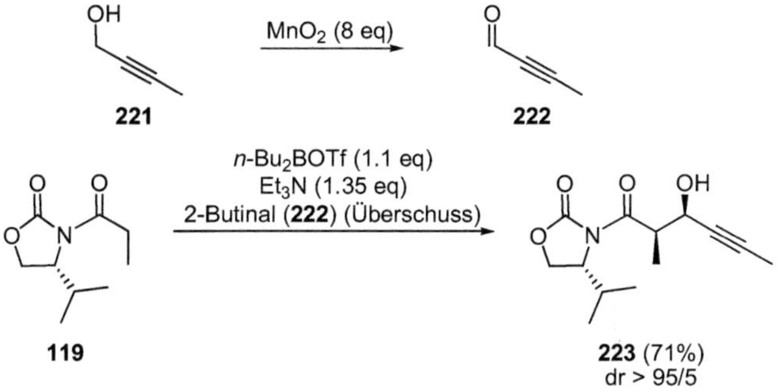

Abb. 67: Oxidation zum Aldehyd **222** mit anschließender Evans-Aldol-Reaktion.

Analog zu Helmboldts Synthese[144] wurde das Auxiliar **201** mit NaOMe abgespalten,[145a] der Alkohol **224** als TBS-Ether **225** geschützt[146] und dann zum Alkohol **226** reduziert[147] (s. Abb. 68).

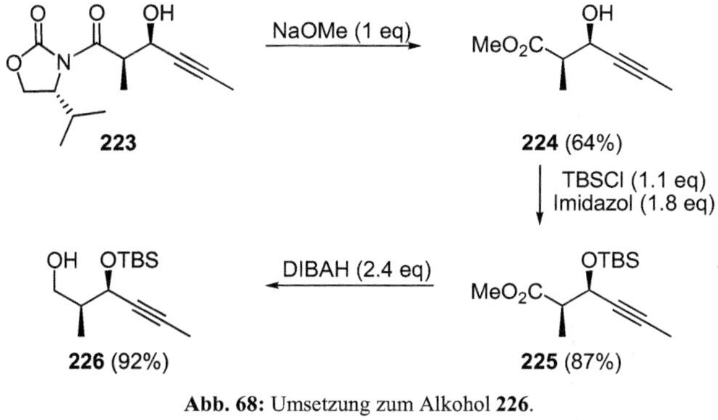

Abb. 68: Umsetzung zum Alkohol **226**.

Bei der anschließenden Parikh–Doering-Oxidation[148] des Alkohols **226** wurde entgegen der üblichen Vorschriften über Nacht gerührt (s. Abb. 69). Hierbei wurde eine Epimersierung des α-chiralen Aldehyds **227** beobachtet. Die beiden Diastereomere (2*R*)-**227** und (2*S*)-**227** wurden in einem Verhältnis von 6/5 erhalten und konnten nicht per Säulenchromatographie

---

[213] a) Ball, S.; Goodwin, T. W.; Morton, R. A. *Biochem. J.* **1948**, *42*, 516–523. b) Fatiadi, A. J. *Synthesis* **1976**, 65–104.
[214] Tietze, L. F.; Gericke, K. M.; Singidi, R. R.; Schuberth, I. *Org. Biomol. Chem.* **2007**, *5*, 1191–1200.
[215] Die Synthese des Aldehyds **222** bis zum α-Ketoester **229** wurde von den Studenten Benjamin Büchter und Mike Bührmann unter meiner Aufsicht im Rahmen von Fortgeschrittenen-Praktika durchgeführt.

getrennt werden. In der Literatur lassen sich Beispiele für Parikh–Doering-Oxidationen von α-chiralen Aldehyden finden, bei denen eine Racemerisierung bzw. Epimersierung eintrat.[216]

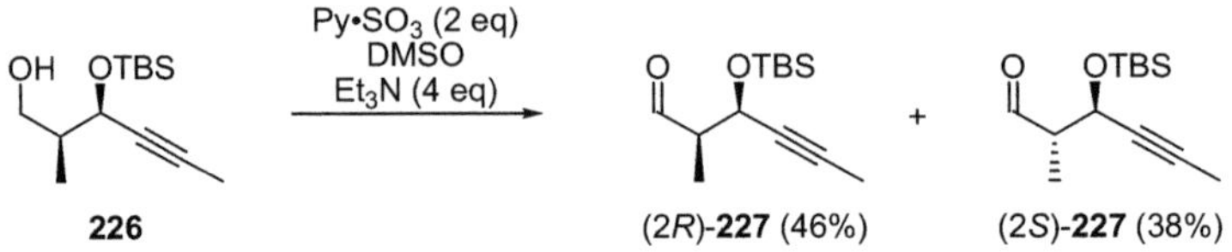

Abb. 69: Oxidation mit anschließender Epimerisierung.

Anschließend wurde das C2-Diastereomerengemisch in einer HWE-Reaktion[132] zu dem Enolacetat **228** und dann zum α-Ketoester **229** analog zu Helmboldts Route[144] umgesetzt (s. Abb. 70). Auch hier wurden die Produkte als nicht trennbare C2-Diastereomerengemische erhalten.

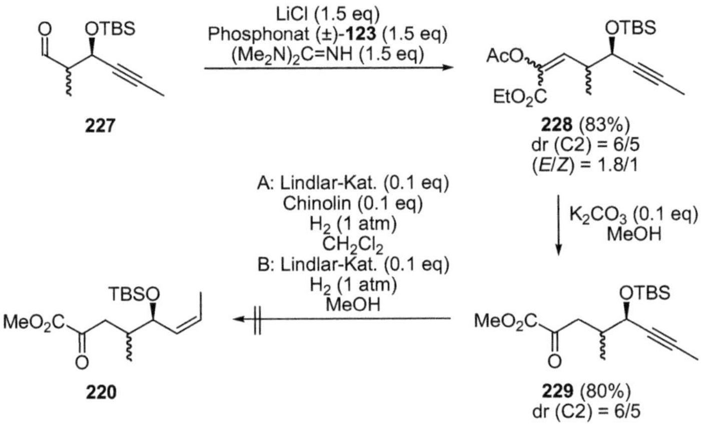

Abb. 70: Bildung des α-Ketoesters **229** und anschließender Versuch der Lindlar-Hydrierung.

Die folgenden Versuche der Lindlar-Hydrierung führten aber nur zu reisoliertem Edukt **229**. Weder die Umsetzung mit Chinolin als Zusatz[212] in CH_2Cl_2 noch ohne Zusatz in Methanol führten zu einer Reduktion. Deswegen wurden hierzu keine weiteren Versuche mehr durchgeführt, sondern die Carbonyl–In-Reaktion des Alkins **229** untersucht. In der Literatur sind nur wenige unkatalysierte Beispiele von α-Ketoestern mit einer Alkin-Einheit zu finden, die zu Allenen führen (s. Abb. 71).[217]

---

[216] Lindberg, J.; Svensson, S. C. T.; Påhlsson, P.; Konradsson, P. *Tetrahedron* **2002**, *58*, 5109–5117.
[217] a) Golubev, A. S.; Sergeeva, N. N.; Hennig, L.; Kolomiets, A. F.; Burger, K. *Tetrahedron* **2003**, *59*, 1389–1394. b) Mao, S.; Probst, D.; Werner, S.; Chen, J.; Xie, X.; Brummond, K. M. *J. Comb. Chem.* **2008**, *10*, 235–246.

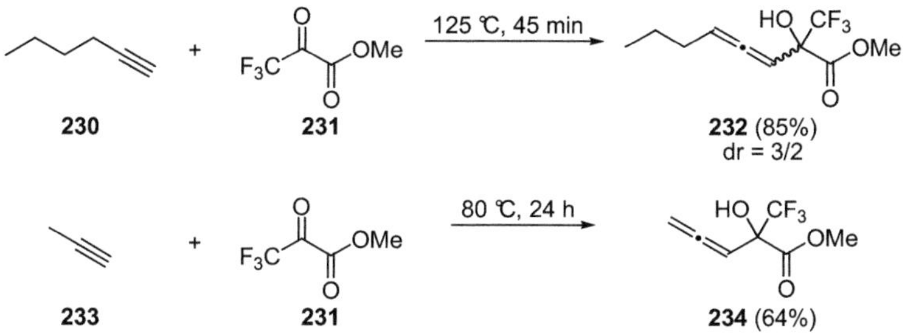

Abb. 71: Beispiele für unkatalysierte Carbonyl–In-Reaktionen.

Bei dem Versuch der intramolekularen, unkatalysierten Carbonyl–In-Reaktion des Aldehyds **235** konnten Clive *et al.* keinen Umsatz beobachten (s. Abb. 72).[218]

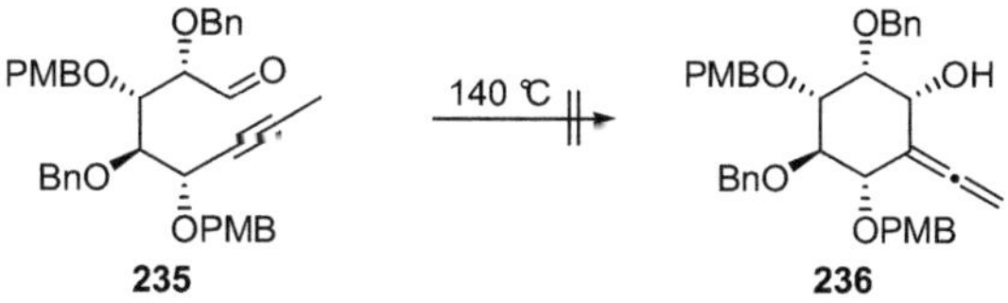

Abb. 72: Gescheiterter Versuch der intramolekularen Carbonyl–In-Reaktion von Clive *et al.*

In Testversuchen des α-Ketoesters **229** konnte erst ab einer Temperatur von 180 °C per DC eine Reaktion detektiert werden. Nach Rühren des Diastereomerengemisches **229** für 23 Stunden bei 180 °C wurden die beiden Allene **237** und **238**, die beide eine (2*S*)-Konfiguration besitzen, sowie Edukt **229** (30%) isoliert (s. Abb. 73).

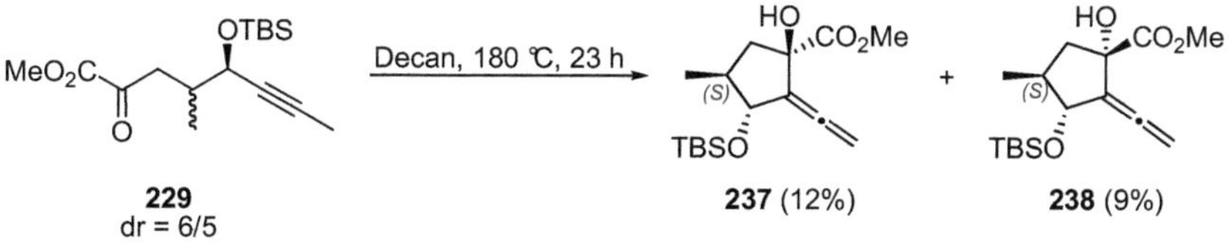

Abb. 73: Bildung der Allene **237** und **238**.

Die Aufklärung der Konfiguration der beiden Allene **237** und **238** erfolgte durch 1D-NOE-Spektren (s. Abb. 74 und Experimenteller Teil).

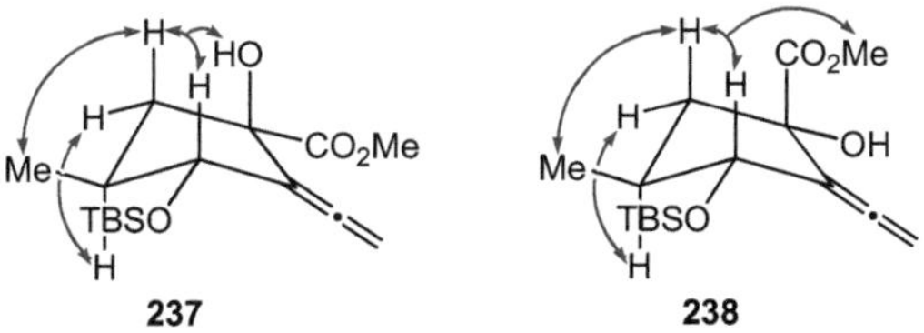

Abb. 74: Ausgewählte Ergebnisse der 1D-NOE-Spektren der Allene **237** und **238**.

---

[218] Clive, D. L. J.; He, X.; Postema, M. H. D.; Mashimbye, M. J. *J. Org. Chem.* **1999**, *64*, 4397–4410.

Auch hier wurde keine Bildung von (2R)-konfigurierten Cyclopentanen beobachtet, was mit den Ergebnissen von Helmboldt korrespondiert.[144] Dies lässt sich evt. mit dem Mechanismusvorschlag in Abb. 75 erklären.

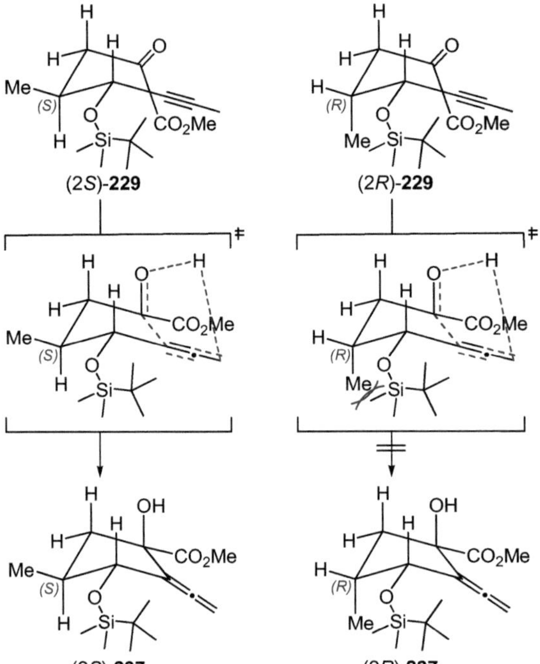

Abb. 75: Möglicher Mechanismus für die Bildung des Allens (2S)-237.

Bei der Bildung der (2S)-konfigurierten Allene **237** und **238** liegen die Methyl- und die OTBS-Gruppe nicht auf der gleichen Ringseite, was bei dem (2R)-konfigurierten α-Ketoester **229** aber der Fall ist. Dadurch könnte es zu sterischen Hinderungen kommen, was ein Grund für die nicht beobachtete Bildung von (2R)-konfigurierten Allenen sein könnte.

Da auch über die Alkin-Route keine Bildung von (2R)-konfigurierten Cyclopentanolen beobachtet werden konnte, stellt sich die Frage nach Alternativen für dieses Problem. Bzgl. der Lindlar-Hydrierung wurden bisher nur zwei Testversuche gemacht, so dass noch keine eindeutigen Aussagen über Erfolg oder Misserfolg gemacht werden können. Eine andere Methode zur Generierung von (Z)-konfigurierten Alkenen wäre eine Ru-katalysierte Reduktion.[219] (Z)-Alkene könnten schon bei niedrigeren Temperaturen eine Carbonyl–En-Reaktion eingehen, so dass man evt. dann auch die Bildung von (2R)-konfigurierten Cyclopentanolen in guten Ausbeuten beobachten könnte.

---

[219] „Eine selektive Ruthenium-katalysierte, wasserstofffreie Synthese von Z- oder E-Alkenen durch Transfersemihydrierung interner Alkine", C. Belger, N. M. Neisius, B. Plietker, zur Publikation eingereicht. http://www.plietker-group.de/pages/publications/publication/2009.php (11.02.2011).

Alternativ könnten auch Methoden von Molander *et al.*[220] oder von Ranasinghe und Fuchs[221] angewendet werden, die Allyliodide bzw. Allylsilane für ihre Cyclisierungen zum Einsatz gebracht haben (s. Abb. 76).

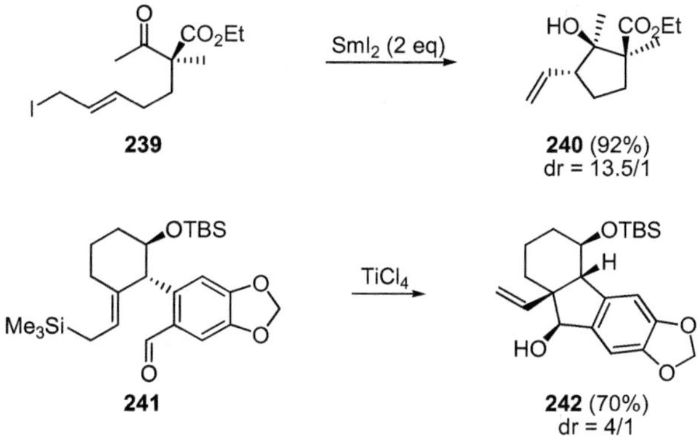

Abb. 76: Möglichkeiten zur Bildung von Cyclopentanolen.

Dazu müssten das Allyliodid **245** bzw. das Allylsilan **247** hergestellt werden, die analog zu Helmboldts[144] etablierten Syntheseplan weiter umgesetzt werden müssten (s. Abb. 77). Anschließend könnte der Ringschluss überprüft werden.

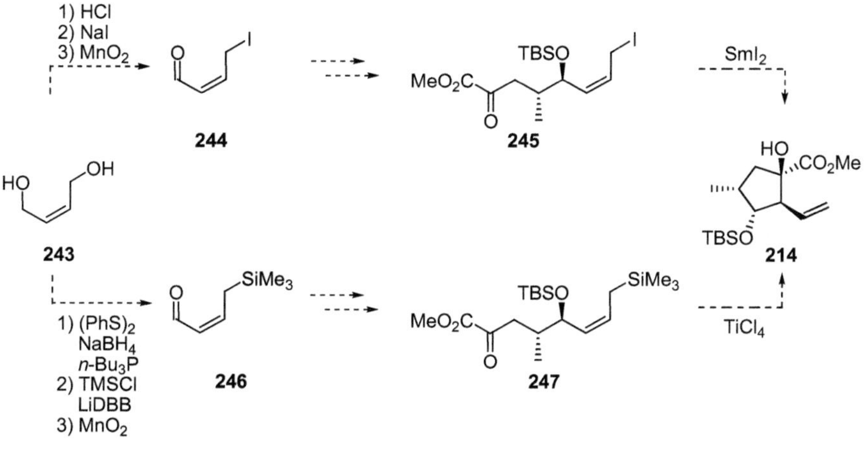

Abb. 77: Alternative Möglichkeiten zur Bildung des (2*R*)-konfigurierten Cyclopentanols **214**.

Als Ausgangspunkt könnte in beiden Fällen (*Z*)-Buten-1,4-diol (**243**) dienen, das entweder über das Chlorid zum Allyliodid **244**[222] oder über das Sulfid zum Allylsilan **246**[223] umgesetzt werden könnte (s. Abb. 77).

---

[220] Molander, G. A.; Etter, J. B.; Zinke, P. W. *J. Am. Chem. Soc.* **1987**, *109*, 453–463.
[221] Ranasinghe, M. G.; Fuchs, P. *J. Am. Chem. Soc.* **1989**, *111*, 779–782.
[222] Balas, L.; Durand, T.; Saha, S.; Johnson, I.; Mukhopadhyay, S. *J. Med. Chem.* **2009**, *52*, 1005–1017.

4.2.1 Synthese von 3-*epi*-Characiol (274)

Das Produkt der intramolekularen Carbonyl–En-Reaktion des α-Ketoesters **125**, Cyclopentanol **117**, wurde analog zu Helmboldt[144] mit LiAlH$_4$[224] zum Diol **248** reduziert (s. Abb. 78).

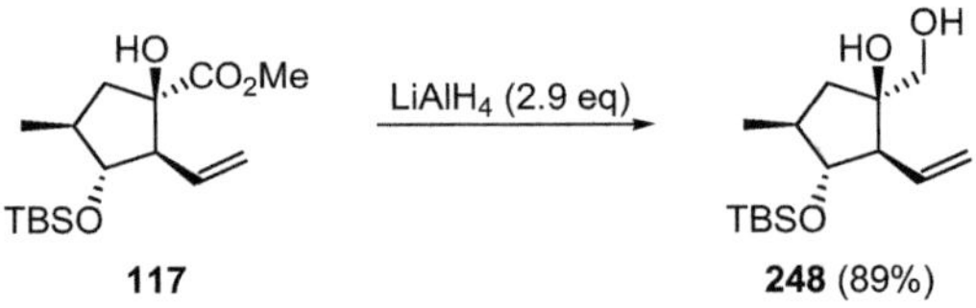

Abb. 78: Reduktion zum Diol **248**.

Im Gegensatz zu Helmboldt[144] und Köhler[192] sollte nun für das Diol **248** ein Acetal als Schutzgruppe installiert werden. Sowohl das Schützen mit CuSO$_4$ in Aceton[225] als auch mit PPTS und 2,2-Dimethoxypropan[226] lieferten das Acetonid **249** in guten Ausbeuten (s. Abb. 79), wobei die letztere Methode aufgrund ihrer besseren Durchführbarkeit im Multigramm-Maßstab vorzuziehen ist.

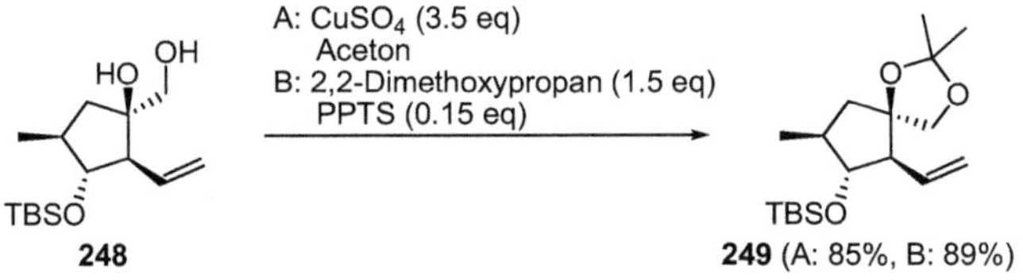

Abb. 79: Einführung der Acetonid-Schutzgruppe.

Im Anschluss wurde das Alken **249** mit Ozon oxidiert[227] und das dabei entstehende Ozonid mit PPh$_3$[228] zum Aldehyd **251** reduziert (s. Abb. 80). Zur besseren Detektion des Reaktionsfortschritts wurden katalytische Mengen des Diazofarbstoffs Sudanrot B (**250**) hinzugefügt, der die Lösung färbt und nach Oxidation des Alkens **249** selber oxidiert wird, was dann zur Entfärbung der Lösung führt.[229]

---

[223] Streiff, S.; Ribeiro, N.; Désaubry, L. *J. Org. Chem.* **2004**, *69*, 7592–7598.
[224] a) Nystrom, R. F.; Brown, W. G. *J. Am. Chem. Soc.* **1947**, *69*, 1197–1199. b) Finholt, A. E.; Bond Jr., A. C.; Schlesinger, H. I. *J. Am. Chem. Soc.* **1947**, *69*, 1199–1203.
[225] a) Pacsu, E. *Chem. Ber.* **1924**, *57*, 849–853. b) Schinle, R. *Chem. Ber.* **1932**, *65*, 315–320. c) Curtis, E. J. C.; Jones, J. K. N. *Can. J. Chem.* **1960**, *38*, 890–895.
[226] Kitamura, M.; Isobe, M.; Ichikawa, Y.; Goto, T. *J. Am. Chem. Soc.* **1984**, *106*, 3252–3257.
[227] a) Harries, C. *Liebigs Ann. Chem.* **1905**, *343*, 311–374. b) Harries, C. *Liebigs Ann. Chem.* **1910**, *374*, 288–368. c) Harries, C. *Liebigs Ann. Chem.* **1912**, *390*, 235–268. d) Harries, C. *Liebigs Ann. Chem.* **1915**, *410*, 1–21.
[228] Lorenz, O.; Parks, C. R. *J. Org. Chem.* **1965**, *30*, 1976–1981.
[229] Veysoglu, T.; Mitscher, L. A.; Swayze, J. K. *Synthesis* **1980**, 807–810.

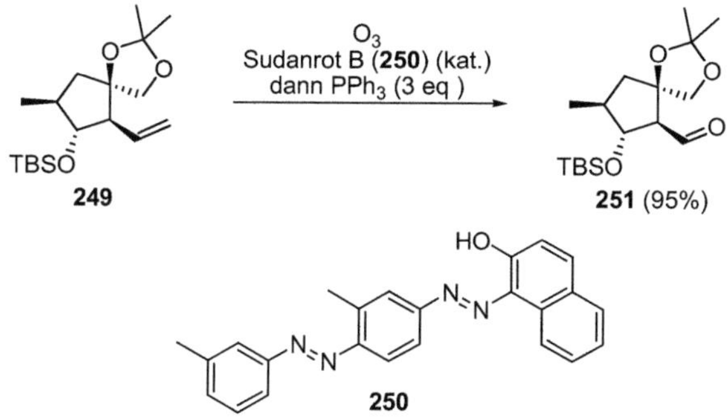

Abb. 80: Ozonolyse des Alkens **249** zum Aldehyd **251** sowie Struktur von Sudanrot B (**250**).

Der Aldehyd **251** wurde dann zunächst in das Dibromid überführt,[230] um anschließend in einer Corey–Fuchs-Reaktion[231] mit MeLi als Base zum Alkin zu reagieren. Das lithiierte Alkin wurde *in situ* mit einem Überschuss MeI versetzt und ergab das methylierte Alkin **252** in 78% über zwei Stufen (s. Abb. 81).

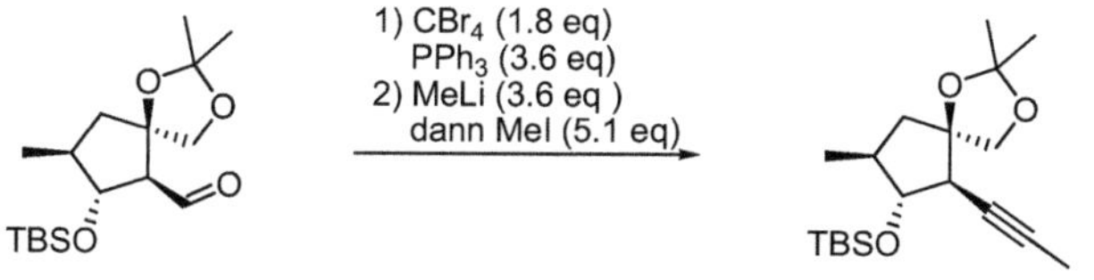

251 **252** (78%, 2 Stufen)

Abb. 81: Bildung des Alkins **252** in zwei Stufen.

Im nächsten Schritt wurde das Alkin **252** regio- und diastereoselektiv mit dem Schwartz-Reagenz $Cp_2Zr(H)Cl$[232] hydrozirkoniert und dann *in situ* mit elementarem Iod zum (*E*)-konfigurierten Vinyliodid **197** umgesetzt (s. Abb. 82).[233]

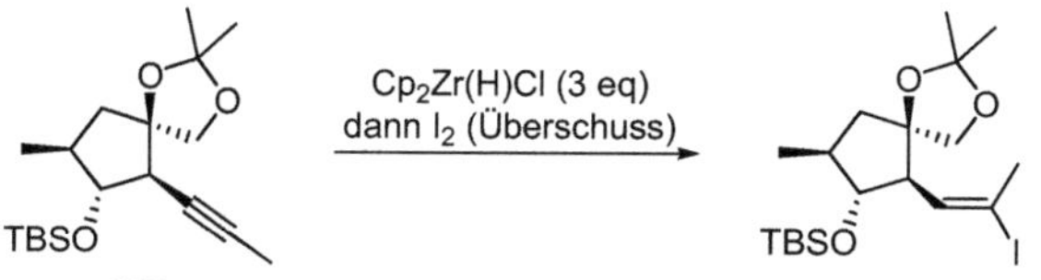

252 **197** (92%)
(*E*/*Z*) > 95/5

Abb. 82: Regio- und diastereoselektive Bildung des Vinyliodids **197**.

Da die vollständige Hydrozirkonierung drei Äquivalente des Schwartz-Reagenzes erforderte, das relativ teuer ist,[234] wurde nach Alternativen zur Bildung des Vinyliodids **197** gesucht.

[230] Desai, N. B.; McKelvie, N.; Ramirez, F. *J. Am. Chem. Soc.* **1962**, *84*, 1745–1747.
[231] Corey, E. J.; Fuchs, P. L. *Tetrahedron Lett.* **1972**, *13*, 3769–3772.
[232] Kautzner, B.; Wailes, P. C.; Weigold, H. *J. Chem. Soc. D: Chem. Comm.* **1969**, 1105–1105.
[233] a) Hart, D. W.; Schwartz, J. *J. Am. Chem. Soc.* **1974**, *96*, 8115–8116. b) Hart, D. W.; Blackburn, T. F.; Schwartz, J. *J. Am. Chem. Soc.* **1975**, *97*, 679–680.

Aber weder die Methode über das Vinylsilan **253**[235] (kein Umsatz) noch über das Vinylstannan **254**[236] (schlechte Ausbeute über zwei Stufen, Diastereomerengemisch) brachten Verbesserungen (s. Abb. 83).

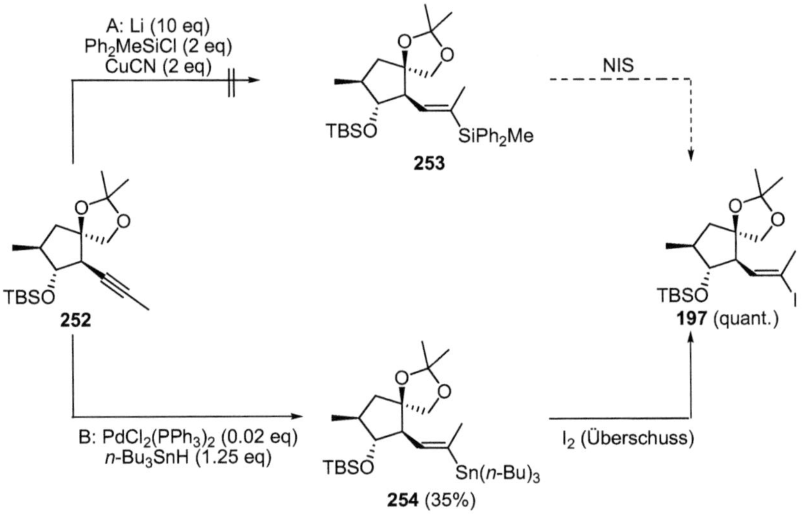

Abb. 83: Alternative Möglichkeiten zur Bildung des Vinyliodids **197** brachten keine Verbesserungen.

Das erste Edukt **197** für die geplante *B*-Alkyl-Suzuki–Miyaura-Kupplung konnte analog zu Köhlers[192] und meinen Ergebnissen[193] mit einem Acetal als Schutzgruppe synthetisiert werden. Der zweite Kupplungspartner, das Alken (±)-**198**, konnte ich schon während meiner Master-Arbeit herstellen.[193] Die optimierte Syntheseroute des Alkens (±)-**198** in fünf Stufen ist in Abb. 84 dargestellt.

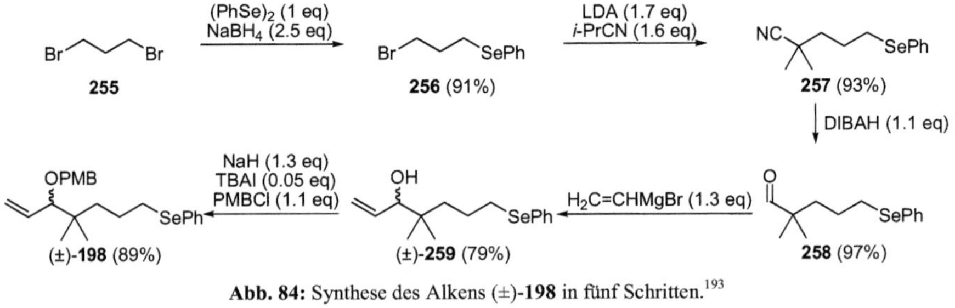

Abb. 84: Synthese des Alkens (±)-**198** in fünf Schritten.[193]

---

[234] 5 g kosten 100.00 € bei http://www.acros.com (11.02.2011).
[235] a) Ager, D. J.; Fleming, I. *J. Chem. Soc., Chem. Comm.* **1978**, 177–178. b) Fleming, I.; Roessler, F. *J. Chem. Soc., Chem. Comm.* **1980**, 276–277. c) Fleming, I.; Newton, T. W.; Roessler, F. *J. Chem. Soc., Perkin Trans. 1* **1981**, *1*, 2527–2532.
[236] a) Ichinose, Y.; Oda, H.; Oshima, K.; Utimoto, K. *Bull. Chem. Soc. Jpn.* **1987**, *60*, 3468–3470. b) Zhang, H. X.; Guibé, F.; Balavoine, G. *Tetrahedron Lett.* **1988**, *29*, 619–622. c) Zhang, H. X.; Guibé, F.; Balavoine, G. *J. Org. Chem.* **1990**, *55*, 1857–1867.

Das literaturbekannte Bromid **256**[237] wurde durch Umsetzung von 1,3-Dibrompropan (**255**) mit *in situ* generiertem Phenylselenid-Borankomplex-Anion [PhSeBH$_3$]$^\ominus$ [238] erhalten.[239] Nach Alkylierung von Isobuttersäurenitril mit dem Bromid **256** und LDA als Base,[240] wurde das Nitril **257** mit DIBAH zum Aldehyd **258** reduziert.[147] Dieser wurde anschließend mit dem Vinyl-Grignard-Reagenz versetzt und ergab den Allylalkohol (±)-**259**,[154] der im letzten Schritt unter basischen Bedingungen mit katalytischen Mengen TBAI[241] als PMB-Ether (±)-**198** geschützt wurde (s. Abb. 84).[242]

Für den nächsten Schlüsselschritt dieser Synthesesequenz, die *B*-Alkyl-Suzuki–Miyaura-Kupplung,[191,243] wurde das Alken (±)-**198** mit 9-BBN hydroboriert[244] und dann unter den Bedingungen von Johnson und Braun[245] mit dem Vinyliodid **197** gekuppelt. Hierbei wurde nur die Bildung des (*E*)-konfigurierten Alkens **260** beobachtet, das in sehr guter Ausbeute isoliert werden konnte (s. Abb. 85). Der Nachweis der Doppelbindungskonfiguration erfolgte durch ein 1D-NOE-Spektrum (s. Abb. 85 und Experimenteller Teil).

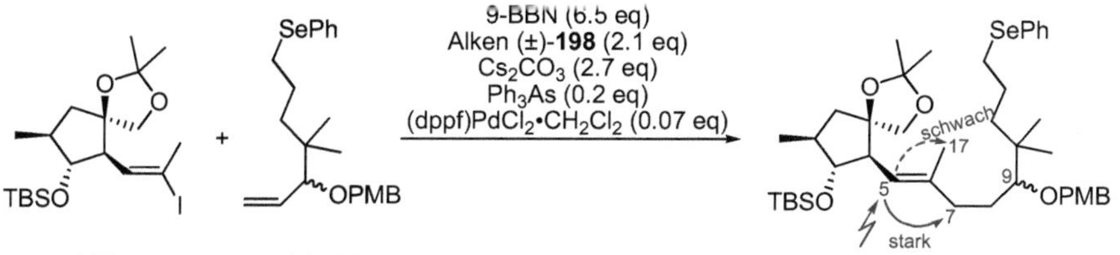

Abb. 85: Kreuzkupplung zu dem Alken **260**.

Der Kreuzkupplung folgte die Oxidation des Selenids **260** mit H$_2$O$_2$ zum korrespondierenden Selenoxid und *in situ syn*-Eliminierung von Benzenselensäure unter Bildung des terminalen Alkens **261** (s. Abb. 86).[246]

---

[237] Middleton, D. S.; Simpkins, N. S.; Begley, M. J.; Terrett, N. K. *Tetrahedron* **1990**, *46*, 545–564.
[238] Liotta, D.; Markiewicz, W.; Santiesteban, H. *Tetrahedron Lett.* **1977**, *18*, 4365–4367.
[239] Baldwin, J. E.; Adlington, R. M.; Robertson, J. *Tetrahedron* **1989**, *45*, 909–922.
[240] Watt, D. S. *Tetrahedron Lett.* **1974**, *15*, 707–710.
[241] Mootoo, D. R.; Fraser-Reid, B. *Tetrahedron* **1990**, *46*, 185–200.
[242] a) Horita, K.; Yoshioka, T.; Tanaka, T.; Oikawa, Y. *Tetrahedron* **1986**, *42*, 3021–3028. b) Marco, J. L.; Hueso-Rodríguez, J. A. *Tetrahedron Lett.* **1988**, *29*, 2459–2462.
[243] a) Chemler, S. R.; Trauner, D.; Danishefsky, S. J. *Angew. Chem.* **2001**, *113*, 4676–4701. b) Chemler, S. R.; Trauner, D.; Danishefsky, S. J. *Angew. Chem., Int. Ed.* **2001**, *40*, 4544–4568.
[244] a) Köster, R. *Angew. Chem.* **1960**, *72*, 626–627. b) Knights, E. F.; Brown, H. C. *J. Am. Chem. Soc.* **1968**, *90*, 5281–5283.
[245] Johnson, C. R.; Braun, M. P. *J. Am. Chem. Soc.* **1993**, *115*, 11014–11015.
[246] a) Jones, D. N.; Mundy, D.; Whitehouse, R. D. *J. Chem. Soc. D: Chem. Comm.* **1970**, 86–87. b) Sharpless, K. B.; Lauer, R. F. *J. Am. Chem. Soc.* **1973**, *95*, 2697–2699.

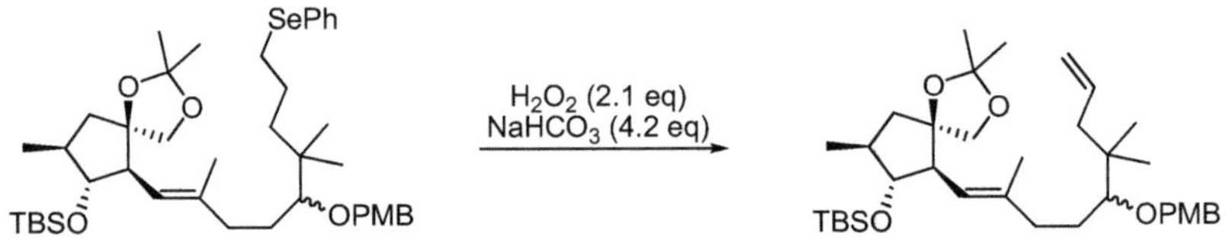

260

261 (85%)
dr (C9) = 1/1

Abb. 86: Bildung des terminalen Alkens **261** aus dem Selenid **260**.

Der weitere Syntheseplan sah nun die Spaltung der Acetal-Schutzgruppe in Gegenwart der TBS- und PMB-Gruppe vor (s. Abb. 87). In der Literatur lassen sich viele Reagenzien zur Hydrolyse von Acetalen finden, die auch TBS- und PMB-Gruppen tolerieren. So können Acetale unter oxidativen Bedingungen mit CAN,[247] durch Umacetalisierung mit Ethylenglycol[248] sowie unter sauren Bedingungen (H_2SO_4•SiO_2,[249] $NaHSO_4$•SiO_2,[250] Molybdatophosphorsäure•SiO_2,[251] $CeCl_3$•$7H_2O$ + Oxalsäure,[252] $FeCl_3$•$6H_2O$,[253] $In(OTf)_3$,[254] $Ce(OTf)_3$,[255] $Er(OTf)_3$,[256] $Zn(NO_3)_2$•$6H_2O$,[257] $La(NO_3)_3$•$6H_2O$[258]) gespalten werden.

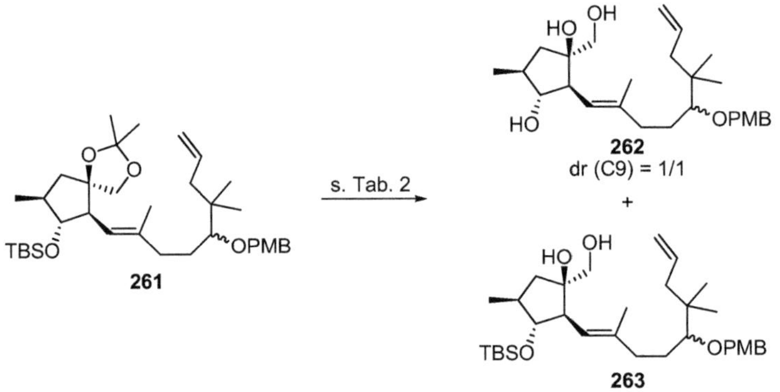

261

262
dr (C9) = 1/1
+
263
dr (C9) = 1/1

Abb. 87: Bei den Acetalspaltungen wurde teilweise eine TBS-Hydrolyse beobachtet.

[247] a) Ates, A.; Gautier, A.; Leroy, B.; Plancher, J.-M.; Quesnel, Y.; Markó, I. E. *Tetrahedron Lett.* **1999**, *40*, 1799–1802. b) Manzo, E.; Barone, G.; Bedini, E.; Iadonisi, A.; Mangoni, L.; Parrilli, M. *Tetrahedron* **2002**, *58*, 129–133.

[248] Miyake, H.; Tsumura, T.; Sasaki, M. *Tetrahedron Lett.* **2004**, *45*, 7213–7215.

[249] Rajput, V. K.; Roya, B.; Mukhopadhyay, B. *Tetrahedron Lett.* **2006**, *47*, 6987–6991.

[250] Mahender, G.; Ramu, R.; Ramesh, C.; Das, B. *Chem. Lett.* **2003**, *32*, 734–735.

[251] Yadav, J. S.; Raghavendra, S.; Satyanarayana, M.; Balanarsaiah, E. *Synlett* **2005**, 2461–2464.

[252] Xiao, X.; Bai, D. *Synlett* **2001**, 535–537.

[253] Sen, S. E.; Roach, S. L.; Boggs, J. K.; Ewing, G. J.; Magrath, J. *J. Org. Chem.* **1997**, *62*, 6684–6686.

[254] Gregg, B. T.; Golden, K. C.; Quinn, J. F. *J. Org. Chem.* **2007**, *72*, 5890–5893.

[255] Dalpozzo, R.; de Nino, A.; Maiuolo, L.; Procopio, A.; Tagarelli, A.; Sindona, G.; Bartoli, G. *J. Org. Chem.* **2002**, *67*, 9093–9095.

[256] Dalpozzo, R.; de Nino, A.; Maiuolo, L.; Nardi, M.; Procopio, A.; Tagarelli, A. *Synthesis* **2004**, 496–498.

[257] Vijayasaradhi, S.; Singh, J.; Aidhen, I. S. *Synlett* **2000**, 110–112.

[258] Reddy, S. M.; Reddy, Y. V.; Venkateswarlu, Y. *Tetrahedron Lett.* **2005**, *46*, 7439–7441.

Interessanterweise lassen sich aber auch Artikel finden, in denen die Spaltung von TBS-Gruppen mit $H_2SO_4 \cdot SiO_2$,[259] mit $FeCl_3$[209c] bzw. mit Molybdatophosphorsäure•SiO_2[260] beschrieben wird. In der letzten Publikation werden laut den Autoren sogar Acetal-Gruppen toleriert.[260] In Tab. 2 sind die Ergebnisse zur Spaltung des Acetals **261** dargestellt.

Eintrag	Reagenz	Temperatur	Zeit	Resultat
1	CAN	90 °C	1 h	Edukt **261**
2	Ethylenglycol	130 °C	1 h	Edukt **261**
3	$H_2SO_4 \cdot SiO_2$	Rt	3 h	65% Triol **262**
4	$CeCl_3 \cdot 7H_2O$ + Malonsäure	Rt	0.5 h	Zersetzung
5	$FeCl_3 \cdot 6H_2O$	Rt	22 h	Zersetzung
6	$Eu(OTf)_3$	Rt	24 h	komplexes Gemisch
7	$Er(OTf)_3$	Rt	24 h	komplexes Gemisch
8	$Lu(OTf)_3$	Rt	24 h	komplexes Gemisch
9	HCl (1 M)	Rt	1 h	54% Triol **262**
10	$Zn(NO_3)_2 \cdot 6H_2O$	50 °C	2 h	45% Triol **262** + 36% Diol **263**
11	$La(NO_3)_3 \cdot 6H_2O$	50 °C	25 h	54% Diol **263**

Tab. 2: Versuche zur Spaltung der Acetal-Schutzgruppe.

Wie man aus Tab. 2 gut erkennen kann, erwies sich die Spaltung des Acetals unter Erhalt der TBS- und PMB-Gruppe als sehr schwierig. So wurde teilweise Zersetzung (Tab. 2, Eintrag 4 und 5) aber auch die Hydrolyse der PMB-Gruppe (Tab. 2, Eintrag 6–8) beobachtet. Das größte Problem hierbei war aber die Instabilität der TBS-Gruppe unter sauren Bedingungen, so dass diese häufig mit dem Acetal gespalten wurde und das Triol **262** erhalten wurde (Tab. 2, Eintrag 3, 9 und 10). Lediglich mit $Zn(NO_3)_2 \cdot 6H_2O$ (Tab. 2, Eintrag 10) und $La(NO_3)_3 \cdot 6H_2O$ (Tab. 2, Eintrag 11) konnte das gewünschte Diol **263** in 36% bzw. 54% Ausbeute erhalten werden.

Da das Triol **262** in moderaten Ausbeuten gebildet wurde (Tab. 2, Eintrag 3), wurde versucht, selektiv die primäre OH-Funktion zum Aldehyd **264** zu oxidieren. TEMPO[261] mit NCS[262] oder $PhI(OAc)_2$[263] als Cooxidationsmittel sind in der Lage, primäre Alkohole in Gegenwart von sekundären Alkoholen selektiv zu den korrespondierenden Hydroxyaldehyden zu oxidieren. Aber lediglich bei der TEMPO-Oxidation mit NCS konnte durch ^{1}H-NMR-

---

[259] Karimi, B.; Zareyee, D. *Tetrahedron Lett.* **2005**, *46*, 4661–4665.
[260] Kumar, G. D. K.; Baskaran, S. *J. Org. Chem.* **2005**, *70*, 4520–4523.
[261] a) Leanna, M. R.; Sowin, T. J.; Morton, H. E. *Tetrahedron Lett.* **1992**, *33*, 5029–5032. b) de Nooy, A. E. J.; Besemer, A. C.; van Bekkum, H. *Synthesis* **1996**, 1153–1176.
[262] Einhorn, J.; Einhorn, C.; Ratajczak, F.; Pierre, J.-L. *J. Org. Chem.* **1996**, *61*, 7452–7454.
[263] de Mico, A.; Margarita, R.; Parlanti, L.; Vescovi, A.; Piancatelli, G. *J. Org. Chem.* **1997**, *62*, 6974–6977.

Spektroskopie die Bildung des Aldehyds **264** (s. Abb. 88) erkannt werden.[264] Da der Aldehyd **264** nicht stabil war, wurde er sofort mit kommerziell erhältlichem Isopropylenmagnesiumbromid versetzt. Hierbei wurde aber lediglich Zersetzung beobachtet, so dass dieser Syntheseweg nicht weiter verfolgt wurde.

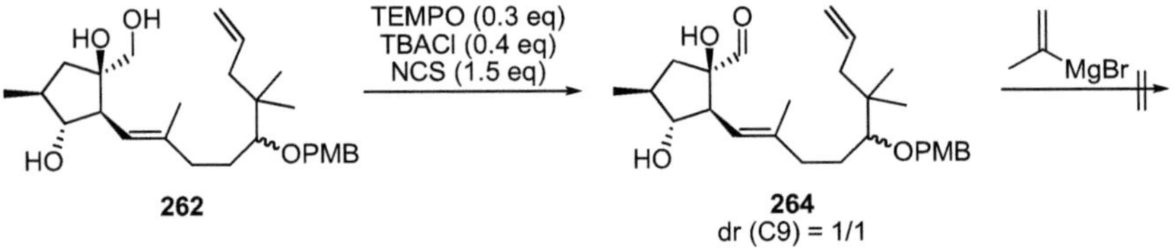

Abb. 88: Oxidation zum Aldehyd **264** und anschließende Zersetzung bei dem Versuch der Grignard-Addition.

Da die Acetalspaltung mit La(NO$_3$)$_3$·6H$_2$O zum Diol **263** (Tab. 2, Eintrag 11) in moderaten Ausbeuten gelang, folgten Versuche zur Oxidation mit TEMPO/PhI(OAc)$_2$[263,265] bzw. dem Dess–Martin-Periodinan[155] zum korrespondierenden α-Hydroxyaldehyd **269**. Hierbei wurde jedoch nur eine Glycolspaltung und die Bildung des Ketons **265** beobachtet (s. Abb. 89).

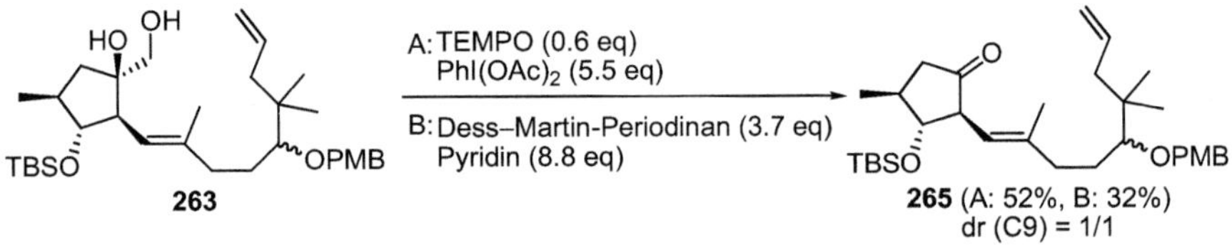

Abb. 89: Glycolspaltung zum Keton **265**.

Aufgrund der Glycolspaltung wurde das Diol **263** mit TMSOTf und 2,6-Lutidin[266] als Base zum Trissilylether **266** umgesetzt (s. Abb. 90).

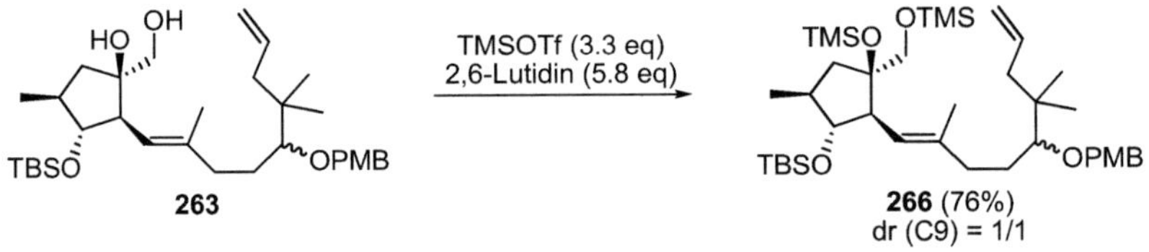

Abb. 90: Schützen der primären und tertiären OH-Funktion als TMS-Ether.

Anschließend wurde mit dem Collins-Reagenz[121] zum Aldehyd **267** oxidiert, der deutlich stabiler als der Aldehyd **264** ist und vollständig charakterisiert werden konnte. Der nach-

---

[264] Das ^{1}H-NMR-Spektrum des Aldehyds **264** ist sehr komplex, was evt. auf eine mögliche Lactolbildung sowie Zersetzungsprodukte schließen lässt.
[265] a) Miyazawa, T.; Endo, T. *J. Org. Chem.* **1985**, *50*, 3930–3931. b) Banwell, M. G.; Bridges, V. S.; Dupuche, J. R.; Richards, S. L.; Walter, J. M. *J. Org. Chem.* **1994**, *59*, 6338–6343. c) Zhao, X.-F.; Zhang, C. *Synthesis* **2007**, 551–557.
[266] Corey, E. J.; Cho, H.; Rücker, C.; Hua, D. H. *Tetrahedron Lett.* **1981**, *22*, 3455–3458.

folgende Versuch der Grignard-Addition[154] brachte hier aber auch nur Zersetzungsprodukte (s. Abb. 91).

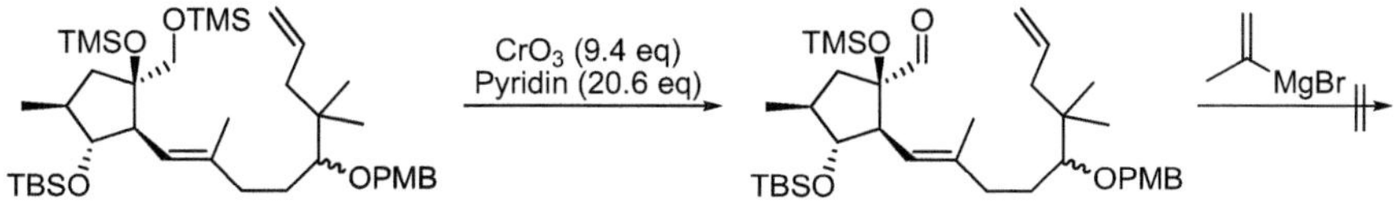

Abb. 91: Oxidation zum Aldehyd **267** und anschließende Zersetzung bei dem Versuch der Grignard-Addition.

Da auch hier die Oxidation zum Aldehyd **267** unter Einsatz von hochtoxischem CrO_3 im Überschuss nur in mäßigen Ausbeuten verlief sowie die Grignard-Addition[154] nicht realisiert werden konnte, wurde diese Syntheseroute verworfen.

Die Spaltung von 1,2-Diolen unter oxidativen Bedingungen ist in der Literatur bekannt. So können Glycolspaltungen bei Dess–Martin-[155] und PCC-Oxidationen[267] auftreten. Dagegen werden bei IBX-,[173,266] Corey–Kim-[124] und Distannanoxan/Brom-Oxidationen[269] in der Regel bis auf wenige Ausnahmen[270] Glycolspaltungen nicht beobachtet. In der Tat führte hier die Oxidation mit IBX (**268**)[175] zum Erfolg und lieferte den α-Hydroxyaldehyd **269** in einer guten Ausbeute von 81% (s. Abb. 92), ohne dass eine Glycolspaltung beobachtet wurde.

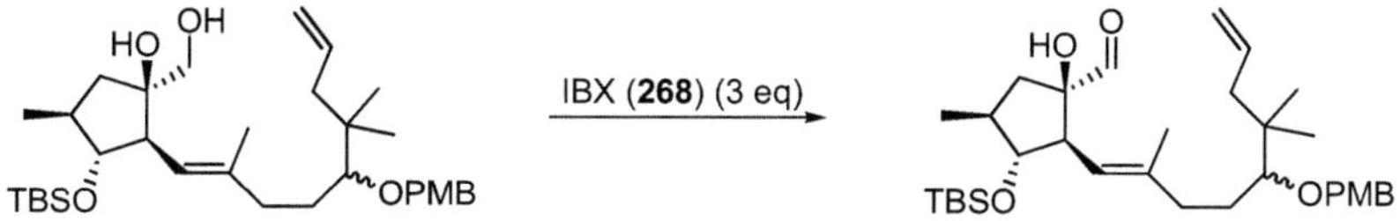

Abb. 92: Oxidation zum α-Hydroxyaldehyd **269**.

Das Oxidationsmittel IBX (**268**) wurde gemäß literaturbekannter Vorschrift im Multigramm-Maßstab durch Oxidation von 2-Iodbenzoesäure (**270**) mit $KBrO_3$ hergestellt (s. Abb. 93).[271] Weitere mögliche Oxidationsmittel zur Herstellung von IBX (**268**) sind $KMnO_4$[272] und Oxone.[268b]

---

[267] Cisneros, A.; Fernández, S.; Hernández, J. E. *Synth. Commun.* **1982**, *12*, 833–838.
[268] a) de Munari, S.; Frigerio, M.; Santagostino, M. *J. Org. Chem.* **1996**, *61*, 9272–9279. b) Frigerio, M.; Santagostino, M.; Sputore, S. *J. Org. Chem.* **1999**, *64*, 4537–4538.
[269] Ueno, Y.; Okawara, M. *Tetrahedron Lett.* **1976**, *17*, 4597–4600.
[270] Moorthy, J. N.; Singhal, N.; Senapati, K. *Org. Biomol. Chem.* **2007**, *5*, 767–771.
[271] Greenbaum, F. R. *Am. J. Pharm.* **1936**, *108*, 17–22.
[272] Hartmann, C.; Meyer, V. *Chem. Ber.* **1893**, *26*, 1727–1732.

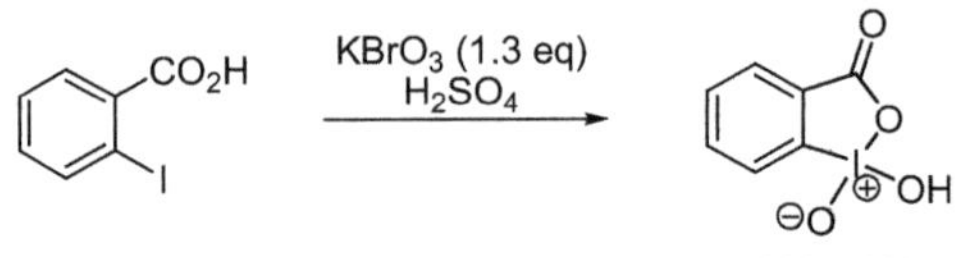

Abb. 93: Synthese und Struktur von IBX (**268**).

Der nächste Schritt sah die geplante Addition des kommerziell erhältlichen Grignard-Reagenzes Isopropylenmagnesiumbromid an den α-Hydroxyaldehyd **269** vor. Doch statt der gewünschten Addition kam es hierbei zu einer nucleophilen 1,2-Umlagerung. Durch diese Ringerweiterung entstand das Cyclohexanon **272** (s. Abb. 94). Diese Reaktion von Magnesium-Organylen ist in der Literatur bekannt.[273]

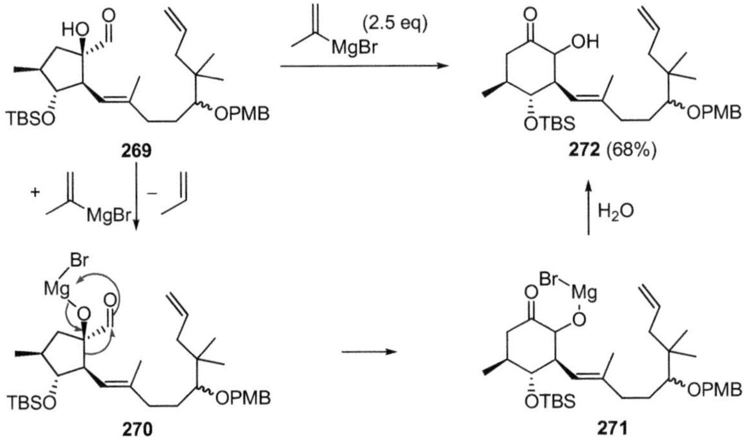

Abb. 94: Bildung des Cyclohexanons **272**.

Da die Reaktion des Magnesium-Organyls zu einer 1,2-Umlagerung führte, wurde versucht, durch Transmetallierung zu anderen Metall-Organylen die gewünschte Addition des Isopropylen-Restes an den Aldehyd **269** zu erhalten. Aber weder Cer-,[141] Mangan-,[274] Titan-[275] noch Kupfer-Organyle[276] brachten Erfolg (Tab. 3, Eintrag 2–5). Dagegen führte die Nozaki–Hiyama–Kishi-Reaktion[190] mit Isopropylenbromid zum gewünschten Diol **273** (Tab. 3, Eintrag 6). Nachteil dieser Reaktion war zum einen die mäßige Ausbeute von 42% sowie die Verwendung von toxischem $CrCl_2$ in hohem Überschuss (20 eq). Die besten Ergebnisse wurden durch Verwendung von 3.8 eq *in situ* gebildeten Lithium-Organyl[277] erhalten,

---

[273] Yang, T.-F.; Zhanga, Z.-N.; Tsenga, C.-H.; Chen, L.-H. *Tetrahedron Lett.* **2005**, *46*, 1917–1920.
[274] Cahiez, G.; Normant, J. F. *Tetrahedron Lett.* **1977**, *18*, 3383–3384.
[275] Boeckmann, R. K.; O'Connor, K. J. *Tetrahedron Lett.* **1989**, *30*, 3271–3274.
[276] Normant, J. F. *Synthesis* **1972**, 63–80.
[277] a) Bailey, W. F.; Punzalan, E. R. *J. Org. Chem.* **1990**, *55*, 5404–5406. b) Negishi, E.; Swanson, D. R.; Rousset, C. J. *J. Org. Chem.* **1990**, *55*, 5406–5409.

bei dem das Diol **273** in einer sehr guten Ausbeute von 93% isoliert werden konnte (Tab. 3, Eintrag 7).

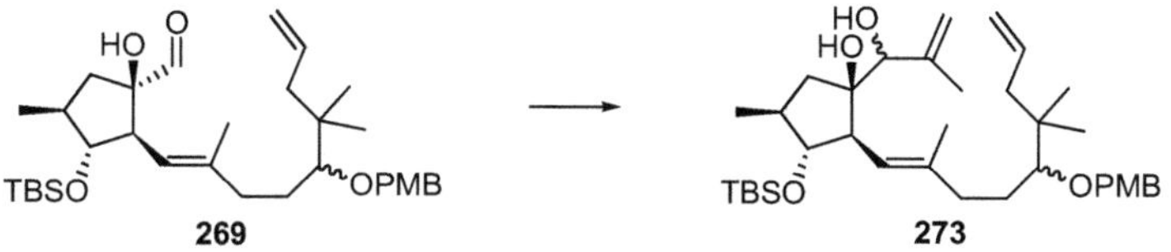

269 → **273**

Eintrag	Reagenz	Temperatur	Zeit	Resultat
1	$H_2C=C(Me)MgBr$	0 °C	0.5 h	68% Keton **272**
2	$CeCl_3 + H_2C=C(Me)MgBr$	0 °C	0.5 h	komplexes Gemisch
3	$MnCl_2$ + LiCl + $H_2C=C(Me)MgBr$	0 °C dann Rt	1 h / 1 h	komplexes Gemisch
4	$ClTi(Oi\text{-}Pr)_3 + H_2C=C(Me)MgBr$	–78 °C	1 h	komplexes Gemisch
5	$CuI + H_2C=C(Me)MgBr$	–78 °C zu Rt	25 h	komplexes Gemisch
6	$CrCl_2 + NiCl_2 + H_2C=C(Me)Br$	Rt	15 h	42% Diol **273**
7	t-BuLi + $H_2C=C(Me)Br$	–78 °C	0.5 h	93% Diol **273**

Tab. 3: Versuche zur Addition des Isopropylen-Restes an den Aldehyd **269**.

Die stark unterschiedlichen Ergebnisse des Grignard-Reagenzes und des Lithium-Organyls können durch die höhere Nucleophilie von Lithium-Organylen gegenüber Magnesium-Organylen erklärt werden („*Lithium organic compounds are more reactive than the magnesium analogues ...* ").[278]

Der erfolgreichen Addition des Lithium-Organyls an den Aldehyd **269** folgten die Spaltung des PMB-Ethers mit DDQ[242a] sowie eine IBX-Oxidation[175] zu dem Diketon **196** (s. Abb. 95).

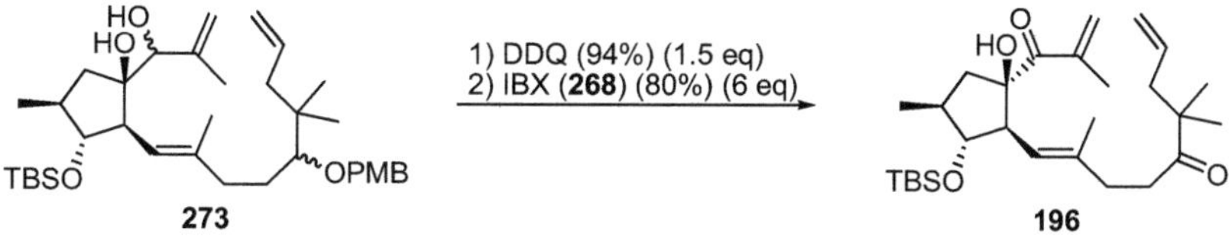

273
1) DDQ (94%) (1.5 eq)
2) IBX (**268**) (80%) (6 eq)
→ **196**

Abb. 95: Synthese des Diketons **196** aus dem Diol **273** in zwei Stufen.

Nun folgte der Schlüsselschritt dieser Synthesesequenz, die Ringschluss-Metathese zum Schließen des zwölfgliedrigen Ringes (s. Abb. 96). Der Einsatz des Grubbs-I-Katalysators (**275**)[279] führte zu keinem Erfolg (Tab. 4, Eintrag 1). Dagegen konnte mit dem Grubbs-II-Katalysator (**138**)[158] ein Ringschluss in Toluen bei 110 °C beobachtet werden. Allerdings konnte ein Nebenprodukt, das evt. das Kreuzmetatheseprodukt des Triens **196** sein könnte,

---

[278] Fuhrhop, J.-H.; Li, G. *Organic Synthesis – Concepts and Methods* **2003**, Wiley-VCH Weinheim, 3. edition, S. 8.
[279] a) Schwab, P.; France, M. B.; Ziller, J. W.; Grubbs, R. H. *Angew. Chem.* **1995**, *107*, 2179–2181. b) Schwab, P.; France, M. B.; Ziller, J. W.; Grubbs, R. H. *Angew. Chem., Int. Ed.* **1995**, *34*, 2039–2041.

nicht abgetrennt werden, so dass im Folgeschritt die TBS-Gruppe mit HF•Pyridin[280] gespalten wurde und 3-*epi*-Characiol (**274**) in 44% Ausbeute ergab (Tab. 4, Eintrag 2). Wichtig bei der RCM-Reaktion war ein ständiges Durchströmen der Reaktionslösung mit Argon, um das Kuppelprodukt Ethen aus der Lösung zu vertreiben und somit das Gleichgewicht auf die Produktseite zu verlagern.[281] Bei Durchführung der RCM-Reaktion in einem Druckgefäßrohr im geschlossenen System konnte kein Ringschluss detektiert werden (Tab. 4, Eintrag 3). Mit dem Hoveyda–Grubbs-II-Katalysator (**276**)[282,283] wurde eine geringere Ausbeute von 22% über zwei Stufen erhalten (Tab. 4, Eintrag 9). Dagegen konnte mit dem Grela-Katalysator (**277**)[284] die Ausbeute auf 51% über zwei Stufen gesteigert werden (Tab. 4, Eintrag 10).

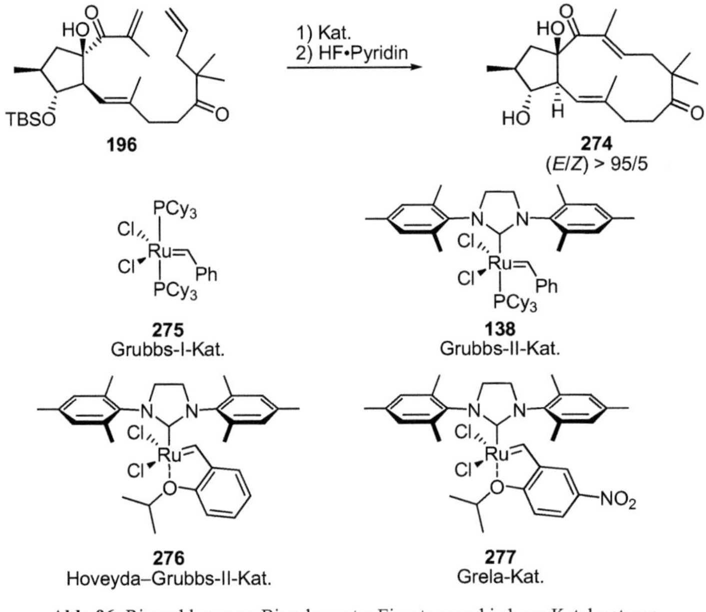

Abb. 96: Ringschluss zum Bicyclus unter Einsatz verschiedener Katalysatoren.

---

[280] Nicolaou, K. C.; Seitz, S. P.; Pavia, M. R.; Petasis, N. A. *J. Org. Chem.* **1979**, *44*, 4011–4013.

[281] a) Yamamoto, Y.; Takahashi, M.; Miyaura, N. *Synlett* **2002**, 128–130. b) Winkler, J. D.; Asselin, S. M.; Shepard, S.; Yuan, J. *Org. Lett.* **2004**, *6*, 3821–3824. c) Pietraszuk, C.; Marciniec, B.; Rogalski, S.; Fischer, H. *J. Mol. Catal. A: Chem.* **2005**, *240*, 67–71.

[282] a) Garber, S. B.; Kingsbury, J. S.; Gray, B. L.; Hoveyda, A. H. *J. Am. Chem. Soc.* **2000**, *122*, 8168–8179. b) Gessler, S.; Randl, S.; Blechert, S. *Tetrahedron Lett.* **2000**, *41*, 9973–9976.

[283] Dieser Katalysator **276** wird teilweise auch als Hoveyda–Blechert-Katalysator bezeichnet. Hier wird aber die Bezeichnung von Sigma-Aldrich übernommen, von denen dieser Katalysator **276** auch bezogen wurde: http://www.sigmaaldrich.com/catalog/ProductDetail.do?lang=de&N4=569755|ALDRICH&N5=SEARCH_CON CAT_PNO|BRAND_KEY&F=SPEC (11.02.2011).

[284] a) Grela, K.; Harutyunyan, S.; Michrowska, A. *Angew. Chem.* **2002**, *114*, 4210–4212. b) Grela, K.; Harutyunyan, S.; Michrowska, A. *Angew. Chem., Int. Ed.* **2002**, *41*, 4038–4040. c) Michrowska, A.; Robert Bujok, R.; Harutyunyan, S.; Sashuk, V.; Dolgonos, G.; Grela, K. *J. Am. Chem. Soc.* **2004**, *126*, 9318–9325.

Eintrag	Katalysator	Reaktionsbedingungen	Ausbeute (2 Stufen)
1	Grubbs-I (275)	PhMe, 110 °C mit Argon, 7 h	Edukt 196
2	Grubbs-II (138)	PhMe, 110 °C mit Argon, 2 h	44% 274
3	Grubbs-II (138)	PhMe, 110 °C ohne Argon, 5 h	Edukt 196
4	Grubbs-II (138)	Cl(CH$_2$)$_2$Cl, 90 °C mit Argon, 4.5 h	Edukt 196
5	Grubbs-II (138)	C$_6$F$_6$, 100 °C mit Argon, 6 h	31% 274
6	Grubbs-II (138) + CuCl$_2$	PhMe, 110 °C mit Argon, 1 h	20% 274
7	Grubbs-II (138) + Chinon	PhMe, 110 °C mit Argon, 2 h	28% 274
8	Grubbs-II (138)	PhMe, 110 °C mit Argon, 2 h, DMSO	40% 274
9	Hoveyda–Grubbs-II (276)	PhMe, 110 °C mit Argon, 8 h	22% 274
10	Grela (277)	PhMe, 110 °C mit Argon, 7.5 h	51% 274

Tab. 4: Ergebnisse der RCM-Reaktionen und der anschließenden TBS-Abspaltung, Alle Reaktionen wurden mit 0.1 eq des Katalysators sowie bei c = 10^{-3} mol/l durchgeführt.

Da die Ringschluss-Metathese mit anschließender TBS-Abspaltung nur in moderaten Ausbeuten 3-*epi*-Characiol (274) ergab, wurde versucht, durch Variation der Reaktionsbedingungen die Ausbeute zu erhöhen. Eine geringere Konzentration (< 10^{-3} mol/l) war nicht praktikabel, und höhere Katalysatormengen (0.15–0.2 eq) ergaben keine besseren Ausbeuten. In 1,2-Dichlorethan als Lösemittel konnte kein Ringschluss beobachtet werden (Tab. 4, Eintrag 4), und in Hexafluorbenzen[285] wurde lediglich eine Ausbeute von 31% über zwei Stufen erhalten (Tab. 4, Eintrag 5). Eine mögliche Nebenreaktion bei Ringschluss-Metathesen ist die Isomerisierung einer oder mehrerer C=C-Doppelbindungen.[286] Durch Einsatz von Additiven wie 1,4-Benzochinon,[287] CuCl bzw. CuCl$_2$,[288] Phosphor-Verbindungen[289] oder Dialkylborchloriden[290] lässt sich diese Nebenreaktion zurückdrängen, was höhere Ausbeuten zur Folge hat. Aber weder der Einsatz von CuCl$_2$ noch der von 1,4-Benzochinon erbrachten bessere Ergebnisse (Tab. 4, Eintrag 6 und 7). Ein weiteres Problem bei Ringschluss-Metathesen kann die abschließende Entfernung von Ru-Verbindungen sein, die sich laut Literatur z.B. mit Ph$_3$P=O oder DMSO,[291] mit Pb(OAc)$_4$[292] oder mit CNCH$_2$CO$_2$K[293]

---

[285] Samojlowicz, C.; Bieniek, M.; Zarecki, A.; Kadyrov, R.; Grela, K. *Chem. Commun.* **2008**, 6282–6284.
[286] a) Bourgeois, D.; Pancrazib, A.; Nolan, S. P.; Prunet, J. *J. Organomet. Chem.* **2002**, *643*, 247–252. b) Schmidt, B. *Eur. J. Org. Chem.* **2004**, 1865–1880.
[287] Hong, S. H.; Sanders, D. P.; Lee, C. W.; Grubbs, R. H. *J. Am. Chem. Soc.* **2005**, *127*, 17160–17161.
[288] Dias, E. L.; Nguyen, S. T.; Grubbs, R. H. *J. Am. Chem. Soc.* **1997**, *119*, 3887–3897.
[289] Moïse, J.; Arseniyadis, S.; Cossy, J. *Org. Lett.* **2007**, *9*, 1695–1698.
[290] Vedrenne, E.; Dupont, H.; Oualef, S.; Elkaïm, L.; Grimaud, L. *Synlett* **2005**, 670–672.
[291] Ahn, Y. M.; Yang, K. L.; Georg, G. I. *Org. Lett.* **2001**, *3*, 1411–1413.
[292] Paquette, L. A.; Schloss, J. D.; Efremov, I.; Fabris, F.; Gallou, F.; Méndez-Andino, J.; Yang, J. *Org. Lett.* **2000**, *2*, 1259–1261.
[293] Galan, B. R.; Kalbarczyk, K. P.; Szczepankiewicz, S.; Keister, J. B.; Diver, S. T. *Org. Lett.* **2007**, *9*, 1203–1206.

entfernen lassen können. Aber auch hier führte nach der RCM-Reaktion die Verwendung von DMSO und Rühren für 19 Stunden bei Raumtemperatur zu keiner Verbesserung (Tab. 4, Eintrag 8).

Bei allen RCM-Reaktionen konnte nur das (12*E*)-Diastereomer detektiert werden. Der Beweis gelang durch ein 1D-NOE-Spektrum (s. Abb. 97 und Experimenteller Teil).

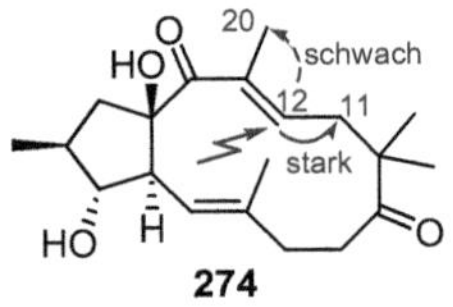

Abb. 97: Beweis der (*E*)-Konfiguration der C12/C13-Doppelbindung durch ein 1D-NOE-Spektrum.

Zusammenfassend lässt sich feststellen, dass mit dem Grela-Katalysator (**277**),[284] der auch schon bei Multikilogramm-Synthesen zum Einsatz kam,[294] für das Trien **196** die besten Ausbeuten für die Ringschluss-Metathese erhalten wurden.

4.2.2 Synthese von (–)-15-*O*-Acetyl-3-*O*-propionylcharaciol (116)

Nach erfolgreicher Durchführung der Bildung des Bicycluses **274** durch eine Ringschluss-Metathese wurde nun in Analogie zu den Arbeiten von Helmboldt[144,152] die Totalsynthese des Jatrophan-Diterpens 15-*O*-Acetyl-3-*O*-propionylcharaciol (**116**) vervollständigt. Zunächst musste die Konfiguration an C3 invertiert werden. Dies geschah durch eine Veresterung unter Mitsunobu-Bedingungen[156] mit *p*-Brombenzoesäure. Nach Umesterung des Esters **278** mit K$_2$CO$_3$ in Methanol wurde Characiol (**181**) erhalten (s. Abb. 98).

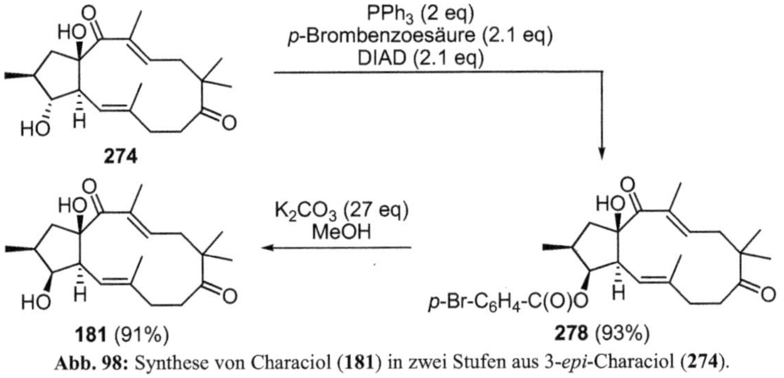

Abb. 98: Synthese von Characiol (**181**) in zwei Stufen aus 3-*epi*-Characiol (**274**).

Anschließend wurde selektiv der sekundäre Alkohol mit der EDC•HCl-Methode[157] mit Propionsäure verestert. Dann folgte die Acetylierung des tertiären Alkohols **279** mit Essigsäureanhydrid und katalytischen Mengen TMSOTf[159] und ergab das Jatrophan-Diterpen (–)-15-*O*-Acetyl-3-*O*-propionylcharaciol (**116**) (s. Abb. 99). Analog zu den Arbeiten von Seip

---

[294] Farina, V.; Shu, C.; Zeng, X.; Wei, X.; Han, Z.; Yee, N. K.; Senanayake, C. H. *Org. Process Res. Dev.* **2009**, *13*, 250–254.

und Hecker[91a] erfolgte dann eine diastereoselektive Epoxidierung mit *m*-CPBA[180,181] zum Epoxid **183**.[295]

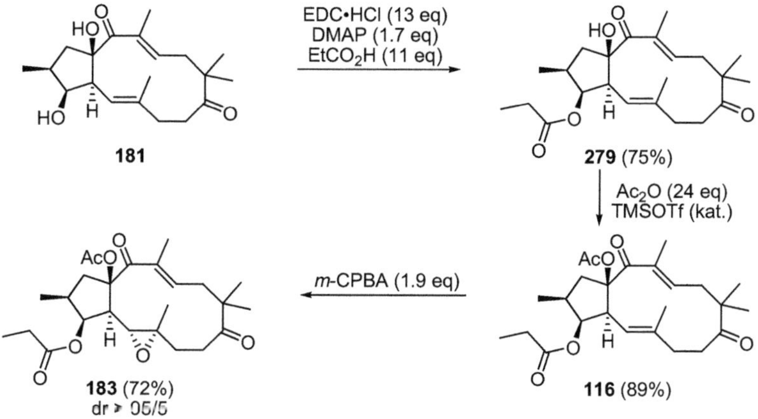

Abb. 99: Synthese des Diterpens **116** mit anschließender Epoxidierung.

Da es sich bei dem von Seip und Hecker isolierten Naturstoff[91a] auch um das Konstitutionsisomer **182** handeln könnte, wurde dieses analog synthetisiert. Zunächst wurde mit Essigsäure verestert. Anschließend folgte eine Veresterung des tertiären Alkohols **280** mit Propionsäureanhydrid, die das Konstitutionsisomer **182** ergab, das schließlich ebenfalls epoxidiert wurde (s. Abb. 100).

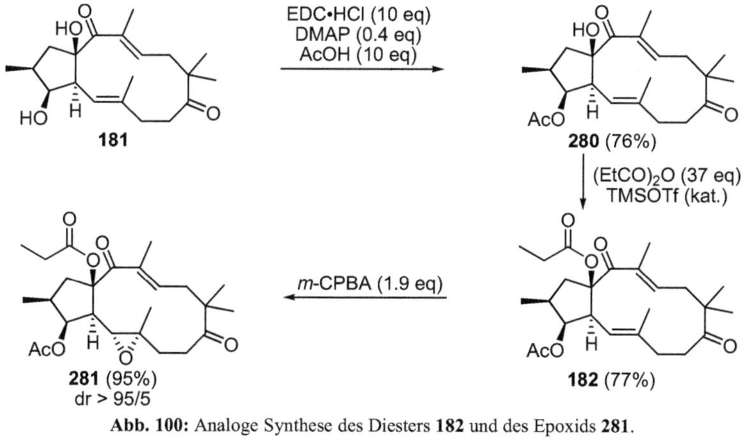

Abb. 100: Analoge Synthese des Diesters **182** und des Epoxids **281**.

Von dem von Seip und Hecker isolierten Naturstoff sowie von dem von ihnen synthetisierten Epoxid sind nur ^{1}H-NMR-Daten verfügbar,[91a] so dass diese intensiv mit den von mir synthetisierten Verbindungen **116** und **183** sowie **182** und **281** verglichen wurden. In

---

[295] Hier wird die (5*R*,6*R*)-Konfiguration angegeben. Auf die Bestimmung wird noch näher in Kapitel 4.2.3 eingegangen.

Abb. 101 sind die Differenzen in ppm des Diterpens **116** und dessen Epoxid **183** (beide Acetyl-Rest an C15 und Propionyl-Rest an C3) und die der beiden Jatrophane **182** und **281** dargestellt.

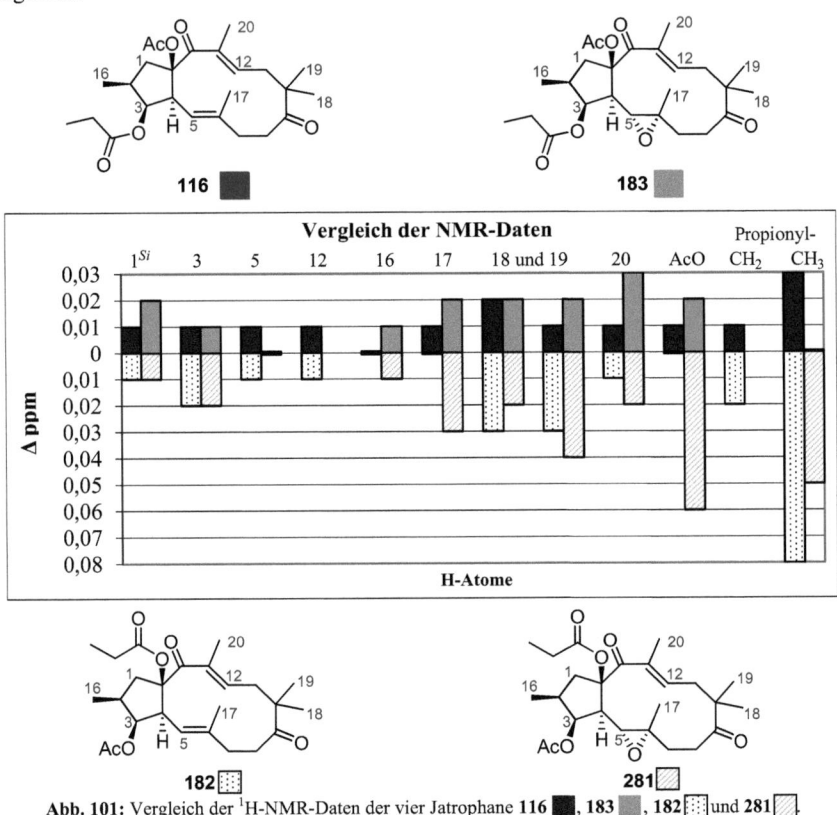

Abb. 101: Vergleich der ^{1}H-NMR-Daten der vier Jatrophane **116** ■, **183** ▨, **182** ⋮⋮ und **281** ▨.

Wie man aus Abb. 101 gut erkennen kann, weichen die ^{1}H-NMR-Daten der beiden Jatrophane **116** und **183** mit dem Acetyl-Rest an C15 nicht so stark von den von Seip und Hecker publizierten Daten[91a] ab wie die der beiden anderen Jatrophane **182** und **281** mit dem Acetyl-Rest an C3. Auch ein Vergleich der Summe der Differenzen der chemischen Verschiebungen spricht mit $\sum\Delta$ppm (**116** + **183**) = 0.29 ppm < $\sum\Delta$ppm (**182** + **281**) = 0.48 ppm dafür. Der Beweis, dass es sich bei dem von Seip und Hecker isolierten Naturstoff um das Jatrophan **116** handelt, lässt sich aus den ^{1}H-NMR-Spektren der beiden Konstitutionsisomere **116** und **182** sowie dem von Seip publizierten Spektrum des Naturstoffes[296] ableiten (s. Abb. 102 und 103).

---

[296] Seip, E. *Neue Diterpenester aus Euphorbia esula L. sowie Euphorbia characias L. und ihre biologische Wirkung* Dissertation, Ruprecht-Karls-Universität, Heidelberg, **1980**.

Schnabel und Hiersemann:
2009, 400 MHz.

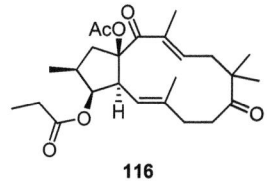

116

Seip und Hecker:
1980, 90 MHz,
Naturstoff.

Schnabel und Hiersemann:
2009, 400 MHz.

182

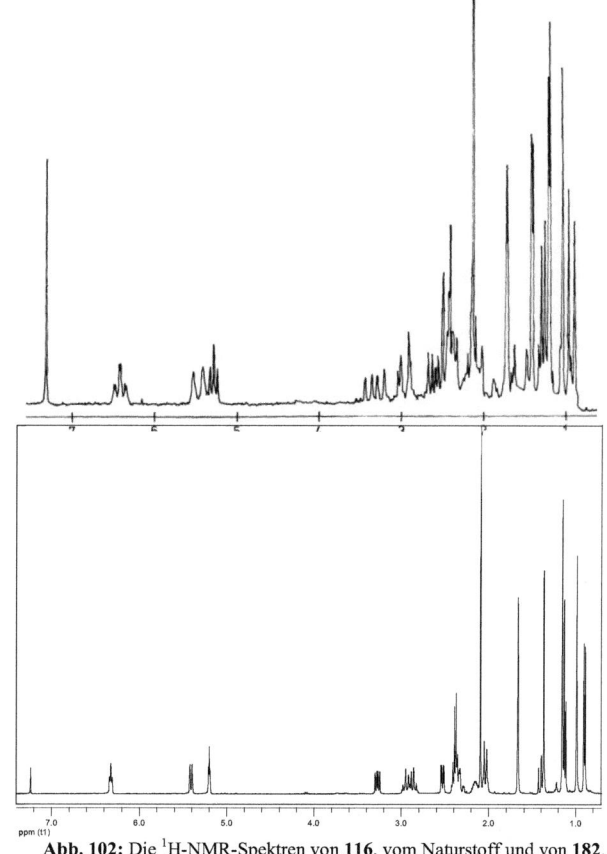

Abb. 102: Die ^{1}H-NMR-Spektren von **116**, vom Naturstoff und von **182**.

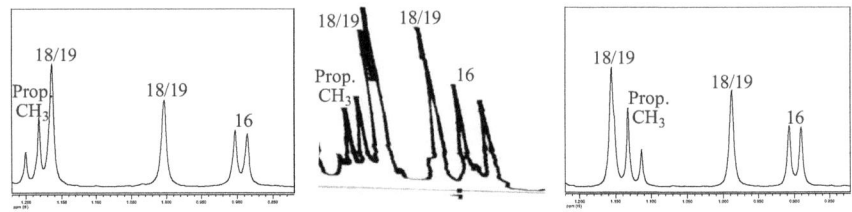

Abb. 103: Ausschnitte aus den ¹H-NMR-Spektren von **116**, vom Naturstoff und von **182**.

Durch Vergleich der chemischen Verschiebungen der vier Methylgruppen 16-CH_3, 18-CH_3, 19-CH_3 und Propionyl-CH_3 lässt sich nun zweifelsfrei beweisen, dass es sich bei dem von Seip und Hecker isolierten Naturstoff um 15-*O*-Acetyl-3-*O*-propionylcharaciol (**116**) handeln muss (s. Abb. 103 und Tab. 5).

Jatrophan 116		Naturstoff		Jatrophan 182	
0.92 ppm	16-CH_3	0.92 ppm	16-CH_3	0.92 ppm	16-CH_3
1.03 ppm	18/19-CH_3	1.04 ppm	18/19-CH_3	1.01 ppm	18/19-CH_3
1.19 ppm	18/19-CH_3	1.21 ppm	18/19-CH_3	1.16 ppm	Prop.-CH_3
1.21 ppm	Prop.-CH_3	1.24 ppm	Prop.-CH_3	1.18 ppm	18/19-CH_3

Tab. 5: Vergleich der chemischen Verschiebungen der vier Methylgruppen.

Analog zum Naturstoff hat die Propionyl-CH_3-Gruppe des Jatrophans **116** eine höhere chemische Verschiebung als die beiden 18-CH_3 und 19-CH_3-Methylgruppen (s. Abb. 103 und Tab. 5). Dagegen liegt die chemische Verschiebung der Propionyl-CH_3-Gruppe des Konstitutionsisomers **182** zwischen denen der beiden 18-CH_3 und 19-CH_3-Methylgruppen. Somit kann das von Seip und Hecker isolierte Jatrophan[91a] nicht das Konstitutionsisomer **182** sein. Der von Seip und Hecker isolierte und charakterisierte Naturstoff ist demnach 15-*O*-Acetyl-3-*O*-propionylcharaciol (**116**), so wie die Originalautoren es auch aufgrund biogenetischer Überlegungen vermutet haben.

Neben dem mit Seip und Hecker übereinstimmenden ¹H-NMR-Spektrum wurden auch mehrere 1D-NOE-Spektren angefertigt, die die (2*S*,3*S*,4*S*,15*R*)-Konfiguration im Fünfring sowie die (*E*)-Konfiguration der beiden C=C-Doppelbindungen C5/C6 und C12/C13 bestätigen (s. Abb. 104 und Experimenteller Teil sowie Vergleich mit von Helmboldt[144] synthetisierten Verbindungen).

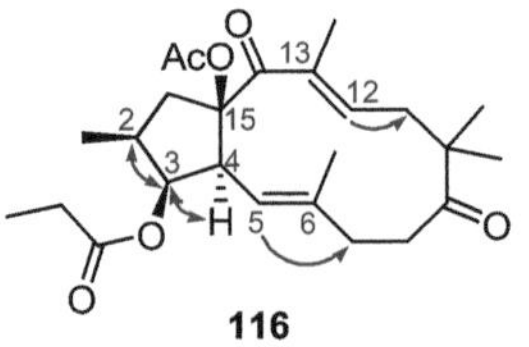

Abb. 104: Ausgewählte Ergebnisse der 1D-NOE-Spektren des Jatrophans **116**.

Auch das ^{13}C-NMR-, das COSY-NMR- (s. Abb. 105) und das IR-Spektrum sowie die elementaranalytischen Daten bestätigen den Strukturvorschlag von Seip und Hecker.

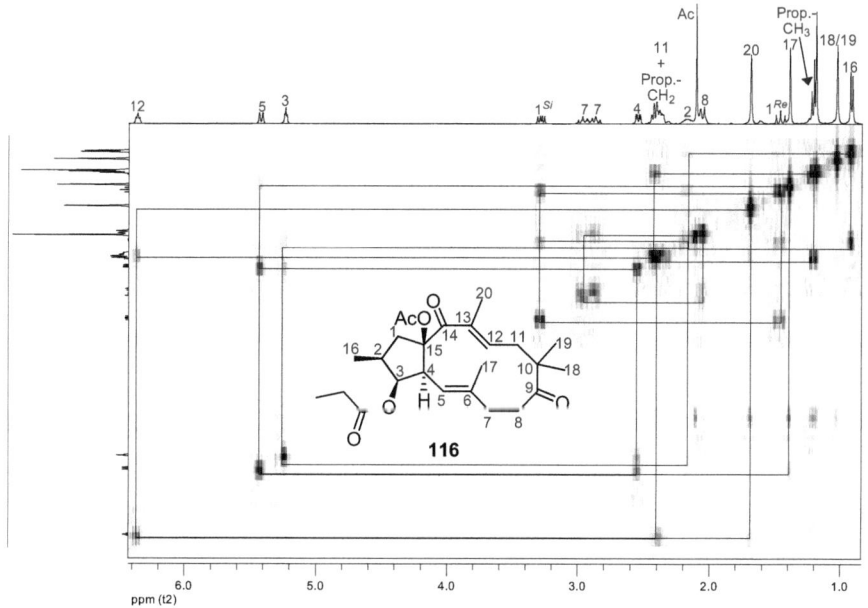

Abb. 105: COSY-NMR-Spektrum des Jatrophans 116.

(−)-15-*O*-Acetyl-3-*O*-propionylcharaciol (**116**) wurde als amorpher, farbloser Feststoff mit einem Schmelzpunkt von 140 °C und einem Drehwert von $[\alpha]_D^{20}$ −16.3 (c 0.395, CHCl$_3$) erhalten. Diese Synthese ist die erste Totalsynthese eines Jatrophan-Diterpens aus einer *Euphorbia*-Art.

4.2.3 Synthese von (−)-15-*O*-Acetyl-3-*O*-benzoylcharaciol-(5*R*,6*R*)-oxid (174)

Nach der erfolgreichen Synthese des ersten Jatrophan-Diterpens **116** sollten nun die beiden Epoxide **174** und **175**, die ebenfalls aus *Euphorbia characias* isoliert wurden,[91a] in analoger Weise synthetisiert werden (s. Abb. 106).

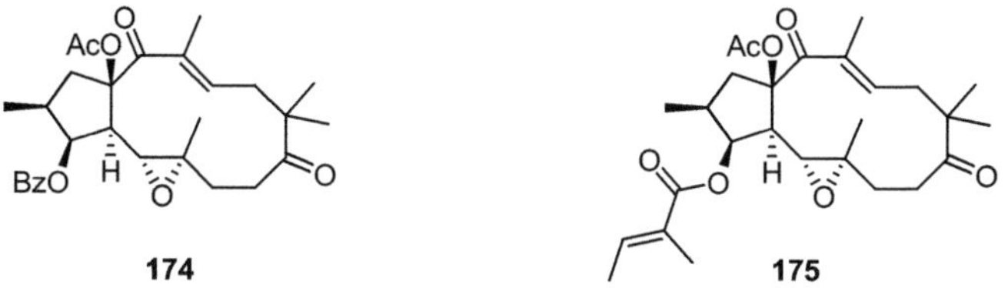

Abb. 106: Die beiden Epoxide **174** und **175**, isoliert aus *Euphorbia characias*.

Für die Synthese des Epoxids **174** wurde ausgehend von 3-*epi*-Characiol (**274**) zunächst unter Mitsunobu-Bedingungen[156] mit Benzoesäure verestert, anschließend der tertiäre Alkohol **282** acetyliert und dann der Diester **283** mit *m*-CPBA diastereoselektiv epoxidiert[180] (s. Abb. 107) und ergab den Naturstoff (–)-15-*O*-Acetyl-3-*O*-benzoylcharaciol-(5*R*,6*R*)-oxid (**174**).

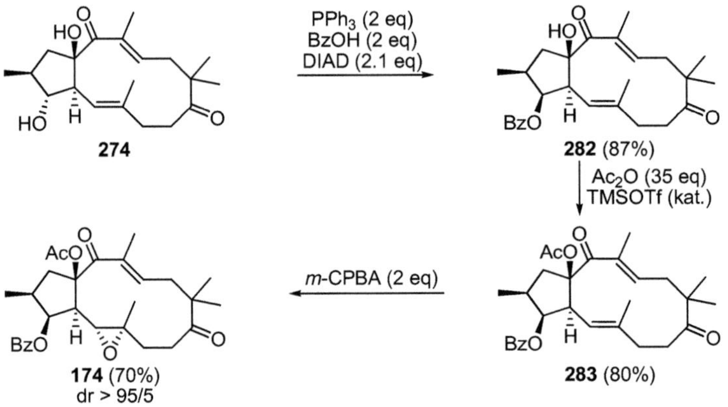

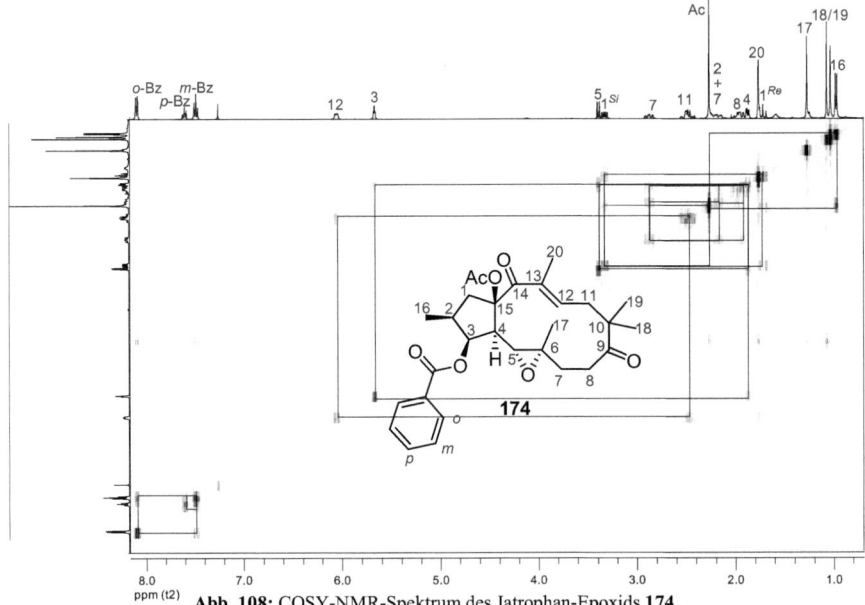

Abb. 107: Synthese des Epoxids **174** ausgehend von 3-*epi*-Characiol (**274**) in drei Stufen.

Auch hier erfolgte ein intensiver Vergleich der ^{1}H-NMR- und ^{13}C-NMR-Daten des Naturstoffs mit den von mir erhaltenen Daten für das Epoxid **174**. Die ^{1}H-NMR-Daten weichen maximal 0.02 ppm ab, und auch das COSY-Spektrum bekräftigt den Strukturvorschlag (s. Abb. 108).

Abb. 108: COSY-NMR-Spektrum des Jatrophan-Epoxids **174**.

Auch die ^{13}C-NMR-Daten des Jatrophans **174** stimmen sehr gut mit den von Seip und Hecker publizierten Daten[91a] überein (s. Abb. 109).

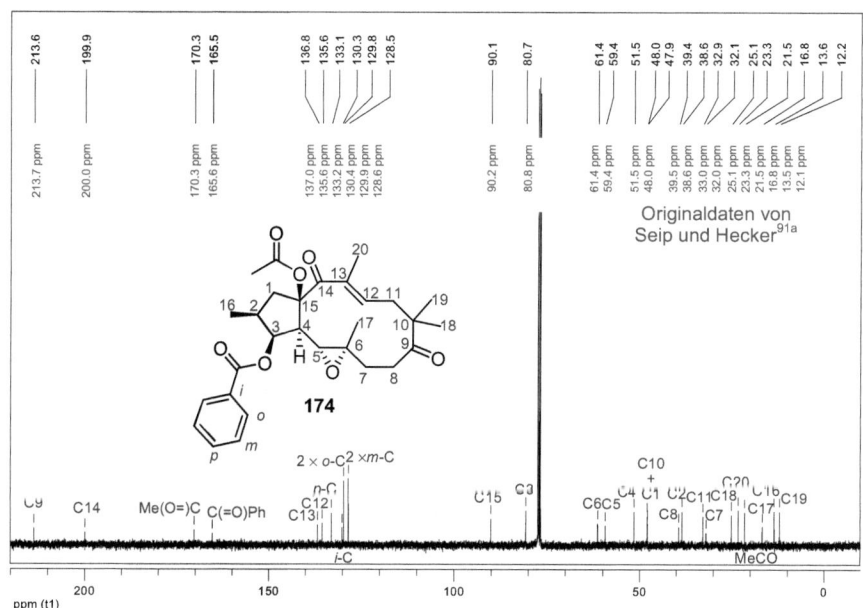

Abb. 109: ^{13}C-NMR-Spektrum des Jatrophans **174** und Vergleich mit den Daten[91a] des Naturstoffs.

Des Weiteren bestätigen die IR-Daten sowie die massenspektrometrischen Werte die in Abb. 107 gezeigte Struktur. 1D-NOE-Spektren beweisen die Konfigurationen im Fünfring, die Konfiguration der Epoxy-Einheit konnte dagegen durch die 1D-NOE-Spektren nicht geklärt werden.

(−)-15-*O*-Acetyl-3-*O*-benzoylcharaciol-(5*R*,6*R*)-oxid (**174**) wurde als amorpher, farbloser Feststoff mit einem Schmelzpunkt von 187 °C und einem Drehwert von $[\alpha]_D^{20}$ −20.6 (c 0.34, CHCl$_3$) erhalten. Versuche, Einkristalle von diesem Epoxid **174** bzw. den beiden anderen Epoxiden **183** und **281** zu züchten, blieben erfolglos, so dass keine Röntgenkristallstrukturanalysen vorgenommen werden konnten. Aus diesem Grund wurde für den Diester **283** eine simple Konformationsanalyse durchgeführt. In dem Ausschnitt der in Abb. 110 gezeigten Konformation ist die 1,3-Allylspannung[297] minimiert, so dass der Angriff der Persäure entweder von außerhalb des Zwölfringes (5*Re*,6*Re*) oder innerhalb des Zwölfringes (5*Si*,6*Si*) erfolgen kann. Ein Angriff innerhalb des Ringes ist sehr unwahrscheinlich. Da bisher bei allen drei von mir durchgeführten Epoxidierungen (s. Abb. 99, 100 und 107) sowie bei der von Seip und Hecker durchgeführten Epoxidierung (s. Abb. 43) substratinduziert nur die Bildung jeweils eines Diastereomers beobachtet wurde, kann von einem Angriff außerhalb des Ringes

---

[297] a) Johnson, F.; Malhotra, S. K. *J. Am. Chem. Soc.* **1965**, *87*, 5492−5493. b) Malhotra, S. K.; Johnson, F. *J. Am. Chem. Soc.* **1965**, *87*, 5493−5495. c) Hoffmann, R. W. *Chem. Rev.* **1989**, *89*, 1841−1860.

ausgegangen werden. Der (5*Re*,6*Re*)-Angriff hat eine (5*R*,6*R*)-Konfiguration der Epoxy-Einheit zur Folge (s. Abb. 110).

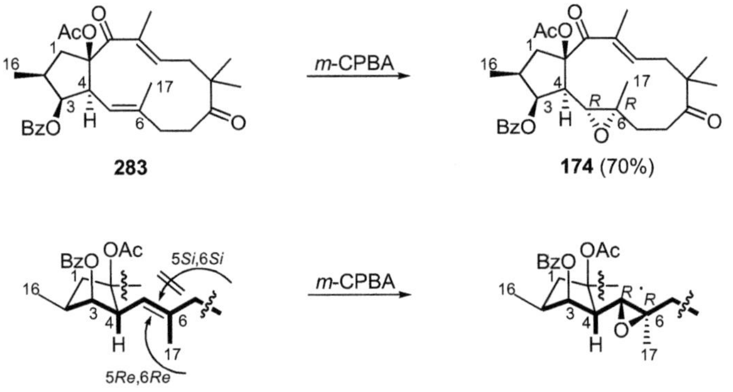

Abb. 110: Mögliche Erklärung für die Bildung des (5*R*,6*R*)-konfigurierten Epoxids **174**.

Abschließend bleibt festzuhalten, dass die Konfiguration der Epoxy-Einheit nicht eindeutig bewiesen werden konnte. Aber nach einer einfachen Konformationsanalyse sowie unter Einbeziehung weiterer Indizien von anderen Arbeitsgruppen (s. Kap. 3.2) schlage ich für die Epoxy-Einheit eine (5*R*,6*R*)-Konfiguration entgegen der ursprünglichen Annahme von Seip und Hecker[91a] vor.

Für die geplante Totalsynthese des Jatrophans 15-*O*-Acetyl-3-*O*-tigloylcharaciol-(5*R*,6*R*)-oxid (**175**) musste zunächst die sekundäre Alkohol-Funktion mit Tiglinsäure verestert werden (s. Tab. 6).

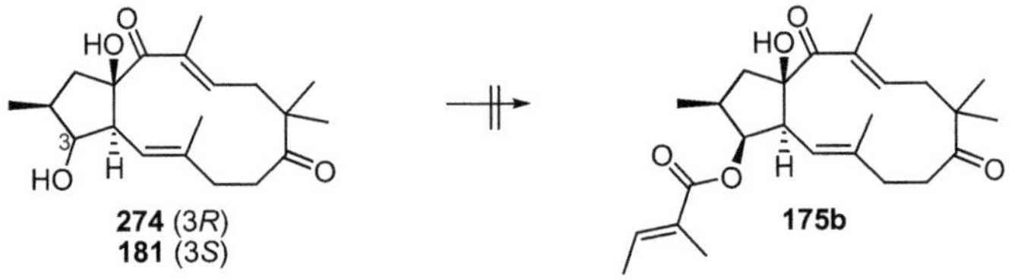

Eintrag	Reagenzien	Temperatur	Zeit	Resultat
1	DIAD, PPh$_3$, Tiglinsäure + **274**	0 °C zu Rt	23 h	Edukt **274** + komplexes Gemisch
2	DIAD, PPh$_3$, Tiglinsäure + **274** + Lichtausschluss	Rt	4.5 h	Edukt **274** + komplexes Gemisch
3	EDC•HCl, DMAP, Tiglinsäure + **181**	Rt	21 h	Edukt **181** + Zersetzung

Tab. 6: Versuche zur Veresterung mit Tiglinsäure.

Der Versuch, 3-*epi*-Characiol (**274**) mit Tiglinsäure unter Mitsunobu-Bedingungen[156] zu verestern (Tab. 6, Eintrag 1 und 2), ergab jeweils hauptsächlich reisoliertes Edukt **274** und ein nicht trennbares Gemisch aus mindestens zwei verschiedenen Verbindungen. Bei dem Gemisch könnte es sich um die (*E/Z*)-Diastereomere des Tigloylesters **175b** handeln, da bekannt ist, dass Tigloylester leicht isomerisieren können.[298] Bei dem Versuch der Veresterung von Characiol (**181**) und Tiglinsäure mit der EDC•HCl-Methode[157] wurde in drei Versuchen Zersetzung beobachtet (Tab. 6, Eintrag 3), und es konnte verunreinigtes Edukt **181** nur in geringen Mengen reisoliert werden. Insgesamt lässt sich feststellen, dass weder mit der Mitsunobu-[156] noch mit der EDC•HCl-Methode[157] der Tigloylester **175b** in reiner Form synthetisiert werden konnte. Aus diesem Grund und aufgrund Substanzmangels wurden keine weiteren Versuche zur Veresterung mit Tiglinsäure unternommen.

Für die geplanten Untersuchungen der von mir synthetisierten Jatrophane bzgl. ihrer MDR-modulierenden Eigenschaften sollten nun weitere nichtnatürliche Derivate mit einem Characiol- bzw. 3-*epi*-Characiol-Grundgerüst hergestellt werden. Zunächst wurden die zwei epimeren Dibenzoylester **284** und **285** synthetisiert (s. Abb. 111).

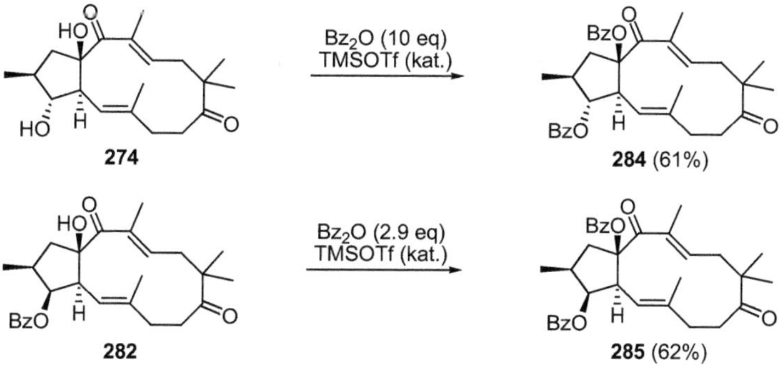

Abb. 111: Synthese der beiden Dibenzoylester **284** und **285**.

Es folgte die Synthese vier weiterer Ester **286**, **287**, **288** und **289**, die ausgehend von 3-*epi*-Characiol (**274**) mit den entsprechenden Säuren nach der EDC•HCl-Methode[157] umgesetzt wurden (s. Abb. 112).

---

[298] a) Buckles, R. E.; Mock, G. V.; Locatell Jr., L. *Chem. Rev.* **1955**, *55*, 659–677. b) Johnson, S.; Morgan, E. D.; Wilson, I. D.; Spraul, M.; Hofmann, M. *J. Chem. Soc., Perkin Trans. I* **1994**, 1499–1502.

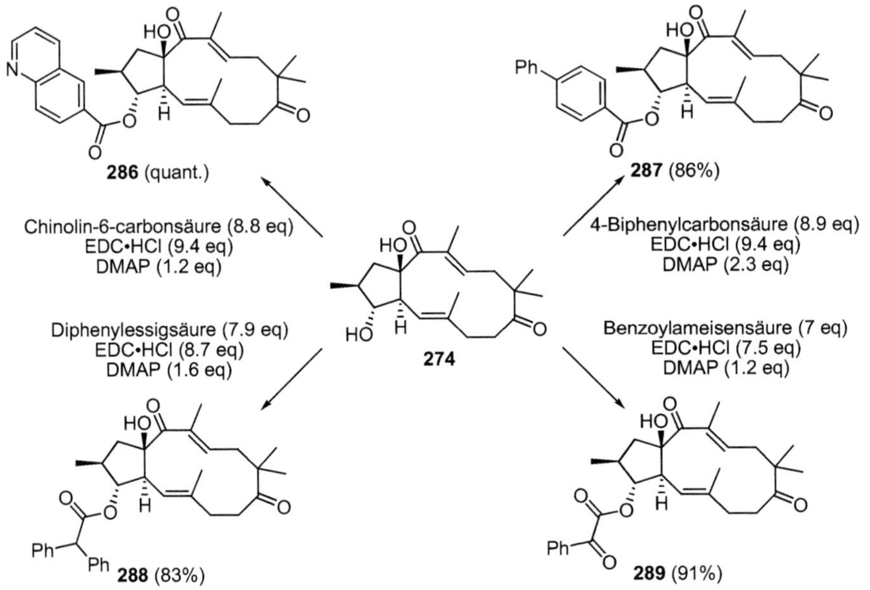

Abb. 112: Synthese der vier Ester **286**, **287**, **288** und **289**.

Das letzte nichtnatürliche Jatrophan **290** wurde durch IBX-Oxidation[175] von 3-*epi*-Characiol (**274**) erhalten (s. Abb. 113).

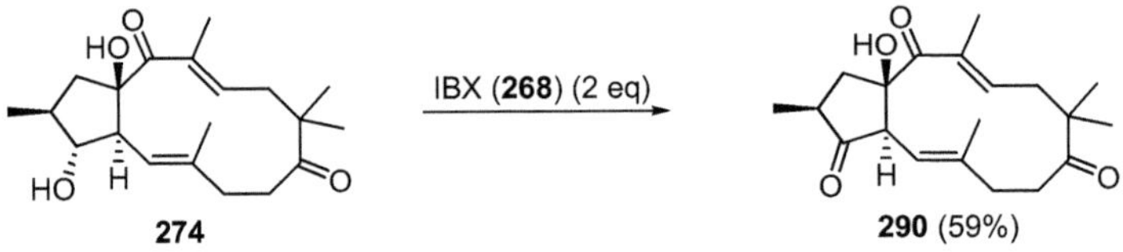

Abb. 113: Synthese von 3-Oxocharaciol (**290**).

Alle synthetisierten Jatrophane, die in diesem Kapitel beschrieben wurden, wurden auf ihre MDR-modulierenden Eigenschaften getestet. Diese Ergebnisse werden ausführlich in Kapitel 5.2 dargestellt und diskutiert.

4.3.1 Euphoheliosnoid D (291): Isolierung, Charakterisierung und Retrosynthese

Nach der erfolgreichen Synthese der beiden natürlichen Jatrophane **116** und **174** sowie weiterer nichtnatürlicher Derivate mit einem Characiol-Grundgerüst sollte das nächste Syntheseziel ein Jatrophan mit folgenden strukturellen Eigenschaften sein. Neben einer identischen Konfiguration im Fünfring sollen zwei (*E*)-konfigurierte C=C-Doppelbindungen bei C5/C6 und bei C12/C13 sowie eine Keton-Funktion an C14 im Zwölfring vorhanden sein. In der Literatur lassen sich vier Jatrophan-Diterpen finden, die diese Strukturelemente aufweisen (s. Abb. 114).[95f,105a]

291
Euphoheliosnoid D

118
Pubescen A

292
Pubescen B

293
Pubescen C

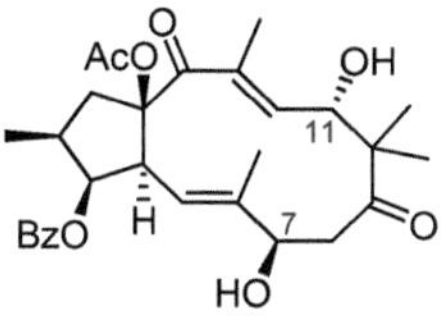

Abb. 114: Die vier Jatrophane Euphoheliosnoid D (**291**),[95f] Pubescen A (**118**), B (**292**) und C (**293**).[105a]

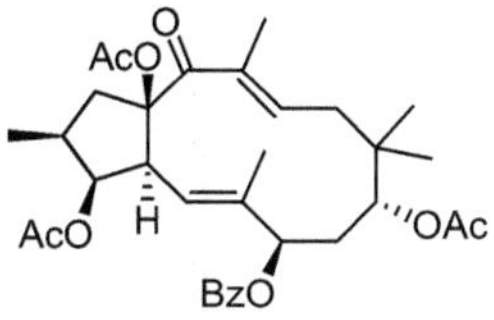

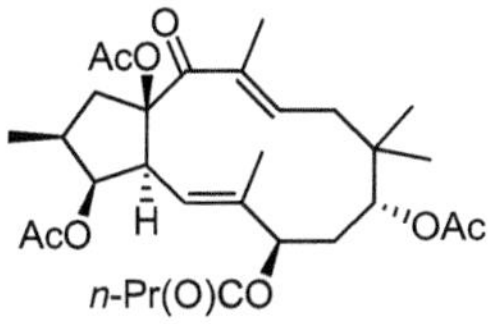

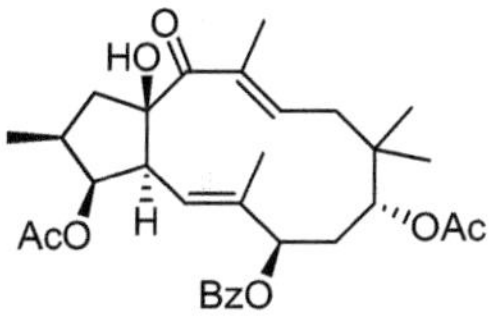

Als neues Syntheseziel wurde Euphoheliosnoid D (**291**) ausgewählt, da es sich vom Characiol-Grundgerüst einzig durch die beiden freien Hydroxy-Funktionen an C7 und C11 unterscheidet. Die Erfahrungen, die bei der Totalsynthese der beiden Jatrophane **116** und **174** gesammelt werden konnten, sollen auch hier helfen, dieses Diterpen **291** herzustellen. Nach einer erfolgreichen Synthese dieses Naturstoffes und weiterer Derivate könnte man auch hier diese auf ihre MDR-modulierenden Eigenschaften testen und anschließend weitere Struktur-Aktivitäts-Beziehungen aufstellen.

Im Jahr 2006 publizierten Zhang und Guo die Isolierung von Euphoheliosnoid D (**291**) aus *Euphorbia helioscopia* (Sonnenwend-Wolfsmilch).[95f] Ein Jahr zuvor wurden die Jatrophane Euphoheliosnoid A (**294**), B (**295**) und C (**296**) ebenfalls aus dieser Pflanze gewonnen (s. Abb. 115).[95e] Mit über 40 isolierten Jatrophanen stellt *Euphorbia helioscopia* bisher die größte Quelle dieser Diterpen-Klasse dar.[95]

294
Euphoheliosnoid A

295
Euphoheliosnoid B

296
Euphoheliosnoid C

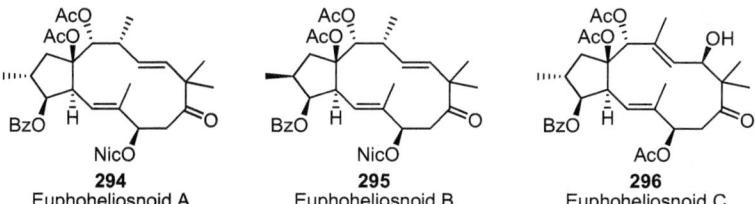

Abb. 115: Die aus *Euphorbia helioscopia* isolierten Jatrophane Euphoheliosnoid A (**294**), B (**295**) und C (**296**).

Die Isolierung erfolge aus *Euphorbia helioscopia*, die in der Zhejiang-Provinz in China kultiviert wurde. 10 kg der getrockneten Pflanze wurden für 21 Tage bei 40 °C in Ethanol gelagert. Nach Entfernung des Ethanols erfolgten Extraktionen mit Ethylacetat und Methanol und ergaben 203 g Extrakt. Dieser wurde weiter durch Säulenchromatographie aufgereinigt und ergab 16 Fraktionen. Fraktion 11 wurde einer Gelfiltration sowie einer weiteren Säulenchromatographie unterworfen und ergab Euphoheliosnoid D (**291**) (2.6 mg, 0.000026%) als farbloses Öl.[95f]

Nach Bestimmung des Drehwertes ($[\alpha]_D^{20}$ −15 (c 0.21 CHCl$_3$)) wurde durch HR-EI-MS die Summenformel C$_{29}$H$_{36}$O$_8$ ermittelt. Nach IR-Untersuchungen konnte die Anwesenheit von Estern, Aromaten, Ketonen und freien Alkoholen erkannt werden. Es folgten intensive NMR-Auswertungen (^{1}H, ^{13}C, DEPT, COSY, HMQC, HMBC), die das Grundgerüst von Euphoheliosnoid D (**291**) ergaben. Die Zuordnung des Benzoyl-Restes erfolgte durch die Korrelation von H3 mit dem Carbonyl-C-Atom der Benzoyl-Gruppe (165.8 ppm) im HMBC-Spektrum. Der Acetyl-Rest wurde aufgrund der Tieffeldverschiebung von C15 (92.7 ppm) am tertiären Alkohol vermutet. Die Konfigurationen im Fünfring konnten durch NOESY-Experimente geklärt werden. Durch NOESY-Spektren wurde auch Vorschläge für die Konfigurationen von C7 und C11 gemacht (7*R*,11*S*). Die Autoren weisen aber daraufhin hin, dass allein NOESY-Experimente kein Beweis für die Konfiguration von Chiralitätszentren in mittleren und großen Ringen ist.[95f] Lediglich Röntgenkristallstrukturanalysen oder eine Totalsynthese des Naturstoffs können darüber Aufschluss geben. Von Euphoheliosnoid D (**291**) sind bisher keine biologische Aktivitäten bekannt.

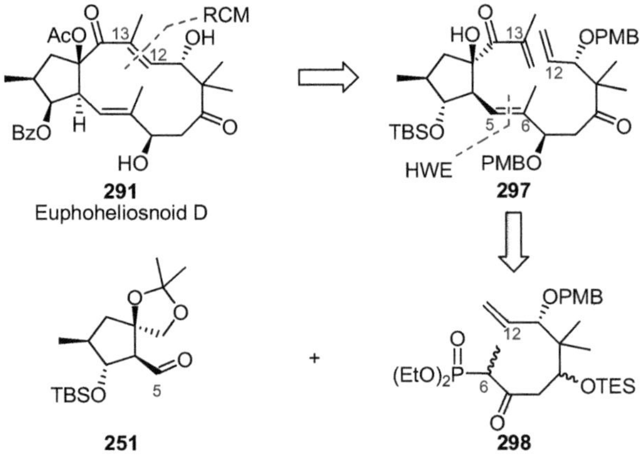

Abb. 116: Retrosynthese für Euphoheliosnoid D (**291**).

Retrosynthetisch soll auch der Bicyclus von Euphoheliosnoid D (**291**) an C12/C13 durch eine RCM-Reaktion[153] geschlossen werden. Ein weiterer wichtiger retrosynthetischer Schlüsselschritt ist die Bildung der C5/C6-Bindung. Dies soll durch eine HWE-Reaktion[132,299] realisiert werden (s. Abb. 116). Die resultierende Enon-Einheit könnte dann z.B. durch eine CBS-Reaktion[300] diastereoselektiv reduziert werden.

---

[299] Mulzer, J.; Sieg, A.; Brücher, C.; Müller, D.; Martin, H. J. *Synlett* **2005**, 685–692.
[300] a) Hirao, A.; Iintsuno, S.; Nakahama, S.; Yamazaki, N. *J. Chem. Soc., Chem. Comm.* **1981**, 315–317. b) Corey, E. J.; Bakshi, R. K.; Shibata, S. *J. Am. Chem. Soc.* **1987**, *109*, 5551–5553. c) Corey, E. J.; Bakshi, R. K.; Shibata, S.; Chen, C. P.; Singh, V. K. *J. Am. Chem. Soc.* **1987**, *109*, 7925–7926.

Diese Retrosynthese führt zu dem bekannten Aldehyd **251** und dem Phosphonat **298**, dessen Synthese das nächste Ziel dieser Arbeit war.

4.3.2 Versuche zum Aufbau der C5/C6-Bindung durch eine HWE-Reaktion

Die Synthese des Phosphonats **298** begann mit (*R*)-Pantolacton (**299**),[301] einem chiralen Substrat, das kommerziell erhältlich ist.[302] Zunächst musste die Hydroxy-Funktion als PMB-Ether geschützt werden. Bei der Bildung des PMB-Ethers unter basischen Bedingungen[242] wurde aber eine Racemisierung beobachtet (s. Abb. 117).

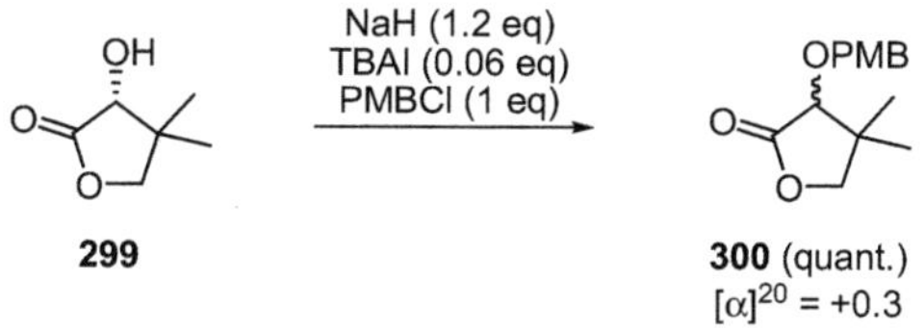

Abb. 117: Einführung der PMB-Gruppe unter basischen Bedingungen bei gleichzeitiger Racemisierung

Bei der *O*-Alkylierung von α-chiralen Carbonyl-Verbindungen mit Basen wurden schon Racemisierungen beobachtet,[303] so dass der PMB-Ether unter neutralen[304] oder sauren Bedingungen eingeführt werden muss. Den PMB-Ether mittels des PMB-Bundle-Reagenzes[165] einzuführen, gelang nicht.

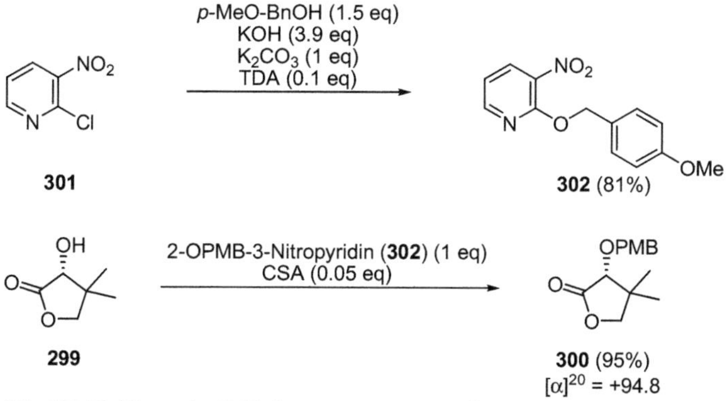

Abb. 118: Einführung der PMB-Gruppe unter sauren Bedingungen ohne Racemisierung.

Dagegen konnte Pantolacton (**299**) mit dem Mukaiyama-Reagenz (**302**), das leicht aus 2-Chlor-3-nitropyridin (**301**) erhältlich und sehr stabil ist,[305] verethert werden und ergab 2-(*R*)-*O*-PMB-Pantolacton (**300**) in sehr guten Ausbeuten (s. Abb. 118).

---

[301] Glaser, E. *Monatsh. Chem.* **1904**, *25*, 46–54.
[302] 5 g kosten 23.20 € http://www.acros.com (11.02.2011).
[303] Dueno, E. E.; Chu, F.; Kim, S.-I.; Jung, K. W. *Tetrahedron Lett.* **1999**, *40*, 1843–1846.
[304] a) Poon, K. W. C.; House, S. E.; Dudley, G. B. *Synlett* **2005**, 3142–3144. b) Poon, K. W. C.; Dudley, G. B. *J. Org. Chem.* **2006**, *71*, 3923–3927. c) Nwoye, E. O.; Dudley, G. B. *Chem. Commun.* **2007**, 1436–1437.
[305] Nakano, M.; Kikuchi, W.; Matsuo, J.; Mukaiyama, T. *Chem. Lett.* **2001**, *30*, 424–425.

Analog zu den Arbeiten von Hatanaka *et al.*, die benzylgeschütztes Pantolacton verwendet hatten,[306] wurde das Lacton **300** mit DIBAH[147] zum Lactol **303** reduziert. Bei dem anschließenden Versuch, das Lactol **303** mit dem Phosphonium-Salz Ph₃PMeBr und *n*-BuLi als Base zum Alken **304** umzusetzen, wurde jedoch kein Umsatz beobachtet. Auch mit KHMDS als Base konnte kein Produkt **304** detektiert werden. Erst mit KO*t*-Bu als Base[307] konnte das Wittig-Produkt **304** erhalten werden (s. Abb. 119).[308] Es folgte eine IBX-Oxidation[175] zur Bildung des Aldehyds **305** aus dem Alkohol **304**.

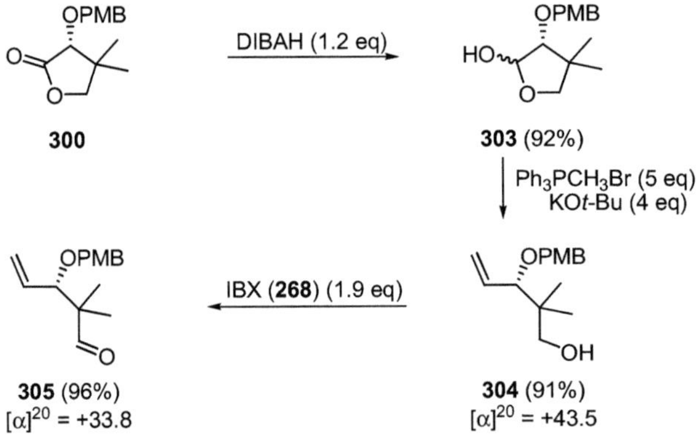

Abb. 119: Synthese des Aldehyds **305** in drei Stufen.

Der Alkohol **304** und der Aldehyd **305** sind in der Literatur bekannt[309] und wurden ausgehend von Pantolacton **299** in fünf bzw. sechs Stufen von White *et al.* hergestellt (s. Abb. 120).

---

[306] Kitano, H.; Fujita, S.; Takehara, Y.; Hattori, M.; Morita, T.; Matsumoto, K.; Hatanaka, M. *Tetrahedron* **2003**, *59*, 2673–2677.
[307] a) Morita, M.; Haketa, T.; Koshino, H.; Nakata, T. *Org. Lett.* **2008**, *10*, 1679–1682. b) Suresha, V.; Selvama, J. J. P.; Rajesha, K.; Venkateswarlu, Y. *Tetrahedron: Asymmetry* **2008**, *19*, 1509–1513. c) Sharma, P. K.; Shah, R. N.; Carver, J. P. *Org. Process Res. Dev.* **2008**, *12*, 831–836.
[308] a) Wittig, G.; Geissler, G. *Liebigs Ann. Chem.* **1953**, *580*, 44–57. b) Wittig, G.; Schöllkopf, U. *Chem. Ber.* **1954**, *87*, 1318–1330. c) Wittig, G.; Haag, W. *Chem. Ber.* **1955**, *88*, 1654–1666.
[309] Blakemore, P. R.; Browder, C. C.; Hong, J.; Lincoln, C. M.; Nagornyy, P. A.; Robarge, L. A.; Wardrop, D. J.; White, J. D. *J. Org. Chem.* **2005**, *70*, 5449–5460.

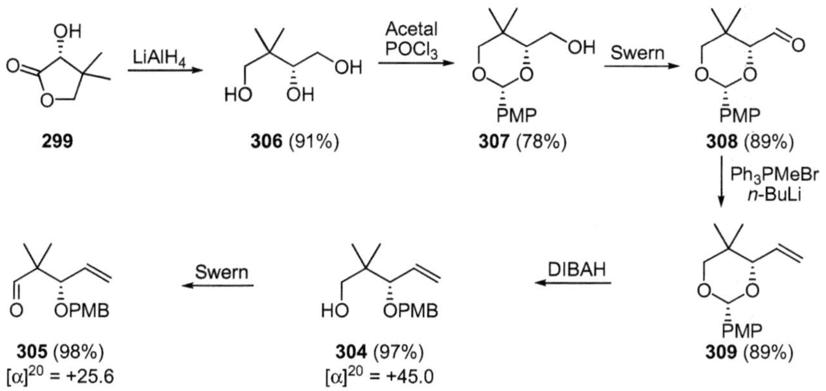

Abb. 120: Synthese des Aldehyds **305** nach White et al.[309] in sechs Stufen.

Bei der von mir gewählten Route zur Synthese des chiralen Aldehyds **305** werden ausgehend von Pantolacton (**299**) zwei Stufen weniger benötigt als bei White et al.

Anschließend wurde der Aldehyd **305** in einer Reformatsky-Reaktion[310] zu dem β-Hydroxyester **310** umgesetzt, der dann mit der TES-Gruppe verethert wurde (s. Abb. 121). Im letzten Schritt ergab die Reaktion des Esters **311** mit dem lithiierten Phosphonat das β-Ketophosphonat **298**.[311]

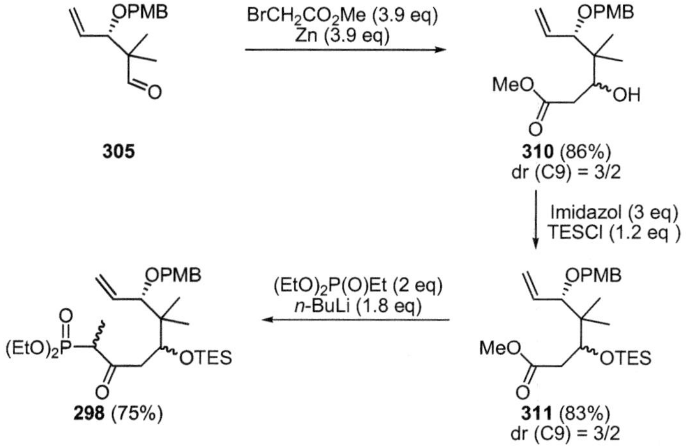

Abb. 121: Synthese des Phosphonats **298**.

Das Phosphonat **298** wurde als Gemisch von C6/C9-Diastereomeren erhalten und erwies sich bei Raumtemperatur als stabil.

---

[310] Reformatsky, S. *Chem. Ber.* **1887**, *20*, 1210–1211.
[311] a) Aboujaoude, E. E.; Collignon, N.; Savignac, P. *J. Organomet. Chem.* **1984**, *264*, 9–17. b) Maloney, K. M.; Chung, J. Y. L. *J. Org. Chem.* **2009**, *74*, 7574–7576.

Im Anschluss wurde die geplante HWE-Olefinierung untersucht. In Tab. 7 sind die Ergebnisse der HWE-Reaktionen zusammengefasst.

Eintrag	Base	Temperatur	Zeit	Resultat
1	n-BuLi	Rt	2.5 h	Edukt **251**
		Rückfluss	1.5 h	komplexes Gemisch
2	Ba(OH)$_2$•8H$_2$O	Rt	2.5 d	Edukt **251**
		Rückfluss	1.5 h	komplexes Gemisch
3	LiOH•H$_2$O	Rt	3.5 h	Edukt **251**
		Rückfluss	3 h	komplexes Gemisch
4	TMG + LiCl	Rt	0.5 h	Edukt **251**
		Rt	2.5 d	komplexes Gemisch
5	Et$_3$N + LiCl	Rt	15 h	Edukt **251**
6	(F$_3$C)$_2$CHOH, n-BuLi	−10 °C zu Rt	1.5 d	komplexes Gemisch
7	KOt-Bu	Rt	1.5 h	Zersetzung

Tab. 7: Versuche zum Aufbau der C5/C6-Bindung durch eine HWE-Reaktion.

Bei allen HWE-Reaktionen wurde mit unterschiedlichen Basen [n-BuLi,[312] Ba(OH)$_2$•8H$_2$O,[313] LiOH•H$_2$O,[314] TMG + LiCl,[149] Et$_3$N + LiCl,[315] (F$_3$C)$_2$CHOLi,[316] KOt-Bu[317]] entweder keine Reaktion, Zersetzung oder ein komplexes Gemisch erhalten. Aus den komplexen Gemischen konnte immer ein Produkt erkannt werden, bei dem die TBS-Gruppe fehlt sowie ein zusätzliches olefinisches Signal vorhanden ist. Hierbei könnte es sich um das C3/C4-Eliminierungsprodukt **313** handeln (s. Abb. 122). Ähnliches konnte auch Helmboldt bei den von ihm durchgeführten HWE-Reaktionen beobachten.[144]

---

[312] Hauske, J. R.; Rapoport, H. *J. Org. Chem.* **1979**, *44*, 2472–2476.
[313] Paterson, I.; Yeung, K.-S.; Smaill, J. B. *Synlett* **1993**, 774–776.
[314] Blackwell, C. M.; Davidson, A. H.; Launchbury, S. B.; Lewis, C. N.; Morrice, E. M.; Reeve, M. M.; Roffey, J. A. R.; Tipping, A. S.; Todd, R. S. *J. Org. Chem.* **1992**, *57*, 1935–1937.
[315] Rathke, M. W.; Nowak, M. *J. Org. Chem.* **1985**, *50*, 2624–2626.
[316] Blasdel, L. K.; Myers, A. G. *Org. Lett.* **2005**, *7*, 4281–4283.
[317] Nagaoka, H.; Kishi, Y. *Tetrahedron* **1981**, *37*, 3873–3888.

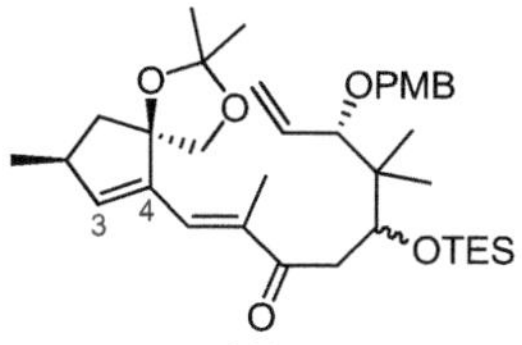

Abb. 122: Ein mögliches Produkt **313** der HWE-Reaktionen.

Um eine Eliminierung an C3/C4 zu vermeiden, wurde der Aldehyd **315** mit freier Hydroxy-Funktion an C3 ausgehend von dem Alken **249** in zwei Stufen synthetisiert (s. Abb. 123).

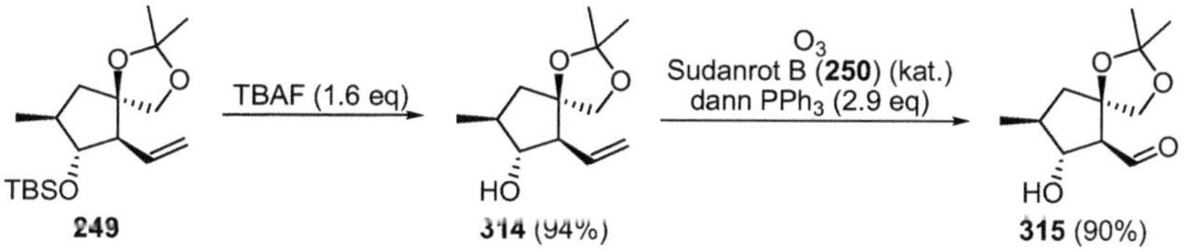

Abb. 123: Synthese des Aldehyds **315**.

Aber auch bei der Umsetzung des Aldehyds **315** mit dem deprotonierten Phosphonat **298** wurde lediglich Zersetzung beobachtet (s. Tab. 8). In einer einzigen Ausnahme (Tab. 8, Eintrag 1) konnte neben dem Edukt **315** auch noch der an C3/C4 eliminierte Aldehyd **317** isoliert werden.

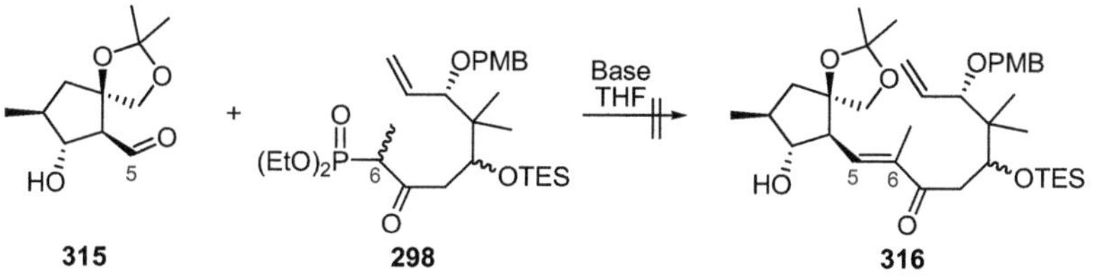

Eintrag	Base	Temperatur	Zeit	Resultat
1	TMG + LiCl	0 °C	1 h	Edukt **315** + Aldehyd **317**
2	NaH	−78 °C	1 h	Zersetzung
3	MeLi	−78 °C	0.5 h	Zersetzung
4	KO*t*-Bu	−78 °C	1 h	Zersetzung
5	Ba(OH)$_2$•8H$_2$O	Rt	4 h	Zersetzung

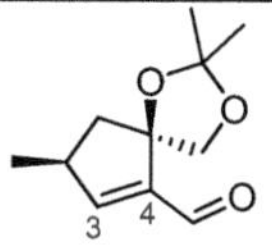

Tab. 8: Gescheiterte Versuche der HWE-Olefinierung.

Eine mögliche Erklärung für das Eintreten von Zersetzung unter den basischen Bedingungen könnte eine Retro-Aldol-Reaktion[318] des Aldehyds **315** und Folgereaktionen sein. Als Fazit bleibt festzuhalten, dass die C5/C6-Bindung nicht unter basischen Bedingungen aufgebaut werden konnte. Die nächsten Versuche konzentrierten sich auf den Aufbau dieser Doppelbindung durch eine Wittig-Olefinierung[308] unter neutralen Bedingungen.

4.3.3 Aufbau der C5/C6-Bindung durch eine Wittig-Reaktion

In Abb. 124 ist der neue Retrosyntheseplan mit einer Wittig-Olefinierung[308] unter neutralen Bedingungen als zentrales Transform dargestellt.

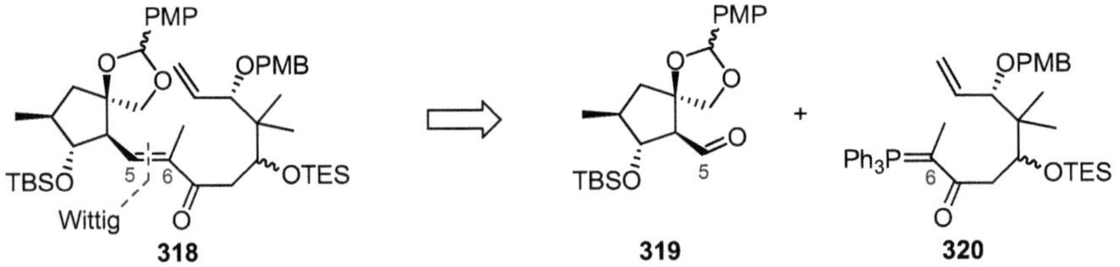

Abb. 124: Geplanter Aufbau der C5/C6-Bindung durch eine Wittig-Reaktion.

Eine weitere Änderung war der Wechsel der Acetal-Schutzgruppe vom Acetonid zum PMP-Acetal, da bei der Synthese von 3-*epi*-Characiol (**274**) sich die Spaltung des Acetonids in Gegenwart der TBS- und PMB-Gruppe als schwierig erwies und nur mäßige Ausbeuten (54%) erbrachte (s. Tab. 2). Die PMP-Gruppe ist deutlich säurelabiler als Acetonide und sollte einfacher zu spalten sein.[319] Die Einführung des PMP-Acetals erfolgte analog zu der des Acetonids **249** mit *p*-Anisaldehyddimethylacetal und katalytischen Mengen PPTS (s. Abb. 125).[320]

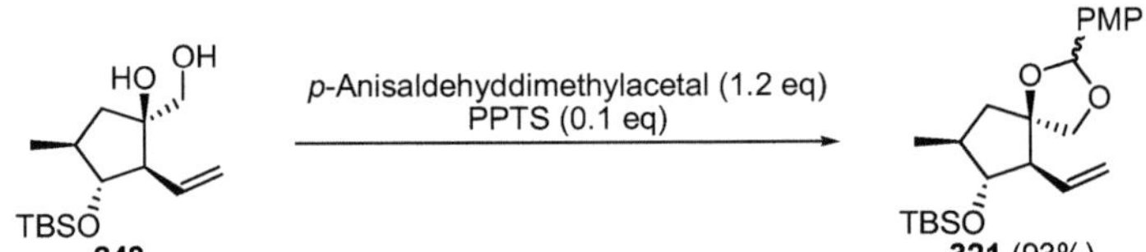

Abb. 125: Schützen des Diols **248** als PMP-Acetal **321**.

Das PMP-Acetal **321** konnte in guten Ausbeuten erhalten werden, Nachteil gegenüber dem Acetonids **249** hierbei war aber die Bildung eines nicht trennbaren Diastereomerengemisches. Die größere Instabilität des PMP-Acetals **321** gegenüber dem Acetonid **249** konnte bei der

---

[318] a) House, H. O.; Crumrine, D. S.; Teranishi, A. Y.; Olmstead, H. D. *J. Am. Chem. Soc.* **1973**, *95*, 3310–3324. b) Quesnel, Y.; Toupet, L.; Duhamel, L.; Duhamel, P.; Poirier, J.-M. *Tetrahedron: Asymmetry* **1999**, *10*, 1015–1018.

[319] Smith, M.; Rammler, D. H.; Goldberg, I. H.; Khorana, H. G. *J. Am. Chem. Soc.* **1962**, *84*, 430–440.

[320] a) Isobe, M.; Takahashi, H.; Goto, T. *Tetrahedron Lett.* **1990**, *31*, 717–718. b) Ohnishi, Y.; Ando, H.; Kawai, T.; Nakahara, Y.; Ito, Y. *Carbohydr. Res.* **2000**, *328*, 263–276. c) Nakamura, S.; Inagaki, J.; Sugimoto, T.; Kudo, M.; Nakajima, M.; Hashimoto, S. *Org. Lett.* **2001**, *3*, 4075–4078.

anschließenden Hydrolyse mit La(NO$_3$)$_3$·6H$_2$O[258] bei Raumtemperatur gezeigt werden (s. Abb. 126).

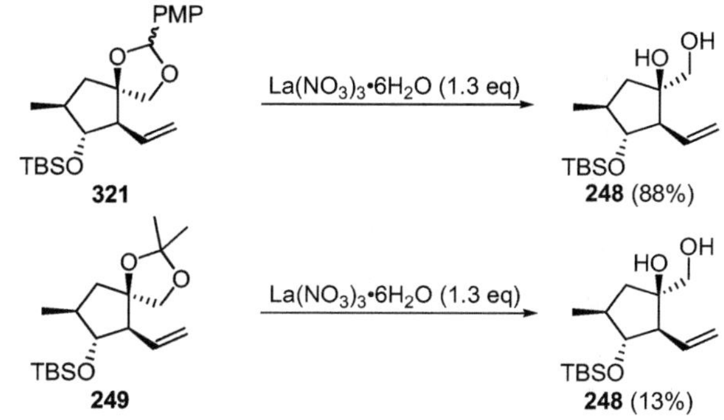

Abb. 126: Vergleich der Acetalspaltung bei Raumtemperatur.

Auch die anschließende Ozonolyse des Alkens **321** mit dem Indikator Sudanrot B (**250**)[229] konnte trotz der Anwesenheit des PMP-Acetals[321] in guten Ausbeuten realisiert werden (s. Abb. 127).

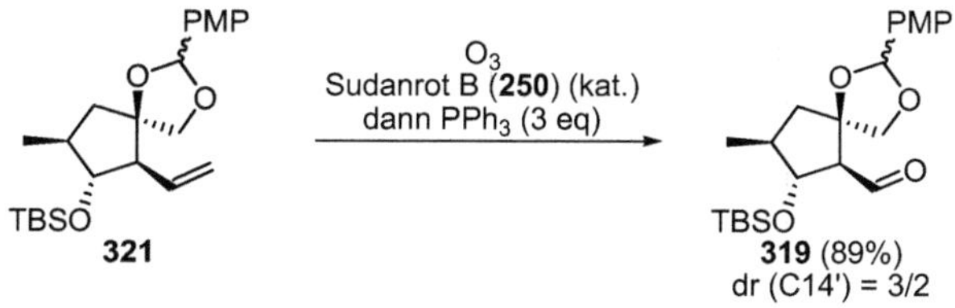

Abb. 127: Synthese des Aldehyds **319**.

Für den weiteren Syntheseplan stellte sich die Frage, ob es möglich ist, α-Ketophosphorane vom Typ **320** herzustellen. Allgemein lassen sich Phosphorane, die sowohl in der Ylen- **320a** als auch in der Ylid-Form **320b** vorliegen können, aus Bromiden durch Umsetzung mit PPh$_3$ und Base herstellen.[308a] Eine andere Möglichkeit zur Synthese von α-Ketophosphoranen geht von den korrespondierenden Säurechloriden bzw. Thioestern aus (s. Abb. 128).[322,323]

---

[321] Deslongchamps, P.; Atlani, P.; Fréhel, D.; Malaval, A.; Moreau, C. *Can. J. Chem.* **1974**, *52*, 3651–3664.
[322] a) Bestmann, H. J.; Arnason, B. *Chem. Ber.* **1962**, *95*, 1513–1527. b) Bestmann, H. J. *Angew. Chem.* **1965**, *77*, 651–666. c) Bestmann, H. J. *Angew. Chem., Int. Ed.* **1965**, *4*, 645–660. c) Listvan, V. N.; Listvan, V. V. *Russ. Chem. Rev.* **2003**, *72*, 705–713.
[323] Beispiel in der Naturstoffsynthese: Ireland, R. E.; Wardle, R. B. *J. Org. Chem.* **1987**, *52*, 1780–1789.

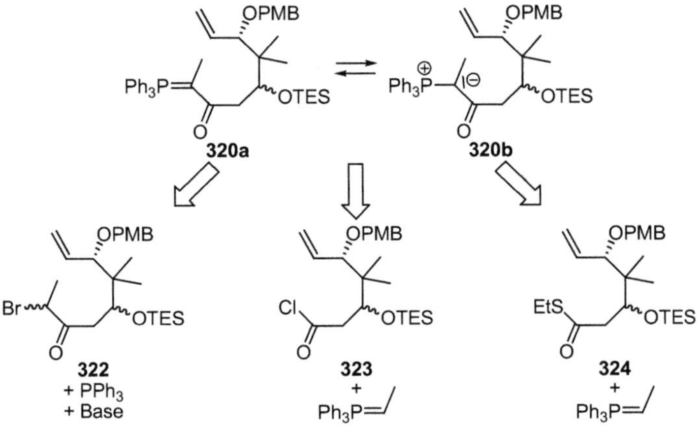

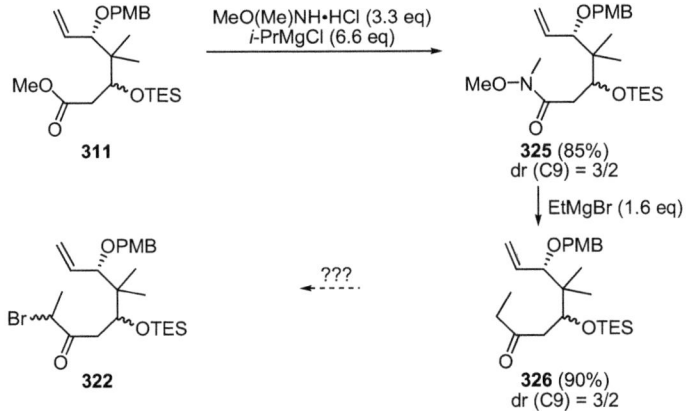

Abb. 128: Möglichkeiten zur Synthese von α-Ketophosphoranen **320**.

Zunächst sollte geprüft werden, ob das α-Bromketon **322** synthetisiert werden kann. Hierzu wurde der Ester **311** zum Weinreb-Amid **325** umgesetzt,[324] das nach Reaktion mit Ethylmagnesiumbromid das Ethylketon **326** ergab (s. Abb. 129).[325]

Abb. 129: Synthese des Ketons **326**.

Das nächste Syntheseziel war die regioselektive α-Bromierung des Ketons **326** an der sterisch weniger gehinderten Seite. In der Literatur lassen sich etliche Beispiele für α-Bromierungen von Ketonen finden. So wird neben NBS als Bromierungsreagenz DBPO,[326] $Mg(ClO_4)_2$,[327] NH_4OAc,[328] Amberlyst-15,[329] $NaHSO_4 \cdot SiO_2$[330] oder Sulfonsäure•SiO_2[331] verwendet. Bei den

---

[324] Williams, J. M.; Jobson, R. B.; Yasuda, N.; Marchesini, G.; Dolling, U.-H.; Grabowski, E. J. J. *Tetrahedron Lett.* **1995**, *36*, 5461–5464.
[325] Nahm, S.; Weinreb, S. M. *Tetrahedron Lett.* **1981**, *22*, 3815–3818.
[326] Schmid, H.; Karrer, P. *Helv. Chim. Acta* **1946**, *29*, 573–581.
[327] Yang, D.; Yan, Y.-L.; Lui, B. *J. Org. Chem.* **2002**, *67*, 7429–7431.
[328] Tanemura, K.; Suzuki, T.; Nishida, Y.; Satsumabayashi, K.; Horaguchi, T. *Chem. Commun.* **2004**, 470–471.
[329] Meshram, H. M.; Reddy, P. N.; Sadashiv, K.; Yadav, J. S. *Tetrahedron Lett.* **2005**, *46*, 623–626.

von mir durchgeführten Versuchen zur Bromierung mit NBS konnte die Bildung des Bromids **322** aber nicht beobachtet werden. Stattdessen wurden das Eliminierungsprodukt **327** bzw. das Tetrahydrofuran **328** (Tab. 9, Eintrag 1) isoliert (Tab. 9, Eintrag 2–4).

Eintrag	Reagenzien	Temperatur	Zeit	Resultat
1	NBS + NaHSiO$_4$•SiO$_2$	Rt	1 h	52% El.-Produkt **327**
2	NBS + NH$_4$CO$_2$H	Rt	1 h	51% Tetrahydrofuran **328**
3	NBS + Amberlyst-15	Rt	1 h	72% Tetrahydrofuran **328**
4	NBS	Rt	3 d	54% Tetrahydrofuran **328**

Tab. 9: Versuche zur α-Bromierung des Ketons **326**.

Die Bildung von Tetrahydrofuranen vom Typ **328** aus ungesättigten Alkoholen und NIS ist bekannt.[332] Durch NBS können TBS- und andere Silyl-Ether gespalten werden.[333] Des Weiteren kann aus NBS und dem Alken **329** intermediär ein Bromonium-Kation **330** gebildet werden, das nucleophil vom Alkohol von der OPMB-abgewandten Seite angegriffen werden könnte und diastereoselektiv das Tetrahydrofuran **328** bildet (s. Abb. 130). Die beiden geminalen Methyl-Gruppen könnten aufgrund des Thorpe–Ingold-Effektes[334] den Ringschluss zusätzlich begünstigen. Die gleiche Reaktion wurde nur mit NBS und dem Alkohol **304** durchgeführt und ergab analog das Tetrahydrofuran **331** in quantitativer Ausbeute (s. Abb. 130).

---

[330] Das, B.; Venkateswarlu, K.; Mahender, G.; Mahender, I. *Tetrahedron Lett.* **2005**, *46*, 3041–3044.
[331] Das, B.; Venkateswarlu, K.; Holla, H.; Krishnaiah, M. *J. Mol. Catal. A: Chem.* **2006**, *253*, 107–111.
[332] a) Bravo, F.; Castillón, S. *Eur. J. Org. Chem.* **2001**, 507–516. b) Wolfe, J. P.; Hay, M. B. *Tetrahedron* **2007**, *63*, 261–290.
[333] Batten, R. J.; Dixon, A. J.; Taylor, R. J. K.; Newton, R. F. *Synthesis* **1980**, 234–236.
[334] Beesley, R. M.; Ingold, C. K.; Thorpe, J. F. *J. Chem. Soc., Trans.* **1915**, *107*, 1080–1106.

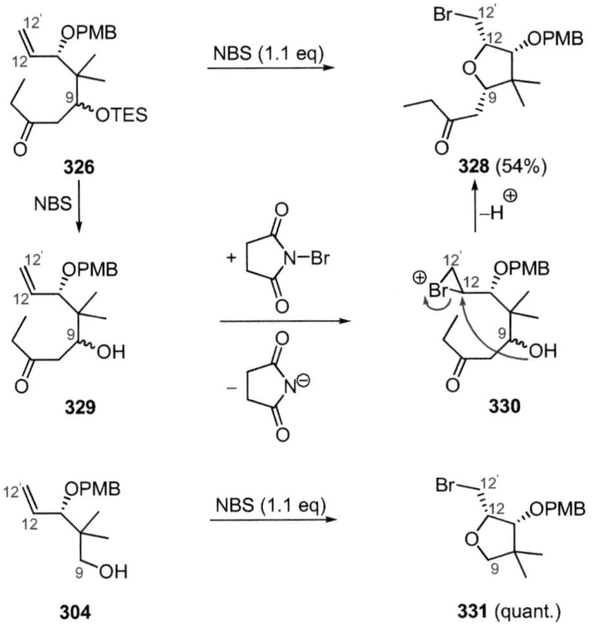

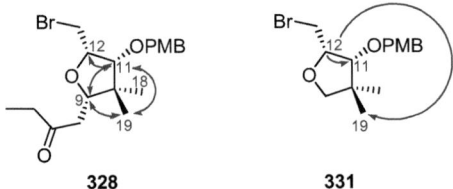

Abb. 130: Mechanismusvorschlag für die Bildung der Tetrahydrofurane **328** und **331**.

Die Konfiguration der neu gebildeten Chiralitätszentren konnte durch 1D-NOE-Spektren geklärt werden (s. Abb. 131 und Experimenteller Teil).

Abb. 131: Ausgewählte Ergebnisse der NOE-Studien für die Tetrahydrofurane **328** und **331**.

Da die Bildung des Bromids **322** nicht realisiert werden konnte, wurde versucht, die Phosphorane **320** bzw. **333** aus dem Weinreb-Amid **325** bzw. dem Ester **311** oder dem β-Ketoester **332**, der durch IBX-Oxidation[175] des β-Hydroxyesters **310** synthetisiert wurde, zu erhalten (s. Abb. 132).

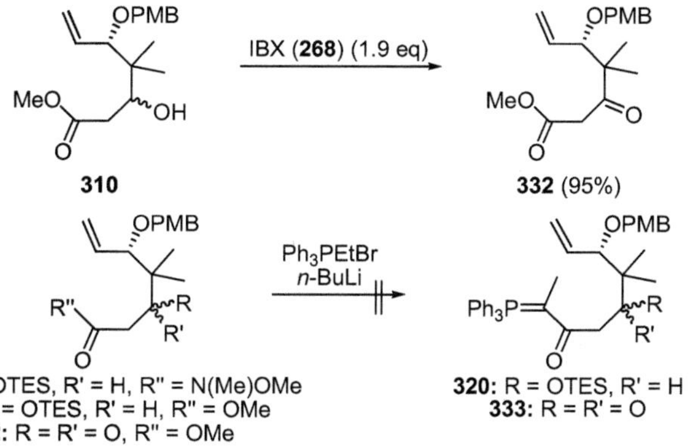

Abb. 132: Versuchte Bildung der Phosphorane **320** und **333** über das Amid **325** bzw. die Ester **311** und **332**.

Weder aus dem Weinreb-Amid **325** noch aus den Estern **311** und **332** konnte die Phosphorane **320** bzw. **333** durch Umsetzung mit deprotoniertem Ph₃PEtBr erhalten werden. Aus diesem Grund wurde versucht, den Ester **311** zur Carbonsäure **334** zu spalten, um diese dann in das entsprechende Säurechlorid **323** oder in den entsprechenden Thiolester **324** umzuwandeln. Neben den Standard-Verseifungsmethoden mit KOH oder LiOH in THF/H$_2$O bzw. MeOH/H$_2$O[335] werden in der Literatur noch weitere Methoden beschrieben. So können Ester mit KOSiMe$_3$,[336] mit KOt-Bu in DMSO,[337] mit LiI[338] und mit Sulfiden[339] zu Säuren umgesetzt werden. Aber bei allen Versuchen (s. Tab. 10) konnte die gewünschte Säure **334** nicht isoliert werden, sondern entweder das Eliminierungsprodukt **335** (Tab. 10, Eintrag 3, 4 und 6) oder der Alkohol **310** (Tab. 10, Eintrag 5).

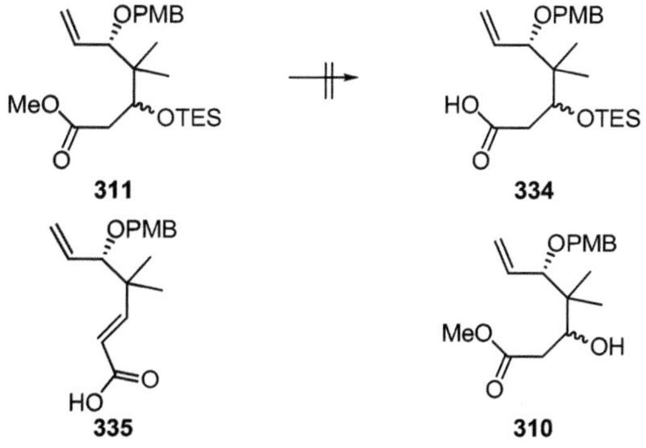

---

[335] Khurana, J. M.; Chauhan, S.; Bansal, G. *Monatsh. Chem.* **2004**, *135*, 83–87.
[336] Laganis, E. D.; Chenard, B. L. *Tetrahedron Lett.* **1984**, *25*, 5831–5834.
[337] Chang, F. C.; Wood, N. F. *Tetrahedron Lett.* **1964**, *5*, 2969–2973.
[338] a) Elsinger, F.; Schreiber, J.; Eschenmoser, A. *Helv. Chim. Acta* **1960**, *43*, 113–118. b) Dean, P. D. G. *J. Chem. Soc.* **1965**, 6655–6655.
[339] Vaughan, W. R.; Baumann, J. B. *J. Org. Chem.* **1962**, *27*, 739–744.

Eintrag	Reagenzien	Temperatur	Zeit	Resultat
1	LiOH	Rt	1 d	Edukt **311**
2	KOH	Rt	4 d	Edukt **311**
		100 °C	15 min	Zersetzung
3	KOSiMe$_3$	Rt	2 d	79% El.-Produkt **335**
4	KO*t*-Bu in DMSO	Rt	15 min	79% El.-Produkt **335**
5	LiI in DMF	150 °C	20 h	44% Alkohol **310**
6	NaSEt in DMF	150 °C	4 h	83% El.-Produkt **335**

Tab. 10: Versuche zur Umsetzung des Esters **311** zur Säure **334**.

Da auch diese Syntheseroute nicht erfolgreich war, war der nächste Plan, das Phosphoran **336** bzw. **333** über das literaturbekannte Phosphoran **337** aufzubauen (s. Abb. 133).

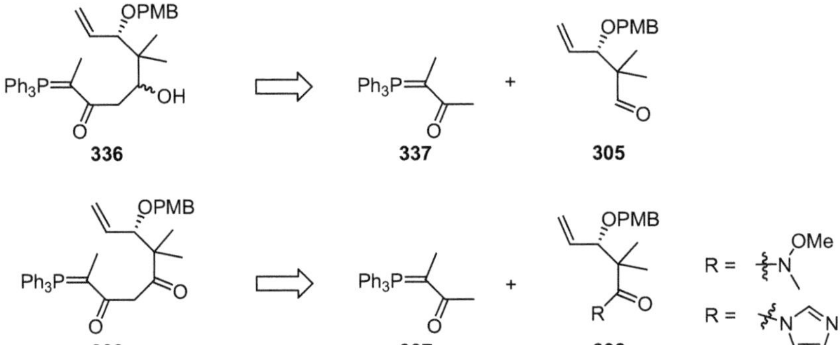

Abb. 133: Alternativer Plan zum Aufbau der Phosphorane **336** und **333**.

Hintergrund für diesen Plan war eine Publikation von Wasserman und Lee,[340] die Acylphosphorane vom Typ **340** nach Deprotonierung[341] mit LDA mit einer Reihe von Aldehyden (11 Beispiele) zur Reaktion brachten (s. Abb. 134).

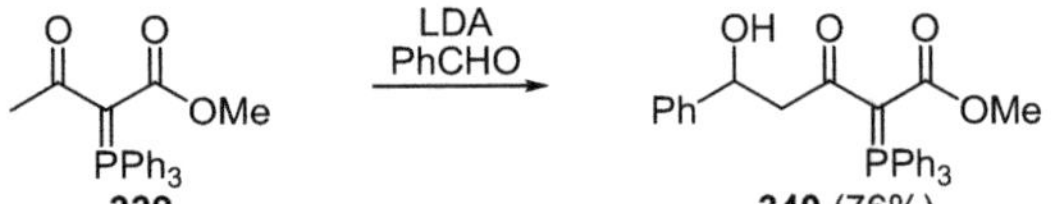

Abb. 134: Eins von elf Beispielen der Addition von Aldehyden an Acylphosphorane.[340]

Zunächst wurde hierfür das bekannte Acylphosphoran **337**[342] hergestellt (s. Abb. 135).

---

[340] Wasserman, H. H.; Lee, G. M. *Tetrahedron Lett.* **1994**, *35*, 9783–9786.
[341] a) Cooke Jr., M. P.; Burman, D. L. *J. Org. Chem.* **1982**, *47*, 4955–4963. b) Cooke Jr., M. P. *J. Org. Chem.* **1982**, *47*, 4963–4968.
[342] a) Bestmann, H. J.; Attygalle, A. B.; Glasbrenner, J.; Riemer, R.; Vostrowsky, O.; Constantino, M. G.; Melikian, G.; Morgan, E. D. *Liebigs Ann. Chem.* **1988**, *1988*, 55–60. b) Bestmann, H. J.; Bomhard, A.; Dostalek, R.; Pichl, R.; Riemer, R.; Zimmermann, R. *Synthesis* **1992**, 787–792. c) Aitken, R. A.; Atherton, J. I.

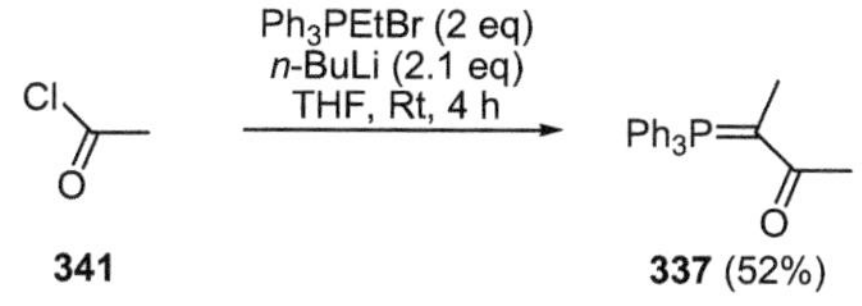

Abb. 135: Synthese des literaturbekannten Acylphosphorans **337**.

Nach Deprotonierung des Phosphorans **337** mit LDA und anschließendem Versetzen mit dem Aldehyd **305** konnte aber das gewünschte Produkt **336** nicht isoliert werden (s. Abb. 136). Auch ein Wechsel der Base (MeLi, *n*-BuLi, *t*-BuLi, KO*t*-Bu) brachte keinen Erfolg.

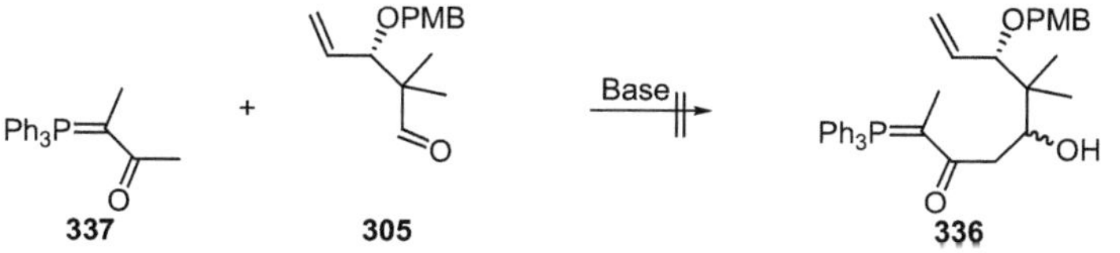

Abb. 136: Keine Bildung des Acylphosphorans **336**.

Da die Bildung des Phosphorans **336** nicht realisiert werden konnte, wurde nun versucht, Acylphosphorane vom Typ **333** herzustellen. Hierzu wurde zunächst der Aldehyd **305** in einer Pinnick-Oxidation[343] zu der Carbonsäure **342** umgesetzt (s. Abb. 137).

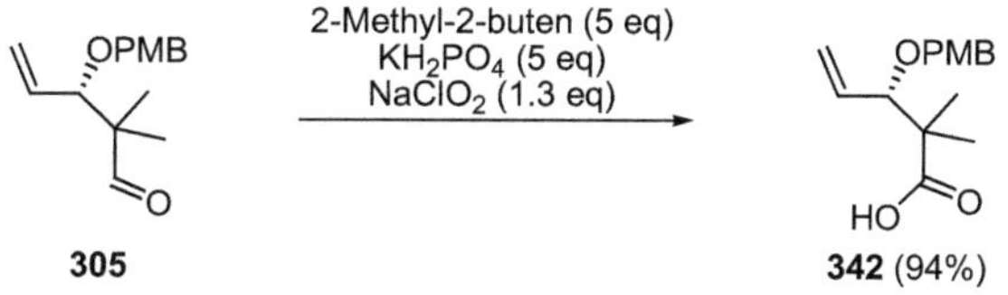

Abb. 137: Oxidation des Aldehyds **305** zur Carbonsäure **342**.

Im Anschluss wurde versucht, die Carbonsäure **342** in ein aktiviertes Derivat zu überführen. Die Umsetzung zum Weinreb-Amid **338a** mit der DCC-Methode[344] führte zu keinem Erfolg. Es ist bekannt, dass eine Überführung von sterisch gehinderten Carbonsäuren in die korrespondierenden Weinreb-Amide schwierig zu realisieren ist.[345]

J. Chem. Soc., Perkin Trans. I **1994**, 1281–1284. d) Higuchi, H.; Kiyoto, S.; Sakon, C.; Hiraiwa, N.; Asano, K.; Kondo, S.; Ojima, J.; Yamamoto, G. *Bull. Chem. Soc. Jpn.* **1995**, *68*, 3519–3538.
[343] a) Lindgren, B. O.; Nilsson, T. *Acta Chem. Scand.* **1973**, *27*, 888–890. b) Bal, B. S.; Childers Jr., W. E.; Pinnick, H. W. *Tetrahedron* **1981**, *37*, 2091–2096.
[344] Gibson, C. L.; Handa, S. *Tetrahedron: Asymmetry* **1996**, *7*, 1281–1284.
[345] Woo, J. C. S.; Fenster, E.; Dake, G. R. *J. Org. Chem.* **2004**, *69*, 8984–8986.

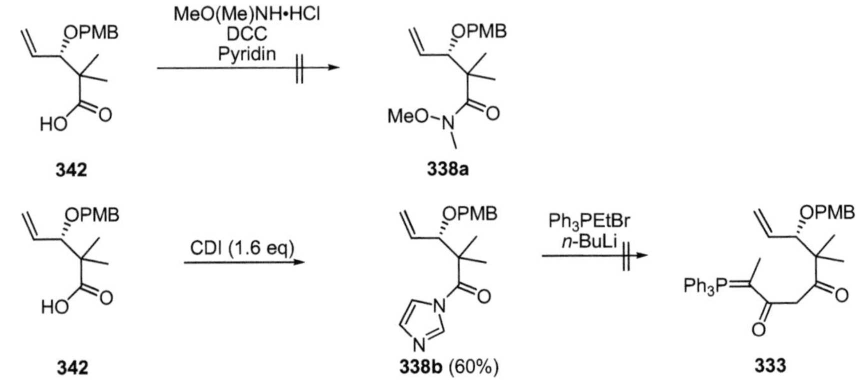

Abb. 138: Keine Bildung des Phosphorans **333** aus dem aktivierten Carbonsäure-Derivat **338b**.

Dagegen konnte die Carbonsäure **342** mit dem Staabschen Reagenz *N,N'*-Carbonyldiimidazol (CDI)[346] in das Derivat **338b** umgesetzt werden, das nicht stabil war und nur per ^{1}H-NMR-Rohspektrum charakterisiert werden konnte. Die anschließende Reaktion mit dem deprotonierten Phosphonium-Salz führte aber nicht zu dem gewünschten Phosphoran **333** (s. Abb. 138).

Da mehrere Versuche zur Bildung von Acylphosphoranen vom Typ **320** und **333** nicht zum Erfolg geführt haben, wurde der Plan eingestellt, diese Art von Phosphoranen mit der kompletten Seitenkette zu synthetisieren. Generell sind Phosphorane aufgrund der hohen Oxophilie des Phosphors wasser- und sauerstoffempfindlich („...*the ylides are water as well as oxygen-sensitive; ...*").[347] Aus Phosphoranen **320/333** können durch Addition von Wasser und anschließender Abspaltung von Benzen die entsprechenden Phosphinoxide **344** gebildet werden (s. Abb. 139).[348] Eine andere Möglichkeit besteht in der Bildung von Triphenylphosphinoxid und den entsprechenden Oxo-Verbindungen **345**.[349] Mit Sauerstoff wird die P–C-Bindung oxidativ gespalten, und es werden Triphenylphosphinoxid sowie die Carbonyl-Verbindung **347** erhalten.[350] Triebkraft hierbei sind die thermodynamisch stabilen P=O- und C=O-Doppelbindungen ($\Delta H^{P=O} \approx 460$ kJ/mol, $\Delta H^{C=O} \approx 745$ kJ/mol).[351]

---

[346] a) Staab, H. A. *Liebigs Ann. Chem.* **1957**, *609*, 75–83. b) Paul, R.; Anderson, G. W. *J. Am. Chem. Soc.* **1960**, *82*, 4596–4600. c) Staab, H. A.; Lüking, M.; Dürr, F. H. *Chem. Ber.* **1962**, *95*, 1275–1283. d) Staab, H. A. *Angew. Chem.* **1962**, *74*, 407–423. e) Staab, H. A. *Angew. Chem., Int. Ed.* **1962**, *1*, 351–367.
[347] Kürti, L.; Czakó, B. *Strategic Applications of Named Reactions in Organic Synthesis* **2005**, Elsevier London, *1. edition*, S. 486.
[348] Coffman, D. D.; Marvel, C. S. *J. Am. Chem. Soc.* **1929**, *51*, 3496–3501.
[349] Bestmann, H. J.; Schulz, H. *Liebigs Ann. Chem.* **1964**, *674*, 11–17.
[350] Bestmann, H. J.; Kratzer, O. *Chem. Ber.* **1963**, *96*, 1899–1908.
[351] Sanderson, R. T. *Chemical Bonds and Bond Energy* **1976**, Academic Press New York, *2. edition*.

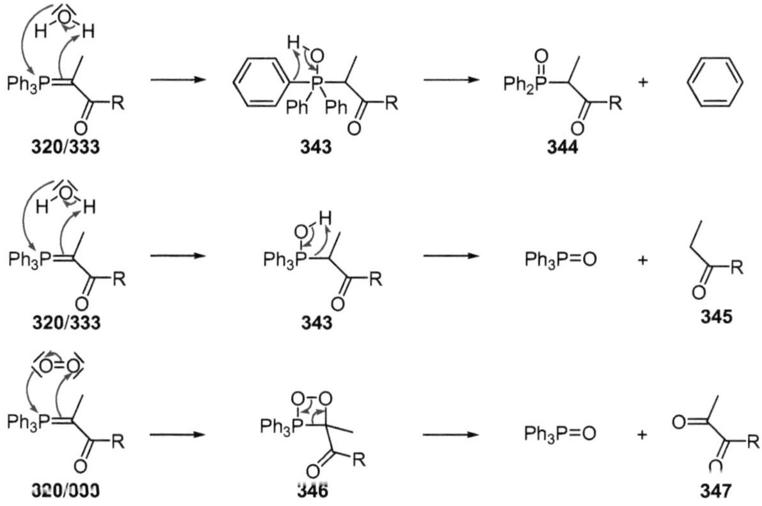

Abb. 139: Reaktion von Phosphoranen 320/333 mit Wasser und Sauerstoff.

Aus diesem Grund lassen sich Phosphorane nicht durch Säulenchromatographie reinigen und sollten direkt nach ihrer Synthese unter inerten Bedingungen umgesetzt oder gelagert werden. Die konvergente Synthesestrategie wurde daraufhin verworfen. Es sollten nun kurzkettige Phosphorane unter neutralen Bedingungen für die Wittig-Olefinierung[308] eingesetzt werden. Hierzu wurde das in der Literatur[352] bekannte Phosphoran 349 synthetisiert (s. Abb. 140).

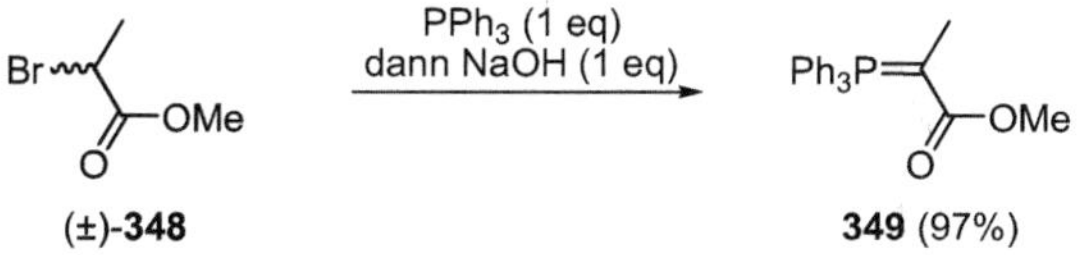

Abb. 140: Synthese des Acylphosphorans 349 aus dem α-Bromester (±)-348.

Im Anschluss wurden die Acylphosphorane 337, 349 und 352[353] mit dem Aldehyd 319 unter neutralen Bedingungen bei erhöhter Temperatur (110 °C–130 °C) umgesetzt (s. Abb. 141).

---

[352] a) Isler, O.; Gutmann, H.; Montavon, M.; Rüegg, R.; Ryser, G.; Zeller, P. *Helv. Chim. Acta* **1957**, *40*, 1242–1249. b) House, H. O.; Rasmusson, G. H. *J. Org. Chem.* **1961**, *26*, 4278–4281. c) Lang, R. W.; Hansen, H.-J. *Helv. Chim. Acta* **1979**, *62*, 1025–1039. d) Lang, R. W.; Hansen, H.-J. *Helv. Chim. Acta* **1980**, *63*, 438–455. e) Elemes, Y.; Foote, C. S. *J. Am. Chem. Soc.* **1992**, *114*, 6044–6050. f) Smonou, I.; Khan, S.; Foote, C. S.; Elemes, Y.; Mavridis, I. M.; Pantidou, A.; Orfanopoulos, M. *J. Am. Chem. Soc.* **1995**, *117*, 7081–7087. g) Werkhoven, T. M.; van Nispen, R.; Lugtenburg, J. *Eur. J. Org. Chem.* **1999**, 2909–2914. h) Xie, L.; Takeuchi, Y.; Cosentino, L. M.; Lee, K.-H. *J. Med. Chem.* **1999**, *42*, 2662–2672. i) Boisse, T.; Rigo, B.; Millet, R.; Hénichart, J.-P. *Tetrahedron* **2007**, *63*, 10511–10520. j) Handa, M.; Scheidt, K. A.; Bossart, M.; Zheng, N.; Roush, W. R. *J. Org. Chem.* **2008**, *73*, 1031–1035. k) Nyhlén, J.; Eriksson, L.; Bäckvall, J.-E. *Chirality* **2008**, *20*, 47–50.

[353] a) Trippett, S.; Walker, D. M. *J. Chem. Soc.* **1961**, 1266–1272. b) Bestmann, H. J.; Schmid, G.; Oechsner, H.; Ermann, P. *Chem. Ber.* **1984**, *117*, 1561–1571. c) Kiyooka, S.; Hena, M. A. *J. Org. Chem.* **1999**, *64*, 5511–5523.

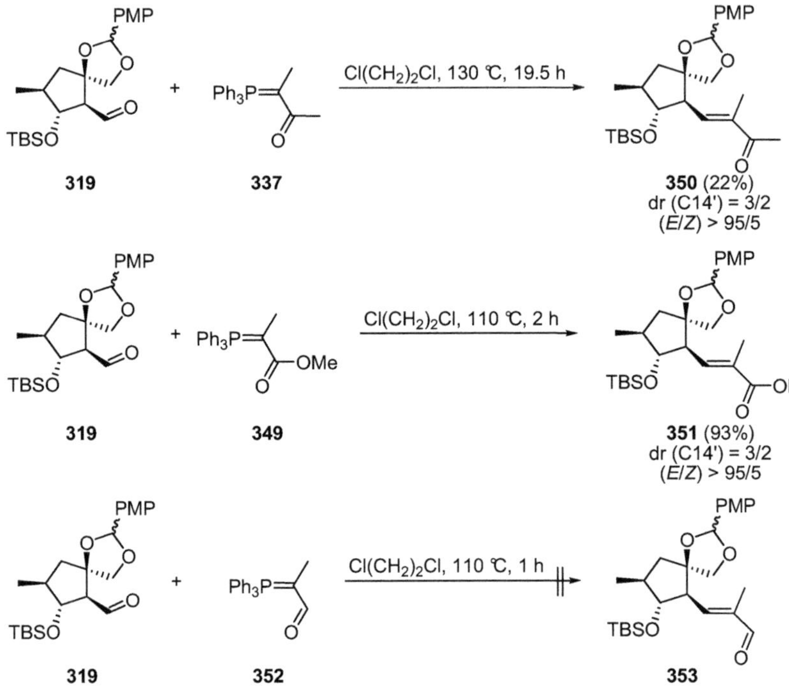

Abb. 141: Synthese der Olefinierungsprodukte **350** und **351**.

Bei der Reaktion mit dem Phosphoran **337** wurden neben Edukt **319** (28%) auch 22% des Wittig-Produktes **350** erhalten. Dagegen lieferte die Reaktion mit dem Phosphoran **349** das Alken **351** in nahezu quantitativer Ausbeute (s. Abb. 141). Es waren aber fünf Äquivalente des Phosphorans **349** nötig, um eine vollständige Umsetzung des Aldehyds **319** zu gewährleisten. Die Umsetzung des Aldehyds **319** mit dem Phosphoran **352** führte zu Zersetzung.
Eine ähnliche Olefinierung konnte schon Helmboldt erfolgreich durchführen.[144] Bei keiner der hier durchgeführten Wittig-Reaktionen wurde eine Eliminierung an C3/C4 beobachtet, und es wurde auch nur ein Doppelbindungsisomer erhalten. Da es sich bei den hier eingesetzten Phosphoranen **337** und **349** um (semi-)stabilisierte Ylide handelt, sollten somit die (E)-Diastereomere erhalten werden.[347] Diese Vermutung wurde an späterer Stelle durch ein 1D-NOE-Spektrum bestätigt (s. Abb. 162 und Experimenteller Teil).

4.3.4 Aufbau der C7/C8-Bindung: Aldol-Route 1

Nach dem erfolgreichen Aufbau der dreifach substituierten C=C-Doppelbindung C5/C6 sollte nun der Rest der Seitenkette eingeführt werden. Hierzu wurden zum Aufbau der C7/C8-

Bindung eine Claisen-Kondensation,[354] eine Reformatsky-[310] und eine Aldol-Addition[117] in Betracht gezogen (s. Abb. 142).

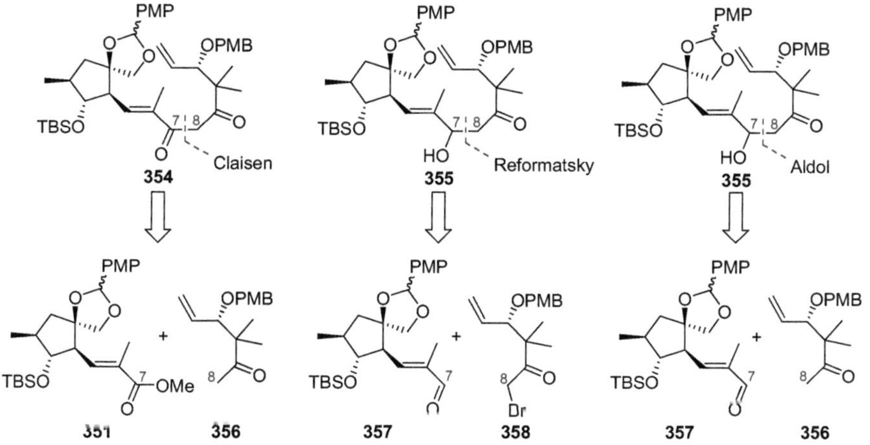

Abb. 142: Retrosynthese zum Aufbau der C7/C8-Bindung.

Zunächst wurde ausgehend vom Aldehyd **305** durch eine Grignard-Reaktion[154] der Alkohol **359** und durch anschließende IBX-Oxidation[175] das Methylketon **356** gebildet. Dieses wurde dann für die geplante Reformatsky-Reaktion[310,355] über den Silylenol-Ether[356] zum α-Bromketon **358** umgesetzt (s. Abb. 143).[357]

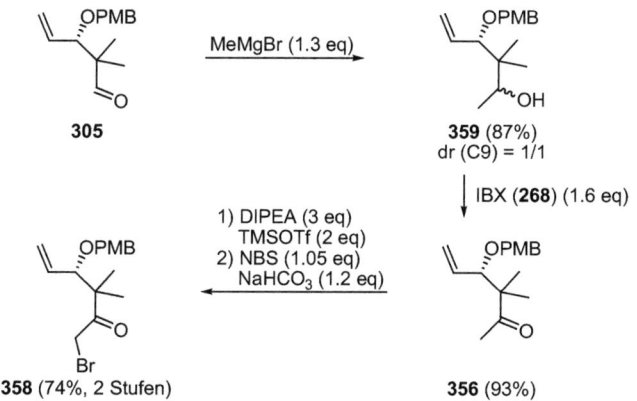

Abb. 143: Synthese des Methylketons **356** und des α-Bromketons **358**.

---

[354] Claisen, L.; Lowman, O. *Chem. Ber.* **1887**, *20*, 651–654.
[355] a) Izquierdo, I.; Plaza, M. T.; Robles, R.; Mota, A. J.; Franco, F. *Tetrahedron: Asymmetry* **2001**, *12*, 2749–2754. b) Li, J.; Ye, D.; Liu, H.; Luo, X.; Jiang, H. *Synth. Commun.* **2008**, *38*, 567–575.
[356] Emde, H.; Götz, A.; Hofmann, K.; Simchen, G. *Liebigs Ann. Chem.* **1981**, *1981*, 1643–1657.
[357] a) Reuss, R. H.; Hassner, A. *J. Org. Chem.* **1974**, *39*, 1785–1787. b) Blanco, L.; Amice, P.; Conia, J. M. *Synthesis* **1976**, 194–196. c) Hambly, G. F.; Chan, T. H. *Tetrahedron Lett.* **1986**, *27*, 2563–2566.

Für die Claisen-Kondensation[354] wurde das Methylketon **356** mit NaH deprotoniert[358] und dann mit dem Ester **351** versetzt. Hierbei konnte erst bei 150 °C eine Reaktion beobachtet werden (s. Abb. 144), wobei aber auch Zersetzung der Startmaterialien eintrat. Nach säulenchromatographischer Reinigung konnte ein nicht trennbares Gemisch erhalten werden, das neben den Edukten **351** und **356** evt. auch das gewünschte Produkt **354** enthielt. Aufgrund der Komplexität des Spektrums können aber keine sicherstellenden Angaben über die mögliche Bildung des Diketons **354** gemacht werden. Auch eine Reaktion im Mikrowellen-Reaktor bei 150 °C brachte ähnliche Ergebnisse.[359]

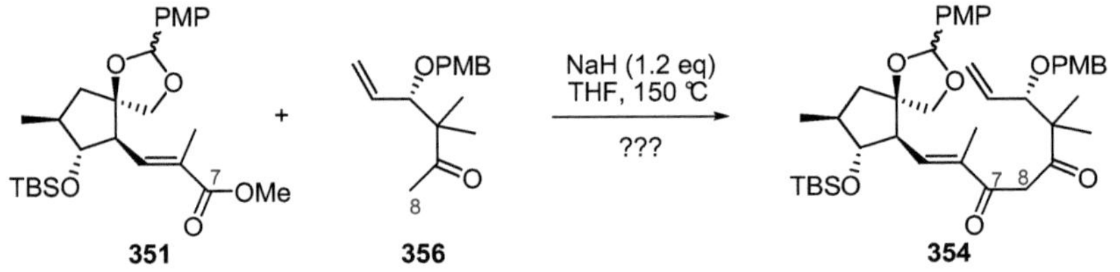

Abb. 144: Versuch des Aufbaus der C7/C8-Bindung durch eine Claisen-Kondensation.[354]

Da bei der Claisen-Kondensation[354] mit dem Ester **351** keine zufrieden stellenden Ergebnisse erhalten wurden, wurde dieser mit KOSiMe$_3$[336] in die Carbonsäure **360** sowie mit MeO(Me)NH·HCl/*i*-PrMgCl[324] in das Weinreb-Amid **361** überführt (s. Abb. 145).

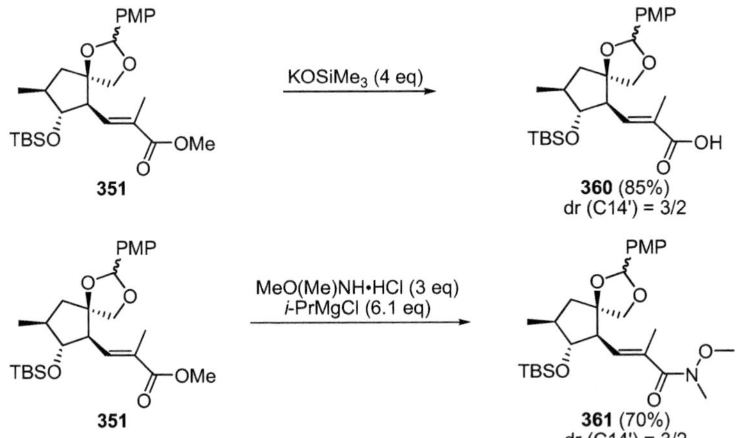

Abb. 145: Bildung der Carbonsäure **360** und des Weinreb-Amids **361**.

---

[358] a) Green, N.; LaForge, F. B. *J. Am. Chem. Soc.* **1948**, *70*, 2287–2288. b) Swamer, F. W.; Hauser, C. R. *J. Am. Chem. Soc.* **1950**, *72*, 1352–1356. c) McBee, E. T.; Pierce, O. R.; Kilbourne, H. W.; Wilson, E. R. *J. Am. Chem. Soc.* **1953**, *75*, 3152–3153.
[359] Bowman, M. D.; Jeske, R. C.; Blackwell, H. E. *Org. Lett.* **2004**, *6*, 2019–2022.

Aber nach *in-situ*-Umsetzung der Carbonsäure **360** mit dem Staabschen Reagenz CDI[346] zum aktivierten Amid[360] bzw. mit Oxalylchlorid[361]/DMF[362] zum Säurechlorid[363] konnte nach Zugabe des deprotonierten Ketons **356** das gewünschte Produkt **354** nicht erhalten werden (s. Abb. 146). Auch eine Aktivierung der Carbonsäure mit EDC•HCl/DMAP[157] brachte keinen Erfolg.

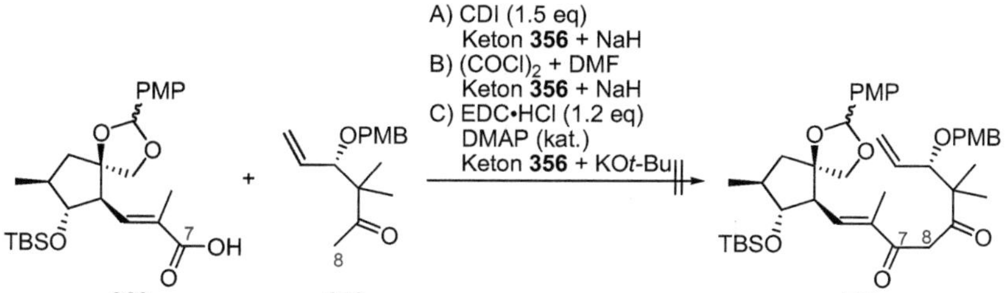

Abb. 146: Keine Bildung des Diketons **354** aus der Carbonsäure **360**

Mit dem Weinreb-Amid **361** und dem deprotonierten Keton **356** konnte bei 100 °C ebenfalls kein Produkt **354** erhalten werden (s. Abb. 147).[364]

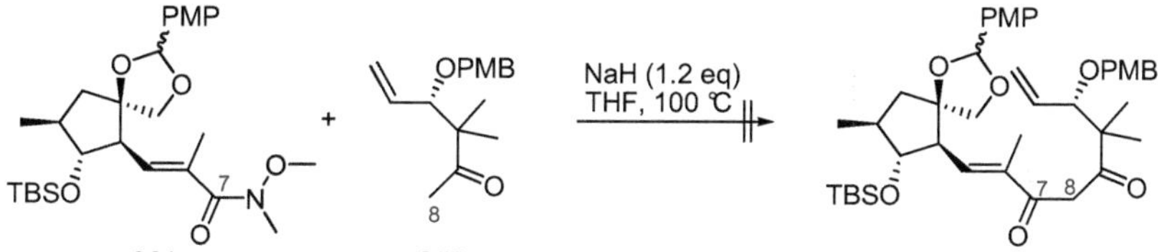

Abb. 147: Keine Bildung des Diketons **354** aus dem Weinreb-Amid **361**.

Da die Versuche zur Bildung des Diketons **354** durch eine Claisen-Kondensation[354] nicht zum Erfolg führten, wurde für die geplante Reformatsky-Reaktion[310] bzw. Aldol-Addition[117] der Ester **351** in zwei Stufen zum Aldehyd **357** umgesetzt (s. Abb. 148). Eine Reduktion des Esters **351** mit DIBAH[147] ergab Zersetzung, bei den Versuchen mit LiBH$_4$[365] und NaBH$_4$[366]

---

[360] a) Szczepankiewicz, B. G.; Liu, G.; Jae, H.-S.; Tasker, A. S.; Gunawardana, I. W.; von Geldern, T. W.; Gwaltney, S. L.; Wu-Wong, J. R.; Gehrke, L.; Chiou, W. J.; Credo, R. B.; Alder, J. D.; Nukkala, M. A.; Zielinski, N. A.; Jarvis, K.; Mollison, K. W.; Frost, D. J.; Bauch, J. L.; Hui, Y. H.; Claiborne, A. K.; Li, Q.; Rosenberg, S. H. *J. Med. Chem.* **2001**, *44*, 4416–4430. b) Szabó, G.; Varga, B.; Páyer-Lengyel, D.; Szemzó, A.; Erdélyi, P.; Vukics, K.; Szikra, J.; Hegyi, E.; Vastag, M.; Kiss, B.; Laszy, J.; Gyertyán, I.; Fischer, J. *J. Med. Chem.* **2009**, *52*, 4329–4337.
[361] Adams, R.; Ulich, L. H. *J. Am. Chem. Soc.* **1920**, *42*, 599–611.
[362] Bosshard, H. H.; Mory, R.; Schmid, M.; Zollinger, H. *Helv. Chim. Acta* **1959**, *42*, 1653–1658.
[363] a) Hudson Jr., B. E.; Dick, R. H.; Hauser, C. R. *J. Am. Chem. Soc.* **1938**, *60*, 1960–1962. b) Linn, B. O.; Hauser, C. R. *J. Am. Chem. Soc.* **1956**, *78*, 6066–6070.
[364] a) Oster, T. A.; Harris, T. M. *Tetrahedron Lett.* **1983**, *24*, 1851–1854. b) Turner, J. A.; Jacks, W. S. *J. Org. Chem.* **1989**, *54*, 4229–4231.
[365] a) Nystrom, R. F.; Chaikin, S. W.; Brown, W. G. *J. Am. Chem. Soc.* **1949**, *71*, 3245–3246. b) Schenker, E. *Angew. Chem.* **1961**, *73*, 81–107.
[366] a) Brown, H. C.; Rao, B. C. S. *J. Am. Chem. Soc.* **1955**, *77*, 3164–3164. b) Seki, H.; Koga, K.; Matsuo, H.; Ohki, S.; Matsuo, I.; Yamada, S. *Chem. Pharm. Bull.* **1965**, *13*, 995–1000.

wurde das Edukt **351** reisoliert. Dagegen ergab die Reduktion mit LiAlH$_4$[224] den Allylalkohol **362** in sehr guten Ausbeuten. Die folgende IBX-Oxidation[175] lieferte schließlich den α,β-ungesättigten Aldehyd **357**.

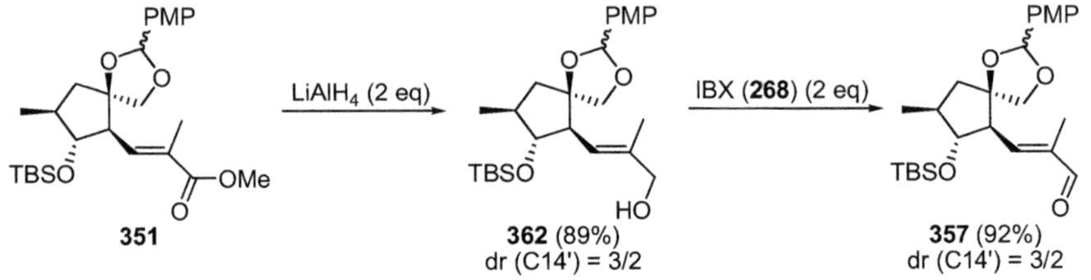

Abb. 148: Synthese des Aldehyds **357**.

Für die geplante Reformatsky-Reaktion[310] wurde nun das α-Bromketon **358** mit Zink zur Reaktion gebracht. Aber weder nach Zugabe des Aldehyds **357** noch der des Weinreb-Amids **361** konnten die gewünschten Produkte **355** bzw. **354** erhalten werden (s. Abb. 149). Es konnten lediglich die Edukte **357** bzw. **361** sowie das Keton **356** reisoliert werden.

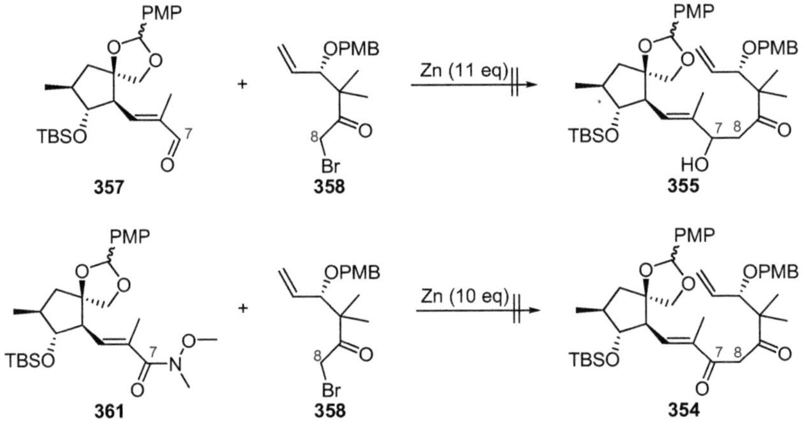

Abb. 149: Keine gewünschte Produktbildung bei den Reformatsky-Reaktionen.

Die Aldol-Addition[117] des Aldehyds **357** mit dem Methylketon **356** und LDA als Base dagegen führte zu dem gewünschten Produkt **355** (s. Abb. 150). Die beiden C7-Diastereomere **355a** und **355b**, die in einem Verhältnis von dr = 1/1 anfielen, konnten durch Säulenchromatographie voneinander getrennt werden. Da die genaue Konfiguration von C7 und C11 bei der Charakterisierung von Euphoheliosnoid D (**291**) nicht eindeutig geklärt werden konnte,[95f] könnten beide C7-Diastereomere **355a** und **355b** weiter umgesetzt werden. Überschüssiges Keton **356** konnte reisoliert werden und für weitere Aldol-Additionen eingesetzt werden.

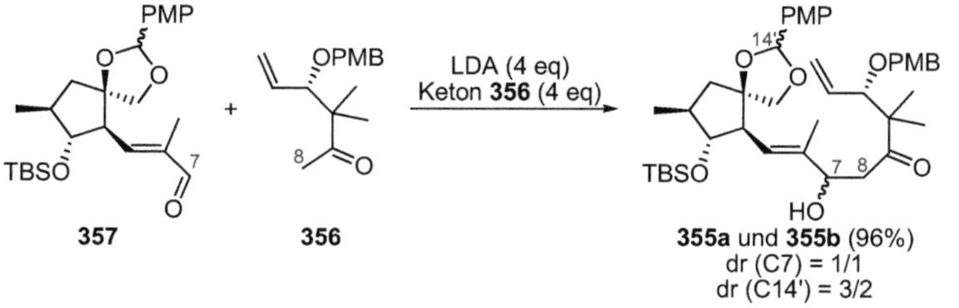

Abb. 150: Aufbau der C7/C8-Bindung durch eine Aldol-Addition.

Versuche, die Aldol-Addition diastereoselektiv unter Prolin-Katalyse[367] durchzuführen, ergaben nur reisolierte Startmaterialien **357** und **356**.

Der nächste Schritt sah das Schützen des Allylalkohols **355** als PMB-Ether vor. Unter sauren Bedingungen mit dem Mukaiyama-Reagenz (**302**)[305] (Tab. 11, Eintrag 1–4) oder dem PMB-Bundle-Reagenz[165] (Tab. 11, Eintrag 5 und 6) wurde ebenso wie unter basischen Bedingungen[242] (Tab. 11, Eintrag 7 und 8) nicht der geschützte Alkohol erhalten. Mit PMBCl, Ag$_2$O und katalytischen Mengen TBAI wurde ein komplexes Gemisch erhalten (Tab. 11, Eintrag 9).[368] Da die Einführung der PMB-Gruppe nicht gelang, wurde versucht, den Alkohol **355b** mit einer anderen Schutzgruppe zu versehen. Aber auch die BOM-Gruppe konnte unter basischen Bedingungen nicht eingeführt werden (Tab. 11, Eintrag 10,[369] 11,[370] 12,[371] 13[372]). Ebenso misslang das Anbringen der THP-Gruppe durch Rühren des Alkohols **355b** und CSA in Dihydropyran (Tab. 11, Eintrag 14).[373] Die Einführung der Piv-Gruppe (Tab. 11, Eintrag 15,[374] 16,[156] 17[157]) scheiterte genauso wie die der TIPS-Gruppe[375] (Tab. 11, Eintrag 18,[376] 19,[377] 20[378]).

---

[367] a) List, B.; Lerner, R. A.; Barbas III, C. F. *J. Am. Chem. Soc.* **2000**, *122*, 2395–2396. b) de Figueiredo, R. M.; Christmann, M. *Eur. J. Org. Chem.* **2007**, 2575–2600.

[368] a) Bouzide, A.; Sauvé, G.; Sévigny, G.; Yelle, J. *Bioorg. Med. Chem. Lett.* **2003**, *13*, 3601–3605. b) Curtin, N. J.; Barlow, H. C.; Bowman, K. J.; Calvert, A. H.; Davison, R.; Golding, B. T.; Huang, P.; Loughlin, P. J.; Newell, D. R.; Smith, P. G.; Griffin, R. J. *J. Med. Chem.* **2004**, *47*, 4905–4922.

[369] a) Stork, G.; Isobe, M. *J. Am. Chem. Soc.* **1975**, *97*, 6260–6261. b) Evans, D. A.; Bender, S. L.; Morris, J. J. *Am. Chem. Soc.* **1988**, *110*, 2506–2526.

[370] a) Thomas, E. J.; Williams, A. C. *J. Chem. Soc., Chem. Comm.* **1987**, 992–994. b) Baker, R. K.; Rupprecht, K. M.; Armistead, D. M.; Boger, J.; Frankshun, R. A.; Hodges, P. J.; Hoogsteen, K.; Pissano, J. M.; Witzel, B. E. *Tetrahedron Lett.* **1998**, *39*, 229–232.

[371] Hachiya, I.; Sugiura, Y.; Araki, H.; Inaoka, O.; Shimizu, M.; Akita, M.; Hamaguchi, T. *Tetrahedron: Asymmetry* **2007**, *18*, 915–918.

[372] a) Ueki, T.; Kinoshita, T. *Org. Biomol. Chem.* **2004**, *2*, 2777–2785. b) Kotian, P. L.; Chand, P. *Tetrahedron Lett.* **2005**, *46*, 3327–3330. c) Bender, T.; Schuhmann, T.; Magull, J.; Grond, S.; von Zezschwitz, P. *J. Org. Chem.* **2006**, *71*, 7125–7132.

[373] a) Nagaoka, H.; Kobayashi, K.; Matsui, T.; Yamada, Y. *Tetrahedron Lett.* **1987**, *28*, 2021–2024. b) Fujimoto, Y.; Satoh, M.; Takeuchi, N.; Kirisawa, M. *Chem. Lett.* **1989**, *18*, 1619–1622.

[374] a) Robins, M. J.; Hawrelak, S. D.; Kanai, T.; Siefert, J. M.; Mengel, R. *J. Org. Chem.* **1979**, *44*, 1317–1322. b) Chaudhary, S. K.; Hernandez, O. *Tetrahedron Lett.* **1979**, *20*, 99–102.

[375] Rücker, C. *Chem. Rev.* **1995**, *95*, 1009–1064.

[376] a) Ogilvie, K. K.; Sadana, K. L.; Thompson, E. A.; Quilliam, M. A.; Westmore, J. B. *Tetrahedron Lett.* **1974**, *15*, 2861–2863. b) Cunico, R. F.; Bedell, L. *J. Org. Chem.* **1980**, *45*, 4797–4798.

[377] Bartoszewicza, A.; Kaleka, M.; Stawinski, J. *Tetrahedron* **2008**, *64*, 8843–8850.

Eintrag	Schutz-gruppe	Reagenzien	Temperatur	Zeit	Resultat
1	PMB	302 (1.1 eq), CSA (kat.)	Rt	17 h	Zersetzung
2	PMB	302 (1.7 eq), Cu(OTf)$_2$ (kat.)	Rt	18 h	Zersetzung
3	PMB	302 (1.1 eq), TMSOTf (kat.)	Rt	5 min	Zersetzung
4	PMB	302 (1.5 eq), PPTS (kat.)	100 °C	1 h	Edukt 355b
5	PMB	PMB-Bundle, TfOH (kat.)	Rt	1.5 h	Zersetzung
6	PMB	PMB-Bundle, PPTS (kat.)	Rt	2.5 d	Zersetzung
7	PMB	PMBCl (4.7 eq), NaH (1.6 eq) TBAI (kat.)	Rt	45 min	Zersetzung
8	PMB	PMBCl (3.2 eq), Et$_3$N (3.2 eq) TBAI (kat.)	Rt	14 h	Edukt 355b
9	PMB	PMBCl (2 eq), Ag$_2$O (1.5 eq) TBAI (kat.)	Rt	0.5 h	komplexes Gemisch
10	BOM	BOMCl (3.2 eq) DIPEA (3.6 eq) TBAI (kat.)	Rt / Rt	4 h / 21 h	Edukt 355b / Zersetzung
11	BOM	BOMCl (3.5 eq) Et$_3$N (4.6 eq) TBAI (kat.)	Rt	3 h	Zersetzung
12	BOM	BOMCl (3.4 eq) Pyridin (7.7 eq) TBAI (kat.)	Rt / Rt	1 h / 15 h	Edukt 355b / Zersetzung
13	BOM	BOMCl (2.8 eq) LDA (3.5 eq)	−78 °C / zu Rt	1 h / 1.5 h	Edukt 355b / Zersetzung
14	THP	CSA (kat.) in DHP	Rt	16 h	Zersetzung
15	Piv	PivCl (6.8 eq), DMAP (kat.) in Pyridin	Rt	17 h	Zersetzung
16	Piv	PivOH (3.4 eq), PPh$_3$ (3.1 eq) DIAD (2.9 eq)	0 °C	2.5 h	Edukt 355b
17	Piv	PivOH (10 eq), DMAP (kat.) EDC·HCl (10.2 eq)	Rt	2.5 d	Edukt 355b

---

[378] Maloney, P. R.; Fang, F. G. *Tetrahedron Lett.* **1994**, *35*, 2823–2826.

18	TIPS	TIPSCl (3 eq), Imidazol (6.6 eq), DMAP (kat.)	Rt	3 h	Edukt **355b**
19	TIPS	TIPSCl (3 eq), Imidazol (6.6 eq), DMAP (kat.), I_2	Rt	2.5 h	Zersetzung
20	TIPS	TIPSCl (2.3 eq), Et_3N (4.1 eq) DMAP (kat.)	100 °C	3 h	Edukt **355b**
21	TES	TESCl (3.4 eq) Imidazol (5 eq)	Rt	4 h	80% Produkt **363b1**
22	EE	Ethylvinylether (9 eq) PPTS (kat.)	Rt	2.5 h	72% Produkt **363b2** (?)

Tab. 11: Versuche zur Einführung einer Schutzgruppe.

Lediglich die TES-Gruppe (Tab. 11, Eintrag 21) sowie die 1-Ethoxyethyl-Gruppe (Tab. 11, Eintrag 22)[379] konnten installiert werden, wobei bei der letzteren Gruppe aufgrund der vier möglichen Diastereomere das ^{1}H-NMR-Spektrum des Produktes **363b2** sehr komplex ist und nicht eindeutig geklärt werden konnte, ob es sich hierbei um das gewünschte Produkt **363b2** handelt. Bei den anschließenden Versuchen, das PMP-Acetal mit $La(NO_3)_3 \cdot 6H_2O$[258] zu spalten, wurde jedoch immer Zersetzung beobachtet (s. Abb. 151).

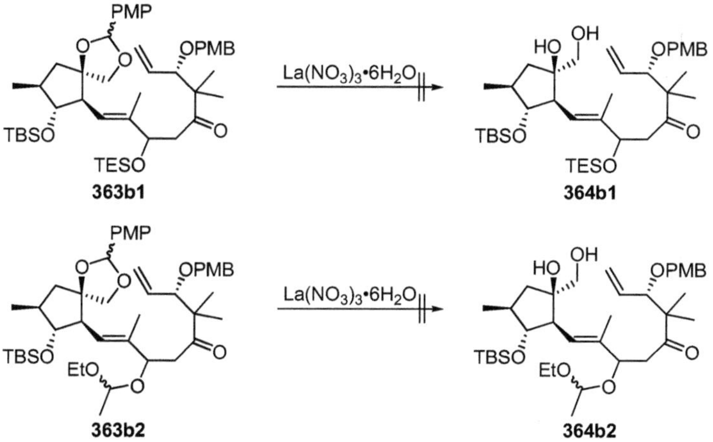

Abb. 151: Gescheiterte Versuche der Acetalspaltung.

Zusammenfassend lässt sich feststellen, dass die Einführung einer Schutzgruppe für den Allylalkohol **355** sich sehr schwierig gestaltete und nur in zwei Fällen realisiert werden konnte (Tab. 11, Eintrag 21 und 22). Die anschließenden Versuche zur Hydrolyse des PMP-Acetals mündeten in Zersetzung der Startmaterialien **363b1** und **363b2** (s. Abb. 151).

---

[379] a) Bartlett, P. A.; McQuaid, L. A. *J. Am. Chem. Soc.* **1984**, *106*, 7854–7860. b) Marshall, J. A.; Andrews, R. C. *J. Org. Chem.* **1985**, *50*, 1602–1606.

Bei der Frage, warum die Moleküle **355b** und **363b** so instabil sind, müssen drei Aspekte berücksichtigt werden (s. Abb. 152 und 153). Zum einen ist das PMP-Acetal aufgrund des Methoxy-Substituenten in *para*-Position sehr säureempfindlich (s. Abb. 152).[319] Ein weiterer Punkt ist die β-Hydroxy-γ,δ-ungesättigte Keto-Einheit (C5–C9). Durch eine Eliminierungsreaktion, die prinzipiell sowohl unter sauren[380] als auch basischen[381] Bedingungen ablaufen kann (s. Abb. 152 und 153), wird ein konjugiertes System ausgebildet. Ähnliche Eliminierungen wurden schon vorher beobachtet (s. Tab. 9, Eintrag 1 und Tab. 10, Eintrag 3, 4 und 6). Des Weiteren könnte die β-Hydroxyketoeinheit (C7–C9) unter basischen Bedingungen eine Retro-Aldol-Reaktion[318] eingehen (s. Abb. 153).

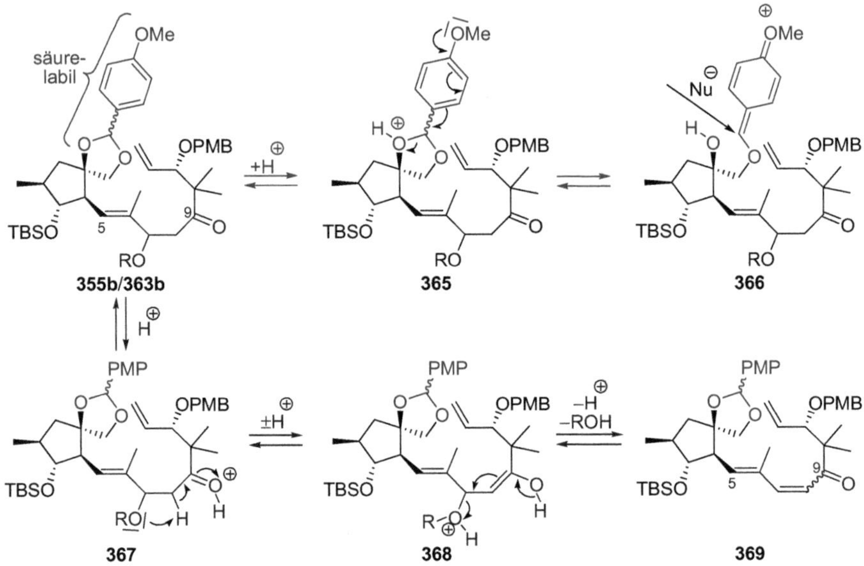

Abb. 152: Mögliche Nebenreaktionen unter sauren Bedingungen.

---

[380] a) Bouchez, L. C.; Vogel, P. *Chem. Eur. J.* **2005**, *11*, 4609–4620. b) Keown, L. E.; Collins, I.; Cooper, L. C.; Harrison, T.; Madin, A.; Mistry, J.; Reilly, M.; Shaimi, M.; Welch, C. J.; Clarke, E. E.; Lewis, H. D.; Wrigley, J. D. J.; Best, J. D.; Murray, F.; Shearman, M. S. *J. Med. Chem.* **2009**, *52*, 3441–3444. c) Ondrus, A. E.; Kaniskan, Ü.; Movassaghi, M. *Tetrahedron* **2010**, *66*, 4784–4795.
[381] a) Takahashi, Y.; Kubota, T.; Fukushi, E.; Kawabata, J.; Kobayashi, J. *Org. Lett.* **2008**, *10*, 3709–3711. b) Menche, D.; Hassfeld, J.; Li, J.; Mayer, K.; Rudolph, S. *J. Org. Chem.* **2009**, *74*, 7220–7229. c) Kobayashi, S.; Semba, T.; Takahashi, T.; Yoshida, S.; Dai, K.; Otani, T.; Saito, T. *Tetrahedron* **2009**, *65*, 920–933.

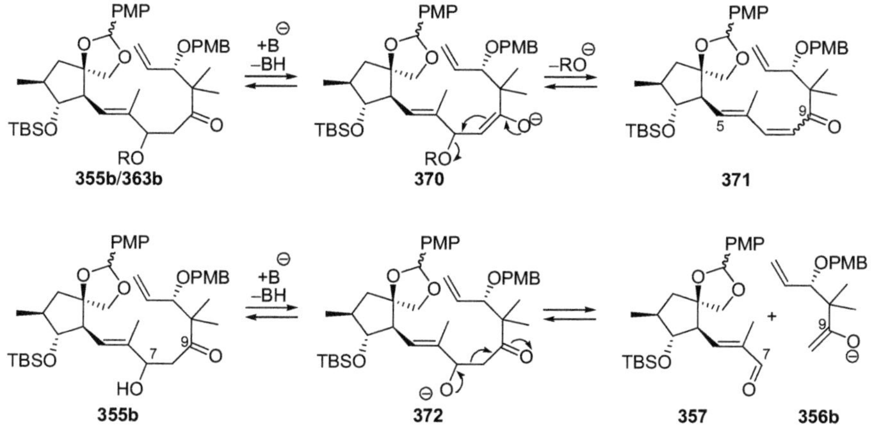

Abb. 153: Mögliche Nebenreaktionen unter basischen Bedingungen.

Diese möglichen Nebenreaktionen könnten ein Grund für die Instabilität des Allylalkohols **355** sein und dessen Zersetzung bei unterschiedlichen Reaktionsbedingungen erklären.

Die Derivatisierungsversuche des Alkohols **355b** erbrachten zum größten Teil keine positiven Ergebnisse (s. Tab. 11), somit konnte auch nicht z.B. mit der Mosher-Ester-Methode[382] geklärt werden, welches Molekül (**355a** und **355b**) das (7R)- bzw. (7S)-Diastereomer ist. Da diese Route aber in einer synthetischen Sackgasse endet, wurden hierzu keine weiteren Versuche mehr unternommen.

Eine Einführung einer Schutzgruppe an C7 mit anschließender Spaltung des PMP-Acetals konnte nicht realisiert werden. Aber eine IBX-Oxidation[175] der Allylalkohole **355a** und **355b** und anschließende Hydrolyse des Acetals mit $La(NO_3)_3 \cdot 6H_2O$[258] ergaben das Diolenol **374** (s. Abb. 154). Interessanterweise war für die Spaltung des PMP-Acetals **373** eine Temperatur von 50 °C nötig, bei Raumtemperatur wurde keine Umsetzung beobachtet (s. Abb. 154). Dies zeigt einmal mehr, dass die Bedingungen für einzelne Reaktionen sehr substratabhängig sein können. Auch die IBX-Oxidation[175] zum Aldehyd **375** gelang wie die beiden Reaktionen zuvor in akzeptablen Ausbeuten (s. Abb. 154).

---

[382] a) Dale, J. A.; Dull, D. L.; Mosher, H. S. *J. Org. Chem.* **1969**, *34*, 2543–2549. b) Dale, J. A.; Mosher, H. S. *J. Am. Chem. Soc.* **1973**, *95*, 512–519.

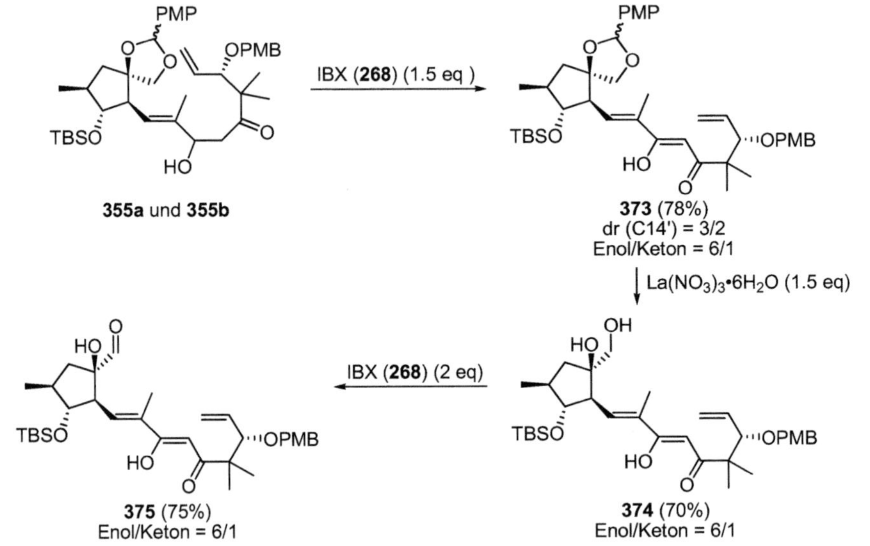

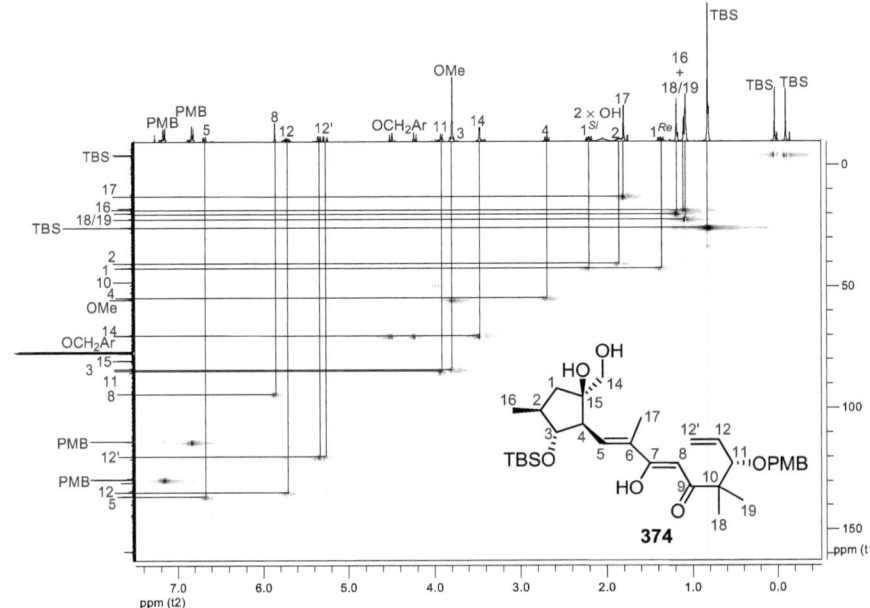

Abb. 154: Oxidation des Alkohols 355, Acetalspaltung und Oxidation zum Aldehyd 375.

Das Diolenol 374 wurde NMR-spektroskopisch genauer untersucht. Hierzu wurde u.a. ein HSQC-NMR-Spektrum aufgenommen (s. Abb. 155).

Abb. 155: HSQC-NMR-Spektrum des Diolenols 374.

Wie in Abb. 154 zu erkennen ist, liegen die Produkte **373**, **374** und **375** größtenteils in der Enol-Form-**373–377/381/382** vor. Dies war auch zu erwarten, da dadurch ein konjugiertes System ausgebildet wird.[383] Die Enol-Form-**373–377/381/382** kann von der Keto-Form-**373–377/381/382** NMR-spektroskopisch unterschieden werden. Charakteristisch sind die Signale der Enol-*H*- (δ = 15.9–16.1 ppm) und der 8-C*H*-Atome (δ = 5.8–5.9 ppm) im ^{1}H-NMR-Spektrum, die jeweils ein scharfes Singulett ergeben (s. Abb. 156), sowie die Signale der 7-*C*- (δ = 182–184 ppm) und der 8-*C*H-Atome (δ = 93–95 ppm) im ^{13}C-NMR-Spektrum. Die Konfiguration der Enol-Doppelbindung wurde nicht bestimmt. Allgemein sind diese aber (*Z*)-konfiguriert,[384] da dann eine *H*-Brückenbindung zwischen dem Enol-*H*- und dem Carbonyl-*O*-Atom ausgebildet werden kann (s. Abb. 156).

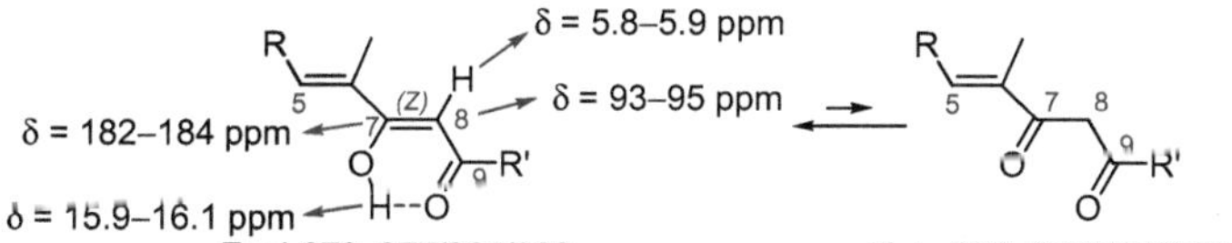

Abb. 156: Keto/Enol-Gleichgewicht.

Diese Syntheseroute führt zwar nicht zum Syntheseziel Euphoheliosnoid D (**291**), wurde aber trotzdem weiter verfolgt, um eine mögliche Ringschluss-Metathese zu untersuchen. Aus diesem Grund wurden die fehlenden C-Atome durch Addition des Lithium-Organyls[277] an den Aldehyd **375** eingeführt. Anschließend wurde das Diolenol **376** mit IBX (**268**)[175] zum Diketon **377** oxidiert. Ein Testversuch der Ringschluss-Metathese mit dem Grela-Katalysator (**277**) resultierte aber in Reisolation (83%) des Startmaterials **377** (s. Abb. 157). Ein möglicher Grund für das Scheitern der Ringschluss-Metathese könnte die ungünstige Geometrie aufgrund der (*Z*)-konfigurierten Enol-Doppelbindung C7/C8 des Startmaterials **377** sein. Da aber nur ein Versuch hierzu unternommen wurde, können diesbezüglich auch keine konkreten Aussagen gemacht werden.

---

[383] a) Carboni, D.; Flavin, K.; Servant, A.; Gouverneur, V.; Resmini, M. *Chem. Eur. J.* **2008**, *14*, 7059–7065. b) Tietze, L. F.; Redert, T.; Bell, H. P.; Hellkamp, S.; Levy, L. M. *Chem. Eur. J.* **2008**, *14*, 2527–2535. c) MacDonald, F. K.; Burnell, D. J. *J. Org. Chem.* **2009**, *74*, 6973–6979.
[384] a) Powling, J.; Bernstein, H. J. *J. Am. Chem. Soc.* **1951**, *73*, 4353–4356. b) Lowrey, A. H.; George, C.; D'Antonio, P.; Karle, J. *J. Am. Chem. Soc.* **1971**, *93*, 6399–6403.

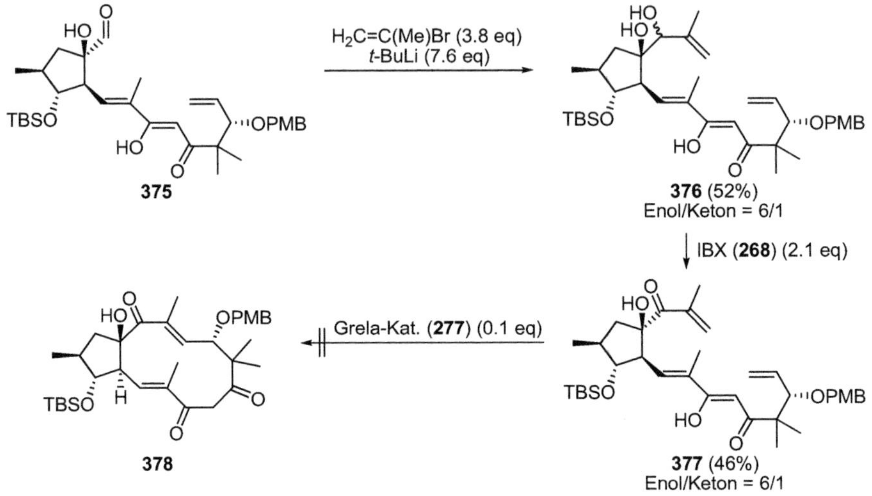

Abb. 157: Kein Ringschluss mit dem Tetraen **377** und dem Grela-Katalysator (**277**).

In der Literatur lassen sich zwei Jatrophane mit einer 1,3-Diketon-Einheit finden. Euphoscopin D (**379**)[95b] und Epieuphoscopin D (**380**)[95d] liegen laut den Autoren in der Keto- und nicht in der Enol-Form vor (s. Abb. 158).

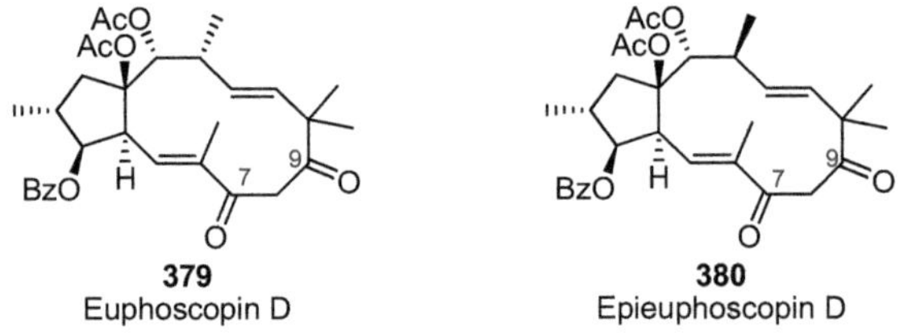

Abb. 158: Zwei Jatrophane **379**[95b] und **380**[95d] mit einer 1,3-Diketo-Einheit.

Das Tetraen **377** wurde nach der erfolglosen Ringschluss-Metathese weiter umgesetzt. Zunächst wurde der TBS-Ether **377** gespalten und dann der sekundäre Alkohol **381** unter Mitsunobu-Bedingungen[156] mit Benzoesäure verestert. Der anschließende Versuch der Acetylierung unter TMSOTf-Katalyse[159] resultierte aber in Zersetzung des Startmaterials **382** (s. Abb. 159).

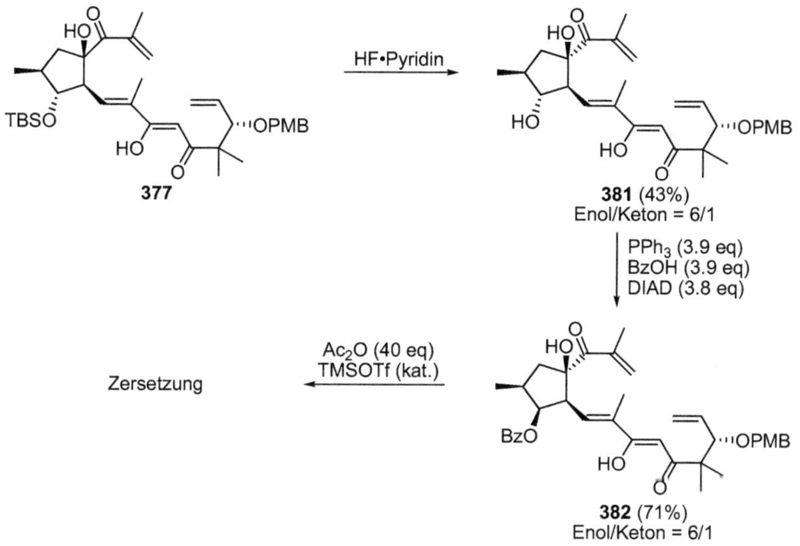

Abb. 159: Bildung des Benzoesäureesters **382** und anschließende Zersetzung.

Zusammenfassend lässt sich feststellen, dass alle Stufen mit Ausnahme der Ringschluss-Metathese und des letzten Schrittes analog zur Synthese der Characiol-Derivate **116** und **174** durchgeführt werden konnten. Da aber diese Route aufgrund des Oxidationsgrades an C7 nicht zum Zielmolekül Euphoheliosnoid D (**291**) führt, wurden hierzu keine weiteren Versuche mehr unternommen.

4.3.5 Aufbau der C7/C8-Bindung: Aldol-Route 2

Im Kapitel 4.3.4 konnte gezeigt werden, dass die Aldol-Addition[117] eine gut funktionierende Methode ist, um die C7/C8-Bindung aufzubauen. Lediglich die dadurch erhaltene β-Hydroxy-γ,δ-ungesättigte Keto-Einheit (C5–C9) im Zusammenhang mit dem sehr säurelabilen PMP-Acetal erwies sich als sehr empfindlich. Als Schlussfolgerung für eine neue Syntheseroute ergab sich somit, dass PMP-Acetal möglichst früh in der Synthesesequenz zu spalten sowie die eliminierungsanfällige β-Hydroxy-Keto-Einheit möglichst spät aufzubauen.

Aus diesem Grund wurde der Allylalkohol **362** als PMB-Ether geschützt. Hierbei konnte das Produkt von Verunreinigungen nicht getrennt werden, so dass direkt im Anschluss das PMP-Acetal mit La(NO$_3$)$_3$·6H$_2$O[258] bei Raumtemperatur hydrolysiert wurde. Hierbei konnte per DC ein weiteres polareres Produkt detektiert werden, was ein Grund für die mäßige Ausbeute sein könnte. Nach Oxidation mit IBX (**268**)[175] zum instabilen Aldehyd wurde dieser direkt durch Addition des Lithium-Organyls[277] zum Diol **384** umgesetzt. Die anschließende IBX-Oxidation[175] ergab das Keton **385** (s. Abb. 160).

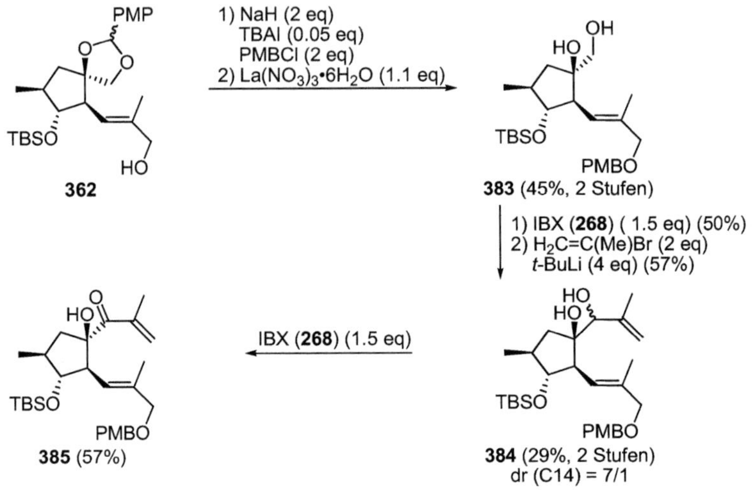

Abb. 160: Synthese des Ketons **385**.

Auffällig sind die mäßigen bis schlechten Ausbeuten in dieser Synthesesequenz. Teilweise gab es hier auch Probleme mit der Reproduzierbarkeit, und es wurden noch schlechtere Ausbeuten erhalten. Der Versuch der Braunstein-Oxidation[213] des Allylalkohols **384** führte zu keiner Umsetzung.

Der Desilylierung des TBS-Ethers **385** folgte die Veresterung mit Benzoesäure unter Mitsonobu-Bedingungen.[156] Die Acetylierung des tertiären Alkohols **387** lieferte schließlich das Diacetat **388** (s. Abb. 161).[159] Neben der geplanten Acetylierung der tertiären Hydroxy-Funktion wurde hierbei unter den sauren Bedingungen der allylische PMB-Ether gespalten[385] und *in situ* acetyliert.[386] Evt. wurde das TMSOTf teilweise hydrolysiert, und die dadurch freigesetzte TfOH bewirkte die Spaltung des PMB-Ethers.[387]

Auch hier waren die Ausbeuten nur mäßig bis schlecht. Ein Grund könnte der allylische PMB-Ether sein, der evt. unter (lewis-)sauren[388] bzw. oxidativen[242a,389] Bedingungen instabil ist.

---

[385] Kigoshi, H.; Kita, M.; Ogawa, S.; Itoh, M.; Uemura, D. *Org. Lett.* **2003**, *5*, 957–960.
[386] Whalen, L. J.; Halcomb, R. L. *Org. Lett.* **2004**, *6*, 3221–3224.
[387] Hinklin, R. J.; Kiessling, L. L. *Org. Lett.* **2002**, *4*, 1131–1133.
[388] a) mit ZrCl$_4$: Sharma, G. V. M.; Reddy, C. G.; Krishna, P. R. *J. Org. Chem.* **2003**, *68*, 4574–4575. b) mit SnCl$_4$/PhSH: Yu, W.; Su, M.; Gao, X.; Yang, Z.; Jin, Z. *Tetrahedron Lett.* **2000**, *41*, 4015–4017. c) mit TFA: Yan, L.; Kahne, D. *Synlett* **1995**, 523–524.
[389] mit CAN: a) Classon, B.; Garegg, P.; Samuelsson, B. *Acta Chem. Scand.* **1984**, *38B*, 419–422. b) Johansson, R.; Samuelsson, B. *J. Chem. Soc., Perkin Trans. I* **1984**, 2371–2374.

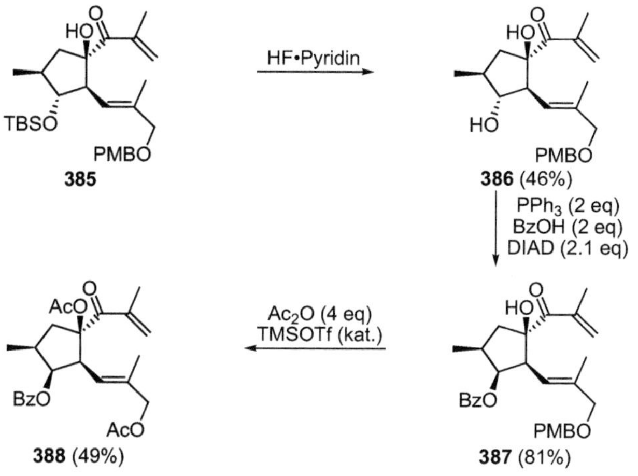

Abb. 161: Synthese des Diacetats **388**

Dann folgte die selektive Spaltung des primären Acetyl-Restes in Gegenwart des sekundären Benzoyl- und des tertiären Acetylesters mit anschließender IBX-Oxidation[175] (s. Abb. 162).

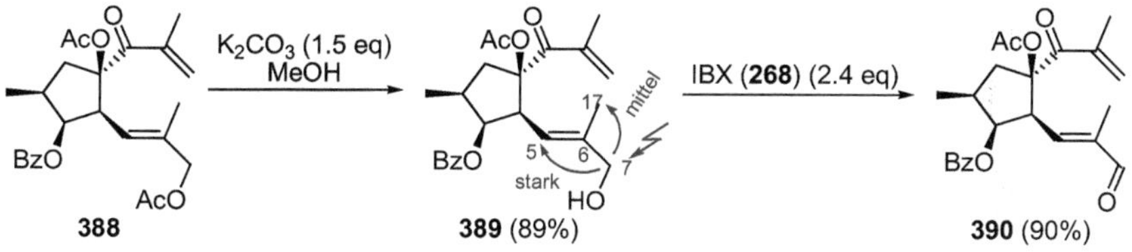

Abb. 162: Synthese des Aldehyds **390**.

Auf der Stufe des Allylalkohols **389** konnte durch ein 1D-NOE-Spektrum die vermutete (*E*)-Konfiguration der C5/C6-Doppelbindung bewiesen werden (s. Abb. 162 und Experimenteller Teil).

Im Anschluss konnte mit dem Aldehyd **390** im 9 mg-Maßstab eine Aldol-Addition[117] erfolgreich durchgeführt werden (s. Abb. 163). Die Ausbeute von 54% ist zwar nur moderat, laut DC war es aber eine „spot-to-spot"-Reaktion. Da diesbezüglich nur eine Reaktion im sehr kleinen Maßstab durchgeführt wurde, kann diese Ausbeute aber noch nicht als repräsentativ angesehen werden.

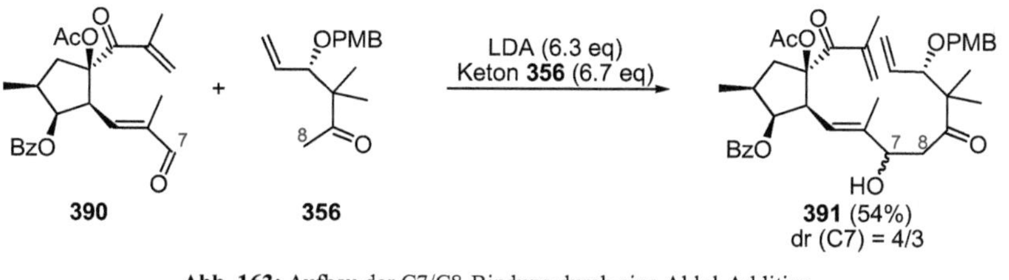

Abb. 163: Aufbau der C7/C8-Bindung durch eine Aldol-Addition.

Die C7-Diastereomere konnten in diesem Fall durch Säulenchromatographie nicht getrennt werden. Die Strukturaufklärung des Aldol-Produktes **391** erfolgte durch ^{1}H-NMR-, COSY-NMR- (s. Abb. 164) und IR-Spektroskopie sowie durch HRMS. Aufgrund der geringen Substanzmenge konnten keine ausreichend verwertbaren ^{13}C-NMR-Spektren erhalten werden.

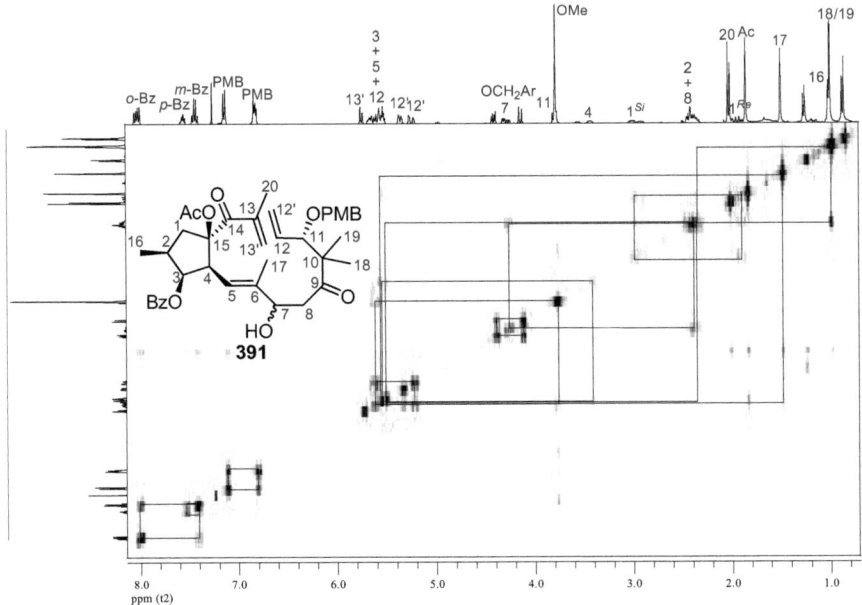

Abb. 164: COSY-NMR-Spektrum des Aldol-Produkts **391**.

Es konnte in diesem zweiten Beispiel gezeigt werden, dass die Aldol-Addition[117] eine wirkungsvolle Methode zum Aufbau der C7/C8-Bindung sein kann.

In einem Testversuch wurde das Trien **391** (8 mg) zusammen mit dem Grela-Katalysator (**277**)[284] für fünf Stunden bei 110 °C gerührt (s. Abb. 165). Hierbei wurde aber kein Umsatz beobachtet und das Edukt **391** (75%) reisoliert.

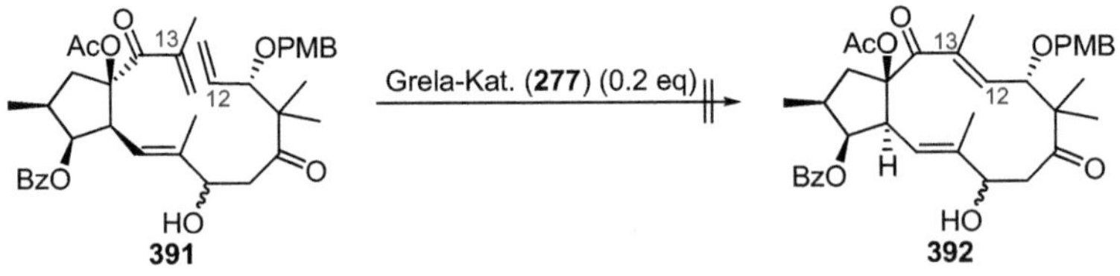

Abb. 165: Versuch der Ringschluss-Metathese an C12/C13.

Auch dieses Ergebnis kann noch nicht als repräsentativ angesehen werden, da mangels Materials nur ein Versuch unternommen werden konnte.

Zusammenfassend lässt sich feststellen, dass ein wichtiges Intermediat **391** zur geplanten Totalsynthese von Euphoheliosnoid D (**291**) aufgebaut werden konnte. Wichtige Schlüsselschritte waren hierbei eine Wittig-Olefinierung[308] zum Aufbau der (*E*)-konfigurierten C5/C6-Bindung sowie eine Aldol-Addition[117] zum Aufbau der C7/C8-Bindung. Zum Abschluss der Totalsynthese von Euphoheliosnoid D (**291**) fehlen noch die RCM-Reaktion zum Schließen des Zwölfringes, die Spaltung des PMB-Ethers sowie die Trennung der C7-Diastereomere (s. Abb. 166).

Abb. 166: Fehlende Stufen zur Totalsynthese von Euphoheliosnoid D (**291**).

Nach einer erfolgreichen Synthese von Euphoheliosnoid D (**291**) sowie Trennung der C7-Diastereomere könnten evt. schon erste Erkenntnisse erhalten werden, ob die von Zhang und Guo[95f] vorgeschlagene (7*R*,11*S*)-Konfiguration auch die des Naturstoffes ist.

5 Jatrophan-Diterpene als MDR-Modulatoren

5.1 Bisherige Erkenntnisse aus der Literatur

Die erste Publikation bzgl. der MDR-modulierenden Eigenschaften von Jatrophan-Diterpenen wurde 2001 von der ungarischen Arbeitsgruppe Hohmann *et al.* veröffentlicht.[106] Von den drei getesteten Substanzen erwies sich das Diterpen Euphosalicin (**393**) aus *Euphorbia salicifolia*, welches ein Jatrophan-ähnliches Grundgerüst besitzt (s. Abb. 167), mehr als doppelt so aktiv in Bezug auf die Inhibierung des P-Glycoprotein (P-gp) wie die Referenzsubstanz Verapamil (($\pm$)-**1**)[21] bei einer Konzentration von c = 2 µg/ml.

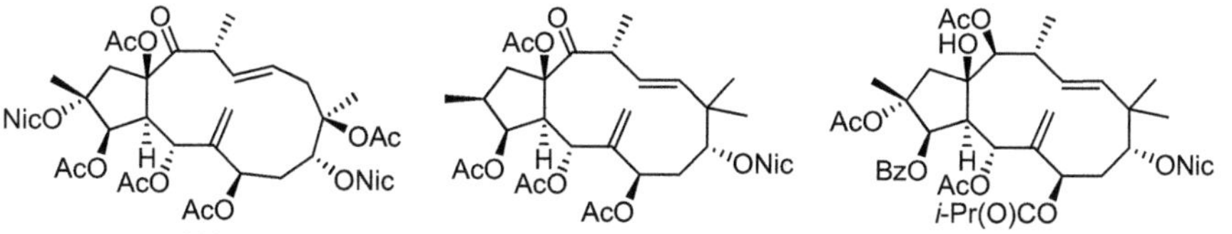

393
Euphosalicin
2.5-fache Aktivität von
Verapamil (($\pm$)-**1**)
c = 2 µg/ml

394
5.5-fache Aktivität von
Verapamil (($\pm$)-**1**)
c = 2 µg/ml

395
5.6-fache Aktivität von
Verapamil (($\pm$)-**1**)
c = 2 µg/ml

Abb. 167: Euphosalicin (**393**) und zwei Jatrophane (**394** und **395**) aus *E. peplus*.

Zwei ebenfalls aus *Euphorbia salicifolia* isolierte Jatrophan-Diterpene waren dagegen inaktiv.[106] Diese Untersuchungsreihe wurde erweitert. Neben den zwei inaktiven Jatrophanen wurden 13 weitere Jatrophane aus *E. serrulata*, *E. esula* und *E. peplus* auf ihre MDR-modulierenden Eigenschaften getestet (c = 2 und 20 µl).[58] Als effizienteste Modulatoren in Bezug auf die Inhibierung von P-gp konnten die beiden Jatrophane **394** und **395** aus *E. peplus* (s. Abb. 167) mit einer mehr als fünffach höheren Aktivität als die Vergleichssubstanz Verapamil (($\pm$)-**1**) identifiziert werden. Es ist schwer, einen einheitlichen Trend bzgl. Struktur-Aktivitäts-Beziehungen aufzustellen. Die Autoren begründen dies mit der hohen Flexibilität des Jatrophan-Gerüstes und verweisen auf die Wichtigkeit von Konformationsanalysen.[58] Generell konnten sie aber bei höherer Lipophilie eine größere Aktivität erkennen. Des Weiteren scheinen Nicotinoyl-Reste die Wirksamkeit zu erhöhen, wohingegen Epoxid-Einheiten (C11/C12) die Aktivität herabsetzen.

Ebenfalls von Hohmann *et al.* wurden drei Jatrophane aus *E. mongolica* auf ihre MDR-modulierenden Eigenschaften getestet (c = 11.2 und 112 µM).[100] Nur eins der drei Jatrophane zeigte eine ähnliche Aktivität wie Verapamil (($\pm$)-**1**). Strukturelle Unterschiede zu den beiden anderen, weniger aktiven Jatrophanen sind hier eine Keto-Funktion an C9 sowie eine freie Hydroxy-Gruppe an C15.

Im selben Jahr wurden Ergebnisse von Jatrophanen aus *E. dendroides* von der italienischen Gruppe Lanzotti *et al.* publiziert.[92] Sie wählten als Vergleichssubstanz Cyclosporin A (**3**)[23] und stellten bei den von ihnen untersuchten Jatrophanen eine Konzentrationsabhängigkeit der Inhibierung von P-gp fest. Bei c = 5–10 µM wurde eine maximale Inhibierung beobachtet. Von den zehn getesteten Jatrophanen erwies sich Euphodendroidin D (**396**) (s. Abb. 168) als wirksamste Substanz und war fast doppelt so aktiv wie Cyclosporin A (**3**).[92] Für ihre ersten Deutungen konnten sie bzgl. des Fünfringes folgende Struktur-Aktivitäts-Beziehungen aufstellen. Eine freie Hydroxyl-Gruppe an C3 sowie das Fehlen einer (veresterten) Hydroxy-Gruppe an C2 führten zu einer höheren Aktivität. Dagegen besaßen Jatrophane mit Nicotinoyl-Resten eine geringere Aktivität. Diese Erkenntnisse stehen im Gegensatz zu denen von Hohmann *et al.*, die u.a. eine höhere Lipophilie als möglichen Grund für eine höhere Aktivität feststellten.

Lanzotti *et al.* erweiterten ihre Erkenntnisse über Struktur-Aktivitäts-Beziehungen bzgl. der Inhibierung von P-gp (c = 5 µM) mit der Untersuchung der aus *E. peplus* isolierten Pepluanine A–E sowie zwei weiterer Jatrophane.[103c] Pepluanin A (**139**) (s. Abb. 168) erwies sich als ca. doppelt so starker Inhibitor wie Cyclosporin A (**3**). Diesmal konnten auch Strukturelemente aus dem Zwölfring in die Struktur-Aktivitäts-Beziehungen mit einbezogen werden. Hierbei wurden eine Keto-Funktion an C14, was bei Pepluanin A (**139**) nicht vorliegt, sowie eine freie Hydroxy-Gruppe an C15 für eine höhere Aktivität verantwortlich gemacht.[103c]

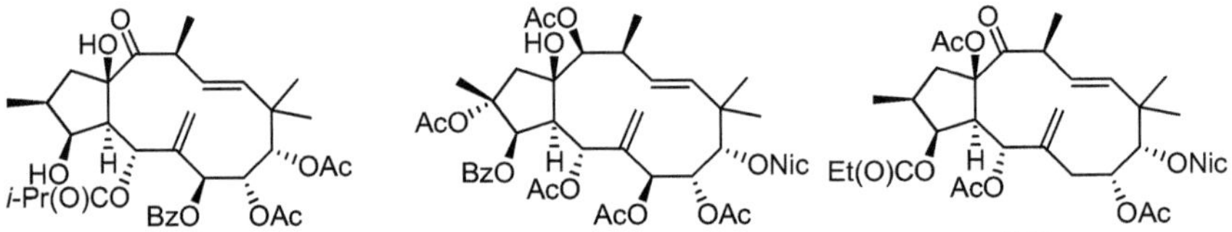

396
Euphodendroidin D
2-fache Aktivität von
Cyclosporin A (**3**)
c = 5 µM

139
Pepluanin A
2-fache Aktivität von
Cyclosporin A (**3**)
c = 5 µM

397
Euphocharacin I
1.2-fache Aktivität von
Cyclosporin A (**3**)

Abb. 168: Euphodendroidin D (**396**), Pepluanin A (**139**) und Euphocharacin I (**397**).

Aus *E. characias* wurden von Lanzotti *et al.* zwölf weitere Jatrophane isoliert, die als P-gp-Inhibitoren untersucht wurden.[91b] Euphocharacin I (**397**) war hierbei aktiver als Cyclosporin A (**3**) (s. Abb. 168). Die Autoren heben den positiven Einfluss einer Propionyl-Gruppe an C3 sowie den negativen Einfluss einer Hydroxy-Gruppe an C2 hervor.[91b]

In Kooperation mit Hohmann *et al.* wurden von der portugiesischen Gruppe Ferreira *et al.* die vier Pubescene A–D (**118**, **292**, **293** und **398**) aus *E. pubescens* untersucht.[105b] Pubescen A (**118**) und D (**398**) (s. Abb. 169) waren die wirksamsten Jatrophane. Pubescen D (**398**) besitzt im Gegensatz zu den Pubescenen A–C (**118**, **292** und **293**) eine (2*R*)-Konfiguration. Weitere Strukturelemente, die die P-gp-Inhibierung fördern, sind eine Benzoyl-Gruppe an C7 sowie eine Acetyl-Gruppe an C15.[105b]

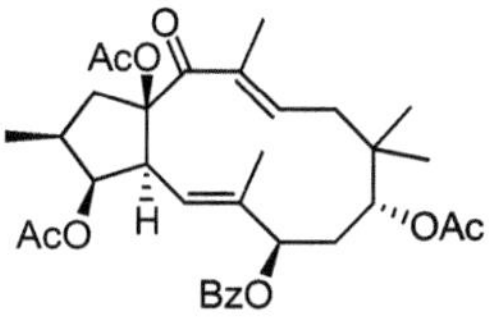

118
Pubescen A
2-fache Aktivität von
Verapamil ((±)-**1**)
c = 16 µM

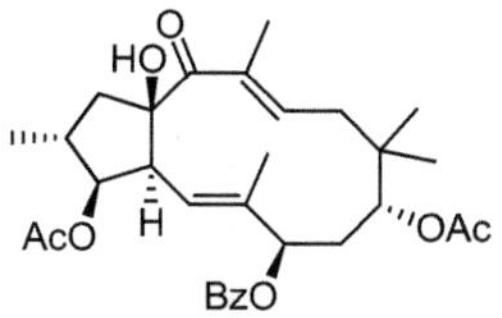

398
Pubescen D
1.5-fache Aktivität von
Verapamil ((±)-**1**)
c = 16 µM

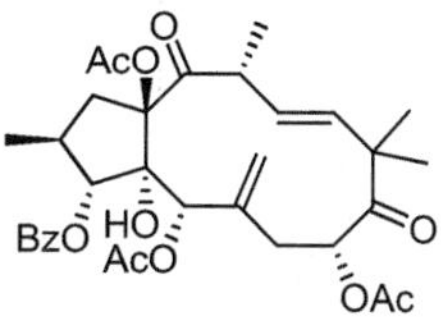

399
Euphopubescenol
8.5-fache Aktivität von
Indometacin
c = 20 µM

Abb. 169: Pubescen A (**118**) und D (**398**) und Euphopubescenol (**399**) aus *E. pubescens*.

In einer weiteren Testreihe wurden neben den Pubescenen A–D (**118**, **292**, **293** und **398**) drei weitere, ebenfalls aus *E. pubescens* isolierte Jatrophane untersucht.[390] In Bezug auf die P-gp-Inhibierung erwiesen sich diese drei Naturstoffe als nahezu inaktiv. Zum ersten Mal wurden aber Jatrophan-Diterpene auf ihre MRP-inhibierenden Eigenschaften getestet. Hierbei zeigte Euphopubescenol (**399**) (s. Abb. 169) die größte Wirksamkeit (c = 20 µM). Es war deutlich aktiver als die Vergleichssubstanz Indometacin.

In zwei Übersichtsartikeln werden die Ergebnisse der ungarischen Arbeitsgruppe Hohmann *et al.* bzgl. der MDR-modulierenden Eigenschaften von Jatrophan-Diterpenen noch einmal zusammengefasst bzw. um weitere Daten ergänzt.[391] Sie betonen die Schwierigkeit, einheitliche Struktur-Aktivitäts-Beziehungen aufzustellen. Allgemein führt nach ihren Beobachtungen eine höhere Lipophilie zu höheren Aktivitäten. Auch scheinen Nicotinoyl-Reste an C9 einen positiven Einfluss zu haben.

In einer 2008 von Lanzotti *et al.* veröffentlichten Studie wurden fünf Jatrophane aus *E. helioscopia* auf ihre MDR-modulierenden Eigenschaften untersucht.[95i] Epieuphoscopin B (**400**) (s. Abb. 170) war etwa doppelt so potent wie Cyclosporin A (**3**).

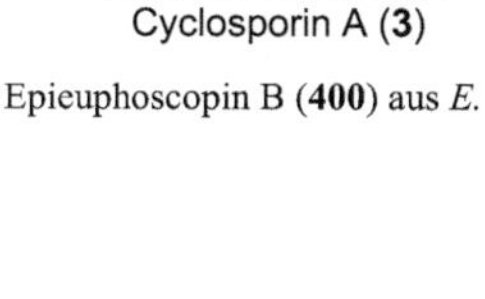

400
Epieuphoscopin B
2-fache Aktivität von
Cyclosporin A (**3**)

Abb. 170: Epieuphoscopin B (**400**) aus *E. helioscopia*.

---

[390] Ferreira, M. J. U.; Gyemant, N.; Madureira, A. M.; Tanaka, M.; Koos, K.; Didiziapetris, R.; Molnar, J. *Anticancer Res.* **2005**, *25*, 4173–4178.
[391] a) Molnár, J.; Gyémánt, N.; Tanaka, M.; Hohmann, J.; Bergmann-Leitner, E.; Molnár, P.; Deli, J.; Didiziapetris, R.; Ferreira, M. J. U. *Curr. Pharm. Des.* **2006**, *12*, 287–311. b) Engi, H.; Vasas, A.; Rédei, D.; Molnár, J.; Hohmann, J. *Anticancer Res.* **2007**, *27*, 3451–3458.

Auch hier ergaben Struktur-Aktivitäts-Beziehungen einen positiven Einfluss einer Keto-Gruppe an C9. Es wurden keine signifikanten Unterschiede bzgl. der Position der Doppelbindung (C11/C12 oder C12/C13) herausgefunden. In einer weiteren Testreihe wurden zum ersten Mal Jatrophane auf ihre BCRP-modulierenden Eigenschaften untersucht. Hierbei zeigte keines der getesteten Jatrophane eine Aktivität.[95i]

Lanzotti et al. fassten ebenfalls ihre Ergebnisse über die MDR-modulierenden Eigenschaften aller von ihnen untersuchten Jatrophan-Diterpene in zwei Übersichtsartikeln zusammen.[392] Insgesamt wurden von der ungarischen Gruppe Hohmann et al., der italienischen Gruppe Lanzotti et al. und der portugiesischen Gruppe Ferreira et al. Ergebnisse über die MDR-modulierenden Eigenschaften von natürlich vorkommenden Jatrophan-Diterpenen publiziert. Einheitliche Struktur-Aktivitäts-Beziehungen konnten nicht aufgestellt werden, teilweise ergaben sich widersprechende Beobachtungen (s. Abb. 171). Als Ursache kann die Flexibilität des Zwölfrings der Jatrophane angesehen werden. Durch Unterschiede im Substitutionsmuster ergeben sich teilweise stark unterschiedliche Konformationen, was wiederum Auswirkungen auf biologische Eigenschaften haben kann.[392] In Abb. 171 wurde versucht, die bisherigen Erkenntnisse über Struktur-Aktivitäts-Beziehungen von Jatrophan-Diterpenen als MDR-Modulatoren zusammenzufassen.

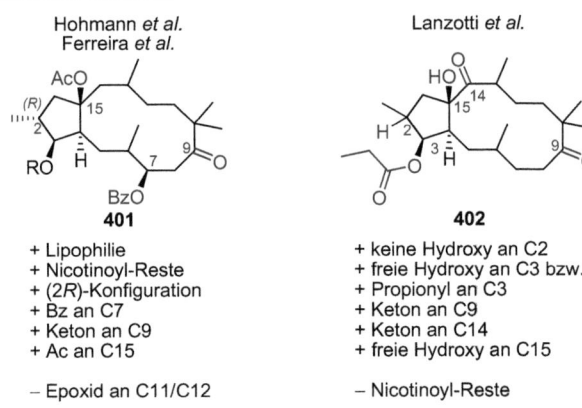

Abb. 171: Starke Zusammenfassung über bisherige Erkenntnisse zu Struktur-Aktivitäts-Beziehungen von Jatrophanen als MDR-Modulatoren.

Bisher wurden für die Untersuchungen lediglich Verapamil ((±)-**1**)[21] und Cyclosporin A (**3**),[23] Vertreter der ersten Generation von MDR-Modulatoren, als Vergleichssubstanzen verwendet. Es kann somit keine Aussage über die Wirksamkeit der bisher getesteten Jatrophane im Vergleich mit den viel potenteren MDR-Modulatoren der dritten Generation gemacht werden.

---

[392] a) Barile, E.; Corea, G.; Lanzotti, V. *Nat. Prod. Commun.* **2008**, *3*, 1003–1020. b) Corea, G.; di Pietro, A.; Dumontet, C.; Fattorusso, C.; Lanzotti, V. *Phytochemistry Rev.* **2009**, *8*, 431–447.

5.2 Ergebnisse der synthetisierten Jatrophan-Diterpene

In Abb. 172 sind alle von mir synthetisierten Jatrophane dargestellt, welche basierend auf 3-*epi*-Characiol (**274**) hergestellt wurden. Neben den beiden Naturstoffen **116** und **174** wurden 16 weitere nichtnatürliche Derivate synthetisiert.

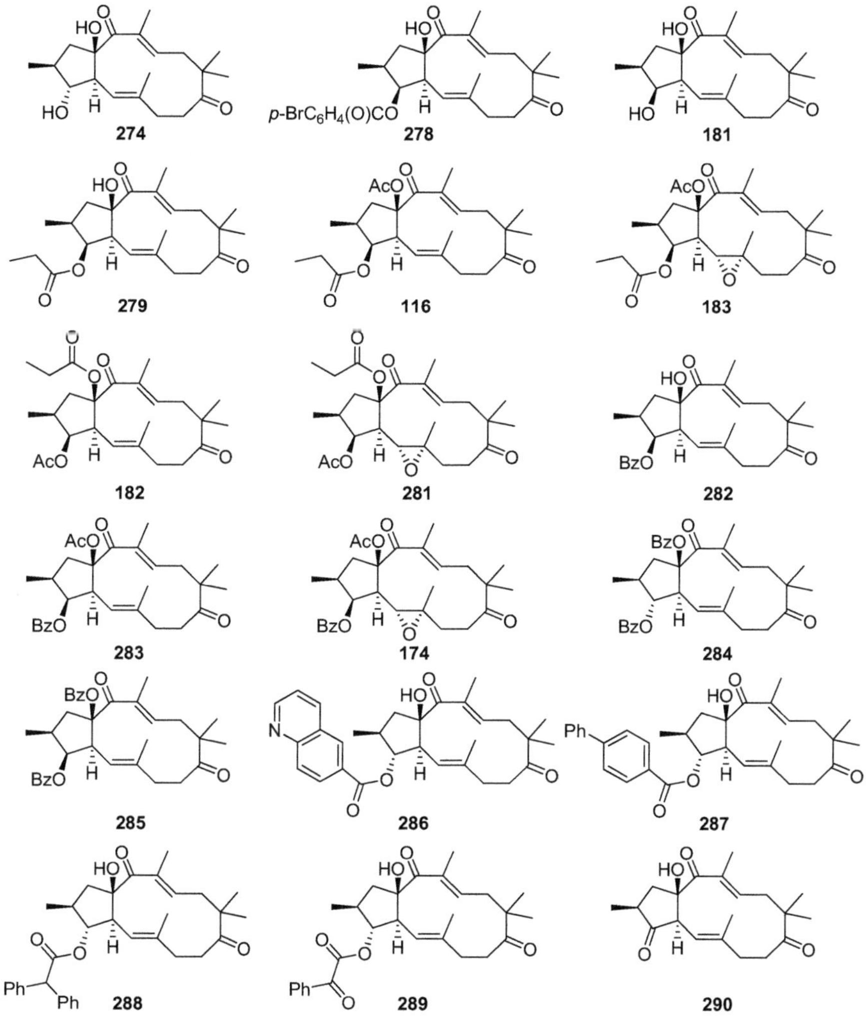

Abb. 172: Übersicht aller synthetisierter Jatrophan-Diterpene.

Diese 18 Jatrophane mit einem Characiol-Grundgerüst wurden zum ersten Mal auf ihre MDR-modulierenden Eigenschaften (c = 10 µM) bzgl. der drei Transport-Proteine P-gp (ABCB1),

BCRP (ABCG2) und MRP1 (ABCC1) getestet (s. Tab. 12 und Abb. 173, 175 und 176).[393] Für die P-gp-Untersuchungen wurden Eierstock-Krebszelllinien (A2780 Adr, A2780), für die BCRP-Testreihe Brustkrebszellen (MCF-7, MCF-7 MX) und für die MRP1-Untersuchungen ebenfalls Eierstock-Krebszelllinien (2008, 2008 MRP1) verwendet. Die Untersuchung der Transport-Aktivität von P-gp und MRP1 wurde in einem Calcein-AM Assay,[394] die von BCRP in einem Hoechst33342 Assay[395] durchgeführt.[393]

Eintrag	Substanz	% Inhibierung P-gp (ABCB1)	% Inhibierung BCRP (ABCG2)	% Inhibierung MRP1 (ABCC1)
1	274	nicht aktiv	nicht aktiv	11.9 ± 3.2
2	278	31.3 ± 3.0	13.7 ± 2.1	nicht aktiv
3	181	nicht aktiv	nicht aktiv	nicht aktiv
4	279	nicht aktiv	nicht aktiv	nicht aktiv
5	116	7.4 ± 3.6	nicht aktiv	7.7 ± 6.8
6	183	nicht aktiv	nicht aktiv	6.0 ± 5.0
7	182	10.0 ± 4.0	nicht aktiv	27.0 ± 15.7
8	281	12.9 ± 6.5	nicht aktiv	19.0 ± 2.8
9	282	16.6 ± 2.3	10.3 ± 7.0	nicht aktiv
10	283	34.6 ± 7.1	/	/
11	174	20.9 ± 5.8	nicht aktiv	nicht aktiv
12	284	47.2 ± 14.3	9.4 ± 4.9	nicht aktiv
13	285	28.9 ± 6.8	2.8 ± 5.4	nicht aktiv
14	286	51.3 ± 15.5	71.4 ± 13.4	nicht aktiv
15	287	32.0 ± 10.1	43.9 ± 12.1	nicht aktiv
16	288	24.5 ± 10.4	40.6 ± 12.6	nicht aktiv
17	289	7.6 ± 9.2	4.0 ± 4.0	nicht aktiv
18	290	nicht aktiv	7.0 ± 8.6	nicht aktiv
19	XR9577 (11)	100	100	/
20	Verapamil ((±)-1)	57.6 ± 14.3	/	/
21	Cyclosporin A (3)	/	/	65.4 ± 7.8

Tab. 12: Ergebnisse der Inhibierung der drei Proteine P-gp, BCRP und MRP1 bei c = 10 µM.

---

[393] Die Untersuchungen wurden von Dr. Henrik Müller und Katja Sterz vom AK Prof. Dr. Wiese vom Pharmazeutischen Institut der Universität Bonn durchgeführt. Vielen Dank!
[394] a) Tiberghien, F.; Loor, F. *Anti-Cancer Drugs* **1996**, *7*, 568–578. b) Homolya, L.; Holló, M.; Müller, M.; Mechetner, E. B.; Sarkadi, B. *Br. J. Cancer* **1996**, *73*, 849–855. c) Karászi, E.; Jakab, K.; Homolya, L.; Szakács, G.; Holló, Z.; Telek, B.; Kiss, A.; Rejtô, L.; Nahajevszky, S.; Sarkadi, B.; Kappelmayer, J. *Br. J. Haematol.* **2001**, *112*, 308–314.
[395] a) Durand, R. E. *J. Histochem. Cytochem.* **1982**, *30*, 117–122. b) Shapiro, A. B.; Ling, V. *J. Biol. Chem.* **1995**, *270*, 16167–16175.

Die Ergebnisse der Inhibierung von P-gp sind in Abb. 173 dargestellt. Als Vergleichssubstanz wurde ein MDR-Modulator der dritten Generation, XR9577 (**11**),[36] gewählt, der bei c = 10 µM eine vollständige Inhibierung des P-Glycoproteins bewirkt.

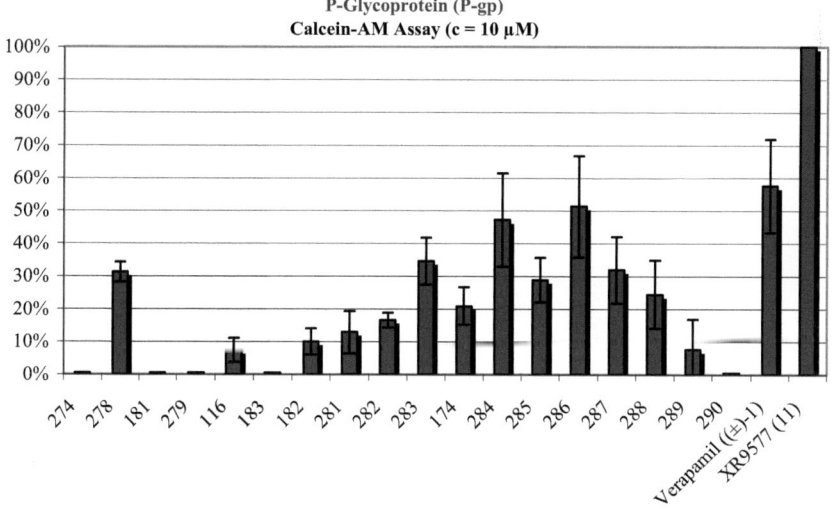

Abb. 173: Resultate der Inhibierung von P-gp.

In Abb. 173 ist gut zu erkennen, dass keins der getesteten 18 Jatrophane in der Lage ist, P-gp bei c = 10 µM analog zu XR9577 (**11**) komplett zu inhibieren. Das wirksamste Diterpen, Jatrophan **286** (s. Abb. 174), besitzt eine Inhibierungsrate von ca. 50% und zeigt eine ähnliche Aktivität wie Verapamil ((±)-**1**).

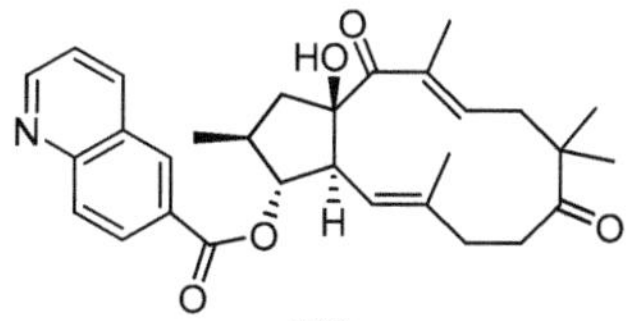

Abb. 174: 3-*epi*-3-*O*-6-Chinolincarboxylcharaciol (**286**).

Aber aus dieser Versuchsreihe lassen sich einige Struktur-Aktivitäts-Beziehungen ableiten. 3-*epi*-Characiol (**274**), Characiol (**181**), 3-Oxocharaciol (**290**) sowie das Derivat (**279**) mit einem kleinen Säurerest an C3 erwiesen sich als inaktiv. Eine Epoxidierung der C5/C6-Doppelbindung führte zu geringeren (**183** *vs.* **116** und **174** *vs.* **283**) oder etwa gleich bleibenden (**281** *vs.* **182**) Aktivitäten der resultierenden Epoxide. Ein Acetyl-Rest (**116** *vs.* **279** und **283** *vs.* **282**) bzw. ein Benzoyl-Rest (**285** *vs.* **282**) an C15 führten zu besseren Ergebnissen als eine frei Hydroxy-Gruppe. Eine Steigerung der Inhibierung konnte auch durch Austausch einer Benzoyl- durch eine Acetyl-Gruppe (**285** *vs.* **283**) sowie durch Austausch einer Acetyldurch eine Propionyl-Gruppe (**116** *vs.* **182** und **183** *vs.* **281**) an C15 beobachtet werden. Des Weiteren bewirkten aromatische Säurereste an C3 eine höhere Aktivität als die nicht veresterten Alkohole oder Derivate mit kleinen aliphatischen Säureresten (**278, 282, 286** und **287** *vs.* **274, 181** und **279**). Mit einer (3*R*)-Konfiguration konnte die Aktivität gegenüber dem gleichen Jatrophan mit einer (3*S*)-Konfiguration (**284** *vs.* **285**) gesteigert werden.

Zusammenfassend lassen sich folgende Struktur-Aktivitäts-Beziehungen der untersuchten Jatrophane bzgl. einer Erhöhung der P-gp-Inhibierung aufstellen:

- Lipophilie
- C15: Propionyl > Ac > Bz > OH
- keine Epoxy-Einheit an C5/C6
- aromatische Säurereste an C3
- (3*R*) > (3*S*)
- Chinolinsäure-Rest

Diese Erkenntnisse weisen viele Parallelen mit den Ergebnissen von Hohmann *et al.* und Ferreira *et al.* auf (s. Abb. 171). Neben der Lipophilie scheinen auch aromatische Säurereste mit Brønsted-basischen N-Atomen (Nicotin-, Chinolincarbonsäure) die P-gp-Inhibierung positiv zu beeinflussen.

In der zweiten Testreihe wurden die Jatrophane bzgl. der Inhibierung von BCRP (c = 10 µM) untersucht (s. Abb. 175).

Hoechst 33342 Assay (c = 10 µM)

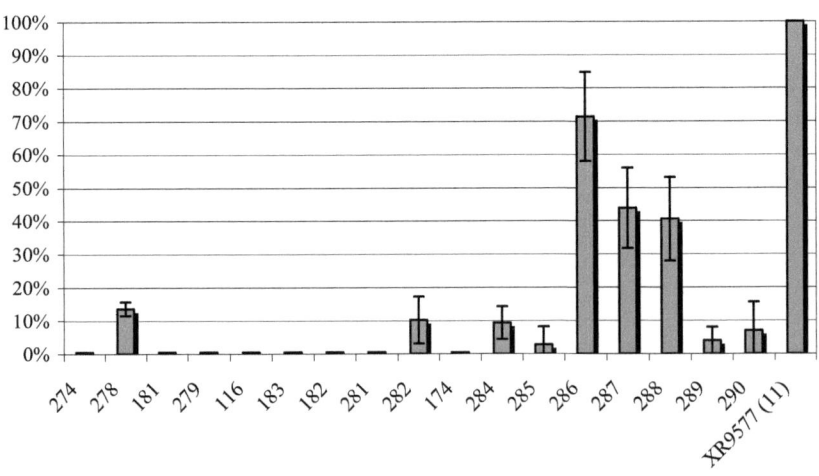

Abb. 175: Resultate der Inhibierung von BCRP.

Bis auf drei Ausnahmen waren alle untersuchten Jatrophane inaktiv oder nahezu wirkungslos, so dass es nicht möglich ist, hier Struktur-Aktivitäts-Beziehungen aufzustellen. Einzig die Jatrophane **286**, **287** und **288** zeigten eine deutliche Aktivität, wobei auch hier das Jatrophan **286** mit einem Brønsted-basischen N-Atom (s. Abb. 175) am wirkungsvollsten mit einer Inhibierungsrate von ca. 70% war.

In der dritten und letzten Testreihe wurde die Inhibierung des Proteins MRP1 (c = 10 µM) untersucht (s. Abb. 176).

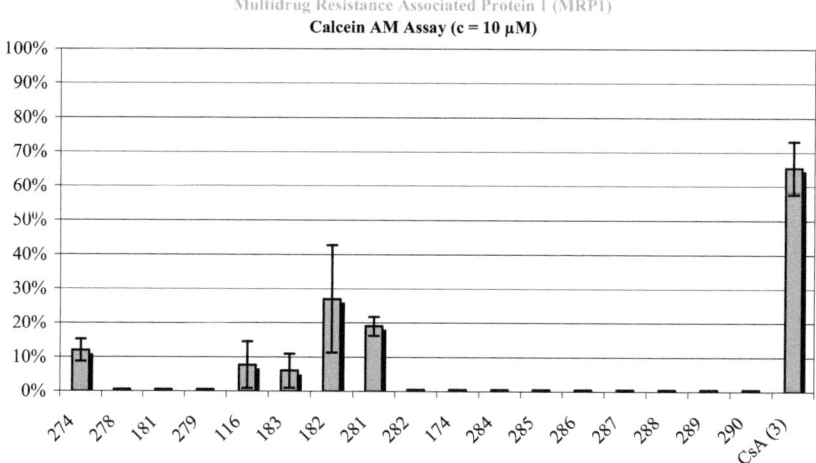

Abb. 176: Resultate der Inhibierung von MRP1.

Ähnlich wie bei den Ergebnissen zur Inhibierung von BCRP waren hier alle Jatrophane nicht aktiv bzw. zeigten nur eine geringe Aktivität. Lediglich die beiden Jatrophane **182** und **281** konnten MRP1 zu ca. 20% inhibieren. Auffällig ist, dass das Jatrophan **286**, das in den beiden ersten Testreihen den potentesten Modulator darstellte, hier überhaupt keine Aktivität zeigte. Dies zeigt, dass das Jatrophan **286** spezifisch nur P-gp und BCRP aber nicht MRP1 inhibiert. Ein weiteres interessantes Ergebnis ist, dass keiner der beiden Naturstoffe **116** und **174** in den drei Testreihen markante Inhibierungsraten aufwies. Dies zeigt einmal mehr die Signifikanz von Naturstoffsynthesen. Aufbauend auf einer erfolgreichen Synthesestrategie können weitere nichtnatürliche Derivate hergestellt werden, die dann evt. bessere biologische bzw. pharmakologische Eigenschaften besitzen.

Zum Schluss wurde untersucht, inwieweit eine höhere Lipophilie der Testsubstanzen eine höhere Aktivität bei der Inhibierung von P-gp zur Folge hat. Hierzu wurden die LogP-Werte (Octanol-Wasser-Verteilungskoeffizient) als Kennzeichen für die Lipophilie berechnet (s. Tab. 13 und Abb. 177).[396]

---

[396] Die LogP-Werte wurden mit dem Programm Chem3D Ultra 8.0 berechnet.

Substanz	LogP
274	2.863
278	5.819
181	2.863
279	3.746
116	3.976
183	3.011
182	3.976
281	3.011
282	4.990
283	5.219
174	4.255
284	7.117
285	7.117
286	5.074
287	6.665
288	6.689
289	4.524
290	2.780
XR9577 (11)	5.662
Verapamil ((±)-1)	5.691

Tab. 13: LogP-Werte.

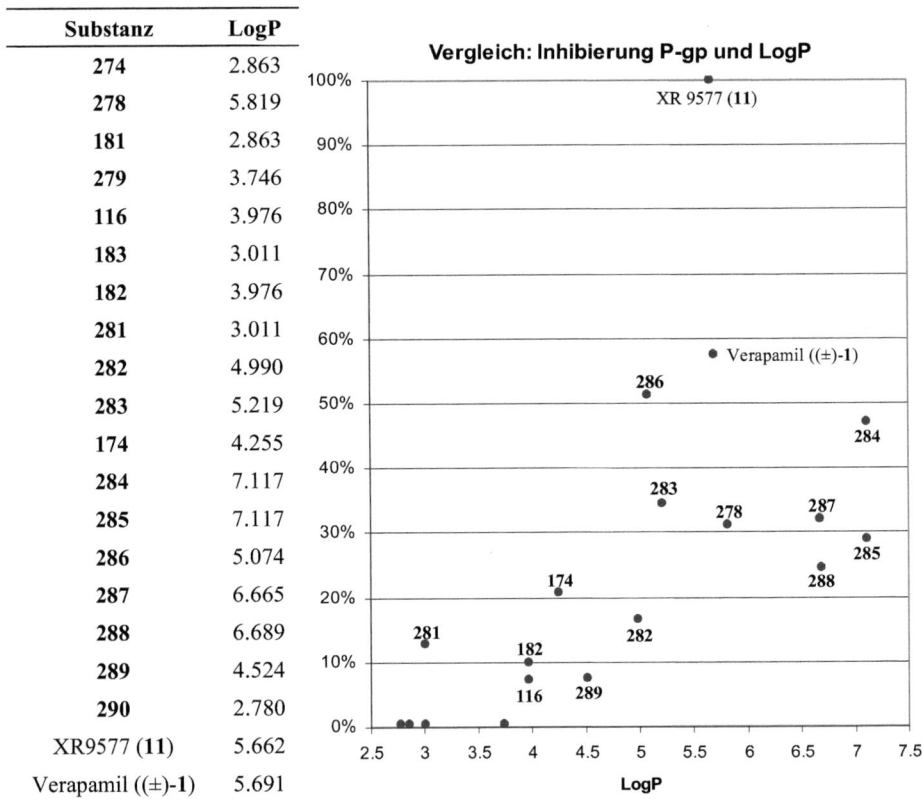

Abb. 177: Vergleich der LogP-Werte mit den Inhibierungsraten von P-gp.

In Abb. 177 ist gut zu erkennen, dass Substanzen mit niedrigem LogP-Wert (< 4) schlechte P-gp-Inhibitoren sind. Mit steigendem LogP-Wert wird tendenziell auch eine höhere Inhibierungsrate beobachtet. Dies kann jedoch nur grob verallgemeinert werden. XR9577 (11), das P-gp bei c = 10 µM vollständig inhibiert, hat einen ähnlichen LogP-Wert (ca. 5.7) wie Verapamil ((±)-1), das eine Inhibierungsrate von nur ca. 50% aufweist. Die sehr unpolaren Epimere 284 und 285 (LogP > 7) haben zum einen einen Unterschied in der Inhibierungsrate von fast 20%, zum anderen sind sie ineffektiver als XR9577 (11), Verapamil ((±)-1) und das Jatrophan 286, deren LogP-Werte (5–6) niedriger sind. Diese Ergebnisse zeigen, dass eine hohe Lipophilie höhere Inhibierungsraten zur Folge haben kann. Aber auch *H*-Brücken-Akzeptor-Atome (Brønsted-basische Atome) sowie weitere Strukturelemente können einen Einfluss auf die Aktivität haben. Hier zeigt sich wieder, dass es schwierig ist, einheitliche Strukturmerkmale für die Synthese des „perfekten" MDR-Modulators zu finden.[39]

6 Zusammenfassung & Ausblick

6.1 Totalsynthese der beiden Jatrophan-Diterpene 116 und 174 aus *E. characias*

In dieser Arbeit wurde die erstmalige Synthese von zwei Jatrophan-Diterpenen aus einer *Euphorbia*-Art präsentiert. Die Synthese begann mit der Herstellung des kommerziell erhältlichen,[196] acylierten Evans-Auxiliars **119** aus (*D*)-Valin (**199**) (s. Abb. 178).

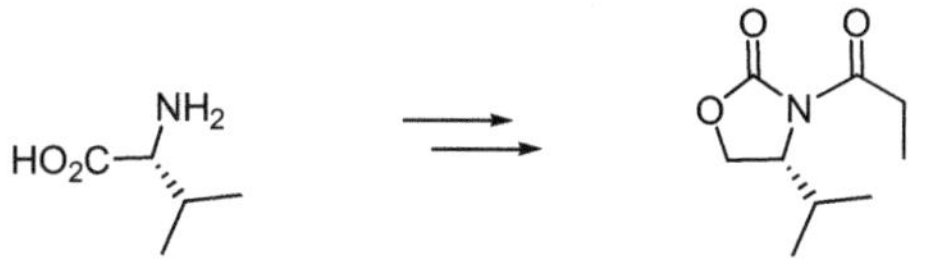

199 **119** (69%, 3 Stufen)

Abb. 178: Synthese des acylierten Evans-Auxiliars **119**.

Anschließend wurde in sieben Stufen der α-Ketoester **125** synthetisiert, der dann in einer intramolekularen, unkatalysierten Carbonyl–En-Typ-I-Reaktion als Hauptprodukt das Cyclopentan **117** ergab (s. Abb. 179).

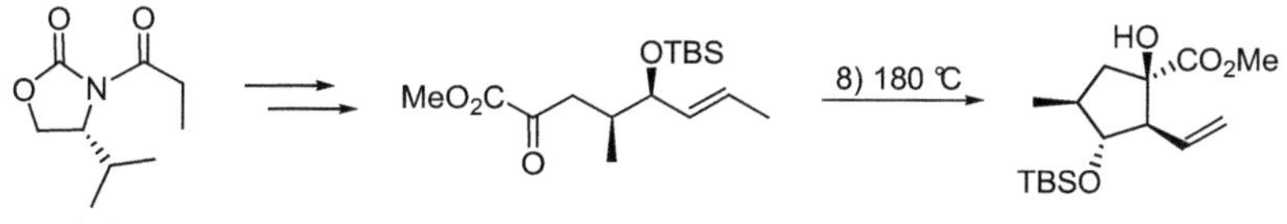

119 **125** (62%, 7 Stufen) **117** (64%)

Abb. 179: Intramolekulare Carbonyl–En-Reaktion zum Cyclopentan **117**.

Diese von Helmboldt[143,144,152] entwickelte Route konnte in sehr guten Ausbeuten durchgeführt werden und erwies sich als sehr robust und reproduzierbar. In Analogie zu dieser Synthesestrategie konnte auch der α-Ketoester **229** mit einer Alkin-Einheit hergestellt werden, aus dem nach einer intramolekularen Carbonyl–In-Reaktion die Allene **237** und **238** resultierten (s. Abb. 180).

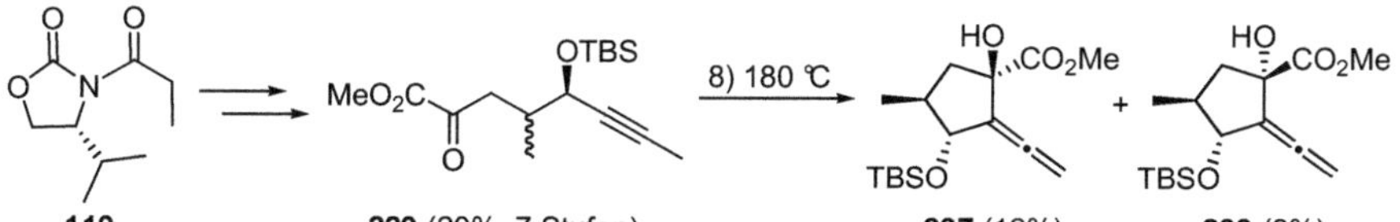

119 **229** (20%, 7 Stufen) dr = 6/5 **237** (12%) **238** (9%)

Abb. 180: Synthese der Allene **237** und **238**.

Ausgehend von dem Produkt der Carbonyl–En-Reaktion **117** konnte nach Reduktion zum Diol **248** ein Acetonid als Schutzgruppe eingeführt werden. Nach Ozonolyse[227] und Corey–Fuchs-Reaktion[231] wurde das Alkin **252** durch Hydrozirkonierung[232] und anschließendem Versetzen mit Iod[233] zum Vinyliodid **197** umgesetzt (s. Abb. 181).

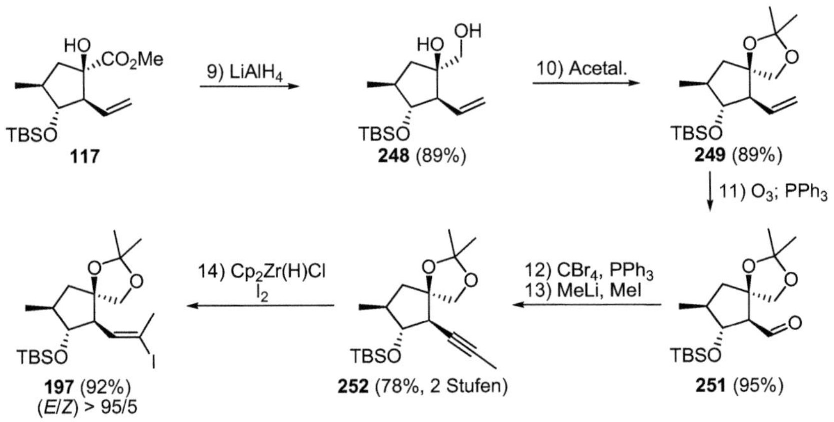

Abb. 181: Synthese des Vinyliodids **197**.

Für die *B*-Alkyl-Suzuki–Miyaura-Kupplung[191] wurde das Alken (±)-**198** in fünf Stufen mit einer Gesamtausbeute von 58% hergestellt (s. Abb. 182).

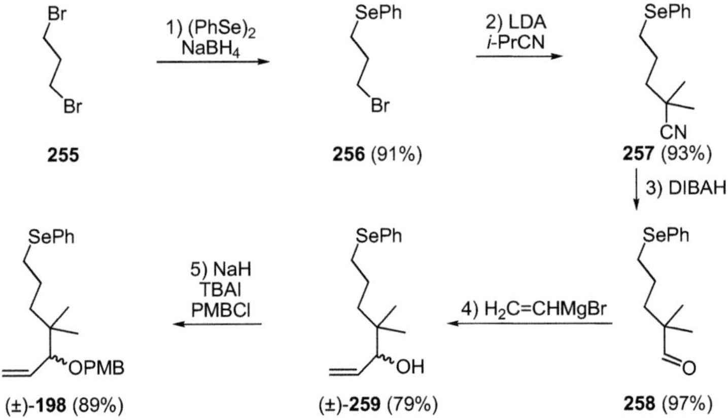

Abb. 182: Synthese des Alkens (±)-**198** in fünf Stufen.

In der anschließenden *B*-Alkyl-Suzuki–Miyaura-Kupplung[191] konnte das Vinyliodid **197** erfolgreich mit dem Alken (±)-**198** umgesetzt werden (s. Abb. 183).

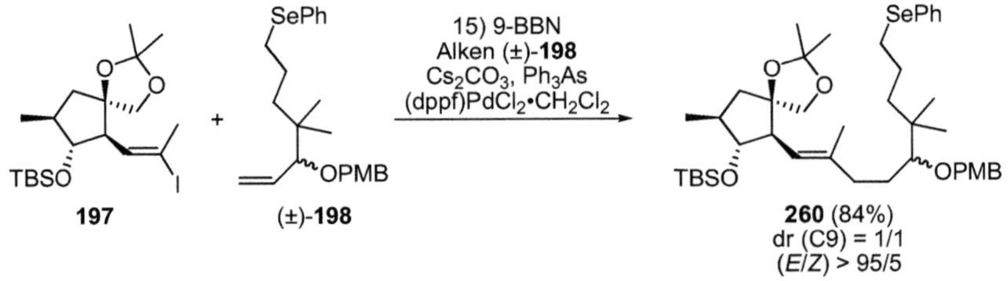

Abb. 183: Bildung des Alkens **260** durch eine *B*-Alkyl-Suzuki–Miyaura-Kupplung.[191]

Nach Bildung des terminalen Alkens **261** wurde das Acetal gespalten. Hierbei ergab die Hydrolyse mit La(NO$_3$)$_3$•6H$_2$O[258] die besten Ergebnisse. IBX-Oxidation[175] und Addition des Lithium-Organyls[277] ergab das Diol **273**, das dann in zwei Stufen zum Trien **196** umgesetzt wurde (s. Abb. 184).

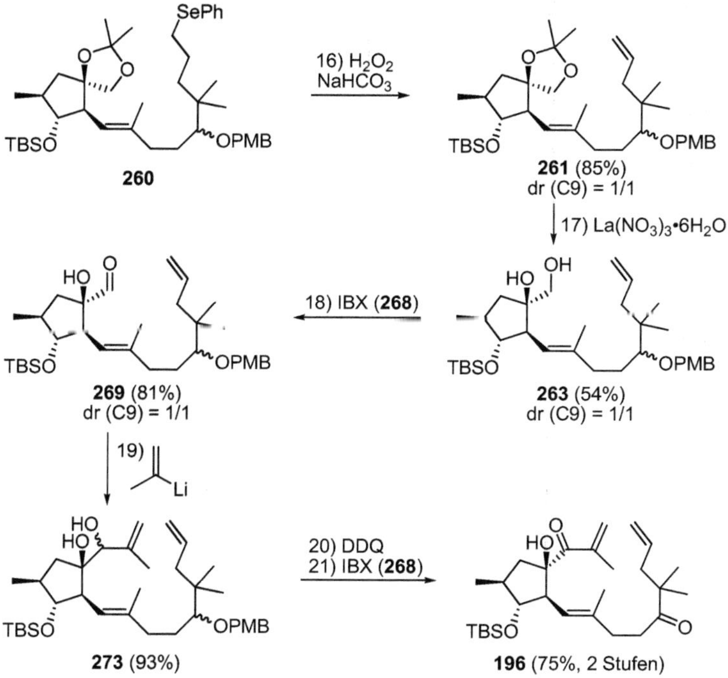

Abb. 184: Bildung des Triens **196**.

Bei der folgenden Ringschluss-Metathese des Triens **196** wurden mit dem Grela-Katalysator (**277**)[284] die besten Ergebnisse erzielt. Die anschließende Spaltung des TBS-Ethers ergab 3-*epi*-Characiol (**274**) (s. Abb. 185).

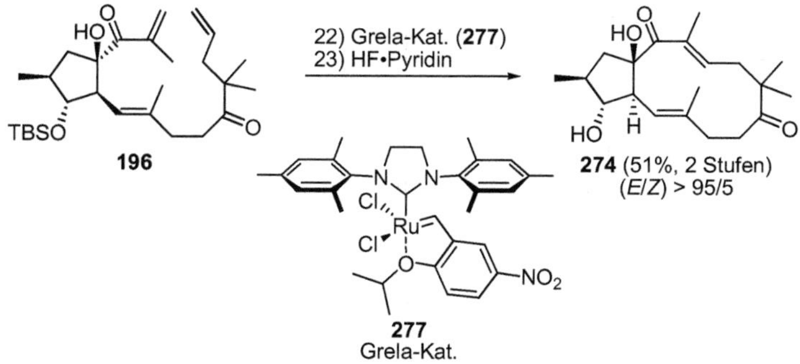

Abb. 185: Bildung des Bicycluses durch eine Ringschluss-Metathese.

Die letzten Stufen dieser Totalsynthese beinhalteten eine Mitsunobu-Veresterung[156] zur Invertierung der Konfiguration an C3, gefolgt von selektiven Veresterungen von Characiol (**181**) (s. Abb. 186). Zuerst wurde der sekundäre Alkohol als Propionsäureester derivatisiert, dann folgte eine Acetylierung der tertiären Hydroxy-Funktion und ergab den Naturstoff (−)-15-*O*-Acetyl-3-*O*-propionylcharaciol (**116**).

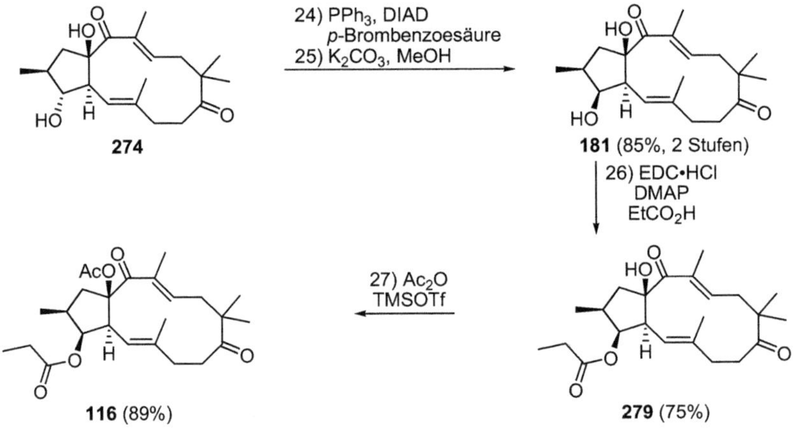

Abb. 186: Abschluss der Totalsynthese von (−)-15-*O*-Acetyl-3-*O*-propionylcharaciol (**116**).

Der Strukturbeweis des Jatrophan-Diterpens **116** gelang durch NMR- und IR-Spektroskopie. Nach Synthese des Konstitutionsisomers **182** konnte durch intensiven Vergleich der ^{1}H-NMR-Daten sowie -Spektren eindeutig geklärt werden, dass der von Seip und Hecker[91a] isolierte Naturstoff (−)-15-*O*-Acetyl-3-*O*-propionylcharaciol (**116**) sein muss. Die Totalsynthese von diesem Jatrophan-Diterpen **116** gelang, 25 Jahre nach seiner Entdeckung, in 27 Stufen mit einer Gesamtausbeute von 1.4% und ist die erste Synthese eines Jatrophans aus einer *Euphorbia*-Art.

Die Synthese des zweiten Jatrophan-Diterpens **174**, das ebenfalls von Seip und Hecker[91a] aus *Euphorbia characias* isoliert wurde, wurde in drei Stufen ausgehend von 3-*epi*-Characiol (**274**) fertig gestellt (s. Abb. 187). Nach den zwei selektiven Veresterungen wurde der Diester **283** diastereoselektiv epoxidiert. Auch hier ergaben der Vergleich mit den ^{1}H- und ^{13}C-NMR-Daten von Seip und Hecker eine sehr hohe Übereinstimmung. Trotz intensiver Auswertung mehrerer 1D-NOE-Spektren konnte die Konfiguration der Epoxy-Einheit spektroskopisch nicht geklärt werden. Aufgrund einer simplen Konformationsanalyse (s. Abb. 110) in Kombination mit den Überlegungen anderer Arbeitsgruppen (s. Kap. 3.2) schlage ich entgegen der Vermutung von Seip und Hecker[91a] eine (5*R*,6*R*)-Konfiguration für das Epoxid **174** vor.

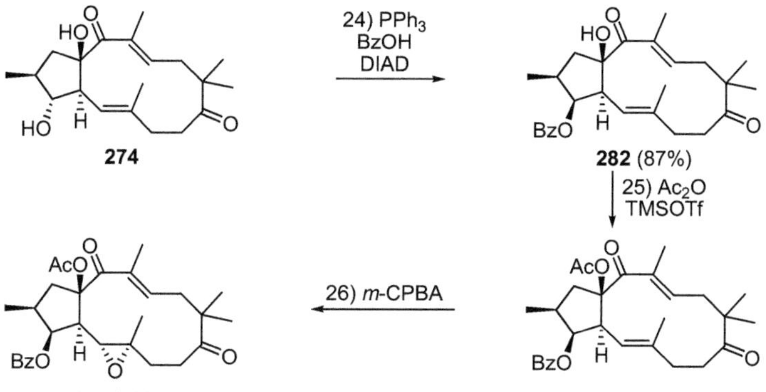

Abb. 187: Abschluss der Totalsynthese von (–)-15-*O*-Acetyl-3-*O*-benzoylcharaciol-(5*R*,6*R*)-oxid (**174**).

Das Jatrophan-Diterpen **174** konnte in 26 Stufen mit einer Gesamtausbeute von 1.2% hergestellt werden und ist nach der Herstellung von (+)-Hydroxyjatrophon A (**98**) und B (**99**) von Smith *et al.*[134] aus dem Jahr 1989 und nach der Synthese von (+)-Jatrophon (**30**) von Han und Wiemer[128] aus dem Jahr 1992 sowie der Synthese von (–)-15-*O*-Acetyl-3-*O*-propionylcharaciol (**116**) die fünfte enantioselektive Totalsynthese eines natürlich vorkommenden Jatrophan-Diterpens.

Aufbauend auf der sehr effizienten Synthese des Cyclopentans **117** sowie weiterer Erfahrungen von Helmboldt[144] waren eine *B*-Alkyl-Suzuki–Miyaura-Kupplung[191] sowie eine Ringschluss-Metathese[153] die wichtigsten Schlüsselschritte zur Synthese von 3-*epi*-Characiol (**274**). Weitere Funktionalisierungen ergaben schließlich die beiden Naturstoffe.

6.2 Ergebnisse zur Synthese von Euphoheliosnoid D (291) aus *E. helioscopia*

Das nächste und letzte Syntheseziel dieser Arbeit war die Herstellung des aus *Euphorbia helioscopia* isolierten Jatrophan-Diterpens Euphoheliosnoid D (**291**).[95f] Nach dem ersten Retrosyntheseplan sollte die C5/C6-Doppelbindung durch eine HWE-Olefinierung[132] aufgebaut werden. Hierzu wurde das Phosphonat **298** synthetisiert. Die siebenstufige Synthese begann mit der PMB-Veretherung des chiralen Ausgangsstoffes (*R*)-Pantolacton (**299**). Nach Reduktion zum Lactol **303** erfolgte eine Wittig-Reaktion[308] gefolgt von einer Oxidation des Alkohols **304** zum Aldehyd **305**. Durch eine Reformatsky-Reaktion[310] wurde die Kette erneut verlängert und der sekundäre Alkohol **310** als TES-Ether **311** geschützt. Im letzten Schritt wurde schließlich die Phosphonat-Gruppe eingeführt und das Phosphonat **298** mit einer Gesamtausbeute von 41% erhalten (s. Abb. 188).

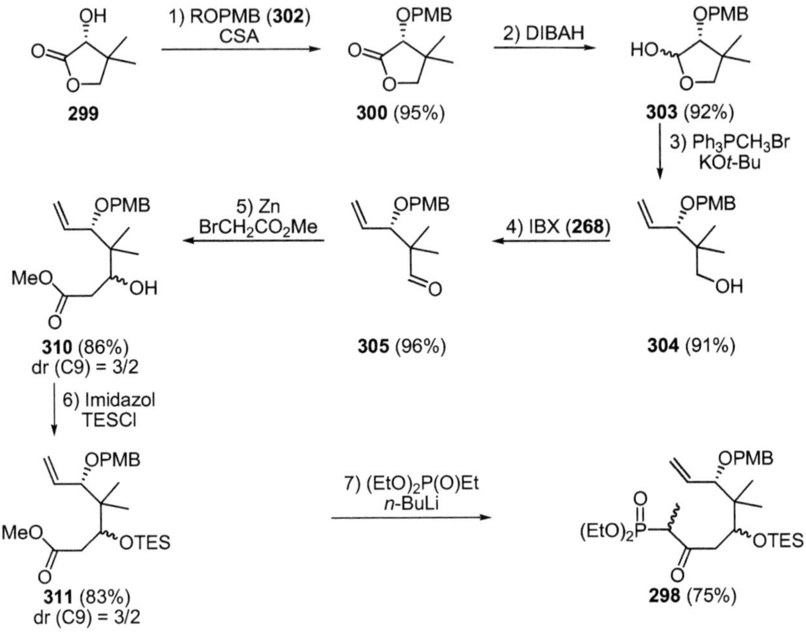

Abb. 188: Synthese des Phosphonats **298**.

Der anschließende Versuch, das Phosphonat **298** mit dem Aldehyd **251** in einer HWE-Reaktion[132] zu dem Alken **312** umzusetzen, gelang jedoch nicht. Es wurde lediglich Eliminierung bzw. Zersetzung beobachtet (s. Abb. 189).

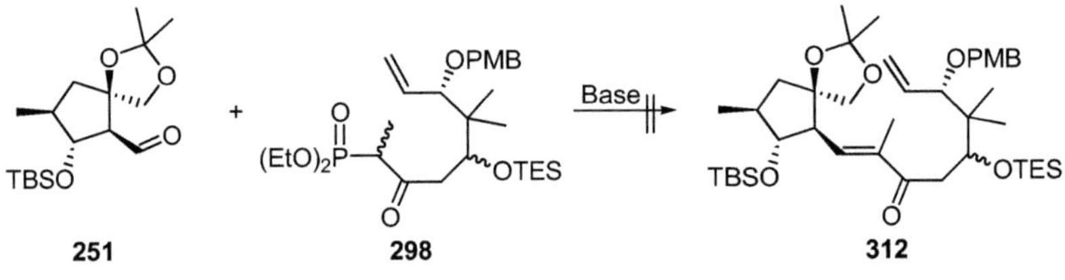

Abb. 189: Keine HWE-Olefinierung zur Bildung des Alkens **312**.

Dagegen führte eine Wittig-Olefinierung[308] unter neutralen Bedingungen zur Bildung der C5/C6-Doppelbindung. Hierzu wurde zunächst der Aldehyd **319** mit einem PMP-Acetal synthetisiert. Die folgende Umsetzung mit dem leicht zugänglichen Phosphoran **349**[352] lieferte schließlich das (*E*)-konfigurierte Alken **351** als einziges Doppelbindungsisomer (s. Abb. 190).

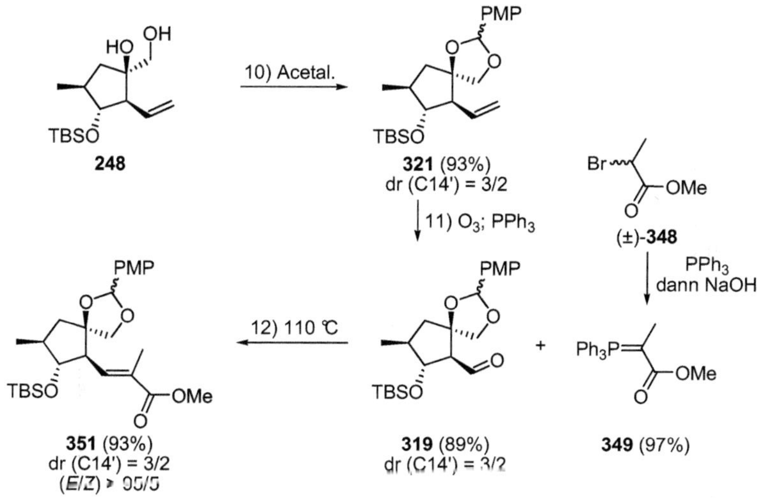

Abb. 190: Bildung der C5/C6-Doppelbindung durch eine Wittig-Olefinierung.[308]

Für den nächsten Schlüsselschritt, die Aldol-Addition[117] zum Aufbau der C7/C8-Bindung, wurden jeweils in zwei Schritten der Aldehyd **357** durch Redoxchemie und das Methylketon **356** aus dem Aldehyd **305** hergestellt (s. Abb. 191).

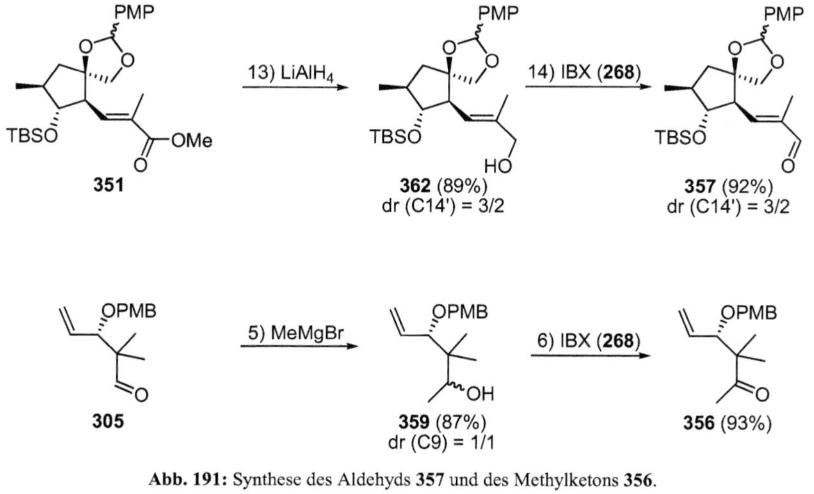

Abb. 191: Synthese des Aldehyds **357** und des Methylketons **356**.

Das Methylketon **356** konnte ausgehend von (*R*)-Pantolacton (**299**) in sechs Stufen mit einer Gesamtausbeute von 62% synthetisiert werden. Für die folgende Aldol-Addition[117] wurde das Keton **356** mit LDA als Base deprotoniert und ergab nach Zugabe des Aldehyds **357** die Allylalkohole **355a** und **355b**, die säulenchromatographisch getrennt werden konnten (s. Abb. 192).

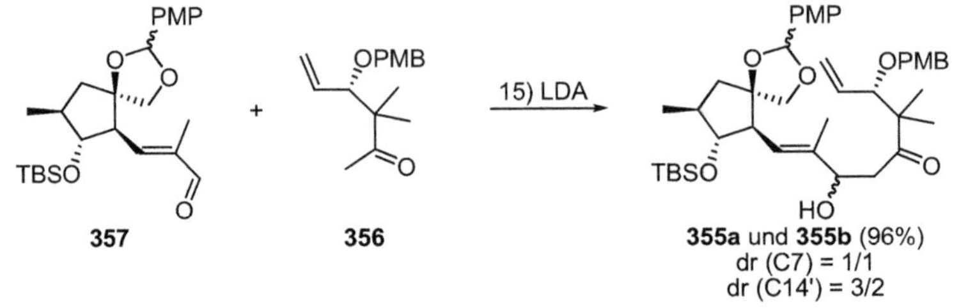

Abb. 192: Aufbau der C7/C8-Bindung durch eine Aldol-Addition.

Die nachfolgenden Versuche, die neu aufgebaute allylische Hydroxy-Funktion mit einer Schutzgruppe zu versehen, scheiterten jedoch. Als Grund hierfür könnten das säurelabile PMP-Acetal sowie die säure- und basenlabile ungesättigte β-Hydroxyketon-Einheit in Betracht kommen.

Dagegen konnten die Allylalkohole **355a** und **355b** mit IBX (**268**)[175] oxidiert werden. Das Produkt **373** lag hauptsächlich in der Enol-Form vor, da hierbei ein konjugiertes System ausgebildet wird. Weitere Umsetzungen in Analogie zur Synthese von Characiol (**181**) ergaben schließlich den Benzoesäureester **382** (s. Abb. 193).

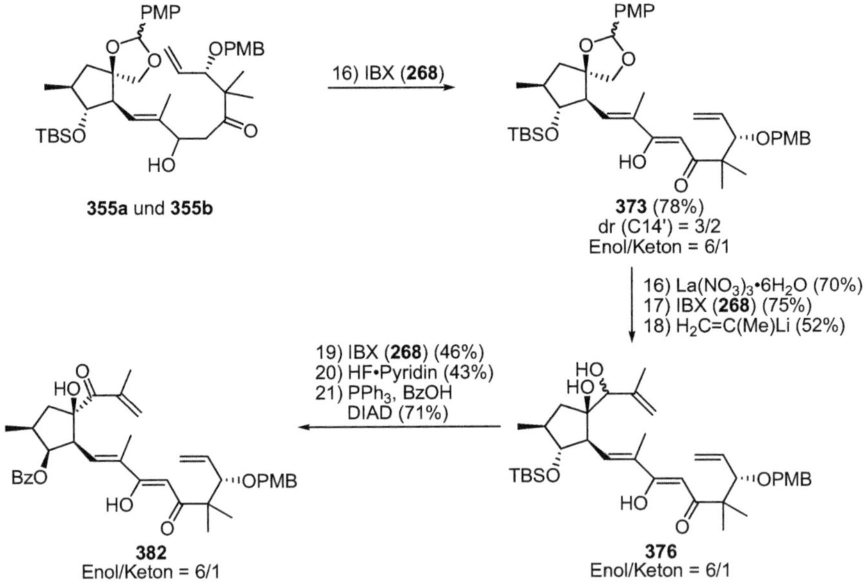

Abb. 193: Oxidation zum Enol **373** und weitere Umsetzung zum Benzoesäureester **382**.

Der Benzoesäureester **382** konnte in 21 Stufen mit einer Gesamtausbeute von 0.6% erhalten werden. Eine Ringschluss-Metathese[153] und eine Acetylierung des tertiären Alkohols **382** scheiterten jedoch. Da aufgrund des Oxidationsgrads an C7 diese Route nicht zum Zielmolekül Euphoheliosnoid D (**291**) führt, wurden hierzu keine weiteren Versuche mehr unternommen.

Als Schlussfolgerung der vorangegangenen Route wurde die Konsequenz gezogen, das PMP-Acetal möglichst früh zu spalten und die Aldol-Addition[117] möglichst spät in der Synthesesequenz durchzuführen.

Für die neue Syntheseroute wurde der Allylalkohol **362** als PMB-Ether geschützt und anschließend das PMP-Acetal hydrolysiert. Weitere Transformationen ergaben letztendlich den Aldehyd **390**, dessen Fünfring schon die gleiche Struktur wie der Fünfring des Syntheseziels, Euphoheliosnoid D (**291**), besitzt (s. Abb. 194).

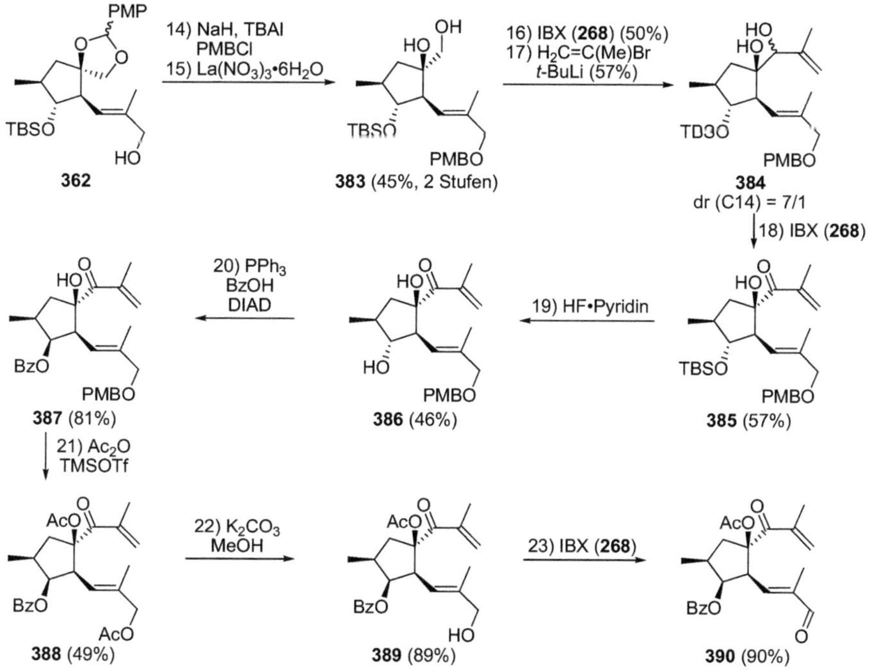

Abb. 194: Synthese des Aldehyds **390** ausgehend von dem Allylalkohol **362**.

Im nächsten Schlüsselschritt konnte erneut die C7/C8-Bindung durch eine Aldol-Addition[117] aufgebaut werden. Auch hier fungierte LDA als Base und ergab den Allylalkohol **391** als ein nicht trennbares Diastereomerengemisch (s. Abb. 195). Dies zeigte einmal mehr, dass die Aldol-Addition[117] eine sehr potente Reaktion zum Anbringen der Seitenkette bei der Synthese von Jatrophan-Diterpenen sein kann.

Abb. 195: Aufbau der C7/C8-Bindung durch eine Aldol-Addition.[117]

Eine Testreaktion zur Ringschluss-Metathese[153] des Triens 391 (8 mg) lieferte lediglich Startmaterial. Aufgrund von Substanzmangels konnten hierzu aber keine weiteren Versuche mehr unternommen werden.

Zusammenfassend lässt sich feststellen, dass für die geplante Totalsynthese des Jatrophans Euphoheliosnoid D (291) eine Wittig-Olefinierung[308] zum Aufbau der C5/C6- sowie eine Aldol-Addition[117] zum Aufbau der C7/C8-Bindung wichtige Schlüsselschritte waren. Das Trien 391 konnte hierbei in 24 Stufen mit einer Gesamtausbeute von 0.14% synthetisiert werden.

6.3 Die MDR-modulierenden Eigenschaften der synthetisierten Jatrophane

Neben den beiden Naturstoffen 116 und 174 wurden 16 weitere nichtnatürliche Jatrophane mit einem Characiol-Grundgerüst hergestellt. Diese wurden auf ihre MDR-modulierenden Eigenschaften bzgl. der drei Transport-Proteine P-gp, BCRP und MRP1 bei c = 10 µM getestet.[393]

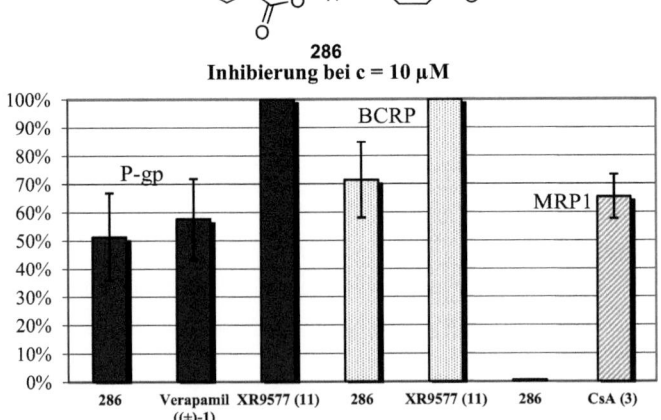

Abb. 196: Ergebnisse der MDR-modulierenden Eigenschaften des Jatrophans 286.

Hierbei konnte keines der 18 Jatrophane eines der drei Proteine zu 100% inhibieren. Das potenteste Substrat war das Jatrophan **286**, das P-gp zu ca. 50% und BCRP zu ca. 70% inhibieren konnte. Bei MRP1 war es dagegen inaktiv (s. Abb. 196).

Bei der Testreihe zur Inhibierung von P-gp konnten interessante Struktur-Aktivitäts-Beziehungen aufgestellt werden, die teilweise Parallelen mit Ergebnissen aus der Literatur aufwiesen. Bei der Untersuchung zum Einfluss der Lipophilie auf die Modulations-Eigenschaften wurde festgestellt, dass diese ein entscheidender Parameter sein kann, aber auf keinen Fall der einzige ist.

Insgesamt konnten fast alle Ziele dieser Arbeit erreicht werden. Neben der erfolgreichen Totalsynthese der beiden Jatrophan-Diterpene **116** und **174** aus *Euphorbia characias* konnte auch die Konstitution des Jatrophans **116** durch Totalsynthese bewiesen werden. Die Synthese des Jatrophan-Epoxids **175** mit einem Tigloyl-Rest konnte dagegen nicht realisiert werden. Auch der Beweis der Konfiguration der C5/C6-Epoxy-Einheit erwies sich als schwierig. Indizien sprechen aber für eine (5R,6R)-Konfiguration entgegen der Annahme von Seip und Hecker.[91a] Bei den anschließenden Untersuchungen zur Inhibierung der zwei Transportproteine P-gp und BCRP wies ein nichtnatürliches Jatrophan **286** die größte Aktivität auf. Zusätzlich konnten für die Modulation von P-gp interessante Struktur-Aktivitäts-Beziehungen aufgestellt werden.

In einem zusätzlichen Projekt dieser Arbeit konnte das Trien **391** in 24 Stufen synthetisiert werden, das ein wichtiges Intermediat für die geplante Totalsynthese des Jatrophan-Diterpens Euphoheliosnoid D (**291**) aus *Euphorbia helioscopia* sein kann.

6.4 Ausblick

Für die Totalsynthese von Euphoheliosnoid D (**291**) fehlen prinzipiell „nur" noch zwei Schritte: die Ringschluss-Metathese[153] zum Schließen des Zwölfrings sowie die Spaltung des PMB-Ethers an C11 (s. Abb. 197).

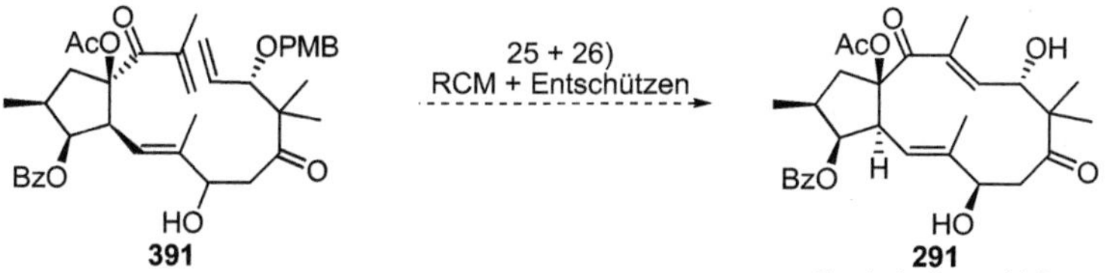

Abb. 197: Zwei Stufen fehlen noch zum Abschluss der Synthese von Euphoheliosnoid D (**291**).

Für die RCM-Reaktion können verschiedene Katalysatoren (Grubbs-II-Kat. (**138**),[158] Hoveyda–Grubbs-II (**376**),[282] Grela-Kat. (**277**),[284] etc.) bzw. unterschiedliche Lösemittel (Toluen, 1,2-Dichlorethan, Hexafluorbenzen, etc.) getestet werden. Auch kann die Schutzgruppe an C11 variiert werden (z.B. TBS, TES, MOM, BOM, Ester, etc.) bzw. vor der Ringschluss-Metathese[153] gespalten werden.

Die Aldol-Addition[117] wurde bisher ohne zusätzliche chirale Reagenzien durchgeführt und ergab die Produkte **355** und **391** als Diastereomerengemische. Paterson *et al.* entwickelten eine Methode, Aldol-Additionen enantio- bzw. diastereoselektiv durchzuführen (s. Abb. 198).[397] Hierzu verwendeten sie (Ipc)$_2$BOTf bzw. (Ipc)$_2$BCl, die in beiden enantiomeren Formen aus α-Pinen zugänglich sind, und DIPEA bzw. Et$_3$N als Base. Somit können mit dieser Methode je nach Wahl der Lewis-Säure beide Enantiomere bzw. Diastereomere selektiv aufgebaut werden. In Abb. 198 ist ein aktuelles Beispiel aus der Naturstoffsynthese dargestellt.[398]

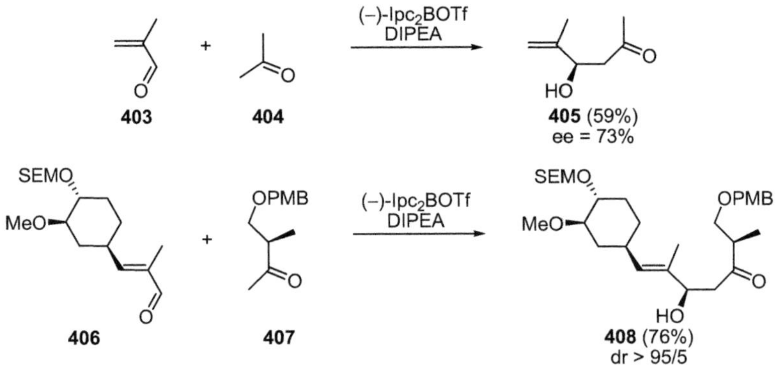

Abb. 198: Enantioselektive Addition von Ketonen an Aldehyde und ein Beispiel aus der Naturstoffsynthese.

Mit der von Paterson entwickelten Methode der Aldol-Addition[397] könnten im erfolgreichen Fall beide C7-Diastereomere selektiv aufgebaut werden. Des Weiteren sollte durch eine Mitsunobu-Inversion[156] auch das C11-Enantiomer des Methylketons **356** zugänglich sein. Bei einer erfolgreichen Ringschluss-Metathese könnten somit alle vier C7/C11-Diastereomere hergestellt und anschließend geklärt werden, welche genaue Konfiguration der Naturstoff Euphoheliosnoid D (**291**) besitzt, da es diesbezüglich noch Unklarheiten gibt.[95f]

Mit allen vier C7/C11-Diastereomeren könnten auch weitere Struktur-Aktivitäts-Beziehungen bzgl. der Inhibierung von P-gp aufgestellt werden. So wiesen die beiden epimeren Dibenzoate **284** und **285** einen Unterschied von fast 20% in der Inhibierungsrate auf, was zeigt, dass ein Unterschied in der Konfiguration einen enormen Einfluss auf die Modulation von P-gp haben kann. Aufbauend auf den bisherigen Erkenntnissen könnten dann weitere Derivatisierungen vorgenommen werden und der Einfluss von (veresterten) Hydroxy-Gruppen an C7 und C11 untersucht werden (s. Abb. 199).

---

[397] Paterson, I.; Goodman, J. M.; Lister, M. A.; Schumann, R. C.; McClure, C. K.; Norcross, R. D. *Tetrahedron* **1990**, *46*, 4663–4684.
[398] White, J. D.; Deerberg, J.; Toske, S. G.; Yakura, T. *Tetrahedron* **2009**, *65*, 6635–6641.

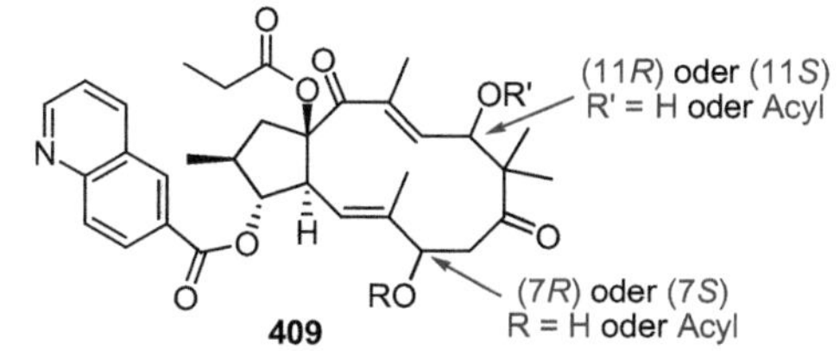

Abb. 199: Ausbau der Untersuchungen von Struktur-Aktivitäts-Beziehungen bzgl. der Inhibierung von P-gp.

Bei der Funktionalisierung des Fünfringfragments nach der Wittig-Olefinierung fällt auf, dass fünf Reaktionen nur mit einer Ausbeute von ca. 50% ablaufen (s. Abb. 194), was für eine Totalsynthese mit 26 geplanten Stufen nicht akzeptabel ist. Zwei dieser Reaktionen sind IBX-Oxidationen[175] von 1,2-Diolen (**383** und **384**) zu α-Hydroxyoxo-Verbindungen (Aldehyd und **385**), die bei der Synthese von 3-*epi*-Characiol (**274**) bei ähnlichen Molekülen noch gute Ausbeuten (81% bzw. 80%) erbrachten. Ein mögliches Problem bei der Oxidation von 1,2-Diolen ist die Glycolspaltung, die von mir mit anderen Oxidationsmitteln (TEMPO[263,265] bzw. Dess–Martin-Periodinan[155]) beobachtet werden konnte (s. Abb. 89). Eine alternative Oxidationsmethode wäre z.B. die Corey–Kim-Oxidation[124] (NCS, Me$_2$S, Et$_3$N), bei der in der Regel keine Glycolspaltung beobachtet wird.

Eine weitere Alternative zur Hydrolyse des PMP-Acetals wäre eine Reduktion des PMP-Acetals **410** mit DIBAH zum primären Alkohol **411** (s. Abb. 200).[399]

Abb. 200: Mögliche Alternative: Reduktion des PMP-Acetals **410** zum Alkohol **411**.

Die TBS-Spaltung mit HF•Pyridin[280] gelang auch nur in mäßigen Ausbeuten (46%). Alternativen hierzu wären die Spaltung mit TBAF,[146] NH$_4$F,[400] SiF$_4$[401] oder CsF.[402]
Ein weiteres Problem war die säure- und oxidationsanfällige allylische PMB-Gruppe (s. Kap. 4.3.5). Ein Austausch durch die stabilere Benzyl-Gruppe könnte evt. bessere Ausbeuten zur Folge haben. Zwei weitere alternative Schutzgruppen wären die Allyl- und die *t*-Butyl-Gruppe (s. Abb. 201). Die Allyl-Gruppe, die unter ähnlich basischen Bedingungen wie die

---

[399] Takano, S.; Akiyama, M.; Sato, S.; Ogasawara, K. *Chem. Lett.* **1983**, *12*, 1593–1596.
[400] White, J. D.; Amedio Jr., J. C.; Gut, S.; Jayasinghe, L. *J. Org. Chem.* **1989**, *54*, 4268–4270.
[401] Corey, E. J.; Yi, K. Y. *Tetrahedron Lett.* **1992**, *33*, 2289–2290.
[402] Cirillo, P. F.; Panek, J. S. *J. Org. Chem.* **1990**, *55*, 6071–6073.

Benzyl-Gruppe[403] eingeführt werden kann,[404] kann z.B. höchst selektiv unter Verwendung von Übergangsmetall-Verbindungen gespalten werden.[404]

Der *tert*-Butyl-Ether ist eine nicht oft anzutreffende Schutzgruppe (*"The t-butyl ether is probably one of the more under-used alcohol protective groups considering its stability, the ease and efficiency of introduction, and the ease of cleavage."*).[405] Unter Standardbedingungen (Isobuten + starke Säure)[406] kann die *tert*-Butyl-Gruppe nicht überall eingeführt werden, so auch nicht hier mit der säurelabilen TBS- und PMP-Gruppe. Es wurden aber auch Protokolle zur Einführung der *tert*-Butyl-Gruppe unter leicht sauren [Boc_2O + $Mg(ClO_4)_2$[407] und $Cl_3CC(=NH)Ot$-Bu + $BF_3 \cdot OEt_2$[408]] bzw. neutralen Bedingungen (*t*-BuBr + Ag_2O[409] und *t*-BuOH + ionische Flüssigkeit[410]) entwickelt (s. Abb. 201).

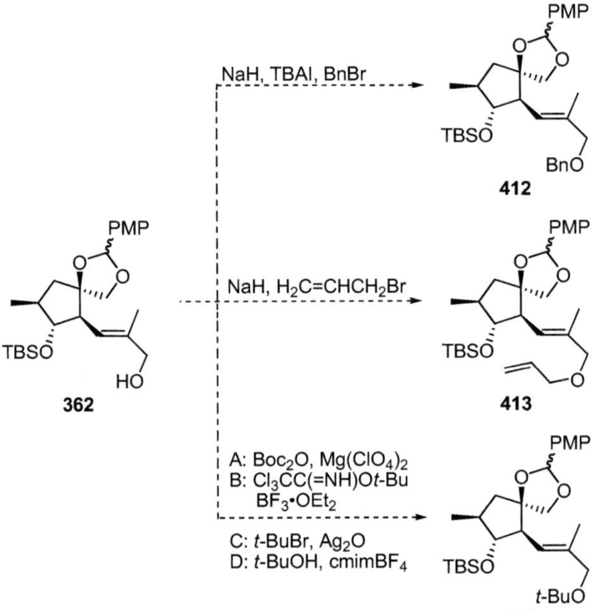

Abb. 201: Alternative Schutzgruppen zur PMB-Gruppe.

---

[403] Czernecki, S.; Georgoulis, C.; Provelenghiou, C.; Fusey, G. *Tetrahedron Lett.* **1976**, *17*, 3535–3536.
[404] Corey, E. J.; Suggs, J. W. *J. Org. Chem.* **1973**, *38*, 3224–3224.
[405] Wuts, P. G. M.; Greene, T. W. *Protective Groups in Organic Synthesis* **2007**, Wiley-VCH Hoboken, 4. edition, S. 82.
[406] a) Beyerman, H. C.; Bontekoe, J. S. *Proc. Chem. Soc.* **1961**, 249–249. b) Beyerman, H. C.; Heiszwolf, G. J. *J. Chem. Soc.* **1963**, 755–756.
[407] a) Bartoli, G.; Bosco, M.; Locatelli, M.; Marcantoni, E.; Melchiorre, P.; Sambri, L. *Org. Lett.* **2005**, *7*, 427–430. b) Bartoli, G.; Bosco, M.; Carlone, A.; Dalpozzo, R.; Locatelli, M.; Melchiorre, P.; Sambri, L. *J. Org. Chem.* **2006**, *71*, 9580–9588.
[408] Armstrong, A.; Brackenridge, I.; Jackson, R. F. W.; Kirk, J. M. *Tetrahedron Lett.* **1988**, *29*, 2483–2486.
[409] Vachal, P.; Fletcher, J. M.; Hagmann, W. K. *Tetrahedron Lett.* **2007**, *48*, 5761–5765.
[410] Shi, F.; Xiong, H.; Gu, Y.; Guo, S.; Deng, Y. *Chem. Commun.* **2003**, 1054–1055.

Die *tert*-Butyl-Gruppe ist sehr stabil unter basischen und oxidativen Bedingungen, kann aber leicht unter Säurekatalyse gespalten werden. So kann mit katalytischen Mengen TBSOTf die *tert*-Butyl-Gruppe hydrolysiert werden.[411] Dies könnte auch für die Synthese von Euphoheliosnoid D (**291**) ausgenutzt werden. Bei der Acetylierung der tertiären Hydroxy-Funktion mit Essigsäureanhydrid und TMSOTf als Katalysator wurden eine Spaltung des PMB-Ethers und eine zusätzliche *in situ* Acetylierung der primären OH-Funktion beobachtet. Gleiches kann man für den *tert*-Butyl-Ether erwarten. Die *tert*-Butyl-Gruppe könnte somit nach erfolgreicher Einführung eine bessere Substitution für die PMB-Gruppe sein.

Zusammenfassend lassen sich folgende Alternativen zur geplanten Totalsynthese von Euphoheliosnoid D (**291**) festhalten:

- Austausch der PMB-Gruppe gegen eine *tert*-Butyl-Gruppe (andere Alternativen: Benzyl- oder Allyl-Gruppe)
- Änderung der Oxidationsmethode (z.B. Corey–Kim-Oxidation)
- Änderung des Desilylierungsreagenzes (TBAF, NH_4F, SiF_4, CsF)
- Reduktion statt Hydrolyse des PMP-Acetals
- diastereoselektive Aldol-Addition mit der Methode von Paterson *et al.*
- Änderung der Parameter für die Ringschluss-Metathese (Katalysator, Lösemittel, Temperatur, etc.)

Falls die Ringschluss-Metathese[153] trotz intensivster Bemühungen nicht zum Erfolg führen sollte, könnte man auch die Aldol-Addition[117] zum Schließen des Zwölfringes in Betracht ziehen.

Nach einer erfolgreichen Synthese des Jatrophan-Diterpens Euphoheliosnoid D (**291**) könnten die Jatrophane Pubescen A–D (**118, 292, 293** und **398**)[105a,b] die nächsten Syntheseziele sein (s. Abb. 202).

---

[411] Franck, X.; Figadère, B.; Cavé, A. *Tetrahedron Lett.* **1995**, *36*, 711–714.

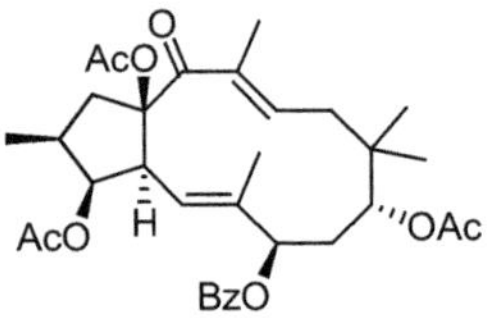

118
Pubescen A

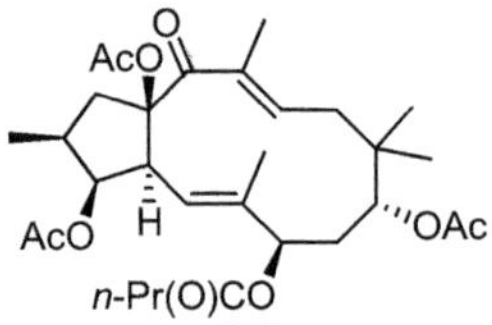

292
Pubescen B

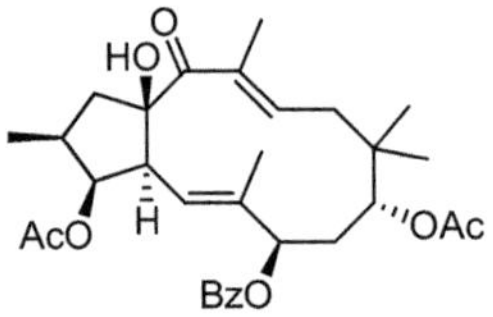

293
Pubescen C

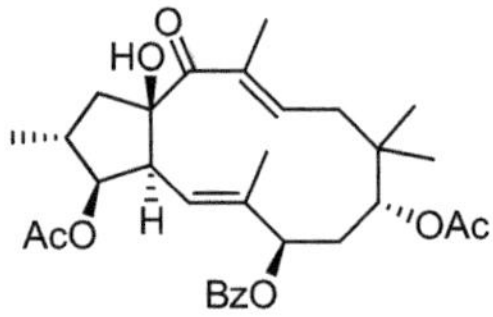

398
Pubescen D

Abb. 202: Die Pubescene A–D (**118**, **292**, **293** und **398**).

Hierbei könnten die Erfahrungen der hoffentlich erfolgreichen Synthese von Euphoheliosnoid D (**291**) eingebracht werden. So könnte z.B. auch hier eine Aldol-Addition[117] zum Aufbau der C7/C8-Bindung angewendet werden. Das Fünfringfragment von Pubescen D (**398**) unterscheidet sich von den anderen drei Jatrophanen hauptsächlich in der Konfiguration an C2. Zur Synthese von (2*R*)-konfigurierten Cyclopentanen wurden schon in Kap. 4.1.2 mögliche alternative Methoden präsentiert.

7
Experimenteller Teil

7.1 Allgemeine Angaben

Apparaturen

Für alle Versuche wurden Normalschliff-Glasapparaturen verwendet. Einzige Ausnahme waren TBS-Abspaltungen mit HF•Pyridin, die in Polyethylen-Gefäßen durchgeführt wurden. Die Glasapparaturen wurden im Argonstrom mit einem Heißluftfön (>600 °C) ausgeheizt. Anschließend ließ man sie unter Argon abkühlen (Ausnahmen: IBX- und Pinnick-Oxidationen, Acetalspaltungen mit $La(NO_3)_3 \cdot 6H_2O$ bzw. $Zn(NO_3)_2 \cdot 6H_2O$, Carbonyl–En- und Carbonyl–In-Reaktionen sowie Reaktionen, bei denen eine wässrige Lösung verwendet wurde). Flüssigkeiten wurden mit Einwegspritzen und Einwegkanülen hinzugefügt. Feststoffe wurden im Argonstrom zugegeben.

Prozentangaben beziehen sich im Allgemeinen auf Gewichtsprozente. Eine Ausnahme bilden die Angaben der Mischungsverhältnisse der Laufmittel. Die berechneten Ausbeuten beziehen sich immer auf die als Minderkomponente eingesetzte Substanz.

Das Entfernen der Lösemittel erfolgte an Rotationsverdampfern des Typs Rotavapor R-200 der Firma Büchi bei einer Wassertemperatur von 40 °C und entsprechendem Unterdruck (Ausnahme: Entfernen von Decan bei 80 °C, 15 mbar).

Säulenchromatische Reinigungen[412] wurden in Glassäulen mit einer Länge von 20 cm bis 50 cm sowie einem Durchmesser von 1 cm bis 3 cm durchgeführt. Als stationäre Phase wurde Kieselgel 60 (Korngröße 40–63 µm) der Firma Merck verwendet, das vor dem Befüllen der Säule in dem entsprechenden Lösemittelgemisch aufgeschlämmt wurde. Als mobile Phasen wurde Cyclohexan bzw. Gemische von Cyclohexan/Ethylacetat verwendet. Das Cyclohexan und Ethylacetat wurden vor Verwendung am Rotationsverdampfer destilliert. Bei der säulenchromatischen Trennung wurde immer ein Gradient von unpolarem zu polarem Gemisch eingehalten. Beim Trennvorgang wurde Überdruck benutzt.

Zum Reaktionsfortschritt und zur Detektion der einzelnen Fraktionen bei der Säulenchromatographie wurden DC-Alu-Platten Kieselgel 60 F_{254} der Firma Merck als stationäre Phase verwendet. Als mobile Phase wurde ein Gemisch von Cyclohexan/ Ethylacetat verwendet. Die DC-Platten wurden zuerst unter einer UV-Lampe (Firma: M & S Laborgeräte GmbH, Modell: UVHC-60, $\lambda = 254$ nm) analysiert und anschließend mit dem Kägi–Miescher-Reagenz[413] (2.53Vol% Anisaldehyd, 0.96Vol% Eisessig, 93.06Vol% Ethanol, 3.45Vol% konz. Schwefelsäure) versetzt. Die Entwicklung der DC-Platten erfolgte durch vorsichtiges Erwärmen mit einem Heißluftfön bei 220 °C. Bei einigen Substanzen erfolgte das Anfärben mit einem $KMnO_4$-Reagenz (3 g $KMNO_4$, 20 g K_2CO_3, 5 ml NaOH (5%),

---

[412] Still, W. C.; Kahn, M.; Mitra, A. *J. Org. Chem.* **1978**, *43*, 2923–2925.
[413] a) Miescher, K. *Helv. Chim. Acta* **1946**, *29*, 743–752. b) Stahl, E., Kaltenbach. U. *J. Chromatogr. A* **1961**, *5*, 351–355.

300 ml Wasser). Dieses Vorgehen wurde bei den entsprechenden Verbindungen beim R_f-Wert vermerkt.

Nach der Säulenchromatographie und dem Entfernen der Lösemittel am Rotationsverdampfer wurden die verbliebenen flüchtigen Bestandteile am Feinvakuum ($5 \cdot 10^{-2}$ mbar) mit einer Pumpe der Firma Pfeiffer (Modell: Duo 5M) entfernt.

Für Kugelrohrdestillationen wurde ein Ofen der Firma Büchi (Modell: GKR-51) benutzt. Zur Erzeugung des entsprechenden Unterdruckes wurde die Pumpe Duo 5M der Firma Pfeiffer verwendet. Die Druckeinstellung erfolgte mit einem RVC 300 der Firma Pfeiffer. Beim Destillieren wurden die Vorlagen mit Trockeneis gekühlt.

Die Ozonolyse-Reaktionen wurden an dem Laborozonisator 301.19 der Firma Erwin Sander Elektroapparatebau durchgeführt. Als Ozonquelle diente Sauerstoff. Die durchschnittliche Stromstärke betrug 0.5–1.0 A. Nach beendeter Reaktion wurde das Reaktionsgefäß für mindestens fünf Minuten mit Argon gespült.

Chemikalien und Lösemittel

Für die durchgeführten Versuche wurden Chemikalien von folgenden Firmen mit den angegebenen Reinheitsgraden eingesetzt:

ABCR: Kaliumtrimethylsilanoat (95%)

Acros: Acetylchlorid (99+%), Anisaldehyddimethylacetal (98%), Benzoylameisensäure (97%), 1,1'-Bis(diphenylphosphin)palladiumdichlorid• CH_2Cl_2, 4-Biphenylcarbonsäure (99%), 9-Borabicyclo[3.3.1]nonan (0.5 M in THF), *p*-Brombenzoesäure (97%), Bromessigsäuremethylester (99%), 2-Brompropen (99+%), 2-Brompropionsäuremethylester (99%), *tert*-Butanol (99.5%), *n*-Butyllithium (2.5 M in Hexan), *tert*-Butyllithium (1.6 M in Pentan), (+)-Camphersulfonsäure (99%), 2-Chlor-3-nitropyridin (99+%), *m*-Chlorperbenzoesäure (70–75%), Chromtrioxid (99.5%), Crotonaldehyd (99+%), Decan (99+%), *n*-Dibutylbortriflat (1 M in CH_2Cl_2), 2,3-Dichlor-5,6-dicyanochinon (98%), Dicyclopentadienylzirkoniumchloridhydrid (95%), Diethylcarbonat (99%), Diethylphosphit (98%), Diisopropylazodicarboxylat (94%), Diisopropylethylamin (98+%), 2,2-Dimethoxypropan (98%), *N*-(3-Dimethylaminopropyl)-*N'*-ethylcarbodiimidhydrochlorid (98+%), *N,N*-Dimethylaminopyridin (99%), Diphenyldiselenid (99%), Essigsäureanhydrid (99+%), Ethylmagnesiumbromid (1 M in THF), Hydrogenfluorid-Pyridin-Komplex (65–70%), Imidazol (99%), Iodbenzendiacetat (98%), 2-Iodbenzoesäure (98%), Isobuttersäurenitril (99%), Isopropenylmagnesiumbromid (0.5 M in THF), Kaliumbromat (99+%), Kalium-*tert*-butoxid (98+%), Lanthannitrathexahydrat (98+%), Lithiumaluminiumhydrid (95%), Lithiumchlorid (99%), *p*-Methoxybenzylalkohol (98%), *p*-Methoxybenzylchlorid (98%), 2-Methyl-2-buten (95%), Methyllithium (1.6 M in Et$_2$O), Methylmagnesiumbromid (3 M in Et$_2$O), Natriumborhydrid (98+%), Natriumhydrid (60% in Mineralöl), (*D*)-Pantolacton (99%), Propionsäureanhydrid (97%), Propionylchlorid (98%), Tetrabromkohlenstoff (98%), Tetra-*n*-butylammoniumiodid (98%), 1,1,3,3-Tetramethylguanidin (99%), Triethylsilylchlorid (99%), Trimethylsilyltriflat (99%), Triphenylarsin (97%), Triphenylphosphin (99%), Triphenylphosphoniumethylbromid (98%), Triphenylphosphoniummethylbromid (98%), Tris(dioxa-3,6-heptyl)amin (95%), (*D*)-Valin (98+%), Vinylmagnesiumbromid (0.7 M in THF), Zinknitrathexahydrat (98%)

Alfa Aesar:	1,3-Dibrompropan, *N,O*-Dimethylhydroxylaminhydrochlorid (98%)
Apeiron Synthesis:	Grela-Katalysator
Fisher:	Propionsäure (>98%)
Fluka:	Chromdichlorid (98%), Diethyl(ethyl)phosphonat (≥98.0%), Ethylglyoxolat (50% in Toluen), 2,6-Lutidin (≥96.0%), Pyridinium-*para*-toluensulfonat (≥99.0%), 2,2,6,6-Tetramethylpiperidinyloxyl (98%)
Grüssing:	Essigsäure (96%), Iod (99.5%), Kaliumcarbonat (reinst), Kaliumhydroxid (85%), Natriumhydrogencarbonat (99%), Natriumhydroxid (98%), Wasserstoffperoxid (35% in Wasser)
Janssen :	Benzoesäureanhydrid (98%)
Maybridge :	Chinolin-6-carbonsäure (97%)
Merck:	Benzoesäure (99.9%), Kaliumdihydrogenphosphat (>99.5%), Mangandioxid (>90% Mn), Tetrachlorkohlenstoff (≥99.8%), Zink (>95%)
Riedel-de-Haën:	Diphenylessigsäure (99%), Natrium
Sigma-Aldrich:	*N*-Bromsuccinimid (99%), 4-*tert*-Butylpyridin (99%), Cäsiumcarbonat (99%), Diisobutylaluminiumhydrid (1 M in CH$_2$Cl$_2$), Pyridin-Schwefeltrioxid-Komplex (≥45% SO$_3$)
TCI Europe:	*tert*-Butyldimethylsilylchlorid (>98.0%)
Unbekannt :	Kupfer-(II)-sulfat, Natriumchlorit, Nickeldichlorid, Sudanrot B

Die Konzentrationen von *n*-BuLi, MeLi und *t*-BuLi wurde durch Titration mit Diphenylessigsäure bestimmt.[414] Bei den Grignard-Lösungen und bei der DIBAH-Lösung sowie der 9-BBN-Lösung wurden keine Titrationen durchgeführt. Hier wurde mit den angegebenen Konzentrationen gearbeitet.

---

[414] a) Kofron, W. G.; Baclawski, L. M. *J. Org. Chem.* **1976**, *41*, 1879–1880. b) Juaristi, E.; Martinez-Richa, A.; Garcia-Rivera, A.; Cruz-Sanchez, J. S. *J. Org. Chem.* **1983**, *48*, 2603–2606.

Pyridin wurde durch Destillation über Natriumhydrid, Triethylamin und Diisopropylamin wurden durch Destillation über Calciumhydrid gereinigt und anschließend über Molsieb in einer Argon-Atmosphäre gelagert.
Alle anderen Chemikalien wurden ohne weitere Reinigung eingesetzt.
Die Lösemittel Tetrahydrofuran, Dichlormethan, Dichlorethan, Diethylether, Acetonitril, Toluen und N,N-Dimethylformamid wurden von VWR bezogen und durch das Lösemitteltrocknungssystem MB SPS 800 (Solvent Purification System) der Firma M. Braun GmbH absolutiert. Die Entnahme der Lösemittel erfolgte im Stickstoffstrom über eine Vorlage, die vorher dreimal evakuiert und mit Stickstoff geflutet wurde. Von Acros wurde Dimethylsulfoxid (99.7%) erhalten, das in einer Septum-Flasche über Molsieb und in einer Argon-Atmosphäre lagerte. Methanol wurde nach literaturbekannter Vorschrift[415] getrocknet. Hierzu wurde Methanol mit Magnesium-Spänen für drei Stunden unter Rückfluss erhitzt und anschließend destilliert und über Molsieb in einer Argon-Atmosphäre gelagert. Aceton wurde mit Kaliumcarbonat für 24 Stunden bei Raumtemperatur gerührt und anschließend destilliert.[416]

Als pH7-Puffer wurde ein Phosphat-Puffer nach Sörensen[417] verwendet (0.45 g Na_2HPO_4 + 0.57 g NaH_2PO_4 in 100 ml H_2O).

Analytik
NMR-Spektroskopie
Die Aufnahmen der ^{1}H-NMR-, ^{13}C-NMR- und der 2D-NMR-Spektren erfolgten an einem DRX 400 oder DRX 500 der Firma Bruker bzw. an einem Inova 500 der Firma Varian. 1D-NOE-Studien wurden an einem Inova 500 bzw. 600 der Firma Varian durchgeführt. Die ^{31}P-NMR-Spektren wurde an einem DRX 300 der Firma Bruker aufgenommen. Für alle Proben wurden als Lösemittel $CDCl_3$ (Deutero GmbH: 99.8%) verwendet, das bei den ^{1}H-NMR- und ^{13}C-NMR-Spektren gemäß Literatur[418] auch als interner Standard (^{1}H: s, 7.26 ppm; ^{13}C: t, 77.1 ppm) fungierte. Die ^{31}P-NMR-Spektren wurden durch den externen Standard H_3PO_4 (s, 0.00 ppm) kalibriert.[419] Für die Charakterisierung von IBX (**268**) wurde DMSO-d_6 (Deutero GmbH: 99.8%) als Lösemittel und interner Standard (^{1}H: s, 2.50 ppm; ^{13}C: Heptett, 39.5 ppm)[418] verwendet.

Die Auswertung der NMR-Spektren erfolgte durch das Programm MestReC 4.5.6.0. Die chemischen Verschiebungen δ wurden in ppm, die Kopplungskonstanten J in Hz angegeben. Bei den Kopplungskonstanten wurde zusätzlich, wenn möglich, die Art der Kopplung (^2J, ^3J,

---

[415] Furniss, B. S.; Hannaford, A. J.; Smith, P. W. G.; Tatchell, A. R. *Textbook of Practical Organic Chemistry* **1989**, Wiley-VCH New York, *5. Edition*.
[416] Beckert, R.; Fanghänel, E.; Habicher, W. D.; Metz, P.; Pavel, D.; Schwetlick, K. *Organikum* **2004**, Wiley-VCH Weinheim, *22. vollständig überarbeitete und aktualisierte Auflage*, S. 28.
[417] Romeis, B. *Mikroskopische Technik* **1968**, R. Oldenbourg Verlag München, *16. Auflage*, S. 593.
[418] Gottlieb, H. E.; Kotlyar, V.; Nudelman, A. *J. Org. Chem.* **1997**, *62*, 7512–7515.
[419] Kennedy, J. D. in *Multinuclear NMR* Mason, J. (Ed.), **1987**, Plenum Press New York, *1. Edition*. S. 221–258.

^4J bzw. ^5J) bestimmt. Für jedes ^{1}H-NMR-Signal wurden die Multiplizitäten angegeben, die mit folgenden Abkürzungen versehen sind (s = Singulett, d = Dublett, t = Triplett, q = Quartett, m = Multiplett). Breite Signale von OH- bzw. NH-Gruppen wurden durch die Abkürzung „br" kenntlich gemacht. Des Weiteren wurde durch Integration der einzelnen Signale die Anzahl der H-Atome bestimmt. Die Zuordnung der ^{13}C-NMR-Signale erfolgte durch APT- bzw. DEPT-Spektren. Bei Diastereomerengemischen wurden die C-Atome des Hauptmengen-Diastereomers mit „^{Haupt}" und die des Mindermengen-Diastereomers mit „^{Minder}" gekennzeichnet.

FT-IR-Spektroskopie

Die FT-IR-Spektren wurden an einem Avatar E.S.P. Spektrometer 320 FTIR der Firma Nicolet aufgenommen. Die Proben wurden hierzu als CDCl$_3$-Lösung zwischen zwei KBr-Platten, die vorher bei 90 °C im Trockenschrank lagerten, aufgetragen. Nach Verdunstung des CDCl$_3$ erfolgte die Messung. Die Bearbeitung der FT-IR-Spektren wurde mit Hilfe des Programms EZ OMNIC E.S.P. 5.1 durchgeführt. Die Messung erfolgte im Bereich 4000 cm^{-1} bis 400 cm^{-1}. Die Auftragung erfolgte gegen die Transmission in %. Alle Banden sind in reziproken Wellenlängen (cm^{-1}) ohne Nachkommastelle angegeben. Zusätzlich wurde die Bandenintensität beigefügt (s = stark, m = mittel, w = schwach, br = breit). Die Zuordnung der Banden erfolgte gemäß Literatur.[420]

Elementaranalyse

Die Elementaranalysen wurden an dem Gerät CHNS-932 der Firma Leco durchgeführt. Hierbei wurden die relativen Gewichtsprozente der Elemente C, H und N bestimmt und mit einer Nachkommastelle angegeben. Eine Elementaranalyse gilt als stimmig, wenn die Abweichung von den theoretischen Gewichtsprozenten (berechnet durch das Programm ChemDraw 8.0 und mit zwei Nachkommastellen angegeben) nicht größer als 0.4% ist.

HRMS

Die Messung der HRMS-Spektren erfolgte an einem LTQ Orbitrap Hochauflösungs-Massenspektrometer der Firma Thermo Electron, das mit einem HPLC-Gerät von Thermo Electron (Säule: „Hypersil Gold": 50 mm × 1 mm, Partikelgröße: 1.9 µm) gekoppelt war. Als Eluenten A und B wurden 0.1% Ameisensäure in Wasser und 0.1% Ameisensäure in Acetonitril verwendet. Es wurden Proben in Acetonitril (Fisher Scientific: HPLC Grade) mit einer Konzentration von 1 mg/ml präpariert, und das Injektionsvolumen betrug 5 µl. Der Ionisierungsmodus war ESI (Elektrospray Ionisation) mit einer Quellspannung von 3.8 kV.

---

[420] a) Beckert, R.; Fanghänel, E.; Habicher, W. D.; Metz, P.; Pavel, D.; Schwetlick, K. *Organikum* **2004**, Wiley-VCH Weinheim, *22. vollständig überarbeitete und aktualisierte Auflage*, Beilage. b) Hesse, M.; Meier, H.; Zeeh, B. *Spectroscopic Methods in Organic Chemistry* **2008**, Thieme Verlag Stuttgart, *2. edition*, S. 33–73.

Drehwert

Die Drehwerte der chiralen Verbindungen wurden an einem Polarimeter 241 bzw. 314 der Firma Perkin Elmer durchgeführt. Hierzu wurden ca. 10–20 mg der Verbindung in 2 ml $CHCl_3$ (Acros: 99.8%, stabilisiert mit EtOH) gelöst. Anschließend wurde damit die Küvette (l = 1 dm) für die Messung befüllt. Die Messung erfolgte bei 20 °C und einer Wellenlänge von $\lambda = 589$ nm. Die Berechnung des spezifischen Drehwertes erfolgte geräteintern oder manuell nach folgender Formel:

$$[\alpha]_D^{20} = \frac{\alpha \cdot 100}{l \cdot c}$$

mit α: gemessener Drehwert
l: Länge der Küvette in dm
c: Konzentration in g/100 ml

Schmelzpunkt

Die Bestimmung der Schmelzpunkte wurden an dem Schmelzpunktmessgerät B540 der Firma Büchi durchgeführt und sind nicht korrigiert.

Molmasse

Die Bestimmung der Molmassen erfolgte mit dem Programm ChemDraw 8.0.

Nummerierung

Alle synthetisierten und nummerierten Verbindungen wurden entsprechend der Jatrophan-Nummerierung (s. Abb. 11 und Abb. 203) abgebildet.

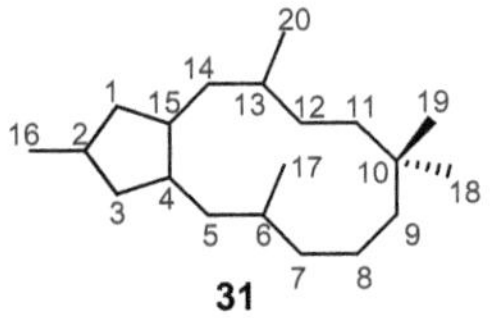

Abb. 203: Allgemeine Jatrophan-Nummerierung.

7.2 Tabelle aller synthetisierten Verbindungen

Verbindung	neu	bekannt	1H-NMR	13C-NMR	31P-NMR	COSY	HSQC	HMBC	1D NOE	IR	LRMS	HRMS	Drehwert	Elementaranalyse	Schmelzpunkt	Siedepunkt
(D)-Valinol (200)		X	X	X						X					X	X
Evans-Auxiliar 201		X	X	X						X					X	
Acyliertes Evans-Auxiliar 119		X	X	X						X		X				
Aldol-Produkt 120		X	X	X						X						
Methylester 202		X	X	X						X						
TBS-Ether 121		X	X	X						X						
Aldehyd 122		X	X	X						X						
Phosphonat (±)-123		X	X	X	X					X		X				
Enolacetat 124		X	X	X						X						
α-Ketoester 125		X	X	X						X						
Cyclopentan 117		X	X	X						X						
Cyclopentan 126		X	X	X						X						
2-Butinal (222)		X	X													
Aldol-Produkt 223	X		X	X						X			X	X		
Methylester 224	X		X	X						X			X	X		
TBS-Ether 225	X		X	X						X			X	X		
Alkohol 226	X		X	X						X			X	X		
Aldehyd 227	X		X	X						X	X	X				
Enolacetat 228	X		X	X						X	X	X				
α-Ketoester 229	X		X	X						X	X	X				
Allen 237	X		X	X		X		X	X	X						
Allen 238	X		X	X		X		X	X	X						
Diol 248		X	X	X						X			X	X	X	
Acetal 249	X		X	X						X			X	X		
Aldehyd 251	X		X	X						X			X	X		
Alkin 252	X		X	X						X			X	X		
Vinyliodid 197	X		X	X						X			X	X		
3-Brompropylphenylselan (256)		X	X	X						X						
Nitril 257	X		X	X						X			X			
Aldehyd 258	X		X	X						X			X			
Allylalkohol (±)-259	X		X	X						X			X			
PMB-Ether (±)-198	X		X	X						X			X			
Kupplungsprodukt 260	X		X	X		X		X	X	X			X			
Dien 261	X		X	X						X			X			
Triol 262	X		X	X						X			X			
Diol 263	X		X	X						X			X			
Keton 265	X		X	X						X	X	X				
Trissilylether 266	X		X	X						X			X			
Aldehyd 267	X		X	X						X			X			
IBX (268)		X	X	X												
α-Hydroxyaldehyd 269	X		X	X						X			X			
α-Hydroxyketon 272	X		X	X						X	X	X				
Trien 273	X		X	X						X			X			
Diketon 196	X		X	X						X			X	X		
3-epi-Characiol (274)	X		X	X		X	X	X	X	X			X	X	X	
3-O-p-Brombenzoylcharaciol (278)	X		X	X		X		X		X			X	X	X	
Characiol (181)	X		X	X		X		X		X			X	X	X	
3-O-Propionylcharaciol (279)	X		X	X		X		X		X	X	X	X			
15-O-Acetyl-3-O-propionylcharaciol (116)	X		X	X		X	X	X	X	X			X	X	X	
Epoxid 183	X		X	X		X		X		X	X	X	X			
3-O-Acetylcharaciol (280)	X		X	X		X		X		X	X	X				
3-O-Acetyl-15-O-propionylcharaciol (182)	X		X	X		X		X		X			X	X	X	
Epoxid 281	X		X	X		X		X		X			X	X	X	
3-O-Benzoylcharaciol (282)	X		X	X		X		X		X	X	X	X		X	
15-O-Acetyl-3-O-benzoylcharaciol (283)	X		X	X		X		X		X			X	X	X	

Verbindung	neu	bekannt	^{1}H-NMR	^{13}C-NMR	^{31}P-NMR	COSY	HSQC	HMBC	1D NOE	IR	LRMS	HRMS	Drehwert	Elementaranalyse	Schmelzpunkt	Siedepunkt
Epoxid 174	X		X	X		X		X	X	X	X	X			X	
3-*epi*-3-*O*-15-*O*-Dibenzoylcharaciol (284)	X	X		X		X				X	X					
3-*O*-15-*O*-Dibenzoylcharaciol (285)	X		X	X		X				X	X					
3-*epi*-3-*O*-6-Chinolincarboxylcharaciol (286)	X		X	X		X		X		X						
3-*epi*-3-*O*-4-Biphenylcarboxylcharaciol (287)	X		X	X		X		X		X						
3-*epi*-3-*O*-Diphenylacetylcharaciol (288)	X		X			X		X		X						
3-*epi*-3-*O*-Benzoylformylcharaciol (289)	X		X			X		X		X						
3-Oxocharaciol (290)	X		X	X		X		X		X						
2-*O*-*p*-Methoxybenzyl-3-nitropyridin (302)		X	X	X				X							X	X
2-(*R*)-*O*-PMB-Pantolacton (300)	X		X	X				X					X		X	X
Alkohol 304		X	X	X				X					X			
Aldehyd 305		X	X	X				X					X			
β-Hydroxyester 310	X		X	X				X			X					
TES-Ether 311	X		X	X				X			X					
Phosphonat 298	X		X	X	X			X			X					
Acetal 321	X		X	X				X			X					
Aldehyd 319	X		X	X				X			X					
Weinreb-Amid 325	X		X	X				X			X					
Ethylketon 326	X		X	X				X		X	X					
Tetrahydrofuran 328	X		X	X		X		X	X	X						
Tetrahydrofuran 331	X		X	X		X		X			X	X				
β-Ketoester 332	X		X	X				X			X					
Phosphoran 337		X	X	X	X			X							X	
Carbonsäure 342	X		X	X				X			X	X				
Phosphoran 349		X	X	X	X			X							X	
Ester 351	X		X	X				X			X	X				
Alkohol 359	X		X	X				X				X				
Keton 356	X		X	X				X			X	X				
α-Bromketon 358	X		X	X				X			X	X				
Carbonsäure 360	X		X	X				X			X	X	X			
Weinreb-Amid 361	X		X	X				X				X				
Allylalkohol 362	X		X	X				X			X	X	X			
Aldehyd 357	X		X	X				X				X				
Allylalkohol 355a	X		X	X		X		X				X				
Allylalkohol 355b	X		X	X		X		X				X				
β-Ketoenol 373	X		X	X				X				X				
Diolenol 374	X		X	X		X	X	X		X	X	X				
Aldehyd 375	X		X	X				X		X	X	X				
Diketon 377	X		X	X				X		X	X	X				
Diolenol 381	X		X	X				X		X	X	X				
Benzoesäureester 382	X		X	X				X		X	X	X				
Diol 383	X		X	X				X			X	X	X			
Diol 384	X		X	X				X			X	X	X			
Keton 385	X		X	X				X			X	X				
Diol 386	X		X	X				X			X	X	X			
Benzoesäureester 387	X		X	X				X			X	X				
Diacetat 388	X		X	X				X		X	X	X				
Allylalkohol 389	X		X	X		X		X	X	X	X	X				
Aldehyd 390	X		X	X				X		X	X	X				
Allylalkohol 391	X		X	X		X		X	X	X	X					

Tab. 14: Übersicht über alle synthetisierten Verbindungen mit Angabe der Analysemethoden.

7.3 Versuchsvorschriften
Synthese von (*D*)-Valinol (200)[197]

$$\text{HO}_2\text{C}-\overset{\text{NH}_2}{\diagup} \quad \xrightarrow[\text{dann Rückfluss, 8 h}]{\substack{\text{NaBH}_4 \\ \text{I}_2 \\ \text{THF, 0 °C, 30 min} \\ \text{dann Rt, 16 h}}} \quad \text{HO}-\overset{\text{NH}_2}{\diagup}$$

199   **200** (71%)

Eine Suspension aus NaBH$_4$ (2.4 eq, 7.77 g, 205 mmol) und THF (50 ml, 0.6 ml/mmol **199**) wurde zunächst mit (*D*)-Valin (**199**) (1 eq, 10.16 g, 87 mmol) versetzt. Nach dem Abkühlen der Mischung auf 0 °C erfolgte unter Eisbadkühlung über einen Zeitraum von vier Stunden die vorsichtige Zugabe (starke Gasentwicklung) einer Lösung von I$_2$ (1 eq, 22.1 g, 87 mmol) in THF (70 ml, 0.8 ml/mmol **199**). Anschließend wurde die Reaktionsmischung 30 Minuten bei 0 °C und dann 16 Stunden bei Raumtemperatur gerührt. Darauf folgte acht Stunden Erhitzen unter Rückfluss. Beendet wurde die Reaktion bei 0 °C durch vorsichtige Zugabe von Methanol (30 ml, 0.35 ml/mmol **199**). Die Lösung wurde bei Raumtemperatur für weitere zwölf Stunden gerührt, bis sich der Niederschlag vollständig löste. Die erhaltene klare Lösung wurde am Rotationsverdampfer eingeengt. Der resultierende farblose Feststoff wurde bei 0 °C mit einer 20%-igen, wässrigen KOH-Lösung (80 ml, 0.9 ml/mmol **199**) versetzt und bis zur vollständigen Auflösung bei 0 °C gerührt. Nach Erwärmen auf Raumtemperatur und Rühren für zwei Stunden wurde die wässrige Phase fünfmal mit CH$_2$Cl$_2$ extrahiert. Die vereinigten organischen Phasen wurden mit MgSO$_4$ getrocknet und danach am Rotationsverdampfer eingeengt. Die Reinigung erfolgte durch Kugelrohr-Destillation (0.8 mbar, 55 °C zu 85 °C). Zunächst wurde eine farblose Flüssigkeit (Sdp.: 0.8 mbar, 55 °C) isoliert. Anschließend wurde (*D*)-Valinol (**200**) (6.34 g, 71%, Sdp.: 0.8 mbar, 85 °C; Lit.:[197] 8 mbar, 75 °C (*L*)-Valinol; Lit.:[420] 6.7·10^{-2} mbar, 64–66 °C (*L*)-Valinol; Lit.:[421] 11 mbar, 77 °C (*L*)-Valinol) erhalten, das bei Raumtemperatur zu einem farblosen Feststoff (Smp.: 31 °C; Lit.:[422] 31.5–33 °C; Lit.:[197] 32 °C (*L*)-Valinol) kristallisierte.

R$_f$ (**200**) = 0.25 (Ethylacetat); ^{1}H-NMR (400 MHz, CDCl$_3$, δ): 0.90 (d, ^3J = 6.5 Hz, 3H), 0.92 (d, ^3J = 6.5 Hz, 3H), 1.51–1.59 (m, 1H), 1.71 (s, br, 3H, NH$_2$ + OH), 2.52–2.57 (m, 1H), 3.27 (dd, ^2J = ^3J = 10.2 Hz, 1H), 3.63 (dd, ^2J = 10.2 Hz, ^3J = 4.0 Hz, 1H); ^{13}C-NMR (101 MHz, CDCl$_3$, δ): 18.5 (CH$_3$), 19.4 (CH$_3$), 31.8 (CH), 58.6 (CH), 64.9 (CH$_2$); IR (KBr-Film, ν): 3342 (br, s, OH, NH$_2$), 2960 (s, C–H), 2874 (s, C–H), 1579 (s, NH$_2$), 1468 (s, CH$_2$), 1384 (s, CH$_3$), 1053 (m) cm^{-1}; M = 103.16 g/mol.

---

[420] Nerz-Stormes, M.; Thornton, E. R. *J. Org. Chem.* **1991**, *56*, 2489–2498.
[421] Periasamy, M.; Sivakumar, S.; Reddy, M. N. *Synthesis* **2003**, 1965–1967.
[422] Kleschick, W. A.; Reed, M. W.; Bordner, J. *J. Org. Chem.* **1987**, *52*, 3168–3169.

Synthese des Evans-Auxiliars 201[145a,422,423]

200 → 201 (99%)

Reagents: (EtO)$_2$CO, K$_2$CO$_3$ (kat.), 110 °C, 5 h

In einer Destillationsapparatur wurde eine Suspension aus (D)-Valinol (**200**) (1 eq, 6.34 g, 61.5 mmol), Diethylcarbonat (1.1 eq, 9 ml, 73.7 mmol) und K$_2$CO$_3$ (0.14 eq, 1.19 g, 8.6 mmol) bei 110 °C und Normaldruck gerührt. Hierbei wurde das frei werdende Ethanol aus dem Reaktionskolben destilliert. Als keine Ethanolbildung mehr zu erkennen war (ca. 5 h), wurde über Celite abfiltriert und mit CH$_2$Cl$_2$ mehrmals gewaschen. Das Filtrat wurde am Rotationsverdampfer eingeengt. Das rohe Evans-Auxiliar **201** (7.92 g, 99%) wurde als ein farbloser Feststoff (Smp.: 67 °C; Lit.:[422] 70–72 °C; Lit.:[423b] 67–70 °C; Lit.:[145a] 71–72 °C (S)-Enantiomer) erhalten und wurde im nächsten Syntheseschritt ohne weitere Aufreinigung eingesetzt.

R_f (**201**) = 0.18 (Cyclohexan/ Ethylacetat 1/1); ^{1}H-NMR (400 MHz, CDCl$_3$, δ): 0.90 (d, ^3J = 6.5 Hz, 3H), 0.96 (d, ^3J = 6.5 Hz, 3H), 1.70–1.80 (m, 1H), 3.57–3.64 (m, 1H), 4.11 (dd, ^2J = 8.5 Hz, ^3J = 6.5 Hz, 1H), 4.45 (dd, ^2J = ^3J = 8.5 Hz, 1H), 5.74 (s, br, 1NH); ^{13}C-NMR (101 MHz, CDCl$_3$, δ): 17.7 (CH$_3$), 18.1 (CH$_3$), 32.7 (CH), 58.3 (CH), 68.7 (CH$_2$), 159.9 (C); IR (KBr-Film, ν): 3270 (m, NH), 1749 (s, C=O), 1724 (s, C=O), 1406 (w, CH$_2$), 1385 (m, CH$_3$), 1247 (s, C–O–C), 1091 (w), 1009 (w), 936 (w) cm^{-1}; M = 129.16 g/mol.

Synthese des acylierten Evans-Auxiliars 119[145a,424]

201 → 119 (99%)

Reagents: n-BuLi, THF, –78 °C zu –30 °C, 30 min, EtC(O)Cl dann zu Rt, 2.5 h

Zu einer Lösung des rohen Evans-Auxiliars **201** (1 eq, 9.8 g, 75.9 mmol) in THF (230 ml, 3 ml/mmol **201**) wurde bei –78 °C n-BuLi (1.1 eq, 38 ml, 2.2 M in n-Hexan, 83.5 mmol) gegeben. Nach Erwärmen auf –30 °C und Rühren für 30 Minuten bei dieser Temperatur wurde frisch destilliertes Propionsäurechlorid (1.2 eq, 8 ml, 91.2 mmol) langsam zugetropft.

---

[423] a) Guerlavais, V.; Carroll, P. J.; Joullié, M. M. *Tetrahedron: Asymmetry* **2002**, *13*, 675–680. b) Benoit, D.; Coulbeck, E.; Eames, J.; Motevalli, M. *Tetrahedron: Asymmetry* **2008**, *19*, 1068–1077.

[424] a) Evans, D. A.; Dow, R. L.; Shih, T. L.; Takacs, J. M.; Zahler, R. *J. Am. Chem. Soc.* **1990**, *112*, 5290–5313. b) Entwistle, D. A. *Synthesis* **1998**, 603–612. c) Bull, S. D.; Davies, S. G.; Jones, S.; Sanganee, H. J. *J. Chem. Soc., Perkin Trans. I* **1999**, 387–398.

Anschließend wurde auf Raumtemperatur erwärmt und für 2.5 Stunden bei Raumtemperatur gerührt. Beendet wurde die Reaktion durch Zugabe von gesättigter wässriger NH₄Cl-Lösung (200 ml, 2.6 ml/mmol **201**). Die wässrige Phase wurde anschließend fünfmal mit CH_2Cl_2 extrahiert. Die vereinigten, organischen Phasen wurden mit $MgSO_4$ getrocknet und am Rotationsverdampfer eingeengt. Nach säulenchromatographischer Reinigung (Cyclohexan → Cyclohexan/ Ethylacetat 100/1 → 5/1) wurde das acylierte Evans-Auxiliar **119** (13.9 g, 99%) als ein hellgelbes Öl erhalten.

R_f (**119**) = 0.25 (Cyclohexan/ Ethylacetat 10/1); ¹H-NMR (400 MHz, CDCl₃, δ): 0.87 (d, ³J = 7.0 Hz, 3H), 0.91 (d, ³J = 7.0 Hz, 3H), 1.16 (t, ³J = 7.2 Hz, 3H), 2.30–2.43 (m, 1H), 2.85–3.02 (m, 2H), 4.20 (dd, ²J = 9.0 Hz, ³J = 3.0 Hz, 1H), 4.26 (dd, ²J = ³J = 9.0 Hz, 1H), 4.41–4.45 (m, 1H); ¹³C-NMR (101 MHz, CDCl₃, δ): 8.5 (CH₃), 14.7 (CH₃), 18.1 (CH₃), 28.4 (CH), 29.2 (CH₂), 58.5 (CH), 63.4 (CH₂), 154.2 (C), 174.1 (C); IR (KBr-Film, ν): 2966 (m, C–H), 2941 (m, C–H), 2879 (w, C–H), 1782 (s, C–O), 1705 (s, C=O), 1388 (s, CH₃), 1376 (s), 1247 (s, C–O–C), 1208 (s), 1073 (m), 1026 (m) cm⁻¹; $[\alpha]_D^{20}$ –78.9 (c 1.395, CHCl₃); Lit.:[424c] –92.8 (c 1, CHCl₃); Lit:[145a] +96.8 (c 8.7, CH₂Cl₂, (*S*)-Enantiomer); Lit:[424a] +91.9 (c 0.377, CH₂Cl₂, (*S*)-Enantiomer); M = 185.22 g/mol.

Synthese des Aldol-Produktes 120[144]

Zu einer Lösung des acylierten Evans-Auxiliars **119** (1 eq, 16.82 g, 90.9 mmol) in CH₂Cl₂ (110 ml, 1.2 ml/mmol **119**) wurde bei 0 °C eine *n*-Bu₂BOTf-Lösung (1.1 eq, 100 ml, 1 M in CH₂Cl₂, 100 mmol) hinzugetropft. Hierbei verfärbte sich die Lösung rot. Nach Zugabe von Et₃N (1.35 eq, 17 ml, 121.8 mmol) wurde die Lösung gelb-orange, und es wurde für zehn Minuten bei 0 °C gerührt. Anschließend wurde auf –78 °C abgekühlt und mittels einer Überführkanüle eine auf –78 °C abgekühlte Lösung von frisch destilliertem Crotonaldehyd (1.5 eq, 11.3 ml, 136.4 mmol) in CH₂Cl₂ (18 ml, 0.2 ml/mmol **119**) hinzugefügt. Anschließend wurde für eine Stunde bei –78 °C und für 30 Minuten bei 0 °C gerührt. Der Abbruch der Reaktion erfolgte durch Zugabe von pH7-Puffer (90 ml, 1 ml/mmol **119**), Methanol (180 ml, 2 ml/mmol **119**) und 30%iger H₂O₂ (90 ml, 1 ml/mmol **119**) bei 0 °C. Nach Trennung der Phasen wurde die wässrige Phase fünfmal mit CH₂Cl₂ extrahiert und die vereinigten organischen Phasen mit MgSO$_4$ getrocknet und am Rotatiosverdampfer eingeengt. Die Reinigung erfolgte durch Säulenchromatographie (Cyclohexan/ Ethylacetat 100/1 → 10/1 → 5/1) und ergab das Aldol-Produkt **120** (21.88 g, 94%) als ein leicht gelbes Öl.

R$_f$ (**120**) = 0.44 (Cyclohexan/ Ethylacetat 1/1); ^{1}H-NMR (400 MHz, CDCl$_3$, δ): 0.88 (d, ^3J = 7.0 Hz, 3H), 0.92 (d, ^3J = 7.0 Hz, 3H), 1.24 (d, ^3J = 7.0 Hz, 3H), 1.71 (d, ^3J = 6.8 Hz, 3H), 2.29–2.40 (m, 1H), 2.87 (s, br, 1OH), 3.85 (dq, $^3J_1$ = 3.5 Hz, $^3J_2$ = 7.0 Hz, 1H), 4.21 (dd, $^3J_1$ = 3.2 Hz, $^3J_2$ = 8.8 Hz, 1H), 4.28 (dd, ^2J = ^3J = 8.8 Hz, 1H), 4.41 (s, br, 1H), 4.45–4.48 (m, 1H), 5.49 (dq, $^3J_1$ = 6.8 Hz, $^3J_2$ = 15.1 Hz, 1H), 5.71–5.79 (m, 1H); ^{13}C-NMR (101 MHz, CDCl$_3$, δ): 11.6 (CH$_3$), 14.8 (CH$_3$), 17.9 (CH$_3$), 18.0 (CH$_3$), 28.5 (CH), 42.8 (CH), 58.4 (CH), 63.5 (CH$_2$), 72.5 (CH), 128.2 (CH), 130.2 (CH), 153.7 (C), 177.2 (C); IR (KBr-Film, ν): 3446 (m, br, OH), 2966 (m, C–H), 2938 (m, C–H), 1779 (s, C=O), 1698 (s), 1455 (m, CH$_2$), 1385 (s, CH$_3$), 1301 (m), 1205 (s), 1121 (m), 968 (m, C=C–H) cm^{-1}; M = 255.31 g/mol.

Synthese des Methylesters 202[144]

Bei 0 °C wurde Natrium (1 eq, 1.3 g, 56.52 mmol) in MeOH (56 ml, 1 ml/mmol **120**) gelöst. Anschließend wurde die frisch synthetisierte Natriummethanolat-Lösung bei −78 °C zu einer Lösung des Aldol-Produktes **120** (1 eq, 14.3 g, 56.01 mmol) in CH$_2$Cl$_2$ (220 ml, 4 ml/mmol **120**) langsam zugetropft. Danach wurde das Kältebad entfernt und für 30 Minuten gerührt. Durch Zugabe von gesättigter, wässriger NH$_4$Cl-Lösung (220 ml, 4 ml/mmol **120**) wurde die Reaktion abgebrochen. Nach Trennung der Phasen wurde die wässrige Phase fünfmal mit CH$_2$Cl$_2$ extrahiert und die vereinigten organischen Phasen mit MgSO$_4$ getrocknet und am Rotationsverdampfer eingeengt. Die anschließende Säulenchromatographie (Cyclohexan/ Ethylacetat 20/1 → 10/1 → Ethylacetat) ergab den Methylester **202** (7.42 g, 84%) als ein leicht gelbes Öl sowie das Evans-Auxiliar **201** (5.78 g, 82%) als einen farblosen Feststoff.

R$_f$ (**202**) = 0.57 (Cyclohexan/ Ethylacetat 1/1); ^{1}H-NMR (400 MHz, CDCl$_3$, δ): 1.16 (d, ^3J = 7.0 Hz, 3H), 1.70 (d, ^3J = 6.3 Hz, 3H), 2.51 (s, br, 1OH), 2.61 (dq, $^3J_1$ = 5.0 Hz, $^3J_2$ = 7.0 Hz, 1H), 3.70 (s, 3H), 4.30 (dd, $^3J_1$ = $^3J_2$ = 5.0 Hz, 1H), 5.47 (qdd, $^3J_1$ = 6.3 Hz, $^3J_2$ = 15.4 Hz, ^4J = 1.5 Hz, 1H), 5.69–5.77 (m, 1H); ^{13}C-NMR (101 MHz, CDCl$_3$, δ): 11.6 (CH$_3$), 17.9 (CH$_3$), 45.0 (CH), 51.9 (CH$_3$), 73.4 (CH), 128.5 (CH), 130.3 (CH), 175.9 (C); IR (KBr-Film, ν): 3465 (m, br, OH), 2951 (m, C–H), 1736 (s, C=O), 1455 (m), 1437 (m), 1384 (m, CH$_3$), 1353 (m), 1200 (s), 1171 (m), 1020 (m), 967 (s, C=C–H) cm^{-1}; M = 158.19 g/mol.

Synthese des TBS-Ethers 121[144]

MeO$_2$C-CH(OH)-CH=CH-CH$_3$ (**202**) →[TBSCl, Imidazol, CH$_2$Cl$_2$, Rt, 24 h]→ MeO$_2$C-CH(OTBS)-CH=CH-CH$_3$ (**121** (96%))

Zu einer Lösung des Methylesters **202** (1 eq, 11.17 g, 70.6 mmol) in CH$_2$Cl$_2$ (70 ml, 1 ml/mmol **202**) wurden bei 0 °C Imidazol (1.8 eq, 8.65 g, 127.1 mmol) und TBSCl (1.1 eq, 11.67 g, 77.7 mmol) gegeben. Anschließend wurde für 24 Stunden bei Raumtemperatur gerührt. Der Abbruch der Reaktion erfolgte durch Zugabe von gesättigter, wässriger NH$_4$Cl-Lösung (50 ml, 0.7 ml/mmol **202**). Nach Trennung der Phasen, dreimaliger Extraktion der wässrigen Phase mit CH$_2$Cl$_2$, Trocknen der vereinigten, organischen Phasen mit MgSO$_4$ und Einengung am Rotationsverdampfer wurde das Produkt durch Säulenchromatographie (Cyclohexan/ Ethylacetat 20/1) gereinigt. Der TBS-Ether **121** (18.56 g, 96%) wurde als ein leicht gelbes Öl erhalten.

R_f (**121**) = 0.71 (Cyclohexan/ Ethylacetat 5/1); ^{1}H-NMR (400 MHz, CDCl$_3$, δ): −0.02 (s, 3H), 0.01 (s, 3H), 0.86 (s, 9H), 1.13 (d, ^3J = 7.0 Hz, 3H), 1.66 (d, ^3J = 6.8 Hz, 3H), 2.45–2.52 (m, 1H), 3.63 (s, 3H), 4.30 (dd, $^3J_1$ = $^3J_2$ = 6.5 Hz, 1H), 5.42 (qdd, $^3J_1$ = 6.8 Hz, $^3J_2$ = 15.3 Hz, ^4J = 1.5 Hz, 1H), 5.54–5.62 (m, 1H); ^{13}C-NMR (101 MHz, CDCl$_3$, δ): −5.0 (CH$_3$), −4.0 (CH$_3$), 11.9 (CH$_3$), 17.7 (CH$_3$), 18.2 (C), 25.8 (3 × CH$_3$), 47.1 (CH), 51.5 (CH$_3$), 75.0 (CH), 126.9 (CH), 132.4 (CH), 175.1 (C); IR (KBr-Film, ν): 2954 (s, C−H), 2858 (s, C−H), 1743 (s, C=O), 1462 (m), 1253 (s, C−O−C), 1197 (s), 1097 (s), 1059 (s), 1026 (s), 969 (m, C=C−H), 836 (s), 776 (s) cm^{-1}; M = 272.46 g/mol.

Synthese des Aldehyds 122[144]

MeO$_2$C-CH(OTBS)-CH=CH-CH$_3$ (**121**) →[1) DIBAH, CH$_2$Cl$_2$, −78 °C, 30 min; 2) Py·SO$_3$, Et$_3$N, CH$_2$Cl$_2$, DMSO, Rt, 4 h]→ OHC-CH(OTBS)-CH=CH-CH$_3$ (**122** (89%, 2 Stufen))

Bei −78 °C wurde zu einer Lösung des Esters **121** (1 eq, 16.15 g, 59.26 mmol) in CH$_2$Cl$_2$ (190 ml, 3.2 ml/mmol **121**) langsam eine DIBAH-Lösung (2.4 eq, 142 ml, 1 M in CH$_2$Cl$_2$, 142 mmol) dazugetropft. Nach Rühren für 30 Minuten bei −78 °C wurde die Reaktion durch vorsichtige Zugabe von Methanol (240 ml, 4 ml/mmol **121**) und Na/K-Tartrat-Lösung (300 ml, 5 ml/mmol **121**) abgebrochen. Anschließend wurde für eine Stunde bei Raumtemperatur gerührt. Die Phasen wurden getrennt, die wässrige Phase fünfmal mit CH$_2$Cl$_2$ extrahiert und die vereinigten, organischen Phasen mit MgSO$_4$ getrocknet. Das Rohprodukt

(14.12 g, 98%) wurde nach Einengung am Rotationsverdampfer ohne weitere Reinigung in der nächsten Stufe eingesetzt.

R_f (Alkohol) = 0.67 (Cyclohexan/ Ethylacetat 2/1).

Zu einer Lösung des rohen Alkohols (1 eq, 14.12 g, 57.77 mmol) in CH_2Cl_2 (225 ml, 3.9 ml/mmol Alkohol) und DMSO (58 ml, 1 ml/mmol Alkohol) wurden bei 0 °C Et_3N (4 eq, 32 ml, 230.9 mmol) und Py•SO_3 (2 eq, 18.32 g, 115.1 mmol) gegeben. Nach Rühren für vier Stunden bei Raumtemperatur wurde die Reaktion durch Zugabe von Wasser (270 ml, 4.7 ml/mmol Alkohol) abgebrochen. Anschließend wurden die Phasen getrennt, die wässrige Phase dreimal mit CH_2Cl_2 extrahiert und die vereinigten, organischen Phasen mit $MgSO_4$ getrocknet. Einengung am Rotationsverdampfer und säulenchromatische Reinigung (Cyclohexan/ Ethylacetat 100/1 → 50/1) ergaben den Aldehyd **122** (13.59 g, 91%) als ein leicht gelbes Öl.

R_f (**122**) = 0.69 (Cyclohexan/ Ethylacetat 5/1); ^{1}H-NMR (400 MHz, $CDCl_3$, δ): 0.01 (s, 3H), 0.04 (s, 3H), 0.86 (s, 9H), 1.04 (d, ^3J = 6.0 Hz, 3H), 1.69 (d, ^3J = 6.5 Hz, 3H), 2.42–2.48 (m, 1H), 4.41–4.44 (m, 1H), 5.43 (dd, $^3J_1$ = 6.5 Hz, $^3J_2$ = 15.1 Hz, 1H), 5.59–5.68 (m, 1H), 9.76 (s, 1H); ^{13}C-NMR (101 MHz, $CDCl_3$, δ): –4.9 (CH_3), –4.0 (CH_3), 8.7 (CH_3), 17.7 (CH_3), 18.2 (C), 25.8 (3 × CH_3), 53.0 (CH), 73.8 (CH), 127.6 (CH), 131.4 (CH), 205.2 (C); IR (KBr-Film, ν): 2957 (s), 2930 (s), 2885 (m), 2858 (s), 1728 (s, C=O), 1472 (m), 1253 (s, Si–Me), 1080 (m), 1056 (s), 1033 (s), 1006 (m), 969 (m, C=C–H), 837 (s), 777 (s) cm^{-1}; M = 242.43 g/mol.

Synthese des Phosphonats (±)-123[144,150]

Diethylphosphit (1 eq, 18.7 ml, 146 mmol) wurde in Toluen (34 ml, 0.23 ml/mmol **203**) gelöst. Nach Zugabe von Et_3N (3 eq, 60.5 ml, 435 mmol) bei 0 °C färbte sich die Lösung gelb. Anschließend wurde eine Ethylglyoxalat-Lösung **203** (1 eq, 28.7 ml, 50%ig in Toluen, 145 mmol) bei 0 °C hinzugefügt und für eine Stunde bei Raumtemperatur gerührt. Hierbei verfärbte sich die Lösung orange. Dann wurde auf 0 °C abgekühlt und frisch destilliertes Acetanhydrid (1 eq, 13.7 ml, 146 mmol) dazugegeben. Nach Rühren für 17 Stunden bei Raumtemperatur war die Lösung tiefrot. Der Abbruch der Reaktion erfolgte durch Zugabe von wässriger HCl-Lösung (300 ml, 1 M, 2 ml/mmol **203**), bis pH ≈ 6 erreicht wurde. Nach Trennung der Phasen, viermaliger Extraktion der wässrigen Phase mit CH_2Cl_2, Trocknen der vereinigten, organischen Phasen mit $MgSO_4$ und Einengung am Rotationsverdampfer wurde das Produkt durch Säulenchromatographie (Cyclohexan/ Ethylacetat 2/1 → 1/2) gereinigt. Das Phosphonat (±)-**123** (37.2 g, 90%) wurde als ein gelbes Öl erhalten.

R_f (**123**) = 0.66 (Aceton, Anfärben mit KMnO$_4$-Reagenz); ^{1}H-NMR (400 MHz, CDCl$_3$, δ): 1.30 (t, ^3J = 7.0 Hz, 3H), 1.35 (t, ^3J = 7.0 Hz, 3H), 1.36 (t, ^3J = 7.0 Hz, 3H), 2.21 (s, 3H), 4.19–4.34 (m, 6H), 5.40 (d, ^2J = 17.1 Hz, 1H); ^{13}C-NMR (101 MHz, CDCl$_3$, δ): 14.1 (CH$_3$), 16.4 (2 × CH$_3$, d, ^3J = 5.8 Hz), 20.5 (CH$_3$), 62.4 (CH$_2$), 64.0 (CH$_2$, d, ^2J = 13.6 Hz), 64.1 (CH$_2$, d, ^2J = 14.6 Hz), 68.8 (CH, d, ^1J = 160.4 Hz), 165.1 (C), 169.5 (C, d, ^2J = 10.7 Hz); ^{31}P-NMR (81 MHz, CDCl$_3$, δ): 13.29 (s); IR (KBr-Film, ν): 2986 (m, C–H), 2938 (w, C–H), 1752 (s, C=O), 1372 (s, CH$_3$), 1327 (m), 1267 (s, P=O), 1206 (s), 1080 (s), 1023 (s, P–O), 979 (m) cm^{-1}; HRMS (ESI) berechnet für C$_{10}$H$_{20}$O$_7$P ([M+H]$^+$): 283.0941; gefunden: 283.0940; M = 282.23 g/mol.

Synthese des Enolacetats 124[144]

Trockenes LiCl (1.5 eq, 3.2 g, 75.5 mmol) und das Phosphonat (±)-**123** (1.5 eq, 21.3 g, 75.4 mmol) wurden solange in THF (56 ml, 1.1 ml/mmol **122**) bei Raumtemperatur gerührt, bis die Lösung klar wurde. Anschließend wurde bei 0 °C 1,1,3,3-Tetramethylguanidin (1.5 eq, 9.55 ml, 75.5 mmol) hinzugefügt und für weitere zehn Minuten bei 0 °C gerührt. Nach Zugabe des Aldehyds **122** (1 eq, 12.19 g, 50.3 mmol) in THF (50 ml, 1 ml/mmol **122**) wurde für zehn Minuten bei 0 °C und für drei Stunden bei Raumtemperatur gerührt. Dann wurde die Reaktion durch Zugabe von gesättigter, wässriger NH$_4$Cl-Lösung (100 ml, 2 ml/mmol **122**) abgebrochen. Nach Trennung der Phasen, dreimaliger Extraktion der wässrigen Phase mit CH$_2$Cl$_2$, Trocknen der vereinigten, organischen Phasen mit MgSO$_4$ und Einengung am Rotationsverdampfer wurde das Produkt durch Säulenchromatographie (Cyclohexan/ Ethylacetat 100/1 → 50/1) gereinigt. Das Enolacetat **124** (16.76 g, 90%, (E/Z) = 3.5/1[425]) wurde als ein leicht gelbes Öl erhalten.

R_f (**124**) = 0.59 (Cyclohexan/ Ethylacetat 5/1); ^{1}H-NMR (400 MHz, CDCl$_3$, δ): −0.02 (s, 3H^{Haupt}), −0.01 (s, 3H^{Minder}), 0.00 (s, 3H^{Haupt}), 0.03 (s, 3H^{Minder}), 0.87 (s, 9H^{Haupt}), 0.89 (s, 9H^{Minder}), 0.99 (d, ^3J = 7.0 Hz, 3H^{Minder}), 1.03 (d, ^3J = 7.0 Hz, 3H^{Haupt}), 1.29 (t, ^3J = 7.1 Hz, 3H^{Haupt} + 3H^{Minder}), 1.67 (d, ^3J = 6.5 Hz, 3H^{Haupt} + 3H^{Minder}), 2.17 (s, 3H^{Haupt}), 2.23 (s,

---

[425] Das (E/Z)-Verhältnis wurde aus dem ^{1}H-NMR-Spektrum durch Integration der H-Atome bei 5.80 ppm und 6.47 ppm bestimmt.

3H^{Minder}), 2.48–2.57 (m, 1H^{Minder}), 3.28–3.37 (m, 1H^{Haupt}), 3.95 (dd, $J_1 = J_2 = 5.8$ Hz, 1H^{Minder}), 4.01 (dd, $J_1 = J_2 = 5.5$ Hz, 1H^{Haupt}), 4.22 (q, $^3J = 7.1$ Hz, 2H^{Haupt} + 2H^{Minder}), 5.35–5.44 (m, 1H^{Haupt} + 1H^{Minder}), 5.53–5.62 (m, 1H^{Haupt} + 1H^{Minder}), 5.80 (d, $^3J = 11.0$ Hz, 1H^{Haupt}), 6.47 (d, $^3J = 10.0$ Hz, 1H^{Minder}); ^{13}C-NMR (101 MHz, CDCl$_3$, δ): –4.9 (CH$_3^{\text{Haupt}}$ + CH$_3^{\text{Minder}}$), –4.1 (CH$_3^{\text{Haupt}}$ + CH$_3^{\text{Minder}}$), 14.2 (CH$_3^{\text{Haupt}}$), 14.2 (CH$_3^{\text{Minder}}$), 15.0 (CH$_3^{\text{Haupt}}$ + CH$_3^{\text{Minder}}$), 17.7 (CH$_3^{\text{Haupt}}$ + CH$_3^{\text{Minder}}$), 18.3 (C^{Haupt} + C^{Minder}), 20.5 (CH$_3^{\text{Minder}}$), 20.5 (CH$_3^{\text{Haupt}}$), 25.9 (3 × CH$_3^{\text{Haupt}}$ + 3 × CH$_3^{\text{Minder}}$), 38.3 (CH^{Haupt}), 38.4 (CH^{Minder}), 61.2 (CH$_2^{\text{Haupt}}$), 61.4 (CH$_2^{\text{Minder}}$), 75.9 (CH^{Minder}), 76.6 (CH^{Haupt}), 126.7 (CH^{Haupt}), 126.9 (CH^{Minder}), 132.2 (CH^{Haupt}), 132.3 (CH^{Minder}), 134.4 (CH^{Minder}), 136.7 (CH^{Haupt}), 136.9 (C^{Haupt}), 137.3 (C^{Minder}), 162.0 (C^{Haupt} + C^{Minder}), 169.7 (C^{Haupt} + C^{Minder}); IR (KBr-Film, ν): 2958 (s, C–H), 2931 (s, C–H), 2857 (s, C–H), 1770 (s, C=O), 1731 (s, C=O), 1372 (s, CH$_3$), 1301 (m), 1226 (s, C–O–C), 1094 (s), 1055 (s), 1028 (s), 1005 (m), 969 (m, C=C–H), 836 (s), 776 (s) cm^{-1}; M = 370.56 g/mol.

Synthese des α-Ketoesters 125[144]

Zu einer Lösung des Enolacetats **124** (1 eq, 16.76 g, 45.2 mmol) in Methanol (180 ml, 4 ml/mmol **124**) wurde bei 0 °C K$_2$CO$_3$ (0.1 eq, 625 mg, 4.5 mmol) gegeben. Anschließend wurde für 70 Minuten bei 0 °C gerührt. Nach Zugabe von gesättigter, wässriger NH$_4$Cl-Lösung (150 ml, 3.3 ml/mmol **124**) und Verdünnung mit CH$_2$Cl$_2$ wurden die Phasen getrennt, die wässrige Phase viermal mit CH$_2$Cl$_2$ extrahiert und die vereinigten, organischen Phasen mit MgSO$_4$ getrocknet und am Rotationsverdampfer eingeengt. Säulenchromatographische Reinigung (Cyclohexan/ Ethylacetat 100/1) ergab den α-Ketoester **125** (13.64 g, 96%) als ein leicht gelbes Öl.

R$_f$ (**125**) = 0.54 (Cyclohexan/ Ethylacetat 5/1); ^{1}H-NMR (400 MHz, CDCl$_3$, δ): –0.02 (s, 3H), –0.01 (s, 3H), 0.85 (s, 9H), 0.88 (d, $^3J = 7.0$ Hz, 3H), 1.68 (d, $^3J = 6.9$ Hz, 3H), 2.22–2.32 (m, 1H), 2.49 (dd, $^3J = 7.7$ Hz, $^2J = 16.9$ Hz, 1H), 3.01 (dd, $^3J = 6.0$ Hz, $^2J = 16.9$ Hz, 1H), 3.85 (s, 3H), 3.94 (dd, $^3J_1 = {^3J_2} = 6.0$ Hz, 1H), 5.38 (dd, $^3J_1 = 6.9$ Hz, $^3J_2 = 15.3$ Hz, 1H), 5.50–5.59 (m, 1H); ^{13}C-NMR (101 MHz, CDCl$_3$, δ): –4.9 (CH$_3$), –4.2 (CH$_3$), 15.9 (CH$_3$), 17.8 (CH$_3$), 18.3 (C), 25.9 (3 × CH$_3$), 36.6 (CH), 41.8 (CH$_2$), 52.9 (CH$_3$), 77.0 (CH), 127.6 (CH), 131.2 (CH), 161.6 (C), 194.1 (C); IR (KBr-Film, ν): 2957 (s, C–H), 2930 (s, C–H), 2857 (s, C–H), 1755 (s, C=O), 1732 (s, C=O), 1257 (s, C–O–C), 1083 (s), 1050 (s), 836 (s, C=C–H), 776 (s) cm^{-1}; M = 314.49 g/mol.

Synthese der Cyclopentane 117 und 126[144]

![Reaktionsschema 125 → 117 + 126]

125   117 (64%)   126 (14%)

In sechs Druckgefäßrohren wurde der α-Ketoester **125** (1 eq, 6 × 1.54 g = 9.24 g, 29.38 mmol) in Decan (6 × 20 ml = 120 ml, 4.1 ml/mmol **125**) gelöst. Anschließend wurde für vier Tage bei 180 °C (Badtemperatur) gerührt. Dann wurden alle sechs Ansätze vereinigt, und das Decan wurde am Rotationsverdampfer (80 °C, 15 mbar) entfernt. Durch die folgende Säulenchromatographie (Cyclohexan/ Ethylacetat 100/1 → 50/1 → 20/1) wurden die Cyclopentane **117** (5.88 g, 64%) und **126** (1.26 g, 14%) als leicht gelbe Öle erhalten.

R_f (**117**) = 0.46 (Cyclohexan/ Ethylacetat 5/1); ^{1}H-NMR (400 MHz, CDCl$_3$, δ): 0.00 (s, 3H), 0.05 (s, 3H), 0.86 (s, 9H), 1.10 (d, ^3J = 6.5 Hz, 3H), 1.43 (dd, ^2J = 14.2 Hz, ^3J = 8.7 Hz, 1H), 1.93–2.04 (m, 1H), 2.56 (dd, ^2J = 14.2 Hz, ^3J = 10.0 Hz, 1H), 2.63 (dd, $^3J_1$ = $^3J_2$ = 9.2 Hz, 1H), 3.07 (s, 1OH), 3.73 (dd, $^3J_1$ = $^3J_2$ = 9.2 Hz, 1H), 3.77 (s, 3H), 5.06 (dd, ^2J = 1.5 Hz, ^3J = 17.1 Hz, 1H), 5.16 (dd, ^2J = 1.5 Hz, ^3J = 10.3 Hz, 1H), 5.76 (ddd, $^3J_1$ = 9.2 Hz, $^3J_2$ = 10.3 Hz, $^3J_3$ = 17.1 Hz, 1H); ^{13}C-NMR (101 MHz, CDCl$_3$, δ): −4.0 (CH$_3$), −3.4 (CH$_3$), 18.1 (C), 18.7 (CH$_3$), 26.0 (3 × CH$_3$), 40.2 (CH), 43.0 (CH$_2$), 53.0 (CH$_3$), 61.6 (CH), 80.4 (C), 82.8 (CH), 119.9 (CH$_2$), 134.5 (CH), 176.6 (C); IR (KBr-Film, ν): 3522 (w, br, OH), 2956 (s, C–H), 2930 (s, C–H), 2857 (s, C–H), 1734 (s, C=O), 1463 (m), 1439 (m), 1384 (s, CH$_3$), 1251 (s, C–O–C), 1206 (s), 1123 (s), 1057 (m), 1006 (m), 876 (s), 835 (s), 776 (s) cm^{-1}; M = 314.49 g/mol.

R_f (**126**) = 0.41 (Cyclohexan/ Ethylacetat 5/1); ^{1}H-NMR (400 MHz, CDCl$_3$, δ): 0.00 (s, 3H), 0.03 (s, 3H), 0.84 (s, 9H), 1.02 (d, ^3J = 7.0 Hz, 3H), 1.81 (dd, ^2J = 13.1 Hz, ^3J = 5.5 Hz, 1H), 2.23–2.36 (m, 2H), 2.83 (dd, $^3J_1$ = 4.5 Hz, $^3J_2$ = 9.0 Hz, 1H), 3.71 (s, 3H), 3.85 (dd, ^2J = 1.5 Hz, ^3J = 5.0 Hz, 1H), 4.01 (s, 1OH), 5.06–5.16 (m, 2H), 5.96 (ddd, $^3J_1$ = 9.0 Hz, $^3J_2$ = 10.0 Hz, $^3J_3$ = 17.6 Hz, 1H); ^{13}C-NMR (101 MHz, CDCl$_3$, δ): −5.0 (CH$_3$), −4.8 (CH$_3$), 17.9 (C), 19.7 (CH$_3$), 25.7 (3 × CH$_3$), 41.4 (CH), 46.9 (CH$_2$), 52.4 (CH$_3$), 55.8 (CH), 84.4 (CH), 85.5 (C), 118.7 (CH$_2$), 132.3 (CH), 174.2 (C); IR (KBr-Film, ν): 3508 (m, br, OH), 2956 (s, C–H), 2858 (s, C–H), 1732 (s, C=O), 1463 (s), 1384 (s, CH$_3$), 1250 (s, C–O–C), 1125 (s), 1004 (s), 916 (s, C=CH$_2$), 873 (s), 837 (s), 806 (s), 776 (s) cm^{-1}; M = 314.49 g/mol.

Synthese von 2-Butinal (222)[214]

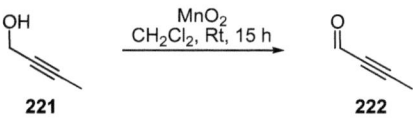

221 → 222

Zu einer Lösung von 2-Butinol (**221**) (1 eq, 4 g, 57 mmol) in CH$_2$Cl$_2$ (90 ml, 1.6 ml/mmol **221**) wurde MnO$_2$ (8 eq, 40 g, 460 mmol) gegeben und für 15 Stunden bei Raumtemperatur gerührt. Anschließend wurde die Lösung über Celite und MgSO$_4$ filtriert. Danach wurde das CH$_2$Cl$_2$ vorsichtig am Rotationsverdampfer entfernt (800 mbar zu 400 mbar). Der rohe Aldehyd **222** wurde ohne weitere Aufreinigung direkt im nächsten Schritt eingesetzt.

^{1}H-NMR (400 MHz, CDCl$_3$, δ):[426] 2.07 (s, 3H), 9.14 (s, 1H); M = 68.07 g/mol.

Synthese des Aldol-Produktes 223

119

223 (71%)
dr > 95/%

Zu einer Lösung des acylierten Evans-Auxiliars **119** (1 eq, 2.8 g, 15.12 mmol) in CH$_2$Cl$_2$ (28 ml, 1.9 ml/mmol **119**) wurde bei 0 °C eine *n*-Bu$_2$BOTf-Lösung (1.1 eq, 16.6 ml, 1 M in CH$_2$Cl$_2$, 16.6 mmol) hinzugetropft. Hierbei verfärbte sich die Lösung rot. Nach Zugabe von Et$_3$N (1.35 eq, 2.8 ml, 20.4 mmol) wurde die Lösung gelb-orange, und es wurde für zehn Minuten bei 0 °C gerührt. Anschließend wurde auf −78 °C abgekühlt und mittels einer Überführkanüle eine auf −78 °C abgekühlte Lösung von frisch synthetisiertem 2-Butinal (**222**)[427] in CH$_2$Cl$_2$ (5 ml, 0.3 ml/mmol **119**) hinzugefügt. Anschließend wurde für eine Stunde bei −78 °C und für 30 Minuten bei 0 °C gerührt. Der Abbruch der Reaktion erfolgte durch Zugabe von pH7-Puffer (15 ml, 1 ml/mmol **119**), Methanol (30 ml, 2 ml/mmol **119**) und 30%iger H$_2$O$_2$ (15 ml, 1 ml/mmol **119**) bei 0 °C. Nach Trennung der Phasen wurde die wässrige Phase fünfmal mit CH$_2$Cl$_2$ extrahiert und die vereinigten organischen Phasen mit MgSO$_4$ getrocknet und am Rotationsverdampfer eingeengt. Die Reinigung erfolgte durch Säulenchromatographie (Cyclohexan/ Ethylacetat 10/1 → 5/1 → 2/1) und ergab das Aldol-Produkt **223** (2.7 g, 71%) als ein leicht gelbes Öl.

R$_f$ (**223**) = 0.44 (Cyclohexan/ Ethylacetat 1/1); ^{1}H-NMR (400 MHz, CDCl$_3$, δ): 0.80 (d, ^3J = 6.9 Hz, 3H), 0.84 (d, ^3J = 7.0 Hz, 3H), 1.30 (d, ^3J = 7.0 Hz, 3H), 1.76 (d, ^5J = 2.0 Hz, 3H), 2.19–2.32 (m, 1H), 3.17 (s, br, OH), 3.84 (dq, $^3J_1$ = 4.4 Hz, $^3J_2$ = 7.0 Hz, 1H), 4.15 (dd,

---

[426] Im Rohspektrum des Aldehyds **222** ist auch noch das Signal von CH$_2$Cl$_2$ (s, 5.29 ppm)[418] zu erkennen.
[427] Für diesen Versuch wurde das 2-Butinal (**222**) aus der vorherigen Vorschrift verwendet. Hier wurden für die Oxidation 57 mmol 2-Butinol (**221**) eingesetzt. Bei einer vollständigen Umsetzung zum Aldehyd **222** entspräche dies 3.8 eq.

^2J = 9.0 Hz, ^3J = 3.0 Hz, 1H), 4.23 (dd, ^2J = ^3J = 9.0 Hz, 1H), 4.38–4.42 (m, 1H), 4.57 (dq, ^3J = 4.4 Hz, ^5J = 2.0 Hz, 1H); ^{13}C-NMR (101 MHz, CDCl$_3$, δ): 3.5 (CH$_3$), 12.3 (CH$_3$), 14.6 (CH$_3$), 17.7 (CH$_3$), 28.3 (CH), 43.8 (CH), 58.2 (CH), 63.1 (CH), 63.4 (CH$_2$), 77.6 (C), 81.5 (C), 153.4 (C), 175.7 (C); IR (KBr-Film, ν): 3479 (s, br, OH), 2967 (s, C–H), 2923 (s, C–H), 2878 (s, C–H), 1778 (s, C=O), 1701 (s, C=O), 1458 (s, CH$_2$), 1386 (s, CH$_3$), 1301 (s), 1206 (s), 1146 (s), 990 (s), 915 (s), 733 (s), 706 (s) cm^{-1}; berechnet für C$_{13}$H$_{19}$NO$_4$: C, 61.64; H, 7.56; N, 5.53; gefunden: C, 61.3; H, 7.7; N, 5.2; $[α]_D^{20}$ −73.0 (c 1.055, CHCl$_3$); M = 253.29 g/mol.

Synthese des Methylesters 224

Bei 0 °C wurde Natrium (1 eq, 249 mg, 10.83 mmol) in MeOH (10.7 ml, 1 ml/mmol **223**) gelöst. Anschließend wurde die frisch synthetisierte Natriummethanolat-Lösung bei −78 °C zu einer Lösung des Aldol-Produktes **223** (1 eq, 2.7 g, 10.66 mmol) in CH$_2$Cl$_2$ (43 ml, 4 ml/mmol **223**) langsam dazugetropft. Danach wurde das Kältebad entfernt und für 30 Minuten gerührt. Durch Zugabe von gesättigter, wässriger NH$_4$Cl-Lösung (50 ml, 4.7 ml/mmol **223**) wurde die Reaktion abgebrochen. Nach Trennung der Phasen wurde die wässrige Phase fünfmal mit CH$_2$Cl$_2$ extrahiert und die vereinigten organischen Phasen mit MgSO$_4$ getrocknet und am Rotationsverdampfer eingeengt. Die anschließende Säulenchromatographie (Cyclohexan/ Ethylacetat 10/1 → Ethylacetat) ergab den Methylester **224** (1.07 g, 64%) als ein leicht gelbes Öl sowie das Evans-Auxiliar **201** (1.15 g, 84%) als einen farblosen Feststoff.

R$_f$ (**224**) = 0.48 (Cyclohexan/ Ethylacetat 1/1); ^{1}H-NMR (400 MHz, CDCl$_3$, δ): 1.26 (d, ^3J = 7.2 Hz, 3H), 1.81 (d, ^5J = 2.1 Hz, 3H), 2.69 (dq, $^3J_1$ = 4.2 Hz, $^3J_2$ = 7.2 Hz, 1H), 2.92 (s, br, OH), 3.71 (s, 3H), 4.56 (dq, ^3J = 4.2 Hz, ^5J = 2.1 Hz, 1H); ^{13}C-NMR (101 MHz, CDCl$_3$, δ): 3.6 (CH$_3$), 11.8 (CH$_3$), 45.5 (CH), 52.0 (CH$_3$), 63.8 (CH), 77.6 (C), 82.1 (C), 174.8 (C); IR (KBr-Film, ν): 3466 (s, br, OH), 2988 (s, C–H), 2953 (s, C–H), 2922 (s, C–H), 1732 (s, C=O), 1458 (s), 1350 (s, CH$_3$), 1252 (s, C–O–C), 1204 (s), 1174 (s), 1028 (s), 990 (s), 734 (s) cm^{-1}; berechnet für C$_8$H$_{12}$O$_3$: C, 61.52; H, 7.74; gefunden: C, 61.5; H, 7.9; $[α]_D^{20}$ +6.1 (c 0.515, CHCl$_3$); M = 156.18 g/mol.

Synthese des TBS-Ethers 224

Zu einer Lösung des Methylesters **224** (1 eq, 1.07 g, 6.85 mmol) in CH_2Cl_2 (7 ml, 1 ml/mmol **224**) wurden bei 0 °C Imidazol (1.8 eq, 847 mg, 12.44 mmol) und TBSCl (1.1 eq, 1.12 g, 7.43 mmol) gegeben. Anschließend wurde für 24 Stunden bei Raumtemperatur gerührt. Der Abbruch der Reaktion erfolgte durch Zugabe von gesättigter, wässriger NH_4Cl-Lösung (7 ml, 1 ml/mmol **224**). Nach Trennung der Phasen, dreimaliger Extraktion der wässrigen Phase mit CH_2Cl_2, Trocknen der vereinigten, organischen Phasen mit $MgSO_4$ und Einengung am Rotationsverdampfer wurde das Produkt durch Säulenchromatographie (Cyclohexan/ Ethylacetat 100/1 → 50/1 → 20/1) gereinigt. Der TBS-Ether **225** (1.6 g, 87%) wurde als ein leicht gelbes Öl erhalten.

R_f (**225**) = 0.70 (Cyclohexan/ Ethylacetat 5/1); ^{1}H-NMR (400 MHz, $CDCl_3$, δ): 0.05 (s, 3H), 0.10 (s, 3H), 0.84 (s, 9H), 1.23 (d, ^3J = 7.2 Hz, 3H), 1.79 (d, ^5J = 2.0 Hz, 3H), 2.61 (dq, $^3J_1$ = 5.1 Hz, $^3J_2$ = 7.2 Hz, 1H), 3.65 (s, 3H), 4.67 (dq, ^3J = 5.1 Hz, ^5J = 2.0 Hz, 1H); ^{13}C-NMR (101 MHz, $CDCl_3$, δ): −5.3 (CH_3), −4.5 (CH_3), 3.5 (CH_3), 11.5 (CH_3), 18.1 (C), 25.7 (3 × CH_3), 47.2 (CH), 51.7 (CH_3), 64.2 (CH), 79.1 (C), 81.3 (C), 174.0 (C); IR (KBr-Film, ν): 2954 (s, C–H), 2930 (s, C–H), 2887 (s, C–H), 2858 (s, C–H), 1748 (s, C=O), 1462 (s), 1347 (s, CH_3), 1252 (s, Si–Me), 1200 (s), 1130 (s), 1066 (s), 1026 (s), 839 (s), 777 (s) cm^{-1}; berechnet für $C_{14}H_{26}O_3Si$: C, 62.18; H, 9.69; gefunden: C, 62.3; H, 9.3; $[\alpha]_D^{20}$ +49.9 (c 0.99, $CHCl_3$); M = 270.44 g/mol.

Synthese des Alkohols 226

Bei −78 °C wurde zu einer Lösung des Esters **225** (1 eq, 1.565 g, 5.79 mmol) in CH_2Cl_2 (20 ml, 3.4 ml/mmol **225**) langsam eine DIBAH-Lösung (2.4 eq, 14 ml, 1 M in CH_2Cl_2, 14 mmol) dazugetropft. Nach Rühren für 30 Minuten bei −78 °C wurde die Reaktion durch vorsichtige Zugabe von Methanol (20 ml, 3.4 ml/mmol **225**) und einer gesättigten, wässrigen Na/K-Tartrat-Lösung (20 ml, 3.4 ml/mmol **225**) abgebrochen. Anschließend wurde für eine Stunde bei Raumtemperatur gerührt. Die Phasen wurden getrennt, die wässrige Phase fünfmal mit CH_2Cl_2 extrahiert und die vereinigten, organischen Phasen mit $MgSO_4$ getrocknet. Nach

Einengung am Rotationsverdampfer und Säulenchromatographie (Cyclohexan/ Ethylacetat 50/1 → 20/1 → 10/1) wurde der Alkohol **226** (1.29 g, 92%) als ein klares Öl erhalten.

R_f (**226**) = 0.64 (Cyclohexan/ Ethylacetat 2/1); ^{1}H-NMR (400 MHz, CDCl$_3$, δ): 0.11 (s, 3H), 0.14 (s, 3H), 0.88 (d, 3H), 0.89 (s, 9H), 1.84 (d, ^5J = 2.1 Hz, 3H), 1.95–2.04 (m, 1H), 2.76 (s, br, OH), 3.54 (dd, ^2J = 10.8 Hz, ^3J = 3.8 Hz, 1H), 3.82 (dd, ^2J = 10.8 Hz, ^3J = 8.2 Hz, 1H), 4.45 (dq, ^3J = 4.1 Hz, ^5J = 2.1 Hz, 1H); ^{13}C-NMR (101 MHz, CDCl$_3$, δ): −5.3 (CH$_3$), −4.5 (CH$_3$), 3.6 (CH$_3$), 12.8 (CH$_3$), 18.2 (C), 25.8 (3 × CH$_3$), 41.4 (CH), 65.9 (CH$_2$), 67.9 (CH), 78.2 (C), 82.3 (C); IR (KBr-Film, ν): 3363 (m, br, OH), 2957 (s, C–H), 2929 (s, C–H), 2857 (s, C–H), 1472 (m, CH$_2$), 1361 (m, CH$_3$), 1252 (s, Si–Me), 1144 (m), 1034 (s), 837 (s), 777 (s) cm^{-1}; berechnet für C$_{13}$H$_{26}$O$_2$Si: C, 64.41; H, 10.81; gefunden: C, 64.2; H, 10.6; $[\alpha]_D^{20}$ −41.9 (c 0.88, CHCl$_3$); M = 242.43 g/mol.

Synthese des Aldehyds 227

Zu einer Lösung des Alkohols **226** (1 eq, 1.26 g, 5.23 mmol) in CH$_2$Cl$_2$ (20 ml, 3.8 ml/mmol **226**) und DMSO (5.2 ml, 1 ml/mmol **226**) wurden bei 0 °C Et$_3$N (4 eq, 3 ml, 21.4 mmol) und Py•SO$_3$ (2.1 eq, 1.75 g, 11 mmol) gegeben. Nach Rühren für 16 Stunden bei Raumtemperatur wurde die Reaktion durch Zugabe von Wasser (20 ml, 3.8 ml/mmol **226**) abgebrochen. Anschließend wurden die Phasen getrennt, die wässrige Phase dreimal mit CH$_2$Cl$_2$ extrahiert und die vereinigten, organischen Phasen mit MgSO$_4$ getrocknet und am Rotationsverdampfer eingeengt. Säulenchromatische Reinigung (Cyclohexan/ Ethylacetat 100/1 → 50/1) ergab den Aldehyd **227** (1.05 g, 84%, 6/5-Mischung von C2-Diastereomeren[428]) als ein leicht gelbes Öl.

R_f (**227**) = 0.76 (Cyclohexan/ Ethylacetat 5/1); ^{1}H-NMR (400 MHz, CDCl$_3$, δ): (6/5-Mischung von C2-Diastereomeren) 0.09 (s, 3H^{Minder}), 0.09 (s, 3H^{Haupt}), 0.13 (s, 3H^{Haupt} + 3H^{Minder}), 0.86 (s, 9H^{Haupt} + 9H^{Minder}), 1.11 (d, ^3J = 6.9 Hz, 3H^{Minder}), 1.14 (d, ^3J = 7.0 Hz, 3H^{Haupt}), 1.82 (d, ^5J = 2.2 Hz, 3H^{Haupt}), 1.83 (d, ^5J = 2.1 Hz, 3H^{Minder}), 2.47–2.59 (m, 1H^{Haupt} + 1H^{Minder}), 4.52 (dq, ^3J = 3.8 Hz, ^5J = 2.1 Hz, 1H^{Minder}), 4.65 (dq, ^3J = 4.6 Hz, ^5J = 2.2 Hz, 1H^{Haupt}), 9.78 (d, ^3J = 1.3 Hz, 1H^{Haupt}), 9.80 (d, ^3J = 1.9 Hz, 1H^{Minder}); ^{13}C-NMR (101 MHz, CDCl$_3$, δ): (6/5-Mischung von C2-Diastereomeren) −5.2 (CH$_3^{Minder}$), −5.2 (CH$_3^{Haupt}$), −4.4 (CH$_3^{Haupt}$), −4.4 (CH$_3^{Minder}$), 3.5 (CH$_3^{Haupt}$), 3.5 (CH$_3^{Minder}$), 9.4 (CH$_3^{Haupt}$), 10.6 (CH$_3^{Minder}$),

---

[428] Das Diastereomerenverhältnis wurde aus dem ^{1}H-NMR-Spektrum durch Integration der H-Atome bei 4.52 ppm und 4.65 ppm bestimmt.

18.2 (C^{Haupt} + C^{Minder}), 25.7 (3 × CH_3^{Haupt} + 3 × CH_3^{Minder}), 52.8 (CH^{Haupt}), 53.1 (CH^{Minder}), 63.6 (CH^{Haupt}), 64.1 (CH^{Minder}), 78.2 (C^{Haupt}), 78.6 (C^{Minder}), 82.8 (C^{Haupt}), 82.8 (C^{Minder}), 203.9 (CH^{Minder}), 204.1 (CH^{Haupt}); IR (KBr-Film, ν): 2957 (s, C–H), 2930 (s, C–H), 2886 (s, C–H), 2858 (s, C–H), 1728 (s, C=O), 1472 (s), 1252 (s), 1145 (s), 1078 (s), 1031 (s), 838 (s), 778 (s) cm^{-1}; HRMS (ESI) berechnet für $C_{13}H_{25}O_2Si$ ($[M+H]^+$): 241.1618; gefunden: 241.1620; M = 240.41 g/mol.[429]

Synthese des Enolacetats 228

Trockenes LiCl (1.5 eq, 270 mg, 6.3 mmol) und das Phosphonat (±)-**123** (1.5 eq, 1.79 g, 6.3 mmol) wurden solange in THF (4.5 ml, 1.1 ml/mmol **227**) bei Raumtemperatur gerührt, bis die Lösung klar wurde. Anschließend wurde bei 0 °C 1,1,3,3-Tetramethylguanidin (1.5 eq, 0.8 ml, 6.3 mmol) hinzugefügt und für weitere zehn Minuten bei 0 °C gerührt. Nach Zugabe des Aldehyds **227** (1 eq, 1.01 g, 4.2 mmol) in THF (4.5 ml, 1.1 ml/mmol **227**) wurde für zehn Minuten bei 0 °C und für drei Stunden bei Raumtemperatur gerührt. Dann wurde die Reaktion durch Zugabe von gesättigter, wässriger NH_4Cl-Lösung (10 ml, 2.4 ml/mmol **227**) abgebrochen. Nach Trennung der Phasen, dreimaliger Extraktion der wässrigen Phase mit CH_2Cl_2 und Trocknen der vereinigten, organischen Phasen mit $MgSO_4$ und Einengung am Rotationsverdampfer wurde das Produkt durch Säulenchromatographie (Cyclohexan/ Ethylacetat 100/1 → 50/1 → 20/1) gereinigt. Das Enolacetat **228** (1.28 g, 83%, 6/5-Mischung von C2-Diastereomeren,[430] (E/Z) = 1.8/1[431]) wurde als ein leicht gelbes Öl erhalten.

R_f (**228**) = 0.58 (Cyclohexan/ Ethylacetat 5/1); ^{1}H-NMR (400 MHz, $CDCl_3$, δ): (6/5-Mischung von C2-Diastereomeren, 1.8/1-Mischung von (E/Z)-Diastereomeren) 0.05, 0.07, 0.09, 0.10 (4 × s, $6H^{Haupt-(E)}$ + $6H^{Haupt-(Z)}$ + $6H^{Minder-(E)}$ + $6H^{Minder-(Z)}$), 0.85, 0.87, 0.88 (3 × s, $9H^{Haupt-(E)}$ + $9H^{Haupt-(Z)}$ + $9H^{Minder-(E)}$ + $9H^{Minder-(Z)}$), 1.07 (d, ^3J = 6.8 Hz, $3H^{Minder-(Z)}$), 1.08 (d, ^3J = 6.9 Hz, $3H^{Haupt-(Z)}$), 1.11 (d, ^3J = 6.8 Hz, $3H^{Haupt-(E)}$), 1.12 (d, ^3J = 6.8 Hz, $3H^{Minder-(E)}$), 1.27 (t, ^3J = 7.1 Hz, $3H^{Haupt-(E)}$ + $3H^{Haupt-(Z)}$ + $3H^{Minder-(E)}$ + $3H^{Minder-(Z)}$), 1.79 (d, ^5J = 2.0 Hz,

---

[429] Für den Aldehyd **227** konnte keine stimmige Elementaranalyse erhalten werden: berechnet für $C_{13}H_{24}O_2Si$: C, 64.95; H, 10.06; gefunden: C, 62.8; H, 9.7.
[430] Das Diastereomerenverhältnis wurde aus dem ^{1}H-NMR-Spektrum durch Integration der H-Atome bei 5.87 ppm und 5.92 ppm bestimmt.
[431] Das (E/Z)-Verhältnis wurde aus dem ^{1}H-NMR-Spektrum durch Integration der H-Atome bei 5.92 ppm und 6.52 ppm bestimmt.

3H$^{\text{Haupt-}(Z)}$ + 3H$^{\text{Minder-}(Z)}$), 1.81 (d, ^5J = 2.0 Hz, 3H$^{\text{Haupt-}(E)}$ + 3H$^{\text{Minder-}(E)}$), 2.16, 2.16, 2.22 (3 × s, 3H$^{\text{Haupt-}(E)}$ + 3H$^{\text{Haupt-}(Z)}$ + 3H$^{\text{Minder-}(E)}$ + 3H$^{\text{Minder-}(Z)}$), 2.64–2.74 (m, 1H$^{\text{Haupt-}(Z)}$ + 1H$^{\text{Minder-}(Z)}$), 3.40–3.50 (m, 1H$^{\text{Haupt-}(E)}$ + 1H$^{\text{Minder-}(E)}$), 4.16–4.31 (m, 3H$^{\text{Haupt-}(E)}$ + 3H$^{\text{Haupt-}(Z)}$ + 3H$^{\text{Minder-}(E)}$ + 3H$^{\text{Minder-}(Z)}$), 5.87 (d, ^3J = 10.3 Hz, 1H$^{\text{Minder-}(E)}$), 5.92 (d, ^3J = 10.3 Hz, 1H$^{\text{Haupt-}(E)}$), 6.44 (d, ^3J = 10.0 Hz, 1H$^{\text{Minder-}(Z)}$), 6.52 (d, ^3J = 10.0 Hz, 1H$^{\text{Haupt-}(Z)}$); ^{13}C-NMR (101 MHz, CDCl$_3$, δ): (6/5-Mischung von C2-Diastereomeren, 1.8/1-Mischung von (*E*/*Z*)-Diastereomeren) –5.2 (CH$_3$$^{\text{Haupt-}(Z)}$), –5.2 (CH$_3$$^{\text{Haupt-}(E)}$), –5.1 (CH$_3$$^{\text{Minder-}(Z)}$), –5.1 (CH$_3$$^{\text{Minder-}(E)}$), –4.5 (CH$_3$$^{\text{Minder-}(Z)}$), –4.5 (CH$_3$$^{\text{Haupt-}(E)}$ + CH$_3$$^{\text{Haupt-}(Z)}$ + CH$_3$$^{\text{Minder-}(E)}$), 3.5 (CH$_3$$^{\text{Haupt-}(E)}$ + CH$_3$$^{\text{Haupt-}(Z)}$ + CH$_3$$^{\text{Minder-}(E)}$ + CH$_3$$^{\text{Minder-}(Z)}$), 14.1, 14.1, 14.1 (3 × s, CH$_3$$^{\text{Haupt-}(E)}$ + CH$_3$$^{\text{Haupt-}(Z)}$ + CH$_3$$^{\text{Minder-}(E)}$ + CH$_3$$^{\text{Minder-}(Z)}$), 14.6 (CH$_3$$^{\text{Haupt-}(Z)}$), 15.0 (CH$_3$$^{\text{Minder-}(Z)}$), 15.5 (CH$_3$$^{\text{Haupt-}(E)}$), 15.8 (CH$_3$$^{\text{Minder-}(E)}$), 18.2, 18.3, 18.3 (3 × s, C$^{\text{Haupt-}(E)}$ + C$^{\text{Haupt-}(Z)}$ + C$^{\text{Minder-}(E)}$ + C$^{\text{Minder-}(Z)}$), 20.4 (CH$_3$$^{\text{Minder-}(Z)}$), 20.4 (CH$_3$$^{\text{Haupt-}(Z)}$), 20.5 (CH$_3$$^{\text{Haupt-}(E)}$), 20.5 (CH$_3$$^{\text{Minder-}(E)}$), 25.8, 25.8 (2 × s, 3 × CH$_3$$^{\text{Haupt-}(E)}$ + 3 × CH$_3$$^{\text{Haupt-}(Z)}$ + 3 × CH$_3$$^{\text{Minder-}(E)}$ + 3 × CH$_3$$^{\text{Minder-}(Z)}$), 38.7 (CH$^{\text{Haupt-}(E)}$ + CH$^{\text{Minder-}(E)}$), 38.8 (CH$^{\text{Haupt-}(Z)}$), 39.0 (CH$^{\text{Minder-}(Z)}$), 61.2 (CH$_2$$^{\text{Haupt-}(E)}$), 61.2 (CH$_2$$^{\text{Minder-}(E)}$), 61.4 (CH$_2$$^{\text{Haupt-}(Z)}$ + CH$_2$$^{\text{Minder-}(Z)}$), 65.9 (CH$^{\text{Haupt-}(Z)}$), 66.1 (CH$^{\text{Minder-}(Z)}$), 66.2 (CH$^{\text{Minder-}(E)}$), 66.8 (CH$^{\text{Haupt-}(E)}$), 78.6 (C$^{\text{Minder-}(Z)}$), 78.7 (C$^{\text{Haupt-}(E)}$), 78.8 (C$^{\text{Haupt-}(Z)}$), 78.9 (C$^{\text{Minder-}(E)}$), 81.6 (C$^{\text{Minder-}(E)}$), 81.7 (C$^{\text{Haupt-}(E)}$ + C$^{\text{Haupt-}(Z)}$), 81.8 (C$^{\text{Minder-}(Z)}$), 132.9 (CH$^{\text{Minder-}(Z)}$), 133.1 (CH$^{\text{Haupt-}(Z)}$), 134.6 (CH$^{\text{Minder-}(E)}$), 135.2 (CH$^{\text{Haupt-}(E)}$), 137.6 (C$^{\text{Haupt-}(E)}$), 137.8 (C$^{\text{Minder-}(E)}$), 138.1 (C$^{\text{Haupt-}(Z)}$), 138.5 (C$^{\text{Minder-}(E)}$), 161.8 (C$^{\text{Minder-}(E)}$), 161.9 (C$^{\text{Haupt-}(E)}$), 161.9 (C$^{\text{Haupt-}(Z)}$ + C$^{\text{Minder-}(Z)}$), 169.6, 169.6 (2 × s, C$^{\text{Haupt-}(E)}$ + C$^{\text{Haupt-}(Z)}$ + C$^{\text{Minder-}(E)}$ + C$^{\text{Minder-}(Z)}$); IR (KBr-Film, ν): 2957 (s, C–H), 2930 (s, C–H), 2858 (s, C–H), 1770 (s, C=O), 1731 (s, C=O), 1371 (s, CH$_3$), 1227 (s, C–O–C), 1205 (s), 1095 (s), 1027 (s), 837 (s, C=C–H), 777 (s) cm^{-1}; HRMS (ESI) berechnet für C$_{19}$H$_{33}$O$_5$Si ([M+H]$^+$): 369.2092; gefunden: 369.2098; M = 368.54 g/mol.[432]

Synthese des α-Ketoesters 229

<chemical scheme: AcO, EtO$_2$C, OTBS (228) → K$_2$CO$_3$ (kat.), MeOH, 0 °C, 70 min → MeO$_2$C, O, OTBS (229 (80%), dr (C2) = 6/5)>

Zu einer Lösung des Enolacetats **228** (1 eq, 1.28 g, 3.473 mmol) in Methanol (14 ml, 4 ml/mmol **228**) wurde bei 0 °C K$_2$CO$_3$ (0.1 eq, 48 mg, 0.347 mmol) gegeben. Anschließend wurde für 70 Minuten bei 0 °C gerührt. Nach Zugabe von gesättigter, wässriger NH$_4$Cl-Lösung (14 ml, 4 ml/mmol **228**) und Verdünnung mit CH$_2$Cl$_2$ wurden die Phasen getrennt, die wässrige Phase viermal mit CH$_2$Cl$_2$ extrahiert und die vereinigten, organischen Phasen mit

---

[432] Für das Enolacetat **228** konnte keine stimmige Elementaranalyse erhalten werden: berechnet für C$_{19}$H$_{32}$O$_5$Si: C, 61.92; H, 8.75; gefunden: C, 60.5; H, 8.6.

MgSO$_4$ getrocknet und am Rotationsverdampfer eingeengt. Säulenchromatographische Reinigung (Cyclohexan/ Ethylacetat 100/1) ergab den α-Ketoester **229** (875 mg, 80%) als ein leicht gelbes Öl.

R$_f$ (**229**) = 0.58 (Cyclohexan/ Ethylacetat 5/1); ^{1}H-NMR (400 MHz, CDCl$_3$, δ): (6/5-Mischung von C2-Diastereomeren) 0.04 (s, 3H^{Haupt}), 0.05 (s, 3H^{Minder}), 0.06 (s, 3H^{Haupt}), 0.09 (s, 3H^{Minder}), 0.84 (s, 9H^{Haupt}), 0.86 (s, 9H^{Minder}), 0.95 (d, ^3J = 6.8 Hz, 3H^{Haupt}), 0.97 (d, ^3J = 6.8 Hz, 3H^{Minder}), 1.77 (d, ^5J = 2.1 Hz, 3H^{Minder}), 1.80 (d, ^5J = 2.1 Hz, 3H^{Haupt}), 2.22–2.37 (m, 1H^{Haupt} + 1H^{Minder}), 2.61 (dd, ^2J = 17.2 Hz, ^3J = 7.6 Hz, 1H^{Haupt}), 2.69 (dd, ^2J = 17.9 Hz, ^3J = 7.9 Hz, 1H^{Minder}), 3.07 (dd, ^2J = 17.9 Hz, ^3J = 5.3 Hz, 1H^{Minder}), 3.12 (dd, ^2J = 17.2 Hz, ^3J = 5.6 Hz, 1H^{Haupt}), 3.82 (s, 3H^{Haupt}), 3.83 (s, 3H^{Minder}), 4.20 (dq, ^3J = 4.6 Hz, ^5J = 2.1 Hz, 1H^{Minder}), 4.23 (dq, ^3J = 4.6 Hz, ^5J = 2.1 Hz, 1H^{Haupt}); ^{13}C-NMR (101 MHz, CDCl$_3$, δ): (6/5-Mischung von C2-Diastereomeren) −5.2 (CH$_3$^{Haupt}), −5.1 (CH$_3$^{Minder}), −4.6 (CH$_3$^{Haupt}), −4.5 (CH$_3$^{Minder}), 3.5 (CH$_3$^{Minder}), 3.5 (CH$_3$^{Haupt}), 15.9 (CH$_3$^{Minder}), 16.0 (CH$_3$^{Haupt}), 18.3 (C^{Minder}), 18.3 (C^{Haupt}), 25.8 (3 × CH$_3$^{Haupt}), 25.8 (3 × CH$_3$^{Minder}), 36.4 (CH^{Minder}), 36.6 (CH^{Haupt}), 41.6 (CH$_2$^{Haupt}), 42.0 (CH$_2$^{Minder}), 52.8 (CH$_3$^{Haupt}), 52.9 (CH$_3$^{Minder}), 66.7 (CH^{Minder}), 66.9 (CH^{Haupt}), 78.4 (C^{Haupt}), 79.2 (C^{Minder}), 81.7 (C^{Minder}), 81.9 (C^{Haupt}), 161.5 (C^{Haupt}), 161.5 (C^{Minder}), 193.8 (C^{Haupt} + C^{Minder}); IR (KBr-Film, ν): 2956 (s, C–H), 2930 (s, C–H), 2858 (s, C–H), 1755 (s, C=O), 1732 (s, C=O), 1463 (m, CH$_2$), 1284 (m), 1252 (s, C–O–C), 1072 (s), 1027 (s), 838 (s), 778 (s) cm^{-1}; HRMS (ESI) berechnet für C$_{16}$H$_{29}$O$_4$Si ([M+H]$^+$): 313.1830; gefunden: 313.1832; M = 312.48 g/mol.[433]

Synthese der Allene 237 und 238

In einem Druckgefäßrohr wurde der α-Ketoester **229** (1 eq, 761 mg, 2.436 mmol) in Decan (8.5 ml, 3.5 ml/mmol **229**) gelöst. Anschließend wurde für 23 Stunden bei 180 °C (Badtemperatur) gerührt. Dann wurde das Decan am Rotationsverdampfer (80 °C, 15 mbar) entfernt. Durch die folgende Säulenchromatographie (Cyclohexan/ Ethylacetat 100/1 → 50/1 → 20/1) wurden die Allene **237** (91 mg, 12%) und **238** (67 mg, 9%) sowie nicht umgesetzter α-Ketoester **229** (226 mg, 30%) als leicht gelbe Öle erhalten.

R$_f$ (**237**) = 0.41 (Cyclohexan/ Ethylacetat 5/1); COSY- und NOESY-NMR-Experimente wurden zur Zuordnung der NMR-Signale gemäß der Jatrophan-Nummerierung durchgeführt. ^{1}H-NMR (400 MHz, CDCl$_3$, δ): 0.04 (s, TBS-C*H*$_3$), 0.06 (s, TBS-C*H*$_3$), 0.88 (s, TBS-

---

[433] Für den α-Ketoester **229** konnte keine stimmige Elementaranalyse erhalten werden: berechnet für C$_{16}$H$_{28}$O$_4$Si: C, 61.50; H, 9.03; gefunden: C, 61.0; H, 9.1.

3 × CH_3), 1.07 (d, ^3J = 6.7 Hz, 16-CH_3), 1.47 (dd, ^2J = 13.5 Hz, ^3J = 11.3 Hz, 1-CH_2, 1H^{Re}), 2.06–2.18 (m, 2-CH), 2.45 (dd, ^2J = 13.5 Hz, ^3J = 7.2 Hz, 1-CH_2, 1H^{Si}), 3.54 (s, br, OH), 3.75 (s, OCH_3), 4.32 (ddd, ^3J = 8.6 Hz, $^5J_1$ = $^5J_2$ = 4.3 Hz, 3-CH), 5.00 (dd, ^5J = 4.3 Hz, 6-CH_2); ^{13}C-NMR (101 MHz, CDCl$_3$, δ): −4.6 (CH$_3$), −3.8 (CH$_3$), 17.2 (CH$_3$), 18.2 (C), 25.9 (3 × CH$_3$), 41.4 (CH$_2$), 41.7 (CH), 53.0 (CH$_3$), 79.0 (C), 79.0 (CH), 82.1 (CH$_2$), 112.8 (C), 175.1 (C), 203.2 (C); IR (KBr-Film, ν): 3513 (m, OH), 2957 (s, C–H), 2930 (s, C–H), 2857 (s, C–H), 1960 (m, C=C=CH$_2$), 1732 (s, C=O), 1462 (m, CH$_2$), 1256 (s, C–O–C), 1152 (s), 910 (s), 834 (s), 738 (s) cm^{-1}; M = 312.48 g/mol.

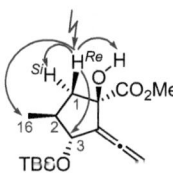

Eintrag	Signal bei	Schlussfolgerung
1	1.07 ppm 16-CH_3 (mittel)	1^{Re}-CH_2 und 16-CH_3 sind *cis*
2	2.45 ppm 1^{Si}-CH_2 (stark)	/
3	3.54 ppm OH (schwach)	1^{Re}-CH_2 und OH sind *cis*
4	4.32 ppm 3-CH (mittel)	1^{Re}-CH_2 und 3-CH sind *cis*

Tab. 15: 1D-NOE-NMR Einstrahlung bei 1.47 ppm (1^{Re}-CH_2).

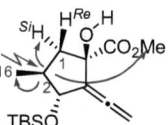

Eintrag	Signal bei	Schlussfolgerung
1	1.07 ppm 16-CH_3 (stark)	/
2	2.45 ppm 1^{Si}-CH_2 (mittel)	2-CH und 1^{Si}-CH_2 sind *cis*
3	3.75 ppm OCH_3 (schwach)	2-CH und CO$_2$CH_3 sind *cis*

Tab. 16: 1D-NOE-NMR Einstrahlung bei 2.06–2.18 ppm (2-CH).

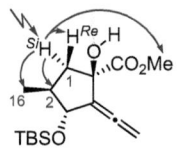

Eintrag	Signal bei	Schlussfolgerung
1	1.07 ppm 16-CH_3 (schwach)	1^{Si}-CH_2 und 16-CH_3 sind *trans*
2	1.47 ppm 1^{Re}-CH_2 (stark)	/
3	2.06–2.18 ppm 2-CH (mittel)	1^{Si}-CH_2 und 2-CH sind *cis*
4	3.75 ppm 16-CH_3 (schwach)	1^{Si}-CH_2 und 16-CH_3 sind *cis*

Tab. 17: 1D-NOE-NMR Einstrahlung bei 2.45 ppm (1^{Si}-CH_2).

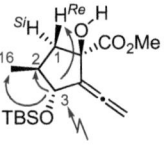

Eintrag	Signal bei	Schlussfolgerung
1	1.07 ppm 16-CH_3 (stark)	3-CH und 16-CH_3 sind *cis*
2	1.47 ppm 1^{Re}-CH_2 (stark)	3-CH und 1^{Re}-CH_2 sind *cis*
3	2.06–2.18 ppm 2-CH (schwach)	3-CH und 2-CH sind *trans*

Tab. 18: 1D-NOE-NMR Einstrahlung bei 4.32 ppm (3-CH).

R_f (**238**) = 0.31 (Cyclohexan/ Ethylacetat 5/1); COSY- und NOESY-NMR-Experimente wurden zur Zuordnung der NMR-Signale gemäß der Jatrophan-Nummerierung durchgeführt. ^{1}H-NMR (400 MHz, CDCl$_3$, δ): 0.05 (s, TBS-CH_3), 0.07 (s, TBS-CH_3), 0.88 (s, TBS-3 × CH_3), 1.06 (d, ^3J = 6.7 Hz, 16-CH_3), 1.86 (dd, ^2J = ^3J = 13.2 Hz, 1-CH_2, 1H^{Re}), 1.99 (dd, ^2J = 13.2 Hz, ^3J = 6.8 Hz, 1-CH_2, 1H^{Si}), 2.16–2.28 (m, 2-CH), 3.28 (s, br, OH), 3.76 (s, OCH_3), 4.19 (ddd, ^3J = 9.3 Hz, $^5J_1$ = 4.0 Hz, $^5J_2$ = 4.8 Hz, 3-CH), 4.95 (dd, ^2J = 10.9 Hz, ^5J = 4.8 Hz, 6-CH_2, 1H), 5.12 (dd, ^2J = 10.9 Hz, ^5J = 4.0 Hz, 6-CH_2, 1H); ^{13}C-NMR (101 MHz, CDCl$_3$, δ): −4.5 (CH$_3$), −3.7 (CH$_3$), 16.9 (CH$_3$), 18.2 (C), 25.9 (3 × CH$_3$), 40.3 (CH), 41.8 (CH$_2$), 53.0 (CH$_3$), 79.4 (C), 79.9 (CH), 82.5 (CH$_2$), 113.5 (C), 174.7 (C), 203.0 (C); IR (KBr-Film, ν): 3497 (m, OH), 2956 (s, C–H), 2930 (s, C–H), 2857 (s, C–H), 1960 (m, C=C=CH$_2$), 1736 (s, C=O), 1462 (m, CH$_2$), 1257 (s, C–O–C), 1133 (s), 873 (s), 836 (s), 777 (s), 734 (s) cm^{-1}; M = 312.48 g/mol.

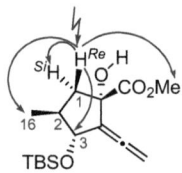

Eintrag	Signal bei	Schlussfolgerung
1	1.06 ppm 16-CH_3 (mittel)	1^{Re}-CH_2 und 16-CH_3 sind *cis*
2	1.99 ppm 1^{Si}-CH_2 (stark)	/
3	3.76 ppm OCH_3 (mittel)	1^{Re}-CH_2 und CO_2CH_3 sind *cis*
4	4.19 ppm 3-CH (stark)	1^{Re}-CH_2 und 3-CH sind *cis*

Tab. 19: 1D-NOE-NMR Einstrahlung bei 1.86 ppm (1^{Re}-CH_2).

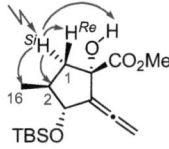

Eintrag	Signal bei	Schlussfolgerung
1	1.06 ppm 16-CH_3 (schwach)	1^{Si}-CH_2 und 16-CH_3 sind *trans*
2	1.86 ppm 1^{Re}-CH_2 (stark)	/
3	2.16–2.28 ppm 2-CH (stark)	1^{Si}-CH_2 und 2-CH sind *cis*
4	3.28 ppm OH (schwach)	1^{Si}-CH_2 und OH sind *cis*

Tab. 20: 1D-NOE-NMR Einstrahlung bei 1.99 ppm (1^{Si}-CH_2).

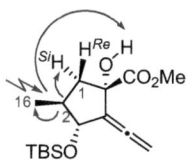

Eintrag	Signal bei	Schlussfolgerung
1	1.06 ppm 16-CH_3 (stark)	/
2	1.99 ppm 1^{Si}-CH_2 (mittel)	2-CH und 1^{Si}-CH_2 sind *cis*
3	3.28 ppm OH (schwach)	2-CH und OH sind *cis*

Tab. 21: 1D-NOE-NMR Einstrahlung bei 2.16–2.28 ppm (2-CH).

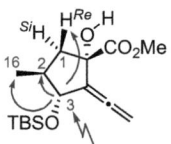

Eintrag	Signal bei	Schlussfolgerung
1	1.06 ppm 16-CH_3 (stark)	3-CH und 16-CH_3 sind *cis*
2	1.86 ppm 1^{Re}-CH_2 (stark)	3-CH und 1^{Re}-CH_2 sind *cis*
3	2.16–2.28 ppm 2-CH (schwach)	3-CH und 2-CH sind *trans*

Tab. 22: 1D-NOE-NMR Einstrahlung bei 4.19 ppm (3-CH).

Synthese des Diols 248[144]

Zu einer Lösung des Esters **117** (1 eq, 5.88 g, 18.69 mmol) in THF (90 ml, 4.8 ml/mmol **117**) wurde bei 0 °C LiAlH$_4$ (2.9 eq, 2.13 g, 53.32 mmol) gegeben. Anschließend wurde für 75 Minuten bei Raumtemperatur gerührt. Danach wurde bei 0 °C durch vorsichtige Zugabe von gesättigter, wässriger NH$_4$Cl-Lösung (90 ml, 4.8 ml/mmol **117**) die Reaktion beendet. Nach Trennung der Phasen, sechsfacher Extraktion der wässrigen Phase mit CH$_2$Cl$_2$ und Trocknen der vereinigten, organischen Phasen mit MgSO$_4$ und Einengung am Rotationsverdampfer wurde das Rohprodukt durch Säulenchromatographie (Cyclohexan/ Ethylacetat 10/1 → 2/1) gereinigt. Das Diol **248** (4.78 g, 89%) wurde als ein farbloser Feststoff (Smp.: 57 °C; Lit.:[152] 57.8 °C) erhalten.

R$_f$ (**248**) = 0.56 (Cyclohexan/ Ethylacetat 1/1); ^{1}H-NMR (400 MHz, CDCl$_3$, δ): 0.00 (s, 3H), 0.05 (s, 3H), 0.86 (s, 9H), 1.08 (d, ^3J = 7.0 Hz, 3H), 1.29 (dd, ^2J = 13.9 Hz, ^3J = 9.7 Hz, 1H), 1.63 (s, br, 2 × OH), 1.71–1.83 (m, 1H), 2.13 (dd, ^2J = 13.9 Hz, ^3J = 9.0 Hz, 1H), 2.20 (dd, $^3J_1$ = $^3J_2$ = 9.1 Hz, 1H), 3.43 (d, ^2J = 11.0 Hz, 1H), 3.53 (d, ^2J = 11.0 Hz, 1H), 3.70 (dd, $^3J_1$ = $^3J_2$ = 9.1 Hz, 1H), 5.17 (dd, ^2J = 1.5 Hz, ^3J = 17.3 Hz, 1H), 5.24 (dd, ^2J = 1.5 Hz, ^3J = 10.3 Hz, 1H), 5.87 (ddd, $^3J_1$ = 9.1 Hz, $^3J_2$ = 10.3 Hz, $^3J_3$ = 17.3 Hz, 1H); ^{13}C-NMR (101 MHz, CDCl$_3$, δ): −4.0 (CH$_3$), −3.4 (CH$_3$), 18.1 (C), 18.5 (CH$_3$), 26.0 (3 × CH$_3$), 39.9 (CH), 41.7 (CH$_2$), 60.1 (CH), 70.3 (CH$_2$), 78.9 (C), 83.1 (CH), 119.5 (CH$_2$), 136.9 (CH); IR (KBr-Film, ν): 3309 (s, br, OH), 2954 (s, C–H), 2930 (s, C–H), 2892 (s, C–H), 2858 (s, C–H), 1472 (m, CH$_2$), 1378 (m, CH$_3$), 1251 (s), 1124 (s), 1084 (m), 1047 (s), 997 (s, C=CH$_2$), 916 (m, C=CH$_2$), 877 (s), 836 (s), 755 (s) cm^{-1}; berechnet für C$_{15}$H$_{30}$SiO$_3$: C, 62.89; H, 10.55; gefunden: C, 62.8; H, 10.7; $[\alpha]_D^{20}$ +16.6 (c 0.308, CHCl$_3$); M = 286.48 g/mol.

Synthese des Acetals 249 mit 2,2-Dimethoxypropan und PPTS

Das Diol **248** (1 eq, 4.78 g, 16.67 mmol) wurde in CH$_2$Cl$_2$ (17 ml, 1 ml/mmol **248**) gelöst und anschließend bei 0 °C mit 2,2-Dimethoxypropan (1.5 eq, 3.1 ml, 25.15 mmol) und PPTS (0.15 eq, 628 mg, 2.5 mmol) versetzt. Danach wurde für 24 Stunden bei Raumtemperatur gerührt. Der Abbruch der Reaktion erfolgte durch Zugabe von gesättigter, wässriger NaHCO$_3$-Lösung (20 ml, 1.2 ml/mmol **248**). Anschließend wurden die Phasen getrennt, die wässrige Phase dreimal mit CH$_2$Cl$_2$ extrahiert und die vereinigten, organischen Phasen mit MgSO$_4$ getrocknet und am Rotationsverdampfer eingeengt. Nach säulenchromatographischer Reinigung (Cyclohexan/ Ethylacetat 100/1) wurde das Acetal **249** (4.84 g, 89%) als ein farbloses Öl erhalten.

R_f (**249**) = 0.74 (Cyclohexan/ Ethylacetat 5/1); ^{1}H-NMR (400 MHz, CDCl$_3$, δ): 0.00 (s, 3H), 0.03 (s, 3H), 0.86 (s, 9H), 1.06 (d, ^3J = 6.5 Hz, 3H), 1.28 (s, 3H), 1.38 (s, 3H), 1.53 (dd, ^2J = 13.6 Hz, ^3J = 9.8 Hz, 1H), 1.65–1.77 (m, 1H), 2.12–2.18 (m, 2H), 3.60 (dd, $^3J_1$ = $^3J_2$ = 8.3 Hz, 1H), 3.74 (d, ^2J = 8.3 Hz, 1H), 3.82 (d, ^2J = 8.3 Hz, 1H), 5.04 (dd, ^2J = 1.5 Hz, ^3J = 17.1 Hz, 1H), 5.13 (dd, ^2J = 1.5 Hz, ^3J = 10.3 Hz, 1H), 5.80 (ddd, $^3J_1$ = 7.5 Hz, $^3J_2$ = 10.3 Hz, $^3J_3$ = 17.1 Hz, 1H); ^{13}C-NMR (101 MHz, CDCl$_3$, δ): −4.0 (CH$_3$), −3.4 (CH$_3$), 18.1 (C), 18.6 (CH$_3$), 26.0 (3 × CH$_3$ + 1 × CH$_3$), 27.5 (CH$_3$), 40.2 (CH), 45.3 (CH$_2$), 60.2 (CH), 73.9 (CH$_2$), 83.0 (CH), 86.1 (C), 109.6 (C), 118.3 (CH$_2$), 136.4 (CH); IR (KBr-Film, ν): 2956 (s, C–H), 2930 (s, C–H), 2858 (s, C–H), 1473 (m, CH$_2$), 1369 (s, CH$_3$), 1256 (s, C–O–C), 1215 (s), 1122 (s), 1062 (s), 973 (m, C=CH$_2$), 915 (m, C=CH$_2$), 890 (s), 836 (s), 775 (s) cm^{-1}; berechnet für C$_{18}$H$_{34}$SiO$_3$: C, 66.21; H, 10.49; gefunden: C, 66.2; H, 10.6; $[\alpha]_D^{20}$ −12.9 (c 1.085, CHCl$_3$); M = 326.55 g/mol.

Synthese des Acetals 249 mit CuSO$_4$ in Aceton

Zu einer Lösung des Diols **248** (1 eq, 634 mg, 2.21 mmol) in Aceton (6 ml, 2.7 ml/mmol **248**) wurde bei Raumtemperatur CuSO$_4$ (3.5 eq, 1.24 g, 7.77 mmol) hinzugefügt und anschließend für 22 Stunden bei Raumtemperatur gerührt. Dann wurde gesättigte, wässrige NaHCO$_3$-Lösung (15 ml, 6.8 ml/mmol **248**) und CH$_2$Cl$_2$ (15 ml, 6.8 ml/mmol **248**) hinzugegeben und die Phasen getrennt. Nach dreimaliger Extraktion der wässrigen Phase mit CH$_2$Cl$_2$, Trocknen der vereinigten, organischen Phasen mit MgSO$_4$, Einengung am Rotationsverdampfer und säulenchromatographischer Reinigung (Cyclohexan/ Ethylacetat 100/1) wurde das Acetal **249** (612 mg, 85%) als ein farbloses Öl erhalten.

Analytische Daten: s.o.

Synthese des Aldehyds 251

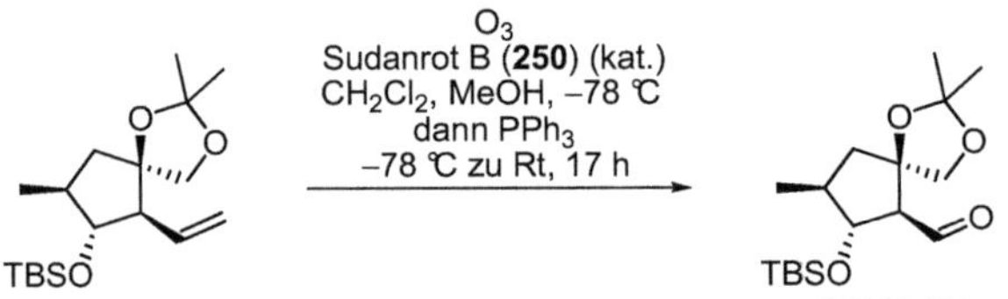

Zu einer Lösung des Alkens **249** (1 eq, 2.53 g, 7.76 mmol) in CH$_2$Cl$_2$ (13 ml, 1.7 ml/mmol **249**) und Methanol (6.5 ml, 0.85 ml/mmol **249**) wurde ein Spatelspitze Sudanrot B (**250**) gegeben, worauf sich die Lösung himbeerrot färbte. Danach wurde auf −78 °C abgekühlt und solange Ozon (I = 1 A) eingeleitet, bis sich die Lösung entfärbte. Anschließend wurde der Reaktionskolben für fünf Minuten mit Stickstoff gespült. Nach Zugabe von PPh$_3$ (3 eq, 6.16 g, 23.49 mmol) bei −78 °C wurde auf Raumtemperatur erwärmt und für 17 Stunden gerührt. Nach Entfernung der Lösemittel und säulenchromatischer Reinigung (Cyclohexan → Cyclohexan/ Ethylacetat 100/1) wurde der Aldehyd **251** (2.41 g, 95%) als ein farbloses Öl erhalten.

R_f (**251**) = 0.72 (Cyclohexan/ Ethylacetat 5/1); ^{1}H-NMR (400 MHz, CDCl$_3$, δ): −0.02 (s, 3H), 0.06 (s, 3H), 0.83 (s, 9H), 1.08 (d, ^3J = 7.0 Hz, 3H), 1.30 (s, 3H), 1.36 (s, 3H), 1.55 (dd, ^2J = ^3J = 12.5 Hz, 1H), 1.67–1.79 (m, 1H), 2.05 (dd, ^2J = 12.5 Hz, ^3J = 7.2 Hz, 1H), 2.58 (dd, $^3J_1$ = 3.1 Hz, $^3J_2$ = 7.0 Hz, 1H), 3.94 (d, ^2J = 8.5 Hz, 1H), 3.97 (d, ^2J = 8.5 Hz, 1H), 4.17 (dd, $^3J_1$ = $^3J_2$ = 7.0 Hz, 1H), 9.71 (d, ^3J = 3.1 Hz, 1H); ^{13}C-NMR (101 MHz, CDCl$_3$, δ): −4.5 (CH$_3$), −4.4 (CH$_3$), 17.4 (CH$_3$), 17.9 (C), 25.8 (3 × CH$_3$), 25.8 (CH$_3$), 27.1 (CH$_3$), 40.7 (CH), 45.0 (CH$_2$), 66.2 (CH), 75.6 (CH$_2$), 77.8 (CH), 86.4 (C), 110.1 (C), 201.5 (CH); IR (KBr-Film, ν): 3019 (m, C–H), 2958 (m, C–H), 2931 (m, C–H), 1713 (s, C=O), 1419 (m, CH$_2$), 1363 (s, CH$_3$), 1222 (s, C–O–C), 1122 (m), 1061 (m), 838 (m), 756 (s), 668 (m) cm^{-1}; berechnet für C$_{17}$H$_{32}$SiO$_4$: C, 62.15; H, 9.82; gefunden: C, 62.1; H, 9.6; $[α]_D^{20}$ +38.4 (c 1.13, CHCl$_3$); M = 328.52 g/mol.

Synthese des Alkins 252

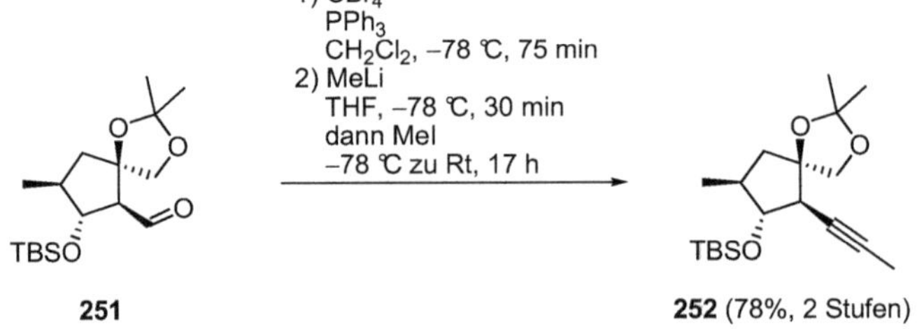

Zu einer Lösung von CBr$_4$ (1.8 eq, 5.86 g, 17.67 mmol) in CH$_2$Cl$_2$ (35 ml, 3.6 ml/mmol **251**) wurde bei 0 °C PPh$_3$ (3.6 eq, 9.27 g, 35.34 mmol) hinzugefügt. Die gelb-orange Lösung wurde anschließend auf −78 °C abgekühlt und mit einer Lösung des Aldehyds **251** (1 eq, 3.22 g, 9.81 mmol) in CH$_2$Cl$_2$ (30 ml, 3.1 ml/mmol **251**) versetzt. Nach Rühren für 75 Minuten bei −78 °C wurde die Reaktion durch Zugabe von gesättigter, wässriger NH$_4$Cl-Lösung (50 ml, 5.1 ml/mmol **251**) abgebrochen. Danach wurden die Phasen getrennt, die wässrige Phase dreimal mit CH$_2$Cl$_2$ extrahiert und die vereinigten, organischen Phasen mit MgSO$_4$ getrocknet. Nach dem Einengen wurde das resultierende Feststoff-Gemisch in ca. 2 ml CH$_2$Cl$_2$ gelöst und anschließend mit soviel Cyclohexan versetzt, bis kein farbloser Feststoff mehr ausfiel. Der Feststoff wurde über Celite abfiltriert und anschließend wieder in CH$_2$Cl$_2$ gelöst. Nach Einengen der Lösung wurde der farblose Feststoff wieder in ca. 2 ml CH$_2$Cl$_2$ gelöst und anschließend durch Zugabe von Cyclohexan wieder ausgefällt und über Celite abfiltriert. Diese Prozedur wurde noch zweimal wiederholt. Danach wurden die vereinigten Cyclohexan-Phasen eingeengt. Die anschließende säulenchromatische Reinigung (Cyclohexan → Cyclohexan/ Ethylacetat 100/1) ergab das Dibromid (3.82 g, 80%) als ein leicht gelbes Öl.

R_f (Dibromid) = 0.78 (Cyclohexan/ Ethylacetat 5/1).

Zu einer Lösung des Dibromids (1 eq, 3.82 g, 7.89 mmol) in THF (25 ml, 3.2 ml/mmol **251**) wurde bei −78 °C eine MeLi-Lösung (3.6 eq, 18 ml, 1.6 M in Et$_2$O, 28.8 mmol) hinzugefügt und für 30 Minuten bei −78 °C gerührt. Anschließend wurde MeI (5.1 eq, 2.5 ml, 40.32 mmol) zugetropft und für 17 Stunden gerührt, wobei sich die Lösung auf Raumtemperatur erwärmte. Der Abbruch der Reaktion erfolgte durch Zugabe von gesättigter, wässriger NH$_4$Cl-Lösung (30 ml, 3.8 ml/mmol **251**). Nach Trennung der Phasen wurde die wässrige Phase dreimal mit CH$_2$Cl$_2$ extrahiert. Die vereinigten, organischen Phasen wurden mit MgSO$_4$ getrocknet und am Rotationsverdampfer eingeengt. Zum Schluss wurde das Alkin **252** (2.59 g, 97%) durch säulenchromatographische Reinigung (Cyclohexan/ Ethylacetat 100/1 → 50/1) als ein farbloses Öl erhalten.

R_f (**252**) = 0.69 (Cyclohexan/ Ethylacetat 5/1); ^{1}H-NMR (400 MHz, CDCl$_3$, δ): 0.09 (s, 3H), 0.13 (s, 3H), 0.89 (s, 9H), 1.03 (d, ^3J = 6.5 Hz, 3H), 1.41 (s, 3H), 1.42 (s, 3H), 1.56 (dd, ^2J = 12.9 Hz, ^3J = 10.0 Hz, 1H), 1.61–1.68 (m, 1H), 1.81 (d, ^5J = 2.5 Hz, 3H), 2.08 (dd, ^2J = 12.9 Hz, ^3J = 7.7 Hz, 1H), 2.47 (dd, ^5J = 2.5 Hz, ^3J = 8.1 Hz, 1H), 3.70 (dd, $^3J_1$ = $^3J_2$ = 8.1 Hz, 1H), 3.83 (d, ^2J = 8.3 Hz, 1H), 3.90 (d, ^2J = 8.3 Hz, 1H); ^{13}C-NMR (101 MHz, CDCl$_3$, δ): −4.5 (CH$_3$), −3.9 (CH$_3$), 3.8 (CH$_3$), 18.1 (C), 18.4 (CH$_3$), 25.9 (3 × CH$_3$), 26.0 (CH$_3$), 27.4 (CH$_3$), 40.0 (CH), 44.5 (CH$_2$), 48.2 (CH), 74.5 (CH$_2$), 77.3 (C), 80.0 (C), 84.0 (CH), 85.4 (C), 110.1 (C); IR (KBr-Film, ν): 2958 (s, C–H), 2858 (s, C–H), 1472 (s), 1463 (s, CH$_2$), 1379 (s, CH$_3$), 1257 (s, C–O–C), 1213 (s), 1116 (s), 1063 (s), 1037 (s), 1006 (s), 973 (s), 885 (s), 837 (s), 777 (s), 669 (m) cm^{-1}; berechnet für $C_{19}H_{34}SiO_3$: C, 67.40; H, 10.12; gefunden: C, 67.2; H, 10.2; $[\alpha]_D^{20}$ –4.4 (c 0.945, CHCl$_3$); M = 338.56 g/mol.

Synthese des Vinyliodids 197

Nach Zugabe von Cp$_2$Zr(H)Cl (3 eq, 5.46 g (95%ig), 20.12 mmol) zu einer Lösung des Alkins **252** (1 eq, 2.27 g, 6.71 mmol) in THF (42 ml, 6.3 ml/mmol **252**) wurde für 90 Minuten bei 40 °C gerührt. Die nun gelb-orange, trübe Lösung wurde auf 0 °C abgekühlt und dann mit einer gesättigten I$_2$-Lösung in CH$_2$Cl$_2$ (100 ml, 14.9 ml/mmol **252**) versetzt, woraufhin sich die Lösung braun färbte. Es wurde noch für zehn Minuten bei Raumtemperatur gerührt. Nach Zugabe von gesättigter, wässriger Na$_2$S$_2$O$_3$-Lösung (100 ml, 14.9 ml/mmol **252**) entfärbte sich die Lösung. Dann wurde in einen Scheidetrichter überführt, mit CH$_2$Cl$_2$ verdünnt und Wasser (100 ml, 14.9 ml/mmol **252**) hinzugefügt. Nach einmaligem Ausschütteln und Trennung der Phasen wurde die wässrige Phase dreimal mit CH$_2$Cl$_2$ extrahiert. Die vereinigten, organischen Phasen wurden mit MgSO$_4$ getrocknet und am Rotationsverdampfer eingeengt. Säulenchromatographische Reinigung (Cyclohexan → Cyclohexan/ Ethylacetat 100/1) ergab das Vinyliodid **197** (2.87 g, 92%) als ein leicht gelbes Öl.

R$_f$ (**197**) = 0.72 (Cyclohexan/ Ethylacetat 5/1); ^{1}H-NMR (400 MHz, CDCl$_3$, δ): 0.04 (s, 3H), 0.05 (s, 3H), 0.87 (s, 9H), 1.04 (d, ^3J = 6.5 Hz, 3H), 1.31 (s, 3H), 1.39 (s, 3H), 1.54 (dd, ^2J = 13.8 Hz, ^3J = 9.5 Hz, 1H), 1.67–1.79 (m, 1H), 2.17 (dd, ^2J = 13.8 Hz, ^3J = 9.1 Hz, 1H), 2.39 (d, ^5J = 1.0 Hz, 3H), 2.48 (dd, $^3J_1$ = $^3J_2$ = 9.7 Hz, 1H), 3.58 (dd, $^3J_1$ = $^3J_2$ = 9.7 Hz, 1H), 3.71 (d, ^2J = 8.4 Hz, 1H), 3.84 (d, ^2J = 8.4 Hz, 1H), 6.24 (dd, ^3J = 9.7 Hz, ^5J = 1.0 Hz, 1H); ^{13}C-NMR (101 MHz, CDCl$_3$, δ): –4.2 (CH$_3$), –3.9 (CH$_3$), 17.9 (C), 18.4 (CH$_3$), 25.9 (3 × CH$_3$), 25.9 (CH$_3$), 27.4 (CH$_3$), 28.2 (CH$_3$), 40.0 (CH), 45.3 (CH$_2$), 56.3 (CH), 74.0 (CH$_2$), 82.9 (CH), 86.0 (C), 96.9 (C), 110.0 (C), 139.7 (CH); IR (KBr-Film, ν): 2955 (s, C–H), 2929 (s, C–H), 2857 (s, C–H), 1462 (m, CH$_2$), 1380 (s, CH$_3$), 1370 (s), 1257 (s, C–O–C), 1215 (m), 1155 (m), 1119 (s), 1062 (s, C=C–I), 1032 (m), 898 (s), 865 (m), 836 (s, C=C–H), 813 (m), 775 (s) cm^{-1}; berechnet für $C_{19}H_{35}ISiO_3$: C, 48.92; H, 7.56; gefunden: C, 48.9; H, 7.3; $[\alpha]_D^{20}$ –36.8 (c 1.285, CHCl$_3$); M = 466.47 g/mol.

Synthese von 3-Brompropylphenylselan (256)[193,237]

$$Br\diagup\!\!\!\diagdown\!\!\!\diagup Br \xrightarrow[\substack{\text{(PhSe)}_2 \\ \text{NaBH}_4 \\ \text{MeOH, 0 °C, 30 min} \\ \text{dann zu Br(CH}_2)_3\text{Br (255)} \\ \text{0 °C zu Rt, 21 h}}]{} Br\diagup\!\!\!\diagdown\!\!\!\diagup SePh$$

255   **256** (91%)

In einem Einhalskolben wurde Diphenyldiselenid (1 eq, 4.98 g, 15.95 mmol) in Methanol (30 ml, 1.9 ml/mmol $(\text{PhSe})_2$) vorgelegt. Nach vorsichtiger Zugabe von NaBH_4 (2.5 eq, 1.48 g, 39.13 mmol) bei 0 °C wurde für 30 Minuten bei 0 °C gerührt. In einem zweiten Einhalskolben wurde 1,3-Dibrompropan (**255**) (20 eq, 32.5 ml, 320.2 mmol) in Methanol (30 ml, 1.9 ml/mmol $(\text{PhSe})_2$) vorgelegt und auf 0 °C abgekühlt. Zu dieser Lösung wurde unter starkem Rühren die Lösung des Phenylselenidanions gegeben. Anschließend wurde für 21 Stunden bei Raumtemperatur gerührt. Nach Entfernung des Methanols am Rotationsverdampfer wurde der Rückstand mit gesättigter, wässriger NaHCO_3-Lösung (50 ml, 3.1 ml/mmol $(\text{PhSe})_2$) aufgenommen. Anschließend wurde mit Diethylether verdünnt, die Phasen getrennt und die wässrige Phase dreimal mit Diethylether extrahiert. Die vereinigten, organischen Phasen wurden dann mit MgSO_4 getrocknet und am Rotationsverdampfer eingeengt. Durch die anschließende Kugelrohrdestillation (65 °C, 8 mbar) wurde überschüssiges 1,3-Dibrompropan (**255**) (44.8 g, 69% reisoliert) entfernt. Säulenchromatographische Reinigung (Cyclohexan → Cyclohexan/ Ethylacetat 100/1) ergab das Bromid **256** (8.07 g, 91%) als eine leicht gelbe, ölige Flüssigkeit.

R_f (**256**) = 0.69 (Cyclohexan/ Ethylacetat 20/1); ^{1}H-NMR (400 MHz, CDCl_3, δ): 2.19 (tt, $^3J_1 = {}^3J_2 = 6.5$ Hz, 2H), 3.03 (t, $^3J = 6.5$ Hz, 2H), 3.51 (t, $^3J = 6.5$ Hz, 2H), 7.26–7.30 (m, 3H), 7.50–7.52 (m, 2H); ^{13}C-NMR (101 MHz, CDCl_3, δ): 25.8 (CH_2), 32.7 (CH_2), 33.1 (CH_2), 127.2 (CH), 129.2 (2 × CH), 129.5 (C), 133.0 (2 × CH); IR (KBr-Film, ν): 3070 (w, C–H), 2960 (w, C–H), 1578 (m, C=C), 1477 (s, C=C), 1436 (s, CH_2), 1384 (s, CH_3), 1237 (s), 734 (s, C=C–H), 690 (m, C=C–H) cm^{-1}; M = 278.05 g/mol.

Synthese des Nitrils 257[193]

$$Br\diagup\!\!\!\diagdown\!\!\!\diagup SePh \xrightarrow[\substack{i\text{-Pr}_2\text{NH} \\ n\text{-BuLi} \\ \text{Et}_2\text{O, 0 °C, 15 min} \\ i\text{-PrCN, 0 °C, 1 h} \\ \text{dann Bromid } \mathbf{256} \\ \text{Rt, 17 h}}]{} NC\diagup\!\!\!\diagdown\!\!\!\diagup SePh$$

256   **257** (93%)

Zu einer Lösung von i-Pr_2NH (1.8 eq, 7.2 ml, 51.2 mmol) in Et_2O (16 ml, 0.5 ml/mmol **256**) wurde bei 0 °C n-BuLi (1.7 eq, 22 ml, 2.2 M in n-Hexan, 48.4 mmol) hinzugefügt und für

15 Minuten bei 0 °C gerührt. Danach wurde Isobuttersäurenitril (1.6 eq, 4.1 ml, 45.1 mmol) unverdünnt hinzugefügt, woraufhin sich die Lösung gelb-grün färbte. Nach Rühren für eine Stunde bei 0 °C wurde das Bromid **256** (1 eq, 8.07 g, 29.02 mmol) gelöst in Et$_2$O (25 ml, 0.9 ml/mmol **256**) innerhalb von 10 Minuten zugetropft. Hierbei wurde eine Verfärbung der Lösung über gelb nach orange beobachtet. Die Lösung wurde für 17 Stunden bei Raumtemperatur gerührt und anschließend mit gesättigter, wässriger NH$_4$Cl-Lösung (100 ml, 3.4 ml/mmol **256**) versetzt. Nach Trennung der Phasen wurde die wässrige Phase dreimal mit CH$_2$Cl$_2$ extrahiert, und die vereinigten, organischen Phasen wurden mit MgSO$_4$ getrocknet und am Rotationsverdampfer eingeengt. Das Nitril **257** (7.22 g, 93%) wurde nach säulenchromatographischer Reinigung (Cyclohexan → Cyclohexan/ Ethylacetat 50/1 → 20/1) als ein leicht gelbes Öl erhalten.

R$_f$ (**257**) = 0.45 (Cyclohexan/ Ethylacetat 10/1); ^{1}H-NMR (400 MHz, CDCl$_3$, δ): 1.31 (s, 6H), 1.63–1.68 (m, 2H), 1.83–1.91 (m, 2H), 2.93 (t, ^3J = 7.0 Hz, 2H), 7.23–7.30 (m, 3H), 7.50 (dd, ^3J = 7.0 Hz, ^4J = 1.5 Hz, 2H); ^{13}C-NMR (101 MHz, CDCl$_3$, δ): 25.8 (CH$_2$), 26.7 (2 × CH$_3$), 27.6 (CH$_2$), 32.1 (C), 40.9 (CH$_2$), 124.9 (C), 127.1 (CH), 129.2 (2 × CH), 129.8 (C), 133.0 (2 × CH); IR (KBr-Film, ν): 2976 (s, C–H), 2939 (s, C–H), 2233 (w, CN), 1579 (m, C=C), 1478 (s, C=C), 1437 (s, CH$_2$), 1385 (m, CH$_3$), 1267 (m), 1022 (m), 737 (s, C=C–H), 691 (s, C=C–H), 670 (w) cm^{-1}; berechnet für C$_{13}$H$_{17}$NSe: C, 58.65; H, 6.44; N, 5.26; gefunden: C, 58.5; H, 6.2; N, 5.0; M = 266.24 g/mol.

Synthese des Aldehyds 258[193]

NC⟨⟩SePh → (DIBAH, PhMe, –78 °C, 1.5 h) → OHC⟨⟩SePh
257   **258** (97%)

Das Nitril **257** (1 eq, 6.63 g, 24.9 mmol) wurde in PhMe (25 ml, 1 ml/mmol **257**) gelöst und auf –78 °C abgekühlt. Nach Zutropfen einer DIBAH-Lösung (1.1 eq, 27.5 ml, 1 M in CH$_2$Cl$_2$, 27.5 mmol) innerhalb von zehn Minuten wurde für anderthalb Stunden bei –78 °C gerührt. Danach wurde bei –78 °C vorsichtig Methanol (12.5 ml, 0.5 ml/mmol **257**) und eine gesättigte, wässrige Na/K-Tartrat-Lösung (25 ml, 1 ml/mmol **257**) hinzugefügt. Nach Zugabe von wässriger HCl (50 ml, 1 M, 2 ml/mmol **257**) wurde für eine Stunde bei Raumtemperatur gerührt. Die Phasen wurden getrennt, und die wässrige Phase wurde dreimal mit CH$_2$Cl$_2$ extrahiert. Nach Trocknen der vereinigten, organischen Phasen mit MgSO$_4$ wurde das Rohprodukt am Rotationsverdampfer eingeengt. Säulenchromatographische Reinigung (Cyclohexan/ Ethylacetat 100/1 → 50/1) ergab den Aldehyd **258** (6.52 g, 97%) als ein farbloses Öl.

R$_f$ (**258**) = 0.57 (Cyclohexan/ Ethylacetat = 5/1); ^{1}H-NMR (400 MHz, CDCl$_3$, δ): 1.03 (s, 6H), 1.58–1.63 (m, 4H), 2.88 (t, ^3J = 6.0 Hz, 2H), 7.22–7.28 (m, 3H), 7.47 (dd, ^3J = 7.0 Hz,

^4J = 1.5 Hz, 2H), 9.42 (s, 1H); ^{13}C-NMR (101 MHz, CDCl$_3$, δ): 21.4 (2 × CH$_3$), 24.9 (CH$_2$), 28.3 (CH$_2$), 37.1 (CH$_2$), 45.7 (C), 127.0 (CH), 129.1 (2 × CH), 130.1 (C), 132.7 (2 × CH), 206.0 (CH); IR (KBr-Film, ν): 2965 (m, C–H), 2931 (m, C–H), 1727 (s, C=O), 1579 (m, C=C), 1478 (m, C=C), 1437 (m CH$_2$), 1384 (m, CH$_3$), 1022 (m), 736 (s, C=C–H), 691 (m, C=C–H) cm^{-1}; berechnet für C$_{13}$H$_{18}$OSe: C, 57.99; H, 6.74; gefunden: C, 57.8; H, 6.9; M = 269.24 g/mol.

Synthese des Allylalkohols (±)-259^{193}

Zu einer Lösung des Aldehyds **258** (1 eq, 6.52 g, 24.2 mmol) in THF (87 ml, 3.6 ml/mmol **258**) wurde bei −78 °C eine Vinylmagnesiumbromid-Lösung (1.3 eq, 45 ml, 0.7 M in THF, 31.5 mmol) zugetropft und für 45 Minuten bei −78 °C gerührt. Der Abbruch der Reaktion erfolgte bei −78 °C durch vorsichtige Zugabe von gesättigter, wässriger NH$_4$Cl-Lösung (90 ml, 3.7 ml/mmol **258**). Nach Trennung der Phasen und viermaliger Extraktion der wässrigen Phase mit CH$_2$Cl$_2$ wurden die vereinigten, organischen Phasen mit MgSO$_4$ getrocknet und am Rotationsverdampfer eingeengt. Der Allylalkohol (±)-**259** (5.67 g, 79%) wurde nach säulenchromatographischer Reinigung (Cyclohexan/ Ethylacetat 50/1 → 20/1) als ein leicht gelbes Öl erhalten.

R_f (**259**) = 0.39 (Cyclohexan/ Ethylacetat 5/1); ^{1}H-NMR (400 MHz, CDCl$_3$, δ): 0.84 (s, 3H), 0.87 (s, 3H), 1.34 (td, ^2J = 12.0 Hz, ^3J = 5.0 Hz, 1H), 1.45 (td, ^2J = 12.0 Hz, ^3J = 6.0 Hz, 1H), 1.47 (s, br, 1OH), 1.71 (tdd, $^3J_1$ = 5.0 Hz, $^3J_2$ = 6.0 Hz, $^3J_3$ = 7.0 Hz, 2H), 2.89 (t, ^3J = 7.0 Hz, 2H), 3.79 (d, ^3J = 6.3 Hz, 1H), 5.15–5.23 (m, 2H), 5.91 (ddd, $^3J_1$ = 6.3 Hz, $^3J_2$ = 10.5 Hz, $^3J_3$ = 17.0 Hz, 1H), 7.21–7.28 (m, 3H), 7.48 (dd, $^3J_1$ = 1.5 Hz, $^3J_2$ = 8.0 Hz, 2H); ^{13}C-NMR (101 MHz, CDCl$_3$, δ): 22.8 (CH$_3$), 22.9 (CH$_3$), 24.6 (CH$_2$), 28.8 (CH$_2$), 37.2 (C), 39.0 (CH$_2$), 79.9 (CH), 116.7 (CH$_2$), 126.7 (CH), 129.0 (2 × CH), 130.6 (C), 132.4 (2 × CH), 137.8 (CH); IR (KBr-Film, ν): 3444 (s, br, OH), 3072 (m, C–H), 2962 (s, C–H), 2871 (s, C–H), 1579 (s, C=C), 1477 (s, C=C), 1437 (s, CH$_2$), 1385 (s, CH$_3$), 1365 (s), 1023 (s), 998 (s, C=CH$_2$), 925 (s, C=CH$_2$), 735 (s, C=C–H), 691 (s, C=C–H) cm^{-1}; berechnet für C$_{15}$H$_{22}$OSe: C, 60.60; H, 7.46; gefunden: C, 60.8; H, 7.2; M = 297.29 g/mol.

Synthese des PMB-Ethers (±)-198[193]

OH / SePh (±)-259 → [NaH, TBAI (kat.), PMBCl, THF, DMSO, Rt, 18 h] → OPMB / SePh (±)-198 (89%)

Zu einer Lösung des Allylalkohols (±)-**259** (1 eq, 5.67 g, 19.09 mmol) in THF (24 ml, 1.3 ml/mmol **259**) und DMSO (12 ml, 0.6 ml/mmol **259**) wurde bei 0 °C NaH (1.3 eq, 1 g, 60%ig in Mineralöl, 24.81 mmol) hinzugefügt und für zehn Minuten bei 0 °C gerührt. Anschließend wurde TBAI (0.05 eq, 351 mg, 0.95 mmol) und PMBCl (1.1 eq, 2.86 ml, 20.99 mmol) dazugegeben. Nach Rühren für zehn Minuten bei 0 °C und für 18 Stunden bei Raumtemperatur wurde die Reaktion durch Zugabe von gesättigter, wässriger NH$_4$Cl-Lösung (30 ml, 4.5 ml/mmol **259**) beendet. Die Phasen wurden getrennt, und die wässrige Phase wurde dreimal mit CH$_2$Cl$_2$ extrahiert. Nach Trocknen der vereinigten, organischen Phasen mit MgSO$_4$ und Einengung am Rotationsverdampfer wurde das Produkt durch Säulenchromatographie (Cyclohexan → Cyclohexan/ Ethylacetat 100/1) gereinigt. Der PMB-Ether (±)-**198** (7.11 g, 89%) wurde als ein leicht gelbes Öl erhalten.

R_f (**198**) = 0.61 (Cyclohexan/ Ethylacetat 10/1); ^{1}H-NMR (400 MHz, CDCl$_3$, δ): 0.84 (s, 3H), 0.89 (s, 3H), 1.30–1.37 (m, 1H), 1.46–1.53 (m, 1H), 1.63 (tt, $^3J_1 = {}^3J_2 = 7.5$ Hz, 2H), 2.86 (t, $^3J = 7.5$ Hz, 2H), 3.35 (d, $^3J = 8.0$ Hz, 1H), 3.82 (s, 3H), 4.19 (d, $^2J = 11.5$ Hz, 1H), 4.52 (d, $^2J = 11.5$ Hz, 1H), 5.17 (dd, $^2J = 1.1$ Hz, $^3J = 17.1$ Hz, 1H), 5.32 (dd, $^2J = 1.1$ Hz, $^3J = 10.5$ Hz, 1H), 5.77 (ddd, $^3J_1 = 8.0$ Hz, $^3J_2 = 10.5$ Hz, $^3J_3 = 17.1$ Hz, 1H), 6.89 (d, $^3J = 8.5$ Hz, 2H), 7.21–7.28 (m, 5H), 7.48 (dd, $^3J = 7.0$ Hz, $^4J = 1.5$ Hz, 2H); ^{13}C-NMR (101 MHz, CDCl$_3$, δ): 23.4 (CH$_3$), 23.4 (CH$_3$), 24.7 (CH$_2$), 28.8 (CH$_2$), 37.1 (C), 39.4 (CH$_2$), 55.3 (CH$_3$), 69.9 (CH$_2$), 86.8 (CH), 113.6 (2 × CH), 118.9 (CH$_2$), 126.6 (CH), 129.0 (2 × CH), 129.2 (2 × CH), 130.8 (C), 131.1 (C), 132.3 (2 × CH), 135.7 (CH), 158.9 (C); IR (KBr-Film, ν): 2959 (m, C–H), 2868 (w, C–H), 2835 (w, C–H), 1612 (m, C=C), 1580 (w, C=C), 1513 (s, C=C), 1477 (m, CH$_2$), 1301 (m), 1248 (s, C–O–C), 1173 (m), 1073 (m), 1037 (s, OCH$_3$), 736 (m, C=C–H), 691 (w, C=C–H) cm^{-1}; berechnet für C$_{23}$H$_{30}$O$_2$Se: C, 66.18; H, 7.24; gefunden: C, 66.2; H, 7.2; M = 417.44 g/mol.

Synthese des Kupplungsproduktes 260

Zu einer Lösung des Alkens (±)-**198** (2.1 eq, 881 mg, 2.11 mmol) in THF (0.6 ml, 0.6 ml/mmol **197**) in einem Druckgefäßrohr wurde eine 9-BBN-Lösung (6.5 eq, 13 ml, 0.5 M in THF, 6.5 mmol) gegeben und für 22.5 Stunden bei 40 °C gerührt. Nach Zugabe des Vinyliodids **197** (1 eq, 445 mg, 0.997 mmol) in DMF (1.6 ml, 1.6 ml/mmol **197**), Cs_2CO_3 (2.7 eq, 889 mg, 2.73 mmol), Ph_3As (0.2 eq, 58 mg, 0.189 mmol) und entgasten Wassers (1 ml, 1 ml/mmol **197**) wurde das Reaktionsgefäß dreimal evakuiert und anschließend mit Argon geflutet. Danach wurde (dppf)$PdCl_2 \cdot CH_2Cl_2$ (0.07 eq, 55 mg, 0.067 mmol) hinzugefügt und für acht Stunden bei 80 °C gerührt. Der Abbruch der Reaktion erfolgte durch Zugabe von gesättigter, wässriger NH_4Cl-Lösung (20 ml, 20 ml/mmol **197**). Die Phasen wurden getrennt, und die wässrige Phase wurde dreimal mit CH_2Cl_2 extrahiert. Nach Trocknen der vereinigten, organischen Phasen mit $MgSO_4$ und Einengen am Rotationsverdampfer wurde das Produkt durch Säulenchromatographie (Cyclohexan → Cyclohexan/ Ethylacetat 100/1 → 50/1) gereinigt. Das Kupplungsprodukt **260** (637 mg, 84%, 1/1-Mischung von C9-Diastereomeren) wurde als ein leicht gelbes Öl erhalten.

R_f (**260**) = 0.46 (Cyclohexan/ Ethylacetat 5/1); COSY- und NOESY-NMR-Experimente wurden zur Zuordnung der ^{1}H-NMR-Signale gemäß der Jatrophan-Nummerierung durchgeführt.

^{1}H-NMR (400 MHz, CDCl$_3$, δ): (1/1-Mischung von C9-Diastereomeren) −0.03 (s, TBS-CH_3, 3 + 3H), 0.04 (s, TBS-CH_3, 3 + 3H), 0.86 (s, TBS-3 × CH_3, 9 + 9H, 18- oder 19-CH_3, 3 + 3H), 0.88 (s, 18- oder 19-CH_3, 3 + 3H), 1.06 (d, ^3J = 6.8 Hz, 16-CH_3, 3 + 3H), 1.26 (s, Acetal-CH_3, 3 + 3H), 1.40 (s, Acetal-CH_3, 3 + 3H), 1.32–1.57 (m, 1-CH_2, 1 + 1H^{Re}, 8-CH_2, 1 + 1H, 11-CH_2, 2 + 2H), 1.63 (s, 17-CH_3, 3 + 3H), 1.60–1.79 (m, 2-CH, 1 + 1H, 8-CH_2, 1 + 1H, 12-CH_2, 2 + 2H), 1.95–2.06 (m, 7-CH_2, 1 + 1H), 2.18 (dd, ^2J = 13.8 Hz, ^3J = 9.0 Hz, 1-CH_2, 1 + 1H^{Si}), 2.24–2.35 (m, 7-CH_2, 1 + 1H), 2.51 (dd, $^3J_1$ = $^3J_2$ = 9.4 Hz, 4-CH, 1 + 1H), 2.86 (t, ^3J = 7.3 Hz, 12'-CH_2, 2 + 2H), 3.01 (d, ^3J = 6.3 Hz, 9-CH, 1 + 1H), 3.55 (dd, $^3J_1$ = $^3J_2$ = 9.4 Hz, 3-CH, 1 + 1H), 3.66 (d, ^2J = 8.3 Hz, 14-CH_2, 1 + 1H), 3.80 (s, PMB-OCH_3, 3 + 3H), 3.82 (d, ^2J = 8.3 Hz, 14-CH_2, 1 + 1H), 4.43–4.54 (m, PMB-OCH_2Ar, 2 + 2H), 5.24 (d, ^3J = 9.4 Hz, 5-CH, 1 + 1H), 6.87 (d, ^3J = 8.5 Hz, 2 × CH_{ar}, 2 + 2H), 7.21–7.28 (m,

5 × CH_{ar}, 5 + 5H), 7.46–7.48 (m, 2 × CH_{ar}, 2 + 2H); ^{13}C-NMR (101 MHz, CDCl$_3$, δ): (1/1-Mischung von C9-Diastereomeren) –4.2 (1 + 1CH$_3$), –4.0 (1 + 1CH$_3$), 17.1 (1 + 1CH$_3$), 18.0 (1 + 1C), 18.6 (1 + 1CH$_3$), 23.6 (1 + 1CH$_3$), 23.8 (1 + 1CH$_3$), 24.9 (1 + 1CH$_2$), 25.9 (3 + 3CH$_3$), 25.9 (1 + 1CH$_3$), 26.0 (1 + 1CH$_3$), 28.8 (1 + 1CH$_2$), 29.6 (1 + 1CH$_2$), 38.3 (1 + 1CH$_2$), 38.7 (1 + 1C), 39.4 (1 + 1CH$_2$), 40.1 (1 + 1CH), 45.6 (1 + 1CH$_2$), 53.1 (1 + 1CH), 55.3 (1 + 1CH$_3$), 73.8 (1 + 1CH$_2$), 74.4 (1 + 1CH$_2$), 84.0 (1 + 1CH), 86.9 (1 + 1C), 87.1 (1 + 1CH), 109.5 (1 + 1C), 113.7 (2 + 2CH), 122.4 (1 + 1CH), 126.6 (1 + 1CH), 129.0 (2 + 2CH), 129.2 (2 + 2CH), 130.8 (1 + 1C), 131.4 (1 + 1C), 132.3 (2 + 2CH), 138.2 (1 + 1C), 159.0 (1 + 1C); IR (KBr-Film, ν): 2928 (s, C–H), 2857 (s, C–H), 1613 (m, C=C), 1514 (s, C=C), 1471 (s), 1410 (s), 1384 (CH$_3$), 1339 (m), 1299 (s), 1248 (s, C–O–C), 1171 (m), 1118 (s), 1039 (s), 973 (m), 896 (s), 867 (m), 836 (s, C=C–H), 775 (s), 736 (s, C=C–H), 691 (m, C=C–H) cm^{-1}; berechnet für C$_{42}$H$_{66}$O$_5$SeSi: C, 66.55; H, 8.78; gefunden: C, 66.5; H, 8.4; M = 758.02 g/mol.

Eintrag	Signal bei	Schlussfolgerung
1	1.95–2.06 ppm 7-CH_2, 1H (stark)	(5E)
2	2.24–2.35 ppm 7-CH_2, 1H (stark)	(5E)
3	1.63 ppm 17-CH_3 (schwach)	(5E)

Tab. 23: 1D-NOE-NMR Einstrahlung bei 5.24 ppm (5-CH).

Synthese des Diens 261

Das Selenid **260** (1 eq, 4.64 g, 6.12 mmol) wurde in THF (50 ml, 8.2 ml/mmol **260**) gelöst und bei 0 °C mit NaHCO$_3$ (4.2 eq, 2.16 g, 25.69 mmol) und H$_2$O$_2$ (2.1 eq, 1.3 ml, 30%ig in H$_2$O, 12.85 mmol) versetzt. Anschließend wurde für anderthalb Stunden bei 0 °C und für 21.5 Stunden bei Raumtemperatur gerührt. Die Reaktion wurde durch Zugabe einer gesättigten, wässrigen Na$_2$S$_2$O$_3$-Lösung (50 ml, 8.2 ml/mmol **260**) abgebrochen. Nach

Trennung der Phasen, dreimaliger Extraktion der wässrigen Phase mit CH_2Cl_2, Trocknen der vereinigten, organischen Phasen mit $MgSO_4$ und Einengung am Rotationsverdampfer wurde das Rohprodukt durch Säulenchromatographie (Cyclohexan → Cyclohexan/ Ethylacetat 100/1 → 50/1) gereinigt. Das Dien **261** (3.12 g, 85%, 1/1-Mischung von C9-Diastereomeren) wurde als ein farbloses Öl erhalten.

R_f (**261**) = 0.51 (Cyclohexan/ Ethylacetat 5/1); ^{1}H-NMR (400 MHz, $CDCl_3$, δ): (1/1-Mischung von C9-Diastereomeren) −0.03 (s, 3 + 3H), 0.04 (s, 3 + 3H), 0.85 (s, 9 + 9H), 0.88 (s, 3 + 3H), 0.93 (s, 3 + 3H), 1.06 (d, ^3J = 6.5 Hz, 3 + 3H), 1.26 (s, 3 + 3H), 1.40 (s, 3 + 3H), 1.50–1.57 (m, 1 + 1H), 1.64 (s, 3 + 3H), 1.59–1.79 (m, 3 + 3H), 1.96–2.06 (m, 2 + 2H), 2.10–2.14 (m, 1 + 1H), 2.17 (dd, ^2J = 13.7 Hz, ^3J = 9.1 Hz, 1 + 1H), 2.25–2.36 (m, 1 + 1H), 2.51 (dd, $^3J_1$ = $^3J_2$ = 9.6 Hz, 1 + 1H), 3.05 (d, ^3J = 8.8 Hz, 1 + 1H), 3.55 (dd, $^3J_1$ = $^3J_2$ = 9.6 Hz, 1 + 1H), 3.66 (d, ^2J = 8.3 Hz, 1 + 1H), 3.80 (s, 3 + 3H), 3.82 (d, ^2J = 8.3 Hz, 1 + 1H), 4.47–4.56 (m, 2 + 2H), 4.99–5.04 (m, 2 + 2H), 5.24 (d, ^3J = 9.6 Hz, 1 + 1H), 5.79–5.89 (m, 1 + 1H), 6.87 (d, ^3J = 8.7 Hz, 2 + 2H), 7.28 (d, ^3J = 8.7 Hz, 2 + 2H); ^{13}C-NMR (101 MHz, $CDCl_3$, δ): (1/1-Mischung von C9-Diastereomeren) −4.1 (1 + 1CH_3), −3.9 (1 + 1CH_3), 17.2 (1 + 1CH_3), 18.0 (1 + 1C), 18.7 (1 + 1CH_3), 23.5 (1 + 1CH_3), 23.6 (1 + 1CH_3), 25.9 (3 + 3CH_3), 26.0 (1 + 1CH_3), 27.6 (1 + 1CH_3), 29.6 (1 + 1CH_2), 38.3 (1 + 1CH_2), 39.1 (1 + 1C), 40.2 (1 + 1CH), 43.8 (1 + 1CH_2), 45.6 (1 + 1CH_2), 53.2 (1 + 1CH), 55.3 (1 + 1CH_3), 73.9 (1 + 1CH_2), 74.4 (1 + 1CH_2), 84.0 (1 + 1CH), 86.9 (1 + 1C), 87.0 (1 + 1CH), 109.5 (1 + 1C), 113.7 (2 + 2CH), 117.0 (1 + 1CH_2), 122.4 (1 + 1CH), 129.0 (2 + 2CH), 131.5 (1 + 1C), 135.6 (1 + 1CH), 138.2 (1 + 1C), 159.0 (1 + 1C); IR (KBr-Film, ν): 2955 (s, C–H), 2929 (s, C–H), 2857 (s, C–H), 1614 (m, C=C), 1514 (s, C=C), 1463 (s, CH_2), 1379 (s, CH_3), 1368 (s), 1249 (s, C–O–C), 1214 (s), 1119 (s), 1061 (s), 1040 (s), 973 (m, $C=CH_2$), 896 (s, $C=CH_2$), 867 (m), 836 (s, C=C–H), 775 (s) cm^{-1}; berechnet für $C_{36}H_{60}O_5Si$: C, 71.95; H, 10.06; gefunden: C, 71.8; H, 10.2; M = 600.94 g/mol.

Synthese des Triols 262

Zu einer Lösung des Silylethers **261** (1 eq, 153 mg, 0.255 mmol) in Methanol (1.3 ml, 5 ml/mmol **261**) wurde bei Raumtemperatur H_2SO_4•SiO_2 (27 mg, 100 mg/mmol **261**) gegeben und für drei Stunden bei Raumtemperatur gerührt. Abgebrochen wurde die Reaktion durch Zugabe von gesättigter, wässriger $NaHCO_3$-Lösung (5 ml, 20 ml/mmol **261**). Anschließend wurde mit CH$_2$Cl$_2$ verdünnt und die Phasen getrennt. Nach fünfmaliger Extraktion der wässrigen Phase mit CH$_2$Cl$_2$, Trocknen der vereinigten, organischen Phasen mit MgSO$_4$, Einengung am Rotationsverdampfer und Reinigung des Rohproduktes durch Säulenchromatographie (Cyclohexan/ Ethylacetat 5/1 → 1/1) wurde das Triol **262** (74 mg, 65%, 1/1-Mischung von C9-Diastereomeren) als ein leicht gelbes Öl erhalten.

R_f (**262**) = 0.27 (Cyclohexan/ Ethylacetat 1/1); ^{1}H-NMR (400 MHz, CDCl$_3$, δ): (1/1-Mischung von C9-Diastereomeren) 0.90 (s, 3 + 3H), 0.94 (s, 3 + 3H), 1.12 (d, ^3J = 6.3 Hz, 3 + 3H), 1.31 (dd, ^2J = 13.6 Hz, ^3J = 9.5 Hz, 1 + 1H), 1.52–1.62 (m, 1 + 1H), 1.64–17.3 (m, 1 + 1H), 1.69 (s, 3 + 3H), 1.74–1.83 (m, 1 + 1H), 1.88–2.14 (m, 6 + 6H), 2.19 (dd, ^2J = 13.6 Hz, ^3J = 9.3 Hz, 1 + 1H), 2.31–2.39 (m, 1 + 1H), 2.44 (dd, $^3J_1$ = $^3J_2$ = 9.5 Hz, 1 + 1H), 3.06 (d, ^3J = 9.0 Hz, 1 + 1H), 3.39 (d, ^2J = 10.9 Hz, 1 + 1H), 3.46 (d, ^2J = 10.9 Hz, 1 + 1H), 3.60 (dd, $^3J_1$ = $^3J_2$ = 9.5 Hz, 1 + 1H), 3.80 (s, 3 + 3H), 4.50–4.56 (m, 2 + 2H), 5.00–5.05 (m, 2 + 2H), 5.23 (d, ^3J = 9.5 Hz, 1 + 1H), 5.79–5.89 (m, 1 + 1H), 6.88 (d, ^3J = 8.5 Hz, 2 + 2H), 7.28 (d, ^3J = 8.5 Hz, 2 + 2H); ^{13}C-NMR (101 MHz, CDCl$_3$, δ): (1/1-Mischung von C9-Diastereomeren) 17.2 (1 + 1CH$_3$), 18.3 (1 + 1CH$_3$), 23.6 (2 + 2CH$_3$), 29.6 (1 + 1CH$_2$), 38.0 (1 + 1CH$_2$), 39.0 (1 + 1CH), 39.1 (1 + 1C), 42.0 (1 + 1CH$_2$), 43.8 (1 + 1CH$_2$), 53.4 (1 + 1CH), 55.4 (1 + 1CH$_3$), 70.1 (1 + 1CH$_2$), 74.8 (1 + 1CH$_2$), 79.5 (1 + 1C), 83.5 (1 + 1CH), 86.7 (1 + 1CH), 113.8 (2 + 2CH), 117.2 (1 + 1CH$_2$), 121.1 (1 + 1CH), 129.0 (2 + 2CH), 131.3 (1 + 1C), 135.5 (1 + 1CH), 142.1 (1 + 1C), 159.1 (1 + 1C); IR (KBr-Film, ν): 3427 (s, br, OH), 2956 (s, C–H), 2930 (s, C–H), 2870 (s, C–H), 1613 (m, C=C), 1514 (s, C=C), 1464 (m, CH$_2$), 1248 (s, C–O–C), 1067 (s), 1036 (s) cm^{-1}; berechnet für C$_{27}$H$_{42}$O$_5$: C, 72.61; H, 9.48; gefunden: C, 72.3; H, 9.4; M = 446.62 g/mol.

Synthese des Diols 263 mit La(NO$_3$)$_3$•6H$_2$O

Das Acetal **261** (1 eq, 142 mg, 0.236 mmol) wurde in Acetonitril (4 ml, 17 ml/mmol **261**) gelöst und mit La(NO$_3$)$_3$•6H$_2$O (5.2 eq, 535 mg, 1.236 mmol) versetzt. Anschließend wurde für 25 Stunden bei 50 °C gerührt. Nach Zugabe von Wasser (10 ml, 42 ml/mmol **261**) und Verdünnen mit CH$_2$Cl$_2$ wurden die Phasen getrennt, die wässrige Phase fünfmal mit CH$_2$Cl$_2$ extrahiert und die vereinigten, organischen Phasen mit MgSO$_4$ getrocknet und am Rotationsverdampfer eingeengt. Das Diol **263** (71 mg, 54%, 1/1-Mischung von C9-Diastereomeren) wurde nach säulenchromatographischer Reinigung (Cyclohexan/ Ethylacetat 5/1) als ein farbloses Öl erhalten.

R_f (**263**) = 0.54 (Cyclohexan/ Ethylacetat 1/1); ^{1}H-NMR (400 MHz, CDCl$_3$, δ): (1/1-Mischung von C9-Diastereomeren) −0.03 (s, 3 + 3H), 0.04 (s, 3 + 3H), 0.85 (s, 9 + 9H), 0.90 (s, 3 + 3H), 0.94 (s, 3 + 3H), 1.06 (d, ^3J = 6.8 Hz, 3 + 3H), 1.24–1.30 (m, 2 + 2H), 1.58–1.71 (m, 1 + 1H), 1.65 (s, 3 + 3H), 1.73–1.83 (m, 1 + 1H), 2.00–2.10 (m, 3 + 3H), 2.11–2.18 (m, 2 + 2H), 2.28–2.37 (m, 2 + 2H), 2.46 (dd, $^3J_1$ = $^3J_2$ = 9.1 Hz, 1 + 1H), 3.04–3.07 (m, 1 + 1H), 3.38 (d, ^2J = 10.9 Hz, 1 + 1H), 3.44 (d, ^2J = 10.9 Hz, 1 + 1H), 3.61 (dd, $^3J_1$ = $^3J_2$ = 9.1 Hz, 1 + 1H), 3.80 (s, 3 + 3H), 4.51–4.53 (m, 2 + 2H), 5.00–5.06 (m, 2 + 2H), 5.18 (d, ^3J = 9.1 Hz, 1 + 1 H), 5.79–5.90 (m, 1 + 1H), 6.87 (d, ^3J = 8.8 Hz, 2 + 2H), 7.28 (d, ^3J = 8.8 Hz, 2 + 2H); ^{13}C-NMR (101 MHz, CDCl$_3$, δ): (1/1-Mischung von C9-Diastereomeren) −4.1 (1 + 1CH$_3$), −3.9 (1 + 1CH$_3$), 17.1 (1 + 1CH$_3$), 18.0 (1 + 1C), 18.5 (1 + 1CH$_3$), 23.6 (2 + 2CH$_3$), 25.9 (3 + 3CH$_3$), 29.7 (1 + 1CH$_2$), 38.1 (1 + 1C), 39.1 (1 + 1CH$_2$), 39.9 (1 + 1CH), 41.5 (1 + 1CH$_2$), 43.8 (1 + 1CH$_2$), 53.5 (1 + 1CH), 55.3 (1 + 1CH$_3$), 70.2 (1 + 1CH$_2$), 74.7 (1 + 1CH$_2$), 79.5 (1 + 1C), 84.3 (1 + 1CH), 86.9 (1 + 1CH), 113.7 (2 + 2CH), 117.1 (1 + 1CH$_2$), 122.2 (1 + 1CH), 129.1 (2 + 2CH), 131.3 (1 + 1C), 135.5 (1 + 1CH), 140.9 (1 + 1C), 159.0 (1 + 1C); IR (KBr-Film, ν): 3421 (s, br, OH), 3074 (m, C–H), 2956 (s, C–H), 2857 (s, C–H), 1638 (m, C=C), 1613 (s, C=C), 1514 (s, C=C), 1463 (s, CH$_2$), 1384 (CH$_3$), 1362 (s), 1302 (s), 1248 (s, C–O–C), 1173 (s), 1113 (s), 1039 (s), 1006 (m, C=CH$_2$), 913 (s, C=CH$_2$), 881 (s), 836 (s, C=C–H), 775 (s), 735 (m) cm^{-1}; berechnet für C$_{33}$H$_{56}$O$_5$Si: C, 70.67; H, 10.06; gefunden: C, 70.5; H, 9.7; M = 560.88 g/mol.

Synthese des Diols 263 mit Zn(NO$_3$)$_2$•6H$_2$O

Das Acetal **261** (1 eq, 45 mg, 0.075 mmol) wurde in Acetonitril (0.5 ml, 6.7 ml/mmol **261**) gelöst und mit Zn(NO$_3$)$_2$•6H$_2$O (5.8 eq, 129 mg, 0.434 mmol) versetzt. Anschließend wurde für zwei Stunden bei 50 °C gerührt. Nach Zugabe von Wasser (5 ml, 67 ml/mmol **261**) und Verdünnen mit CH$_2$Cl$_2$ wurden die Phasen getrennt, die wässrige Phase fünfmal mit CH$_2$Cl$_2$ extrahiert und die vereinigten, organischen Phasen mit MgSO$_4$ getrocknet und am Rotationsverdampfer eingeengt. Das Diol **263** (15 mg, 36%, 1/1-Mischung von C9-Diastereomeren) wurde nach säulenchromatographischer Reinigung (Cyclohexan/ Ethylacetat 5/1 → 1/1) als ein farbloses Öl erhalten. Zusätzlich wurde das Triol **262** (15 mg, 45%) isoliert.

Analytische Daten: s.o.

Synthese des Ketons 265 mit TEMPO/PhI(OAc)$_2$

Zu einer Lösung des Diols **263** (1 eq, 6 mg, 0.011 mmol) in CH$_2$Cl$_2$ (0.6 ml, 55 ml/mmol **263**) wurden bei Raumtemperatur TEMPO (0.6 eq, 1 mg, 0.006 mmol) und PhI(OAc)$_2$ (5.5 eq, 19 mg, 0.059 mmol) gegeben. Nach Rühren bei Raumtemperatur für eine Stunde wurde die Lösung mit Cyclohexan verdünnt. Nach Entfernen der Lösemittel am Rotationsverdampfer und Reinigung durch Säulenchromatographie (Cyclohexan/ Ethylacetat 10/1) wurde das Keton **265** (3 mg, 52%, 1/1-Mischung von C9-Diastereomeren) als ein leicht gelbes Öl erhalten.

R$_f$ (**265**) = 0.79 (Cyclohexan/ Ethylacetat 2/1); ^{1}H-NMR (400 MHz, CDCl$_3$, δ): (1/1-Mischung von C9-Diastereomeren) −0.01 (s, 3 + 3H), 0.08 (s, 3 + 3H), 0.88 (s, 9 + 9H + 3 + 3H), 0.93 (s, 3 + 3H), 1.15 (d, ^3J = 6.3 Hz, 3 + 3H), 1.55−1.72 (m, 2 + 2H), 1.65 (s, 3 + 3H), 1.82 (dd, ^2J = 18.6 Hz, ^3J = 12.0 Hz, 1 + 1H), 2.01−2.19 (m, 4 + 4H), 2.30−2.37 (m, 1 + 1H), 2.59 (dd, ^2J = 18.6 Hz, ^3J = 8.1 Hz, 1 + 1H), 3.04−3.12 (m, 2 + 2H), 3.60 (dd, $^3J_1$ = 8.9 Hz, $^3J_2$ = 17.4 Hz, 1 + 1H), 3.80 (s, 3 + 3H), 4.51−4.56 (m, 2 + 2H), 4.93 (d, ^3J = 8.2 Hz, 1 + 1H), 4.99−5.04 (m, 2 + 2H), 5.79−5.90 (m, 1 + 1H), 6.87 (d, ^3J = 8.5 Hz, 2 + 2H), 7.28 (d, ^3J = 8.5 Hz, 2 + 2H); ^{13}C-NMR (101 MHz, CDCl$_3$, δ): (1/1-Mischung von C9-Diastereomeren) −4.3 (1 + 1CH$_3$), −3.9 (1 + 1CH$_3$), 17.2 (1 + 1CH$_3$), 17.6 (1 + 1CH$_3$), 18.0 (1 + 1C), 23.6 (2 + 2CH$_3$), 25.9 (3 + 3CH$_3$), 29.5 (1 + 1CH$_2$), 37.7 (1 + 1C), 38.4 (1 + 1CH), 39.1 (1 + 1CH$_2$), 43.8 (1 + 1CH$_2$), 45.1 (1 + 1CH$_2$), 55.3 (1 + 1CH$_3$), 59.5 (1 + 1CH), 74.6 (1 + 1CH$_2$), 82.6 (1 + 1CH), 86.8 (1 + 1CH), 113.7 (2 + 2CH), 117.0 (1 + 1CH$_2$), 119.6 (1 + 1CH), 129.1 (2 + 2CH), 131.4 (1 + 1C), 135.6 (1 + 1CH), 141.8 (1 + 1C), 159.0 (1 + 1C), 215.0 (1 + 1C); IR (KBr-Film, ν): 2956 (s, C−H), 2929 (s, C−H), 2856 (s, C−H), 1746 (s, C=O), 1614 (m, C=C), 1514 (s, C=C), 1463 (s, CH$_2$), 1384 (s, CH$_3$), 1362 (m), 1248 (s, C−O−C), 1122 (s), 1098 (s), 1038 (s), 863 (s, C=CH$_2$), 836 (s, C=C−H), 776 (s) cm^{-1}; HRMS (ESI) berechnet für C$_{32}$H$_{53}$O$_4$Si ([M+H]$^+$): 529.3708; gefunden: 529.3704; M = 528.84 g/mol.

Synthese des Ketons 265 mit dem Dess–Martin-Periodinan

263 → (Dess–Martin-Periodinan, Pyridin, CH$_2$Cl$_2$, Rt, 5 h) → **265** (32%), dr (C9) = 1/1

Zu einer Lösung des Diols **263** (1 eq, 63 mg, 0.112 mmol) in CH$_2$Cl$_2$ (2.5 ml, 22 ml/mmol **263**) wurden bei 0 °C Pyridin (8.8 eq, 0.08 ml, 0.989 mmol) und das Dess–Martin-Periodinan[434] (3.7 eq, 175 mg, 0.413 mmol) gegeben. Nach Rühren bei Raumtemperatur für fünf Stunden wurde die Reaktion durch Zugabe einer gesättigten, wässrigen Na$_2$S$_2$O$_3$-Lösung (5 ml, 45 ml/mmol **263**) beendet. Die Phasen wurden getrennt, die wässrige Phase viermal mit CH$_2$Cl$_2$ extrahiert und die vereinigten, organischen Phasen mit MgSO$_4$ getrocknet und am Rotationsverdampfer eingeengt. Säulenchromatographische Reinigung (Cyclohexan/ Ethylacetat 5/1) ergab das Keton **265** (19 mg, 32%, 1/1-Mischung von C9-Diastereomeren) sowie reisoliertes Edukt **263** (35 mg, 56%) als leicht gelbe Öle.
Analytische Daten: s.o.

Synthese des Trissilylethers 266

263 → (TMSOTf, 2,6-Lutidin, CH$_2$Cl$_2$, 0 °C zu Rt, 17 h) → **266** (76%), dr (C9) = 1/1

Das Diol **263** (1 eq, 132 mg, 0.235 mmol) wurde in CH$_2$Cl$_2$ (1 ml, 4.3 ml/mmol **263**) gelöst und bei 0 °C mit 2,6-Lutidin (5.8 eq, 0.16 ml, 1.378 mmol) und TMSOTf (3.3 eq, 0.14 ml, 0.772 mmol) versetzt. Anschließend wurde für 17 Stunden bei Raumtemperatur gerührt. Die Reaktion wurde dann durch Zugabe von gesättigter, wässriger NH$_4$Cl-Lösung (2 ml, 8.5 ml/mmol **263**) abgebrochen. Nach Trennung der Phasen, dreimaliger Extraktion der wässrigen Phase mit CH$_2$Cl$_2$, Trocknen der vereinigten, organischen Phasen mit MgSO$_4$ und Einengen am Rotationsverdampfer wurde das Produkt säulenchromatographisch (Cyclohexan/ Ethylacetat 100/1) gereinigt. Der Trissilylether **266** (126 mg, 76%, 1/1-Mischung von C9-Diastereomeren) wurde in Form eines farblosen Öls erhalten.

R_f (**266**) = 0.77 (Cyclohexan/ Ethylacetat 5/1); ^{1}H-NMR (400 MHz, CDCl$_3$, δ): (1/1-Mischung von C9-Diastereomeren) −0.02 (s, 3 + 3H), 0.04 (s, 3 + 3H), 0.09 (s, 9 + 9H), 0.10 (s, 9 + 9H), 0.86 (s, 9 + 9H), 0.91 (s, 3 + 3H), 0.94 (s, 3 + 3H), 1.07 (d, ^3J = 6.8 Hz, 3 + 3H),

---

[434] Das Dess–Martin-Periodinan wurde mir von Dr. Nikola Stiasni zur Verfügung gestellt. Die ^{1}H-NMR-spektroskopischen Daten stimmten mit den Literaturdaten[155] überein.

1.24–1.31 (m, 1 + 1H), 1.56–1.81 (m, 6 + 6H), 1.89–2.34 (m, 5 + 5H), 2.48–2.54 (m, 1 + 1H), 3.07–3.09 (m, 1 + 1H), 3.24–3.32 (m, 2 + 2H), 3.61–3.66 (m, 1 + 1H), 3.81 (s, 3 + 3H), 4.46–4.60 (m, 2 + 2H), 5.00–5.05 (m, 2 + 2H), 5.17–5.22 (m, 1 + 1H), 5.81–5.91 (m, 1 + 1H), 6.88 (d, ^3J = 8.3 Hz, 2 + 2H), 7.29–7.32 (m, 2 + 2H); ^{13}C-NMR (101 MHz, CDCl$_3$, δ): (1/1-Mischung von C9-Diastereomeren) –4.1 (1 + 1CH$_3$), –3.9 (1 + 1CH$_3$), –0.5 (3 + 3CH$_3$), 2.6 (3 + 3CH$_3$), 17.4 (1 + 1CH$_3$), 18.1 (1 + 1C), 19.7 (1 + 1CH$_3$), 23.5 (1 + 1CH$_3$), 23.6 (1 + 1CH$_3$), 26.0 (3 + 3CH$_3$), 29.6 (1 + 1CH$_2$), 38.2 (1 + 1CH$_2$), 39.1 (1 + 1C), 39.9 (1 + 1CH), 42.3 (1 + 1CH$_2$), 43.8 (1 + 1CH$_2$), 53.1 (1 + 1CH), 55.3 (1 + 1CH$_3$), 67.2 (1 + 1CH$_2$), 74.3 (1 + 1CH$_2$), 84.1 (1 + 1C), 85.0 (1 + 1CH), 87.1 (1 + 1CH), 113.7 (2 + 2CH), 117.0 (1 + 1CH$_2$), 123.5 (1 + 1CH), 129.0 (2 + 2CH), 131.6 (1 + 1C), 135.8 (1 + 1CH), 137.2 (1 + 1C), 159.0 (1 + 1C); IR (KBr-Film, ν): 2956 (s, C–H), 2930 (s, C–H), 2900 (m, C–H), 2857 (m, C–H), 1514 (m, C=C), 1250 (s, C–O–C), 1111 (s), 1092 (s), 1041 (m), 865 (m), 839 (s, C=C–H), 775 (m) cm^{-1}; berechnet für C$_{39}$H$_{72}$O$_5$Si$_3$: C, 66.42; H, 10.29; gefunden: C, 66.7; H, 10.5; M = 705.24 g/mol.

Synthese des Aldehyds 267

266 → 267 (45%) dr (C9) = 1/1

Reagenzien: Pyridin, CrO$_3$, CH$_2$Cl$_2$, 0 °C zu Rt, 16 h

Zu einer Lösung des Trissilylethers **266** (1 eq, 127 mg, 0.18 mmol) in CH$_2$Cl$_2$ (1 ml, 5.6 ml/mmol **266**) wurden bei 0 °C Pyridin (20.6 eq, 0.3 ml, 3.71 mmol) und CrO$_3$ (9.4 eq, 170 mg, 1.7 mmol) gegeben. Anschließend wurde für 16 Stunden bei Raumtemperatur gerührt. Die Lösung wurde über einer Schicht aus MgSO$_4$ und Celite abfiltriert und dann am Rotationsverdampfer eingeengt. Nach säulenchromatographischen Reinigung (Cyclohexan/ Ethylacetat 100/1) wurde der Aldehyd **267** (51 mg, 45%, 1/1-Mischung von C9-Diastereomeren) als ein leicht gelbes Öl erhalten.

R_f (**267**) = 0.70 (Cyclohexan/ Ethylacetat 5/1); ^{1}H-NMR (400 MHz, CDCl$_3$, δ): (1/1-Mischung von C9-Diastereomeren) –0.03 (s, 3 + 3H), 0.05 (s, 3 + 3H), 0.13 (s, 9 + 9H), 0.85 (s, 9 + 9H), 0.89 (s, 3 + 3H), 0.93 (s, 3 + 3H), 1.11 (d, ^3J = 6.8 Hz, 3 + 3H), 1.28 (dd, ^2J = 14.1 Hz, ^3J = 7.5 Hz, 1 + 1H), 1.52–1.72 (m, 2 + 2H), 1.56 (s, 3 + 3H), 1.87–2.30 (m, 5 + 5H), 2.50–2.57 (m, 1 + 1H), 2.78–2.84 (m, 1 + 1H), 3.01–3.06 (m, 1 + 1H), 3.69 (dd, $^3J_1 = {}^3J_2$ = 8.7 Hz, 1 + 1H), 3.80 (s, 3 + 3H), 4.47–4.52 (m, 2 + 2H), 4.99–5.05 (m, 2 + 2H), 5.15–5.20 (m, 1 + 1H), 5.79–5.90 (m, 1 + 1H), 6.87 (d, ^3J = 8.5 Hz, 2 + 2H), 7.27–7.30 (m, 2 + 2H), 9.40 (s, 1 + 1H); ^{13}C-NMR (101 MHz, CDCl$_3$, δ): (1/1-Mischung von C9-

Diastereomeren) −4.1 (1 + 1CH$_3$), −3.9 (1 + 1CH$_3$), 2.3 (3 + 3CH$_3$), 17.4 (1 + 1CH$_3$), 18.0 (1 + 1C), 19.4 (1 + 1CH$_3$), 23.5 (1 + 1CH$_3$), 23.6 (1 + 1CH$_3$), 25.9 (3 + 3CH$_3$), 29.5 (1 + 1CH$_2$), 38.0 (1 + 1CH$_2$), 39.1 (1 + 1C), 40.3 (1 + 1CH), 41.0 (1 + 1CH$_2$), 43.7 (1 + 1CH$_2$), 53.7 (1 + 1CH), 55.3 (1 + 1CH$_3$), 74.4 (1 + 1CH$_2$), 84.6 (1 + 1CH), 87.0 (1 + 1CH), 88.3 (1 + 1C), 113.7 (2 + 2CH), 117.0 (1 + 1CH$_2$), 120.8 (1 + 1CH), 129.0 (2 + 2CH), 131.5 (1 + 1C), 135.7 (1 + 1CH), 138.8 (1 + 1C), 159.0 (1 + 1C), 202.1 (1 + 1CH); IR (KBr-Film, ν): 2956 (s, C–H), 2930 (s, C–H), 2857 (s, C–H), 1737 (s, C=O), 1514 (s, C=C), 1464 (m, CH$_2$), 1383 (m, CH$_3$), 1249 (s, C–O–C), 1170 (m), 1117 (s), 1039 (m), 968 (m, C=CH$_2$), 913 (m, C=CH$_2$), 840 (s, C=C–H), 776 (s) cm^{-1}; berechnet für C$_{36}$H$_{62}$O$_5$Si$_2$: C, 68.52; H, 9.90; gefunden: C, 68.5; H, 10.0; M = 631.05 g/mol.

Synthese von IBX (268)[271]

270   268 (92%)

Zu einer Lösung von 2-Iodbenzoesäure (**270**) (1 eq, 17.2 g, 69.35 mmol) in wässriger H$_2$SO$_4$ (170 ml, 0.73 M) wurde bei 0 °C KBrO$_3$ (1.3 eq, 15.2 g, 91 mmol) gegeben. Anschließend wurde auf 70 °C erhitzt. Die bei der Reaktion entstehenden Brom-Dämpfe wurden in eine mit Na$_2$S$_2$O$_3$-Lösung gefüllte Waschflasche geleitet. Nach vier Stunden Rühren bei 70 °C war keine Brom-Bildung mehr zu erkennen, und die Lösung wurde für eine Stunde bei 0 °C gerührt. Anschließend wurde der resultierende Feststoff über einer Fritte abgesaugt und mit Wasser (200 ml, 2.9 ml/mmol KBrO$_3$) und Et$_2$O (3 × 50 ml, 2.2 ml/mmol KBrO$_3$) gewaschen. Nach Trocknen am Feinvakuum (5•10^{-2} mbar) für eine Stunde wurde IBX (**268**) (17.8 g, 92%) in Form eines fablosen Pulvers erhalten.

^{1}H-NMR (400 MHz, DMSO-d_6, δ): 7.85 (dd, $^3J_1 = {^3J_2} = 7.8$ Hz, 1H), 8.01 (dd, $^3J_1 = {^3J_2} = 7.8$ Hz, 1H), 8.04 (d, $^3J = 7.8$ Hz, 1H), 8.15 (d, $^3J = 7.8$ Hz, 1H);[435] ^{13}C-NMR (101 MHz, DMSO-d_6, δ): 125.3 (CH), 130.6 (CH), 131.4 (C), 133.5 (CH), 134.0 (CH), 146.8 (C), 168.2 (C); M = 280.02 g/mol.

---

[435] Das Signal der OH-Gruppe ist nicht zu erkennen.

Synthese des α-Hydroxyaldehyds 269

Das Diol **263** (1 eq, 709 mg, 1.264 mmol) wurde in CH_2Cl_2 (5 ml, 4 ml/mmol **263**) und DMSO[436] (5 ml, 4 ml/mmol **263**) gelöst und bei Raumtemperatur mit IBX (**268**) (3 eq, 1067 mg, 3.81 mmol) versetzt. Nach Rühren für sechs Stunden bei Raumtemperatur wurde die Reaktion durch Zugabe von Wasser (3 ml, 2.4 ml/mmol **263**) abgebrochen. Die Phasen wurden getrennt, die wässrige Phase viermal mit CH_2Cl_2 extrahiert und die vereinigten, organischen Phasen mit $MgSO_4$ getrocknet und am Rotationsverdampfer eingeengt. Säulenchromatographische Reinigung (Cyclohexan/ Ethylacetat 10/1) erbrachte den α-Hydroxyaldehyd **269** (572 mg, 81%, 1/1-Mischung von C9-Diastereomeren) als ein farbloses Öl.

R_f (**269**) = 0.74 (Cyclohexan/ Ethylacetat 2/1); ^{1}H-NMR (400 MHz, $CDCl_3$, δ): (1/1-Mischung von C9-Diastereomeren) −0.02 (s, 3 + 3H), 0.06 (s, 3 + 3H), 0.86 (s, 9 + 9H), 0.88 (s, 3 + 3H), 0.92 (s, 3 + 3H), 1.14 (d, ^3J = 6.8 Hz, 3 + 3H), 1.36 (dd, ^2J = 14.5 Hz, ^3J = 8.5 Hz, 1 + 1H), 1.55 (s, 3 + 3H), 1.58−1.69 (m, 2 + 2H), 1.91−2.05 (m, 3 + 3H), 2.13 (dd, ^2J = 13.5 Hz, ^3J = 7.6 Hz, 1 + 1H), 2.21−2.30 (m, 1 + 1H), 2.47 (dd, ^2J = 14.5 Hz, ^3J = 9.9 Hz, 1 + 1H), 2.86 (dd, $^3J_1$ = $^3J_2$ = 9.5 Hz, 1 + 1H), 2.98−3.05 (m, 1 + 1H), 3.11 (s, br, 1 + 1OH), 3.75 (dd, $^3J_1$ = $^3J_2$ = 9.2 Hz, 1 + 1H), 3.80 (s, 3 + 3H), 4.47−4.52 (m, 2 + 2H), 5.00−5.05 (m, 2 + 2H), 5.09 (d, ^3J = 9.2 Hz, 1 + 1H), 5.79−5.90 (m, 1 + 1H), 6.87 (d, ^3J = 8.5 Hz, 2 + 2H), 7.29 (d, ^3J = 8.5 Hz, 2 + 2H), 9.39 (s, 1 + 1H); ^{13}C-NMR (101 MHz, $CDCl_3$, δ): (1/1-Mischung von C9-Diastereomeren) −4.1 (1 + 1CH_3), −3.9 (1 + 1CH_3), 17.1 (1 + 1CH_3), 18.0 (1 + 1C), 18.7 (1 + 1CH_3), 23.6 (2 + 2CH_3), 25.9 (3 + 3CH_3), 29.2 (1 + 1CH_2), 37.9 (1 + 1CH_2), 39.1 (1 + 1C), 39.6 (1 + 1CH_2), 40.5 (1 + 1CH), 43.8 (1 + 1CH_2), 52.0 (1 + 1CH), 55.4 (1 + 1CH_3), 74.6 (1 + 1CH_2), 83.9 (1 + 1CH), 84.6 (1 + 1C), 86.5 (1 + 1CH), 113.8 (2 + 2CH), 117.1 (1 + 1CH_2), 119.5 (1 + 1CH), 129.1 (2 + 2CH), 131.4 (1 + 1C), 135.6 (1 + 1CH), 140.9 (1 + 1C), 159.1 (1 + 1C), 201.1 (1 + 1CH); IR (KBr-Film, ν): 3500 (m, br, OH), 2956 (s, C−H), 2929 (s, C−H), 2856 (s, C−H), 1722 (s, C=O), 1613 (m, C=C), 1514 (s, C=C), 1464 (s, CH_2), 1384 (m, CH_3), 1362 (m), 1249 (s, C−O−C), 1173 (m), 1111 (s), 1039 (s), 887 (s), 837 (s, C=C−H), 776 (s) cm^{-1}; berechnet für $C_{33}H_{54}O_5Si$: C, 70.92; H, 9.74; gefunden: C, 70.8; H, 9.4; M = 558.86 g/mol.

---

[436] Das hier eingesetzte CH_2Cl_2 und DMSO wurden nicht getrocknet.

Synthese des α-Hydroxyketons 272

Zu einer Lösung des Aldehyds **269** (1 eq, 87 mg, 0.156 mmol) in THF (1 ml, 6.4 ml/mmol **269**) wurde bei 0 °C eine Lösung des Isopropylen-Grignards (2.5 eq, 0.78 ml, 0.5 M in THF, 0.39 mmol) gegeben und anschließend für 30 Minuten bei 0 °C gerührt. Der Abbruch der Reaktion erfolgte durch Zugabe von gesättigter, wässriger NH$_4$Cl-Lösung (2 ml, 12.8 ml/mmol **269**) bei 0 °C. Danach wurden die Phasen getrennt, die wässrige Phase viermal mit CH$_2$Cl$_2$ extrahiert und die vereinigten, organischen Phasen mit MgSO$_4$ getrocknet. Nach Einengen am Rotationsverdampfer wurde das Produkt durch Säulenchromatographie (Cyclohexan/ Ethylacetat 20/1) gereinigt. Das Keton **272** (59 mg, 68%, Mischung von C9/C14-Diastereomeren) wurde als ein leicht gelbes Öl erhalten.

R_f (**272**) = 0.63 (Cyclohexan/ Ethylacetat 2/1); ^{1}H-NMR (400 MHz, CDCl$_3$, δ): (Mischung von C9/C14-Diastereomeren) 0.10 (s, 3H), 0.15 (s, 3H), 0.87 (s, 3H), 0.91 (s, 3H), 0.93 (s, 9H), 0.95 (d, ^3J = 8.0 Hz, 3H), 1.42 (s, 1H), 1.45–1.63 (m, 2H), 1.66 (s, 3H), 1.92–2.02 (m, 2H), 2.09–2.14 (m, 1H), 2.19–2.27 (m, 2H), 2.32–2.43 (m, 1H), 2.95–3.02 (m, 2H), 3.21–3.33 (m, 1H), 3.41–3.49 (m, 1H), 3.77–3.81 (m, 3H), 4.48–4.51 (m, 2H), 4.77–4.81 (m, 2H), 4.98–5.04 (m, 2H), 5.77–5.88 (m, 1H), 6.86–6.89 (m, 2H), 7.25–7.28 (m, 2H); ^{13}C-NMR (101 MHz, CDCl$_3$, δ): (Mischung von C9/C14-Diastereomeren) −4.8 (CH$_3$), −4.5 (CH$_3$), 16.5 (CH$_3$), 18.0 (C), 19.0 (CH$_3$), 23.6 (2 × CH$_3$), 25.8 (3 × CH$_3$), 29.4 (CH$_2$), 37.9 (CH$_2$), 39.1 (C), 40.3 (CH), 41.5 (CH$_2$), 43.8 (CH$_2$), 51.1 (CH), 55.4 (CH$_3$), 73.5 (CH), 74.5 (CH$_2$), 76.1 (CH), 86.6 (CH), 113.8 (2 × CH), 117.0 (CH$_2$), 119.7 (CH), 128.9 (2 × CH), 131.4 (C), 135.5 (CH), 139.5 (C), 159.1 (C), 212.1 (C); IR (KBr-Film, ν): 2956 (s, C–H), 2930 (s, C–H), 2857 (s, C–H), 1717 (s, C=O), 1514 (s, C=C), 1471 (m), 1463 (m, CH$_2$), 1249 (s, C–O–C), 1075 (s), 1038 (s), 836 (s, C=C–H), 775 (s) cm^{-1}; HRMS (ESI) berechnet für C$_{33}$H$_{55}$O$_5$Si ([M+H]$^+$): 559.3813; gefunden: 559.3810; M = 558.86 g/mol.[437]

---

[437] Für das α-Hydroxyketon **272** konnte keine stimmige Elementaranalyse erhalten werden: berechnet für C$_{33}$H$_{54}$O$_5$Si: C, 70.92; H, 9.74; gefunden: C, 71.0; H, 10.2.

Synthese des Triens 273 durch eine Addition des Lithium-Organyls

2-Brompropen (4 eq, 0.56 ml, 6.337 mmol) in THF (8 ml, 5.1 ml/mmol **269**) wurde bei –78 °C mit einer *t*-BuLi-Lösung (7.7 eq, 6.7 ml, 1.8 M in Pentan, 12.06 mmol) versetzt. Die gelbe Lösung wurde für 15 Minuten bei dieser Temperatur gerührt. Anschließend wurde der Aldehyd **269** (1 eq, 881 mg, 1.576 mmol) in THF (20 ml, 12.7 ml/mmol **269**) hinzugefügt und für 30 Minuten bei –78 °C gerührt. Der Abbruch der Reaktion erfolgte durch Zugabe von gesättigter, wässriger NH_4Cl-Lösung (20 ml, 12.7 ml/mmol **269**) bei –78 °C. Nach Trennung der Phasen, viermaliger Extraktion der wässrigen Phase mit CH_2Cl_2 und Trocknen der vereinigten, organischen Phasen mit $MgSO_4$ wurden die Lösemittel am Rotationsverdampfer entfernt. Säulenchromatographische Reinigung (Cyclohexan/ Ethylacetat 20/1 → 10/1) ergab das Trien **273** (883 mg, 93%, Mischung von C9/C14-Diastereomeren) als ein farbloses Öl.

R_f (**273**) = 0.71 (Cyclohexan/ Ethylacetat 2/1); ^{1}H-NMR (400 MHz, $CDCl_3$, δ): (Mischung von C9/C14-Diastereomeren) –0.03 (s, 3H), 0.04 (s, 3H), 0.86 (s, 9H), 0.90 (s, 3H), 0.94 (s, 3H), 1.08 (d, ^3J = 6.5 Hz, 3H), 1.18–1.28 (m, 1H), 1.51–1.69 (m, 4H), 1.72 (s, 3H), 1.80 (s, 3H), 2.00–2.07 (m, 2H), 2.12–2.20 (m, 2H), 2.28–2.41 (m, 2H), 2.60–2.78 (m, 1H), 2.97–3.08 (m, 1H), 3.53–3.66 (m, 1H), 3.80 (s, 3H), 4.04 (s, 1H), 4.40–4.58 (m, 2H), 4.91–4.96 (m, 2H), 5.00–5.11 (m, 2H), 5.15–5.30 (m, 1H), 5.80–5.90 (m, 1H), 6.88 (d, ^3J = 8.3 Hz, 2H), 7.29 (d, ^3J = 8.3 Hz, 2H); ^{13}C-NMR (101 MHz, $CDCl_3$, δ): (Mischung von C9/C14-Diastereomeren) –4.1 (CH_3), –4.0 (CH_3), 17.3 (CH_3), 18.0 (C), 19.2 (CH_3), 19.4 (CH_3), 23.6 (2 × CH_3), 25.9 (3 × CH_3), 29.6 (CH_2), 38.4 (CH_2), 39.1 (C), 39.8 (CH), 41.1 (CH_2), 43.8 (CH_2), 55.3 (CH_3), 56.4 (CH), 74.7 (CH_2), 81.4 (C), 82.7 (CH), 84.5 (CH), 87.0 (CH), 113.8 (2 × CH), 115.3 (CH_2), 117.1 (CH_2), 123.1 (CH), 129.1 (2 × CH), 131.3 (C), 135.5 (CH), 140.8 (C), 144.2 (C), 159.1 (C); IR (KBr-Film, ν): 3473 (w, br, OH), 2956 (s, C–H), 2929 (s, C–H), 2856 (s, C–H), 1613 (m, C=C), 1514 (s, C=C), 1463 (m, CH_2), 1384 (m, CH_3), 1248 (s, C–O–C), 1096 (s), 1038 (s), 836 (s, C=C–H), 775 (s) cm^{-1}; berechnet für $C_{36}H_{60}O_5Si$: C, 71.95; H, 10.06; gefunden: C, 71.7; H, 10.4; M = 600.94 g/mol.

Synthese des Triens 273 durch eine NHK-Reaktion

269 → (CrCl₂, NiCl₂ (kat.), H₂C=C(Me)Br, DMF, 4-t-Bu-Pyridin, Rt, 15 h) → **273** (42%)

Zu $CrCl_2$ (20 eq, 125 mg, 1.041 mmol) und $NiCl_2$ (0.3 eq, 2 mg, 0.015 mmol) wurde bei Raumtemperatur eine Lösung des Aldehyds **269** (1 eq, 29 mg, 0.052 mmol) in DMF (1 ml, 19 ml/mmol **269**) gegeben. Anschließend wurde zu der grünen Suspension 4-*tert*-Butylpyridin (0.1 ml, 1.9 ml/mmol **269**) hinzugefügt. Nach Zugabe von 2-Brompropen (8.7 eq, 0.04 ml, 0.453 mmol) wurde für 15 Stunden bei Raumtemperatur gerührt. Die Reaktion wurde durch Zugabe einer gesättigten, wässrigen Serin/$NaHCO_3$-Lösung (3 ml, 58 ml/mmol **269**) und Rühren für eine Stunde bei Raumtemperatur beendet. Die Phasen wurden getrennt, die wässrige Phase achtmal mit CH_2Cl_2 extrahiert und die vereinigten, organischen Phasen mit $MgSO_4$ getrocknet. Nach Einengung am Rotationsverdampfer und säulenchromatographischer Reinigung (Cyclohexan/ Ethylacetat 50/1 → 10/1) wurde das Trien **273** (13 mg, 42%, Mischung von C9/C14-Diastereomeren) als ein leicht gelbes Öl erhalten.

Analytische Daten: s.o.

Synthese des Diketons 196

273 → (1) DDQ, CH_2Cl_2, pH7-Puffer, Rt, 2.5 h; 2) IBX (**268**), CH_2Cl_2, DMSO, Rt, 6 h) → **196** (75%, 2 Stufen)

Der PMB-Ether **273** (1 eq, 562 mg, 0.935 mmol) wurde in CH_2Cl_2 (5 ml, 5.3 ml/mmol **273**) und pH7-Puffer (1 ml, 1.1 ml/mmol **273**) gelöst. Nach Zugabe von DDQ (1.5 eq, 317 mg, 1.396 mmol) wurde unter Lichtausschluss für 2.5 Stunden bei Raumtemperatur gerührt. Anschließend wurde die Reaktion durch Zugabe von gesättigter, wässriger NH_4Cl-Lösung (6 ml, 6.4 ml/mmol **273**) abgebrochen, und die Phasen wurden getrennt. Nach viermaliger Extraktion der wässrigen Phase mit CH_2Cl_2, Trocknen der vereinigten, organischen Phasen mit $MgSO_4$ und Entfernen der Lösemittel am Rotationsverdampfer wurde das Triol durch Säulenchromatographie (Cyclohexan/ Ethylacetat 10/1 → 2/1) gereinigt. Das Triol (424 mg, 94%) wurde in Form eines leicht gelben Öls erhalten.

R_f (Triol) = 0.48 (Cyclohexan/ Ethylacetat 2/1).

Zu einer Lösung des Triols (1 eq, 424 mg, 0.882 mmol) in CH_2Cl_2 (7 ml, 7.9 ml/mmol Triol) und DMSO[438] (7 ml, 7.9 ml/mmol Triol) wurde bei Raumtemperatur IBX (**268**) (6 eq, 1471 mg, 5.253 mmol) hinzugefügt. Nach Rühren für sechs Stunden bei Raumtemperatur wurde die Reaktion durch Zugabe von Wasser (15 ml, 17 ml/mmol Triol) abgebrochen. Die Phasen wurden getrennt, die wässrige Phase dreimal mit CH_2Cl_2 extrahiert und die vereinigten, organischen Phasen mit $MgSO_4$ getrocknet. Nach Entfernung der Lösemittel am Rotationsverdampfer und Reinigung durch Säulenchromatographie (Cyclohexan/ Ethylacetat 20/1) wurde das Diketon **196** (335 mg, 80%) als ein farbloses Öl erhalten.

R_f (**196**) = 0.63 (Cyclohexan/ Ethylacetat 5/1); ^{1}H-NMR (400 MHz, $CDCl_3$, δ): −0.04 (s, 3H), 0.05 (s, 3H), 0.85 (s, 9H), 1.11 (s, 6H), 1.12 (d, ^3J = 6.8 Hz, 3H), 1.47 (s, 3H), 1.54 (dd, ^2J = 14.8 Hz, ^3J = 9.8 Hz, 1H), 1.91 (s, 3H), 1.99–2.12 (m, 1H), 2.14–2.21 (m, 2H), 2.24 (d, ^3J = 7.3 Hz, 2H), 2.49–2.53 (m, 2H), 2.73 (dd, ^2J = 14.8 Hz, ^3J = 10.0 Hz, 1H), 3.13 (dd, $^3J_1 = \,^3J_2$ = 9.5 Hz, 1H), 3.74 (dd, $^3J_1 = \,^3J_2$ = 9.5 Hz, 1H), 3.89 (s, OH), 5.01–5.05 (m, 2H), 5.10 (d, ^3J = 9.5 Hz, 1H), 5.61–5.71 (m, 1H), 5.88 (d, ^2J = 1.0 Hz, 1H), 6.07 (d, ^2J = 1.0 Hz, 1H); ^{13}C-NMR (101 MHz, $CDCl_3$, δ): −4.0 (CH_3), −3.8 (CH_3), 17.1 (CH_3), 18.0 (C), 18.4 (CH_3), 20.1 (CH_3), 24.2 (2 × CH_3), 25.9 (3 × CH_3), 33.7 (CH_2), 35.6 (CH_2), 40.4 (CH), 44.1 (CH_2), 44.7 (CH_2), 47.6 (C), 56.8 (CH), 83.8 (CH), 84.6 (C), 118.0 (CH_2), 121.1 (CH), 125.7 (CH_2), 134.2 (CH), 139.2 (C), 140.0 (C), 204.3 (C), 214.6 (C); IR (KBr-Film, ν): 3468 (w, br, OH), 2958 (s, C–H), 2929 (s, C–H), 2857 (s, C–H), 1706 (s, C=O), 1658 (m, C=O), 1385 (m, CH_3), 1256 (m), 1120 (s), 869 (s), 837 (s, C=C–H), 776 (s) cm^{-1}; berechnet für $C_{28}H_{48}O_4Si$: C, 70.54; H, 10.15; gefunden: C, 70.5; H, 10.0; $[\alpha]_D^{20}$ −10.7 (c 1.31, $CHCl_3$); M = 476.76 g/mol.

Synthese von 3-*epi*-Characiol (274)

1) Grela-Kat. (**277**) (kat.) PhMe, 110 °C, 7.5 h
2) HF·Pyridin THF, 0 °C, 10 min dann Rt, 70 min

196 → **274** (51%, 2 Stufen) (E/Z) > 95/5

Zu einer Lösung des Triens **196** (1 eq, 150 mg, 0.315 mmol) in Toluen (315 ml, 1000 ml/mmol **196**, c = 1 ×10^{-3} mol/l) wurde bei Raumtemperatur der Grela-Katalysator (**277**) (0.1 eq, 21 mg, 0.031 mmol) hinzugefügt und anschließend für 7.5 Stunden bei 110 °C gerührt. Während des Rührens wurde die Lösung die ganze Zeit mit Argon durchströmt. Anschließend wurde die Lösung am Rotationsverdampfer eingeengt. Säulen-

---

[438] Das hier eingesetzte CH_2Cl_2 und DMSO wurden nicht getrocknet.

chromatographische Reinigung (Cyclohexan/ Ethylacetat 20/1 → 10/1) ergab den kontaminierten Bicyclus (118 mg).

R_f (Bicyclus) = 0.36 (Cyclohexan/ Ethylacetat 5/1).

Der kontaminierte Bicyclus (118 mg) wurde in einem Polyethylen-Gefäß in THF (4 ml, 12.7 ml/mmol **196**) gelöst und bei 0 °C mit einer HF•Pyridin-Lösung (1.3 ml, 65−70%, 4.1 ml/mmol **196**) versetzt. Nach Rühren für zehn Minuten bei 0 °C und für 70 Minuten bei Raumtemperatur wurde die Reaktion durch Zugabe von gesättigter, wässriger $NaHCO_3$-Lösung (4 ml, 12.7 ml/mmol **196**) bei 0 °C abgebrochen. Die Phasen wurden getrennt, die wässrige Phase fünfmal mit CH_2Cl_2 extrahiert und die vereinigten, organischen Phasen mit $MgSO_4$ getrocknet. Nach Entfernen der Lösemittel am Rotationsverdampfer und Reinigung durch Säulenchromatographie (Cyclohexan/ Ethylacetat 5/1 → 2/1) wurde 3-*epi*-Characiol (**274**) (54 mg, 51% über zwei Stufen) in Form eines farblosen Feststoffes [Smp.: 179 °C−184 °C (Zersetzung)] erhalten.

R_f (**274**) = 0.15 (Cyclohexan/ Ethylacetat 2/1); COSY-, HSQC- und NOESY-NMR-Experimente wurden zur Zuordnung der NMR-Signale gemäß der Jatrophan-Nummerierung durchgeführt. ^{1}H-NMR (400 MHz, $CDCl_3$, δ): 1.10 (s, 18- oder 19-CH_3), 1.11 (d, 16-CH_3), 1.10−1.15 (m, 1-CH_2, 1H^{Re}), 1.20 (s, 18- oder 19-CH_3), 1.42 (s, 17-CH_3), 1.70 (s, 20-CH_3), 1.79−1.89 (m, 2-C*H* + O*H*), 2.02−2.14 (m, 8-CH_2), 2.24 (s, br, O*H*), 2.27 (dd, $^3J_1 = {}^3J_2 = 10.0$ Hz, 4-C*H*), 2.39 (dd, $^2J = 18.2$ Hz, $^3J = 5.7$ Hz, 11-CH_2, 1H), 2.47 (dd, $^2J = 18.2$ Hz, $^3J = 5.7$ Hz, 11-CH_2, 1H), 2.91−2.98 (m, 7-CH_2), 3.24 (dd, $^2J = 13.9$ Hz, $^3J = 8.9$ Hz, 1-CH_2, 1H^{Si}), 3.67 (dd, $^3J_1 = {}^3J_2 = 10.0$ Hz, 3-C*H*), 5.42 (d, $^3J = 10.0$ Hz, 5-C*H*), 6.97 (dd, $^3J_1 = {}^3J_2 = 5.7$ Hz, 12-C*H*); ^{13}C-NMR (126 MHz, $CDCl_3$, δ): 12.7 (20-CH_3), 16.4 (17-CH_3), 17.9 (16-CH_3), 24.0 (18- oder 19-CH_3), 25.2 (18- oder 19-CH_3), 34.1 (7-CH_2), 35.0 (8-CH_2), 39.6 (2-C*H*), 40.4 (11-CH_2), 45.8 (1-CH_2), 48.1 (10-*C*), 56.3 (4-C*H*), 83.4 (3-C*H*), 87.2 (15-*C*), 126.4 (5-C*H*), 135.9 (6- oder 13-*C*), 139.9 (6- oder 13-*C*), 143.4 (12-C*H*), 201.5 (14-*C*), 215.5 (9-*C*); IR (KBr-Film, ν): 3469 (s, br, OH), 2967 (s, C−H), 2925 (s, C−H), 1698 (s, C=O), 1633 (s, C=O), 1446 (m, CH_2), 1385 (s, CH_3), 1368 (m), 1256 (m), 1100 (m), 1076 (s), 1045 (m), 732 (s) cm^{-1}; berechnet für $C_{20}H_{30}O_4$: C, 71.82; H, 9.04; gefunden: C, 71.5; H, 9.0; $[\alpha]_D^{20}$ +69.9 (c 0.51, $CHCl_3$); M = 334.45 g/mol.

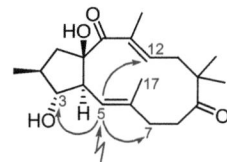

Eintrag	Signal bei	Schlussfolgerung
1	3.67 ppm 3-CH (stark)	/
2	6.97 ppm 12-CH (stark)	/
3	2.91–2.98 ppm 7-CH_2 (stark)	(5E)
4	1.42 ppm 17-CH_3 (schwach)	(5E)

Tab. 24: 1D-NOE-NMR Einstrahlung bei 5.42 ppm (5-CH).

Eintrag	Signal bei	Schlussfolgerung
1	5.42 ppm 5-CH (stark)	/
2	1.10 ppm 18- oder 19-CH_3 (stark)	/
3	2.39 und 2.47 ppm 11-CH_2 (mittel)	(12E)
4	1.70 ppm 20-CH_3 (schwach)	(12E)

Tab. 25: 1D-NOE-NMR Einstrahlung bei 6.97 ppm (12-CH).

Synthese von 3-O-p-Brombenzoylcharaciol (278)

3-*epi*-Characiol (**274**) (1 eq, 34 mg, 0.102 mmol) wurde in THF (2 ml, 19.6 ml/mmol **274**) gelöst und anschließend bei 0 °C mit PPh$_3$ (2 eq, 54 mg, 0.206 mmol), p-Brombenzoesäure (2.1 eq, 43 mg, 0.214 mmol) und DIAD (2.1 eq, 0.045 ml, 0.213 mmol) versetzt. Nach Rühren für drei Stunden bei 0 °C wurde die Reaktion durch Zugabe von gesättigter, wässriger NH$_4$Cl-Lösung (2 ml, 19.6 ml/mmol **274**) bei 0 °C abgebrochen. Die Phasen wurden getrennt, und die wässrige Phase wurde dreimal mit CH$_2$Cl$_2$ extrahiert. Anschließend wurden die vereinigten, organischen Phasen mit MgSO$_4$ getrocknet und die Lösemittel am Rotationsverdampfer entfernt. Nach säulenchromatographischer Reinigung (Cyclohexan/ Ethylacetat 20/1 → 10/1) wurde das Produkt **278** (49 mg, 93%) als ein farbloser Feststoff (Smp.: 126 °C) erhalten.

R$_f$ (**278**) = 0.62 (Cyclohexan/ Ethylacetat 2/1); COSY-NMR-Experimente wurden zur Zuordnung der ^{1}H-NMR-Signale gemäß der Jatrophan-Nummerierung durchgeführt. ^{1}H-NMR (400 MHz, CDCl$_3$, δ): 0.99 (d, ^3J = 6.8 Hz, 16-CH_3), 1.10 (s, 18- oder 19-CH_3), 1.18 (s, 18- oder 19-CH_3), 1.40 (s, 17-CH_3), 1.55 (dd, ^2J = 13.5 Hz, ^3J = 11.9 Hz, 1-CH_2, 1H^{Re}), 1.72 (s,

20-CH_3), 1.97–2.08 (m, 8-CH_2), 2.20–2.32 (m, 2-CH + OH), 2.38–2.50 (m, 11-CH_2), 2.60 (dd, $^3J_1$ = 3.5 Hz, $^3J_2$ = 10.5 Hz, 4-CH), 2.75–2.81 (m, 7-CH_2, 1H), 2.88–2.95 (m, 7-CH_2, 1H), 3.24 (dd, ^2J = 13.5 Hz, ^3J = 8.3 Hz, 1-CH_2, 1H^{Si}), 5.33 (d, ^3J = 10.5 Hz, 5-CH), 5.49 (dd, $^3J_1$ = $^3J_2$ = 3.5 Hz, 3-CH), 7.01 (dd, $^3J_1$ = $^3J_2$ = 6.0 Hz, 12-CH), 7.64 (d, ^3J = 8.5 Hz, 2 × CH_{ar}), 7.89 (d, ^3J = 8.5 Hz, 2 × CH_{ar}); ^{13}C-NMR (101 MHz, CDCl$_3$, δ): 12.6 (CH$_3$), 14.3 (CH$_3$), 16.4 (CH$_3$), 24.1 (CH$_3$), 25.0 (CH$_3$), 33.9 (CH$_2$), 35.1 (CH$_2$), 38.7 (CH), 40.3 (CH$_2$), 48.1 (C oder CH$_2$), 48.3 (C oder CH$_2$), 52.7 (CH), 83.2 (CH), 90.4 (C), 120.3 (CH), 128.4 (C), 128.9 (C), 131.2 (2 × CH), 132.1 (2 × CH), 135.8 (C), 139.1 (C), 144.3 (CH), 165.5 (C), 201.1 (C), 215.2 (C); IR (KBr-Film, ν): 3485 (m, br, OH), 2967 (m, C–H), 2929 (m, C–H), 1706 (s, C=O), 1649 (m, C=O), 1590 (m, C=C), 1385 (m, CH$_3$), 1272 (s, C–O–C), 1115 (s), 1012 (m), 733 (m) cm^{-1}; berechnet für C$_{27}$H$_{33}$BrO$_5$: C, 62.67; H, 6.43; gefunden: C, 62.5; H, 6.5; $[\alpha]_D^{20}$ +153.5 (c 0.34, CHCl$_3$); M = 517.45 g/mol.

Synthese von Characiol (181)

Zu einer Lösung von 3-*p*-Brombenzoylcharaciol (**278**) (1 eq, 22 mg, 0.043 mmol) in Methanol (2 ml, 48 ml/mmol **278**) wurde bei Raumtemperatur K$_2$CO$_3$ (27 eq, 157 mg, 1.136 mmol) gegeben und für fünf Stunden bei dieser Temperatur gerührt. Nach Zugabe von gesättigter, wässriger NH$_4$Cl-Lösung (2 ml, 48 ml/mmol **278**) und Verdünnung mit CH$_2$Cl$_2$ (2 ml, 48 ml/mmol **278**) wurden die Phasen getrennt und die wässrige Phase fünfmal mit CH$_2$Cl$_2$ extrahiert. Anschließend wurden die vereinigten, organischen Phasen mit MgSO$_4$ getrocknet und die Lösemittel am Rotationsverdampfer entfernt. Characiol (**181**) (13 mg, 91%) wurde nach säulenchromatographischer Reinigung (Cyclohexan/ Ethylacetat 10/1 → 5/1) in Form eines farblosen Feststoffes (Smp.: 103 °C) erhalten.

R$_f$ (**181**) = 0.25 (Cyclohexan/ Ethylacetat 2/1); COSY-NMR-Experimente wurden zur Zuordnung der ^{1}H-NMR-Signale gemäß der Jatrophan-Nummerierung durchgeführt. ^{1}H-NMR (400 MHz, CDCl$_3$, δ): 1.10 (d, ^3J = 6.8 Hz, 16-CH_3), 1.15 (s, 18- oder 19-CH_3), 1.19 (s, 18- oder 19-CH_3), 1.32 (s, 17-CH_3), 1.49 (dd, ^2J = 14.1 Hz, ^3J = 10.5 Hz, 1-CH_2, 1H^{Re}), 1.70 (s, 20-CH_3), 1.98–2.02 (m, 8-CH_2, 1H), 2.05–2.19 (m, 2-CH + 8-CH_2, 1H + OH), 2.37 (dd, $^3J_1$ = 2.9 Hz, $^3J_2$ = 10.3 Hz, 4-CH), 2.38–2.43 (m, 11-CH_2, 1H), 2.52 (dd, ^3J = 5.8 Hz, ^2J = 18.7 Hz, 11-CH_2, 1H), 2.85–2.99 (m, 7-CH_2), 3.21 (dd, ^2J = 14.1 Hz, ^3J = 9.8 Hz, 1-CH_2, 1H^{Si}), 3.37 (s, OH), 3.97 (dd, $^3J_1$ = $^3J_2$ = 2.9 Hz, 3-CH), 5.63 (d, ^3J = 10.3 Hz, 5-CH), 7.19 (dd, $^3J_1$ = $^3J_2$ = 5.8 Hz, 12-CH); ^{13}C-NMR (101 MHz, CDCl$_3$, δ): 12.7 (CH$_3$), 14.4 (CH$_3$), 16.5

(CH_3), 24.0 (CH_3), 25.4 (CH_3), 34.1 (CH_2), 34.6 (CH_2), 38.9 (CH), 40.6 (CH_2), 47.8 (C oder CH_2), 48.0 (C oder CH_2), 54.5 (CH), 81.4 (CH), 92.6 (C), 121.9 (CH), 136.7 (C), 138.4 (C), 145.1 (CH), 201.0 (C), 215.4 (C); IR (KBr-Film, ν): 3466 (m, br, OH), 2967 (s, C–H), 2929 (s, C–H), 1704 (s, C=O), 1644 (s, C=O), 1444 (m, CH_2), 1385 (s, CH_3), 1246 (s), 1142 (s), 1074 (m), 733 (m) cm^{-1}; berechnet für $C_{20}H_{30}O_4$: C, 71.82; H, 9.04; gefunden: C, 71.6; H, 9.1; $[\alpha]_D^{20}$ +54.8 (c 0.605, $CHCl_3$); M = 334.45 g/mol.

Synthese von 3-*O*-Propionylcharaciol (279)

EDC•HCl (13 eq, 61 mg, 0.318 mmol) und DMAP (1.7 eq, 5 mg, 0.041 mmol) wurden in CH_2Cl_2 (1 ml, 42 ml/mmol **181**) gelöst und bei 0 °C mit Propionsäure (11 eq, 0.02 ml, 0.267 mmol) versetzt. Nach Rühren für fünf Minuten bei 0 °C wurde eine Lösung von Characiol (**181**) (1 eq, 8 mg, 0.024 mmol) in CH_2Cl_2 (2 ml, 84 ml/mmol **181**) hinzugefügt. Anschließend wurde für 21 Stunden bei Raumtemperatur gerührt. Der Abbruch der Reaktion erfolgte durch Zugabe von gesättigter, wässriger NH_4Cl-Lösung (2 ml, 84 ml/mmol **181**). Die Phasen wurden getrennt, die wässrige Phase dreimal mit CH_2Cl_2 extrahiert und die vereinigten, organischen Phasen mit $MgSO_4$ getrocknet. Nach Einengung am Rotationsverdampfer und säulenchromatographischer Reinigung (Cyclohexan/ Ethylacetat 20/1 → 10/1) wurde 3-*O*-Propionylcharaciol (**279**) (7 mg, 75%) als ein farbloses Öl erhalten.

R_f (**279**) = 0.56 (Cyclohexan/ Ethylacetat 2/1); COSY-NMR-Experimente wurden zur Zuordnung der ^{1}H-NMR-Signale gemäß der Jatrophan-Nummerierung durchgeführt. ^{1}H-NMR (400 MHz, $CDCl_3$, δ): 0.95 (d, ^3J = 7.0 Hz, 16-CH_3), 1.12 (s, 18- oder 19-CH_3), 1.19 (s, 18- oder 19-CH_3), 1.22 (t, ^3J = 7.6 Hz, Propionsäure-Ester-CH_3), 1.34 (s, 17-CH_3), 1.40 (dd, ^2J = 13.9 Hz, ^3J = 11.4 Hz, 1-CH_2, 1H^{Re}), 1.71 (s, 20-CH_3), 1.97–2.02 (m, 8-CH_2, 1H), 2.05–2.10 (m, 8-CH_2, 1H), 2.13–2.23 (m, 2-CH), 2.37 (s, OH), 2.42–2.51 (m, 4-CH + 11-CH_2 + Propionsäure-Ester-CH_2), 2.82–2.94 (m, 7-CH_2), 3.23 (dd, ^2J = 13.9 Hz, ^3J = 9.1 Hz, 1-CH_2, 1H^{Si}), 5.26 (d, ^3J = 10.5 Hz, 5-CH), 5.30 (dd, $^3J_1$ = $^3J_2$ = 3.5 Hz, 3-CH), 7.09 (dd, $^3J_1$ = $^3J_2$ = 5.8 Hz, 12-CH); ^{13}C-NMR (101 MHz, $CDCl_3$, δ): 9.6 (CH_3), 12.6 (CH_3), 14.4 (CH_3), 16.4 (CH_3), 24.0 (CH_3), 25.2 (CH_3), 27.8 (CH_2), 33.9 (CH_2), 35.0 (CH_2), 38.3 (CH), 40.4 (CH_2), 48.1 (C oder CH_2), 48.5 (C oder CH_2), 52.9 (CH), 82.5 (CH), 91.3 (C), 120.5 (CH), 136.1 (C), 138.9 (C), 145.0 (CH), 173.7 (C), 200.5 (C), 215.2 (C); IR (KBr-Film, ν): 3479 (w, br, OH), 2969 (m, C–H), 2929 (m, C–H), 1732 (s, C=O), 1708 (s, C=O), 1650 (s,

C=O), 1384 (s, CH$_3$), 1367 (m), 1190 (s), 1143 (m), 1076 (s) cm^{-1}; HRMS (ESI) berechnet für C$_{23}$H$_{34}$O$_5$Na ([M+Na]$^+$): 413.2299; gefunden: 413.2302; $[\alpha]_D^{20}$ +101.4 (c 0.45, CHCl$_3$); M = 390.51 g/mol.

Synthese von 15-*O*-Acetyl-3-*O*-propionylcharaciol (116)

279 → 116 (89%)
Ac$_2$O, TMSOTf (kat.), CH$_2$Cl$_2$, Rt, 10 min

Zu einer Lösung von 3-*O*-Propionylcharaciol (**279**) (1 eq, 10 mg, 0.026 mmol) in CH$_2$Cl$_2$ (2 ml, 77 ml/mmol **279**) wurde Essigsäureanhydrid (24 eq, 0.06 ml, 0.635 mmol) und ein Tropfen TMSOTf gegeben. Hierbei verfärbte sich die Lösung leicht rosa. Nach Rühren für zehn Minuten bei Raumtemperatur wurde die Reaktion durch Zugabe von Methanol (2 ml, 77 ml/mmol **279**) und gesättigter, wässriger NH$_4$Cl-Lösung (2 ml, 77 ml/mmol **279**) beendet. Anschließend wurden die Phasen getrennt und die wässrige Phase dreimal mit CH$_2$Cl$_2$ extrahiert. Dann wurden die vereinigten, organischen Phasen mit MgSO$_4$ getrocknet und die Lösemittel am Rotationsverdampfer entfernt. Säulenchromatographische Reinigung (Cyclohexan/ Ethylacetat 10/1) ergab 15-*O*-Acetyl-3-*O*-propionylcharaciol (**116**) (10 mg, 89%) als einen farblosen Feststoff (Smp.: 140 °C).

R$_f$ (**116**) = 0.48 (Cyclohexan/ Ethylacetat 2/1); COSY- und NOESY-NMR-Experimente wurden zur Zuordnung der NMR-Signale gemäß der Jatrophan-Nummerierung durchgeführt. ^{1}H-NMR (400 MHz, CDCl$_3$, δ): 0.92 (d, ^3J = 6.8 Hz, 16-C*H*$_3$), 1.03 (s, 18- oder 19-C*H*$_3$), 1.19 (s, 18- oder 19-C*H*$_3$), 1.21 (t, ^3J = 7.5 Hz, Propionsäure-Ester-C*H*$_3$), 1.39 (s, 17-C*H*$_3$), 1.47 (dd, ^2J = ^3J = 13.4 Hz, 1-C*H*$_2$, 1H^{Re}), 1.69 (s, 20-C*H*$_3$), 2.04–2.09 (m, 8-C*H*$_2$), 2.11 (s, Acetat-C*H*$_3$), 2.13–2.23 (m, 2-C*H*), 2.32–2.45 (m, 11-C*H*$_2$ + Propionsäure-Ester-C*H*$_2$), 2.55 (dd, $^3J_1$ = 3.8 Hz, $^3J_2$ = 10.3 Hz, 4-C*H*), 2.84–3.02 (m, 7-C*H*$_2$), 3.29 (dd, ^2J = 13.4 Hz, ^3J = 7.8 Hz, 1-C*H*$_2$, 1H^{Si}), 5.24 (dd, $^3J_1$ = $^3J_2$ = 3.8 Hz, 3-C*H*), 5.42 (d, ^3J = 10.3 Hz, 5-C*H*), 6.37 (dd, $^3J_1$ = $^3J_2$ = 6.1 Hz, 12-C*H*); ^{13}C-NMR (101 MHz, CDCl$_3$, δ): 9.5 (CH$_3$), 12.0 (CH$_3$), 13.7 (CH$_3$), 16.2 (CH$_3$), 21.5 (CH$_3$), 24.1 (CH$_3$), 25.0 (CH$_3$), 27.9 (CH$_2$), 33.8 (CH$_2$), 35.4 (CH$_2$), 38.6 (CH), 40.0 (CH$_2$), 46.1 (CH$_2$), 47.8 (C), 51.5 (CH), 80.6 (CH), 92.9 (C), 120.9 (CH), 135.6 (C), 138.8 (C), 139.3 (CH), 170.4 (C), 174.0 (C), 198.5 (C), 215.0 (C); IR (KBr-Film, ν): 2970 (m, C–H), 2932 (m, C–H), 1735 (s, C=O), 1704 (m, C=O), 1661 (m, C=O), 1384 (s, CH$_3$), 1370 (s), 1268 (m), 1242 (s, C–O–C), 1185 (m), 1111 (m) cm^{-1}; berechnet für C$_{25}$H$_{36}$O$_6$: C, 69.42; H, 8.39; gefunden: C, 69.4; H, 8.3; $[\alpha]_D^{20}$ −16.3 (c 0.395, CHCl$_3$); M = 432.55 g/mol.

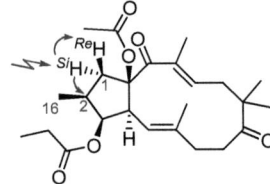

Eintrag	Signal bei	Schlussfolgerung
1	1.47 ppm 1^{Re}-CH_2 (stark)	/
2	2.13–2.23 ppm 2-CH (stark)	1^{Si}-CH_2 und 2-CH sind *cis*
3	0.92 ppm 16-CH_3 (schwach)	1^{Si}-CH_2 und 2-CH sind *cis*

Tab. 26: 1D-NOE-NMR Einstrahlung bei 3.29 ppm (1^{Si}-CH_2).

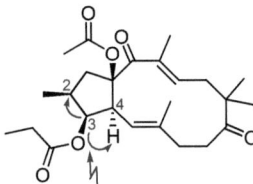

Eintrag	Signal bei	Schlussfolgerung
1	2.13–2.23 ppm 2-CH (stark)	3-CH und 2-CH sind *cis*
2	2.55 ppm 4-CH (stark)	3-CH und 4-CH sind *cis*

Tab. 27: 1D-NOE-NMR Einstrahlung bei 5.24 ppm (3-CH).

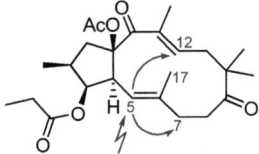

Eintrag	Signal bei	Schlussfolgerung
1	6.37 ppm 12-CH (stark)	/
2	2.88 ppm 7-CH_2 (stark)	(5E)
3	1.39 ppm 17-CH_3 (schwach)	(5E)

Tab. 28: 1D-NOE-NMR Einstrahlung bei 5.42 ppm (5-CH).

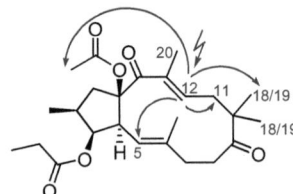

Eintrag	Signal bei	Schlussfolgerung
1	5.42 ppm 5-CH (stark)	/
2	1.03 ppm 18- oder 19-CH_3 (stark)	/
3	2.11 ppm Acetat-CH_3 (stark)	/
4	2.32–2.45 ppm 11-CH_2 (stark)	(12E)
5	1.69 ppm 20-CH_3 (schwach)	(12E)

Tab. 29: 1D-NOE-NMR Einstrahlung bei 6.37 ppm (12-CH).

Synthese von 15-*O*-Acetyl-3-*O*-propionylcharaciol-(5R,6R)-oxid (183)

116   →   *m*-CPBA, CH$_2$Cl$_2$, Rt, 19 h   →   183 (72%), dr > 95/5

Zu einer Lösung von 15-*O*-Acetyl-3-*O*-propionylcharaciol (**116**) (1 eq, 12 mg, 0.028 mmol) in CH$_2$Cl$_2$ (2 ml, 71 ml/mmol **116**) wurde *m*-CPBA (1.9 eq, 9 mg, 0.052 mmol) gegeben. Nach Rühren für 19 Stunden bei Raumtemperatur wurde die Reaktion durch Zugabe von gesättigter, wässriger Na$_2$S$_2$O$_3$-Lösung (2 ml, 71 ml/mmol **116**) beendet. Anschließend wurden die Phasen getrennt und die wässrige Phase viermal mit CH$_2$Cl$_2$ extrahiert. Dann wurden die vereinigten, organischen Phasen mit MgSO$_4$ getrocknet und die Lösemittel am Rotationsverdampfer entfernt. Säulenchromatographische Reinigung (Cyclohexan/ Ethylacetat 5/1 → 2/1) ergab 15-*O*-Acetyl-3-*O*-propionylcharaciol-(5R,6R)-oxid (**183**) (9 mg, 72%) als einen farblosen Feststoff (Smp.: 120 °C).

R_f (**183**) = 0.27 (Cyclohexan/ Ethylacetat 2/1); COSY-Experimente wurden zur Zuordnung der NMR-Signale gemäß der Jatrophan-Nummerierung durchgeführt. ^{1}H-NMR (400 MHz, CDCl$_3$, δ): 0.92 (d, ^3J = 6.8 Hz, 16-CH_3), 1.02 (s, 18- oder 19-CH_3), 1.05 (s, 18- oder 19-CH_3), 1.21 (t, ^3J = 7.5 Hz, Propionsäure-Ester-CH_3), 1.28 (s, 17-CH_3), 1.56 (dd, ^2J = ^3J = 13.3 Hz, 1-CH_2, 1H^{Re}), 1.73 (s, 20-CH_3), 1.76 (dd, $^3J_1$ = 4.2 Hz, $^3J_2$ = 8.6 Hz, 4-CH), 1.94–2.06 (m, 8-CH_2), 2.09–2.15 (m, 2-CH), 2.16–2.23 (m, 7-CH_2, 1H), 2.19 (s, Acetat-CH_3), 2.40–2.53 (m, 11-CH_2 + Propionsäure-Ester-CH_2), 2.86–2.93 (m, 7-CH_2, 1H), 3.21 (dd, ^2J = 13.3 Hz, ^3J = 7.5 Hz, 1-CH_2, 1H^{Si}), 3.34 (d, ^3J = 8.6 Hz, 5-CH), 5.40 (dd, $^3J_1$ = $^3J_2$ = 4.2 Hz, 3-CH), 5.98–6.00 (m, 12-CH); ^{13}C-NMR (101 MHz, CDCl$_3$, δ): 9.4 (CH$_3$), 12.1 (CH$_3$), 13.4 (CH$_3$), 16.8 (CH$_3$), 21.5 (CH$_3$), 23.2 (CH$_3$), 25.1 (CH$_3$), 27.9 (CH$_2$), 32.1 (CH$_2$), 33.0 (CH$_2$), 38.1 (CH), 39.4 (CH$_2$), 47.4 (CH$_2$), 48.0 (C), 50.9 (CH), 59.4 (CH), 61.3 (C), 79.7 (CH), 89.8 (C), 135.5 (CH), 136.6 (C), 170.4 (C), 173.5 (C), 199.9 (C), 213.7 (C); IR (KBr-Film, ν): 2971 (w, C–H), 2934 (w, C–H), 1737 (s, C=O), 1705 (m, C=O), 1674 (m,

C=O), 1384 (s, CH_3), 1371 (s), 1238 (m, C–O–C), 1112 (m), 1083 (m) cm^{-1}; HRMS (ESI) berechnet für $C_{25}H_{37}O_7$ ($[M+H]^+$): 449.2534; gefunden: 449.2533; $[\alpha]_D^{20}$ −58.4 (c 0.45, $CHCl_3$); M = 448.55 g/mol.[439]

Synthese von 3-*O*-Acetylcharaciol (280)

181 → 280 (76%)

Reagenzien: EDC·HCl, DMAP (kat.), AcOH, CH_2Cl_2, 0 °C zu Rt, 17 h

EDC·HCl (10 eq, 164 mg, 0.856 mmol) und DMAP (0.4 eq, 4 mg, 0.033 mmol) wurden in CH_2Cl_2 (1 ml, 11.9 ml/mmol **181**) gelöst und bei 0 °C mit Essigsäure (10 eq, 0.05 ml, 0.873 mmol) versetzt. Nach Rühren für fünf Minuten bei 0 °C wurde eine Lösung von Characiol (**181**) (1 eq, 28 mg, 0.084 mmol) in CH_2Cl_2 (2 ml, 23.8 ml/mmol **181**) hinzugefügt. Anschließend wurde für 17 Stunden bei Raumtemperatur gerührt. Der Abbruch der Reaktion erfolgte durch Zugabe von gesättigter, wässriger NH_4Cl-Lösung (2 ml, 23.8 ml/mmol **181**). Die Phasen wurden getrennt, die wässrige Phase dreimal mit CH_2Cl_2 extrahiert und die vereinigten, organischen Phasen mit $MgSO_4$ getrocknet. Nach Einengung am Rotationsverdampfer und säulenchromatographischer Reinigung (Cyclohexan/ Ethylacetat 20/1 → 10/1) wurde 3-*O*-Acetylcharaciol (**280**) (24 mg, 76%) als ein farbloses Öl erhalten.

R_f (**280**) = 0.47 (Cyclohexan/ Ethylacetat 2/1); COSY-NMR-Experimente wurden zur Zuordnung der ^{1}H-NMR-Signale gemäß der Jatrophan-Nummerierung durchgeführt. ^{1}H-NMR (400 MHz, $CDCl_3$, δ): 0.96 (d, ^3J = 6.8 Hz, 16-CH_3), 1.13 (s, 18- oder 19-CH_3), 1.20 (s, 18- oder 19-CH_3), 1.34 (s, 17-CH_3), 1.40 (dd, ^2J = 13.8 Hz, ^3J = 11.5 Hz, 1-CH_2, 1H^{Re}), 1.71 (s, 20-CH_3), 1.98–2.11 (m, 8-CH_2), 2.13–2.23 (m, 2-CH), 2.17 (s, Acetat-CH_3), 2.33 (s, br, OH), 2.38–2.52 (m, 4-CH + 11-CH_2), 2.84–2.95 (m, 7-CH_2), 3.22 (dd, ^2J = 13.8 Hz, ^3J = 9.2 Hz, 1-CH_2, 1H^{Si}), 5.26–5.29 (m, 3-CH und 5-CH), 7.08 (dd, $^3J_1$ = $^3J_2$ = 5.8 Hz, 12-CH); ^{13}C-NMR (101 MHz, $CDCl_3$, δ): 12.6 (CH_3), 14.4 (CH_3), 16.4 (CH_3), 21.2 (CH_3), 24.0 (CH_3), 25.1 (CH_3), 33.9 (CH_2), 35.0 (CH_2), 38.3 (CH), 40.4 (CH_2), 48.1 (C oder CH_2), 48.4 (C oder CH_2), 52.8 (CH), 82.7 (CH), 91.2 (C), 120.4 (CH), 136.1 (C), 139.0 (C), 145.0 (CH), 170.3 (C), 200.5 (C), 215.2 (C); IR (KBr-Film, ν): 3479 (m, br, OH), 2968 (s, C–H), 2929 (s, C–H), 1737 (s, C=O), 1650 (s, C=O), 1384 (s, CH_3), 1243 (s, C–O–C), 1143 (m), 1075 (m), 1022 (m), 732 (m) cm^{-1}; HRMS (ESI) berechnet für $C_{22}H_{33}O_5$ ($[M+H]^+$): 377.2323; gefunden: 377.2324; $[\alpha]_D^{20}$ +76.8 (c 1.15, $CHCl_3$); M = 376.49 g/mol.

---

[439] Für das Jatrophan **183** konnte keine stimmige Elementaranalyse erhalten werden: berechnet für $C_{25}H_{36}O_7$: C, 66.94; H, 8.09; gefunden: C, 68.2; H, 9.2.

Synthese von 3-*O*-Acetyl-15-*O*-propionylcharaciol (182)

[Reaction scheme: compound **280** (with HO, AcO groups) + (EtCO)₂O, TMSOTf (kat.), CH₂Cl₂, Rt, 10 min → compound **182** (77%)]

Zu einer Lösung von 3-*O*-Acetylcharaciol (**280**) (1 eq, 8 mg, 0.021 mmol) in CH_2Cl_2 (2 ml, 95 ml/mmol **280**) wurde Propionsäureanhydrid (37 eq, 0.1 ml, 0.78 mmol) und ein Tropfen TMSOTf gegeben. Hierbei verfärbte sich die Lösung leicht rosa. Nach Rühren für zehn Minuten bei Raumtemperatur wurde die Reaktion durch Zugabe von Methanol (2 ml, 95 ml/mmol **280**) und gesättigter, wässriger NH₄Cl-Lösung (2 ml, 95 ml/mmol **280**) beendet. Anschließend wurden die Phasen getrennt und die wässrige Phase dreimal mit CH_2Cl_2 extrahiert. Dann wurden die vereinigten, organischen Phasen mit MgSO₄ getrocknet und die Lösemittel am Rotationsverdampfer entfernt. Säulenchromatographische Reinigung (Cyclohexan/ Ethylacetat 10/1) ergab 3-*O*-Acetyl-15-*O*-propionylcharaciol (**182**) (7 mg, 77%) als einen farblosen Feststoff (Smp.: 134 °C).

R_f (**182**) = 0.53 (Cyclohexan/ Ethylacetat 2/1); COSY-NMR-Experimente wurden zur Zuordnung der NMR-Signale gemäß der Jatrophan-Nummerierung durchgeführt. ¹H-NMR (400 MHz, CDCl₃, δ): 0.92 (d, ^3J = 6.8 Hz, 16-CH_3), 1.01 (s, 18- oder 19-CH_3), 1.16 (t, ^3J = 7.5 Hz, Propionsäure-Ester-CH_3), 1.18 (s, 18- oder 19-CH_3), 1.40 (s, 17-CH_3), 1.42 (dd, ^2J = ^3J = 13.3 Hz, 1-CH_2, 1H^{Re}), 1.69 (s, 20-CH_3), 2.02–2.09 (m, 8-CH_2), 2.12 (s, Acetat-CH_3), 2.14–2.23 (m, 2-CH), 2.30–2.45 (m, 11-CH_2), 2.41 (q, ^3J = 7.5 Hz, Propionsäure-Ester-CH_2), 2.55 (dd, $^3J_1$ = 3.8 Hz, $^3J_2$ = 10.3 Hz, 4-CH), 2.84–3.02 (m, 7-CH_2), 3.30 (dd, ^2J = 13.3 Hz, ^3J = 7.8 Hz, 1-CH_2, 1H^{Si}), 5.22 (dd, $^3J_1$ = $^3J_2$ = 3.8 Hz, 3-CH), 5.43 (d, ^3J = 10.3 Hz, 5-CH), 6.35 (dd, $^3J_1$ = $^3J_2$ = 6.2 Hz, 12-CH); ¹³C-NMR (101 MHz, CDCl₃, δ): 8.8 (CH₃), 12.1 (CH₃), 13.7 (CH₃), 16.2 (CH₃), 21.0 (CH₃), 24.1 (CH₃), 24.9 (CH₃), 28.1 (CH₂), 33.7 (CH₂), 35.4 (CH₂), 38.5 (CH), 40.0 (CH₂), 46.2 (C oder CH₂), 47.8 (C oder CH₂), 51.5 (CH), 80.9 (CH), 92.7 (C), 120.8 (CH), 135.6 (C), 138.8 (C), 139.3 (CH), 170.7 (C), 173.6 (C), 198.5 (C), 215.1 (C); IR (KBr-Film, ν): 2971 (m, C–H), 2933 (m, C–H), 1737 (s, C=O), 1704 (s, C=O), 1659 (m, C=O), 1384 (s, CH₃), 1368 (m), 1242 (s, C–O–C), 1219 (s), 1111 (m), 1019 (m) cm⁻¹; berechnet für $C_{25}H_{36}O_6$: C, 69.42; H, 8.39; gefunden: C, 69.3; H, 8.2; $[\alpha]_D^{20}$ −14.5 (c 0.43, CHCl₃); M = 432.55 g/mol.

Synthese von 3-*O*-Acetyl-15-*O*-propionylcharaciol-(5*R*,6*R*)-oxid (281)

[Reaction scheme: 182 → (m-CPBA, CH$_2$Cl$_2$, Rt, 20.5 h) → 281 (95%), dr >95/5]

Zu einer Lösung von 3-*O*-Acetyl-15-*O*-propionylcharaciol (**182**) (1 eq, 9 mg, 0.021 mmol) in CH$_2$Cl$_2$ (2 ml, 95 ml/mmol **182**) wurde *m*-CPBA (1.9 eq, 7 mg, 0.041 mmol) gegeben. Nach Rühren für 20.5 Stunden bei Raumtemperatur wurde die Reaktion durch Zugabe von gesättigter, wässriger Na$_2$S$_2$O$_3$-Lösung (2 ml, 95 ml/mmol **182**) beendet. Anschließend wurden die Phasen getrennt und die wässrige Phase viermal mit CH$_2$Cl$_2$ extrahiert. Dann wurden die vereinigten, organischen Phasen mit MgSO$_4$ getrocknet und die Lösemittel am Rotationsverdampfer entfernt. Säulenchromatographische Reinigung (Cyclohexan/ Ethylacetat 5/1 → 2/1) ergab 3-*O*-Acetyl-15-*O*-propionylcharaciol-(5*R*,6*R*)-oxid (**281**) (9 mg, 95%) als einen farblosen Feststoff (Smp.: 141 °C).

R_f (**281**) = 0.18 (Cyclohexan/ Ethylacetat 2/1); COSY-Experimente wurden zur Zuordnung der NMR-Signale gemäß der Jatrophan-Nummerierung durchgeführt. ^{1}H-NMR (400 MHz, CDCl$_3$, δ): 0.92 (d, ^3J = 6.8 Hz, 16-CH_3), 1.00 (s, 18- oder 19-CH_3), 1.05 (s, 18- oder 19-CH_3), 1.16 (t, ^3J = 7.5 Hz, Propionsäure-Ester-CH_3), 1.27 (s, 17-CH_3), 1.51 (dd, ^2J = ^3J = 13.3 Hz, 1-CH_2, 1H^{Re}), 1.74 (s, 20-CH_3), 1.75 (dd, $^3J_1$ = 4.1 Hz, $^3J_2$ = 8.8 Hz, 4-CH), 1.96–2.06 (m, 8-CH_2), 2.08–2.12 (m, 2-CH), 2.15 (s, Acetat-CH_3), 2.17–2.22 (m, 7-CH_2, 1H), 2.39–2.60 (m, 11-CH_2 + Propionsäure-Ester-CH_2), 2.85–2.92 (m, 7-CH_2, 1H), 3.22 (dd, ^2J = 13.3 Hz, ^3J = 7.5 Hz, 1-CH_2, 1H^{Si}), 3.34 (d, ^3J = 8.8 Hz, 5-CH), 5.39 (dd, $^3J_1$ = $^3J_2$ = 4.1 Hz, 3-CH), 5.98–6.01 (m, 12-CH); ^{13}C-NMR (101 MHz, CDCl$_3$, δ): 8.7 (CH$_3$), 12.2 (CH$_3$), 13.4 (CH$_3$), 16.9 (CH$_3$), 21.0 (CH$_3$), 23.1 (CH$_3$), 25.1 (CH$_3$), 27.9 (CH$_2$), 32.0 (CH$_2$), 33.0 (CH$_2$), 38.1 (CH), 39.4 (CH$_2$), 47.5 (CH$_2$), 48.0 (C), 51.0 (CH), 59.3 (CH), 61.3 (C), 80.0 (CH), 89.7 (C), 135.6 (CH), 136.7 (C), 170.2 (C), 173.7 (C), 199.9 (C), 213.7 (C); IR (KBr-Film, ν): 2972 (w, C–H), 2934 (w, C–H), 1740 (s, C=O), 1704 (m, C=O), 1673 (m, C=O), 1384 (m, CH$_3$), 1370 (m), 1239 (m, C–O–C), 1183 (m), 1082 (m) cm^{-1}; berechnet für C$_{25}$H$_{36}$O$_7$: C, 66.94; H, 8.09; gefunden: C, 67.0; H, 8.1; $[\alpha]_D^{20}$ −52.8 (c 0.45, CHCl$_3$); M = 448.55 g/mol.

Synthese von 3-*O*-Benzoylcharaciol (282)

274 → **282 (87%)**

Reagents: PPh₃, BzOH, DIAD, THF, 0 °C, 2.5 h

3-*epi*-Characiol (**274**) (1 eq, 34 mg, 0.102 mmol) wurde in THF (2 ml, 20 ml/mmol **274**) gelöst und anschließend bei 0 °C mit PPh₃ (2 eq, 55 mg, 0.21 mmol), Benzoesäure (2 eq, 25 mg, 0.205 mmol) und DIAD (2.1 eq, 0.045 ml, 0.213 mmol) versetzt. Nach Rühren für 2.5 Stunden bei 0 °C wurde die Reaktion durch Zugabe von gesättigter, wässriger NH₄Cl-Lösung (2 ml, 20 ml/mmol **274**) bei 0 °C abgebrochen. Die Phasen wurden getrennt, und die wässrige Phase wurde viermal mit CH₂Cl₂ extrahiert. Anschließend wurden die vereinigten, organischen Phasen mit MgSO₄ getrocknet und die Lösemittel am Rotationsverdampfer entfernt. Nach säulenchromatographischer Reinigung (Cyclohexan/ Ethylacetat 20/1 → 10/1) wurde 3-*O*-Benzoylcharaciol (**282**) (39 mg, 87%) als ein farbloser Feststoff (Smp.: 78 °C) erhalten.

R_f (**282**) = 0.54 (Cyclohexan/ Ethylacetat 2/1); COSY-NMR-Experimente wurden zur Zuordnung der ¹H-NMR-Signale gemäß der Jatrophan-Nummerierung durchgeführt. ¹H-NMR (400 MHz, CDCl₃, δ): 1.01 (d, ^3J = 6.8 Hz, 16-CH_3), 1.11 (s, 18- oder 19-CH_3), 1.19 (s, 18- oder 19-CH_3), 1.40 (s, 17-CH_3), 1.58 (dd, ^2J = 13.6 Hz, ^3J = 12.1 Hz, 1-CH_2, 1H^{Re}), 1.74 (s, 20-CH_3), 1.96–2.08 (m, 8-CH_2), 2.22–2.30 (m, 2-CH), 2.31 (s, 1OH), 2.39–2.51 (m, 11-CH_2), 2.61 (dd, $^3J_1$ = 3.8 Hz, $^3J_2$ = 10.3 Hz, 4-CH), 2.76–2.82 (m, 7-CH_2, 1H), 2.88–2.95 (m, 7-CH_2, 1H), 3.27 (dd, ^2J = 13.6 Hz, ^3J = 8.3 Hz, 1-CH_2, 1H^{Si}), 5.36 (d, ^3J = 10.3 Hz, 5-CH), 5.53 (dd, $^3J_1$ = $^3J_2$ = 3.8 Hz, 3-CH), 7.05 (dd, $^3J_1$ = $^3J_2$ = 5.9 Hz, 12-CH), 7.51 (dd, $^3J_1$ = $^3J_2$ = 7.7 Hz, 2 × CH_{ar}), 7.62 (dd, $^3J_1$ = $^3J_2$ = 7.7 Hz, CH_{ar}), 8.03 (d, $^3J_1$ = 7.7 Hz, 2 × CH_{ar}); ¹³C-NMR (101 MHz, CDCl₃, δ): 12.6 (CH₃), 14.4 (CH₃), 16.4 (CH₃), 24.1 (CH₃), 25.1 (CH₃), 33.9 (CH₂), 35.1 (CH₂), 38.8 (CH), 40.4 (CH₂), 48.1 (C oder CH₂), 48.4 (C oder CH₂), 52.8 (CH), 82.9 (CH), 90.6 (C), 120.4 (CH), 128.7 (2 × CH), 129.6 (2 × CH), 130.0 (C), 133.3 (CH), 135.8 (C), 138.9 (C), 144.5 (CH), 166.1 (C), 201.0 (C), 215.2 (C); IR (KBr-Film, ν): 3485 (m, br, OH), 2968 (m, C–H), 2929 (m, C–H), 1705 (s, C=O), 1650 (m, C=O), 1451 (m), 1384 (m, CH₃), 1275 (s, C–O–C), 1113 (s), 1012 (m), 713 (m, C=C–H) cm⁻¹; HRMS (ESI) berechnet für C₂₇H₃₅O₅ ([M+H]⁺): 439.2479; gefunden: 439.2476; $[\alpha]_D^{20}$ +162.4 (c 1.55, CHCl₃); M = 438.56 g/mol.[440]

---

[440] Für das Jatrophan **282** konnte keine stimmige Elementaranalyse erhalten werden: berechnet für C₂₇H₃₄O₅: C, 73.94; H, 7.81; gefunden: C, 73.0; H, 7.7.

Synthese von 15-*O*-Acetyl-3-*O*-benzoylcharaciol (283)

Zu einer Lösung von 3-*O*-Benzoylcharaciol (**282**) (1 eq, 8 mg, 0.018 mmol) in CH_2Cl_2 (2 ml, 111 ml/mmol **282**) wurde Essigsäureanhydrid (35 eq, 0.06 ml, 0.635 mmol) und ein Tropfen TMSOTf gegeben. Hierbei verfärbte sich die Lösung leicht rosa. Nach Rühren für zehn Minuten bei Raumtemperatur wurde die Reaktion durch Zugabe von Methanol (2 ml, 111 ml/mmol **282**) und gesättigter, wässriger NH_4Cl-Lösung (2 ml, 111 ml/mmol **282**) beendet. Anschließend wurden die Phasen getrennt und die wässrige Phase dreimal mit CH_2Cl_2 extrahiert. Dann wurden die vereinigten, organischen Phasen mit $MgSO_4$ getrocknet und die Lösemittel am Rotationsverdampfer entfernt. Säulenchromatographische Reinigung (Cyclohexan/ Ethylacetat 5/1) ergab 15-*O*-Acetyl-3-*O*-benzoylcharaciol (**283**) (7 mg, 80%) als einen farblosen Feststoff (Smp.: 155 °C).

R_f (**283**) = 0.59 (Cyclohexan/ Ethylacetat 2/1); COSY-NMR-Experimente wurden zur Zuordnung der NMR-Signale gemäß der Jatrophan-Nummerierung durchgeführt. ^{1}H-NMR (400 MHz, $CDCl_3$, δ): 0.97 (d, ^3J = 7.0 Hz, 16-CH_3), 1.03 (s, 18- oder 19-CH_3), 1.18 (s, 18- oder 19-CH_3), 1.43 (s, 17-CH_3), 1.62 (dd, ^2J = ^3J = 13.4 Hz, 1-CH_2, 1H^{Re}), 1.72 (s, 20-CH_3), 2.00–2.07 (m, 8-CH_2), 2.18 (s, Acetat-CH_3), 2.24–2.34 (m, 2-CH), 2.35 (dd, ^2J = 18.3 Hz, ^3J = 5.9 Hz, 11-CH_2, 1H), 2.43 (dd, ^2J = 18.3 Hz, ^3J = 5.9 Hz, 11-CH_2, 1H), 2.68 (dd, $^3J_1$ = 4.0 Hz, $^3J_2$ = 10.5 Hz, 4-CH), 2.77–2.84 (m, 7-CH_2, 1H), 2.91–2.99 (m, 7-CH_2, 1H), 3.40 (dd, ^2J = 13.4 Hz, ^3J = 8.0 Hz, 1-CH_2, 1H^{Si}), 5.47–5.51 (m, 3-CH + 5-CH), 6.40 (dd, $^3J_1$ = $^3J_2$ = 5.9 Hz, 12-CH), 7.49 (dd, $^3J_1$ = $^3J_2$ = 7.5 Hz, 2 × CH_{ar}), 7.62 (dd, $^3J_1$ = $^3J_2$ = 7.5 Hz, CH_{ar}), 8.07 (d, $^3J_1$ = 7.5 Hz, 2 × CH_{ar}); ^{13}C-NMR (101 MHz, $CDCl_3$, δ): 12.1 (CH_3), 13.9 (CH_3), 16.2 (CH_3), 21.5 (CH_3), 24.2 (CH_3), 25.0 (CH_3), 33.7 (CH_2), 35.3 (CH_2), 39.1 (CH), 40.1 (CH_2), 46.5 (C), 47.8 (C), 51.9 (CH), 81.7 (CH), 93.2 (C), 120.8 (CH), 128.6 (2 × CH), 129.7 (2 × CH), 130.2 (C), 133.2 (CH), 135.8 (C), 139.0 (C), 139.3 (CH), 166.0 (C), 170.4 (C), 198.5 (C), 215.0 (C); IR (KBr-Film, ν): 2968 (m, C–H), 2932 (m, C–H), 1781 (m, C=O), 1704 (m, C=O), 1659 (m, C=O), 1385 (s, CH_3), 1273 (s), 1245 (s, C–O–C), 1114 (m), 713 (m, C=C–H) cm^{-1}; berechnet für $C_{29}H_{36}O_6$: C, 72.48; H, 7.55; gefunden: C, 72.6; H, 7.7; $[\alpha]_D^{20}$ +51.0 (c 0.95, $CHCl_3$); M = 480.59 g/mol.

Synthese von 15-*O*-Acetyl-3-*O*-benzoylcharaciol-(5*R*,6*R*)-oxid (174)

283 → **174** (70%), dr > 95/5

Reagenzien: *m*-CPBA, CH_2Cl_2, Rt, 18 h

Zu einer Lösung von 15-*O*-Acetyl-3-*O*-benzoylcharaciol (**283**) (1 eq, 11 mg, 0.023 mmol) in CH_2Cl_2 (1.6 ml, 70 ml/mmol **283**) wurde *m*-CPBA (2 eq, 8 mg, 0.046 mmol) gegeben. Nach Rühren für 18 Stunden bei Raumtemperatur wurde die Reaktion durch Zugabe von gesättigter, wässriger $Na_2S_2O_3$-Lösung (1.6 ml, 70 ml/mmol **283**) beendet. Anschließend wurden die Phasen getrennt und die wässrige Phase dreimal mit CH_2Cl_2 extrahiert. Dann wurden die vereinigten, organischen Phasen mit $MgSO_4$ getrocknet und die Lösemittel am Rotationsverdampfer entfernt. Säulenchromatographische Reinigung (Cyclohexan/ Ethylacetat 5/1 → 2/1) ergab 15-*O*-Acetyl-3-*O*-benzoylcharaciol-(5*R*,6*R*)-oxid (**174**) (8 mg, 70%) als einen farblosen Feststoff (Smp.: 187 °C).

R_f (**174**) = 0.33 (Cyclohexan/ Ethylacetat 2/1); COSY- und NOESY-Experimente wurden zur Zuordnung der NMR-Signale gemäß der Jatrophan-Nummerierung durchgeführt. ^{1}H-NMR (400 MHz, $CDCl_3$, δ): 0.97 (d, ^3J = 6.5 Hz, 16-CH_3), 1.04 (s, 18-CH_3), 1.08 (s, 19-CH_3), 1.28 (s, 17-CH_3), 1.72 (dd, ^2J = ^3J = 13.6 Hz, 1-CH_2, 1H^{Re}), 1.77 (s, 20-CH_3), 1.87 (dd, $^3J_1$ = 3.8 Hz, $^3J_2$ = 8.9 Hz, 4-CH), 1.92–2.04 (m, 8-CH_2), 2.15–2.29 (m, 2-CH + 7-CH_2, 1H), 2.27 (s, Acetat-CH_3), 2.42–2.55 (m, 11-CH_2), 2.84–2.91 (m, 7-CH_2, 1H), 3.33 (dd, ^2J = 13.6 Hz, ^3J = 7.3 Hz, 1-CH_2, 1H^{Si}), 3.39 (d, ^3J = 8.9 Hz, 5-CH), 5.67 (dd, $^3J_1$ = $^3J_2$ = 3.8 Hz, 3-CH), 6.04–6.07 (m, 12-CH), 7.49 (dd, $^3J_1$ = $^3J_2$ = 7.5 Hz, 2 × CH_{ar}), 7.61 (dd, $^3J_1$ = $^3J_2$ = 7.5 Hz, CH_{ar}), 8.09 (d, $^3J_1$ = 7.5 Hz, 2 × CH_{ar}); ^{13}C-NMR (101 MHz, $CDCl_3$, δ): 12.2 (CH_3), 13.6 (CH_3), 16.8 (CH_3), 21.5 (CH_3), 23.3 (CH_3), 25.1 (CH_3), 32.1 (CH_2), 32.9 (CH_2), 38.6 (CH), 39.4 (CH_2), 47.9 (CH_2), 48.0 (C), 51.5 (CH), 59.4 (CH), 61.4 (C), 80.7 (CH), 90.1 (C), 128.5 (2 × CH), 129.8 (2 × CH), 130.3 (C), 133.1 (CH), 135.6 (CH), 136.9 (C), 165.5 (C), 170.3 (C), 199.9 (C), 213.6 (C); IR (KBr-Film, ν): 2969 (w, C–H), 2932 (w, C–H), 1720 (s, C=O), 1671 (m, C=O), 1384 (s, CH_3), 1271 (s, C–O–C), 1243 (m), 1111 (s), 712 (w, C=C–H) cm^{-1}; HRMS (ESI) berechnet für $C_{29}H_{37}O_7$ ([M+H]$^+$): 497.2534; gefunden: 497.2529; $[\alpha]_D^{20}$ –20.6 (c 0.34, $CHCl_3$); M = 496.59 g/mol.[441]

---

[441] Für das Jatrophan **174** konnte keine stimmige Elementaranalyse erhalten werden: berechnet für $C_{29}H_{36}O_7$: C, 70.14; H, 7.31; gefunden: C, 69.3; H, 7.9.

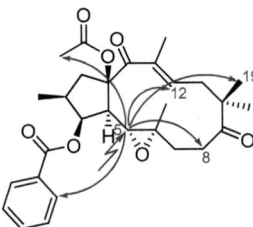

Eintrag	Signal bei	Schlussfolgerung
1	2.15–2.29 ppm 2-CH (stark)	2-CH and 3-CH sind *cis*
2	1.87 ppm 4-CH (stark)	4-CH and 3-CH sind *cis*

Tab. 30: 1D-NOE-NMR Einstrahlung bei 5.67 ppm (3-CH).

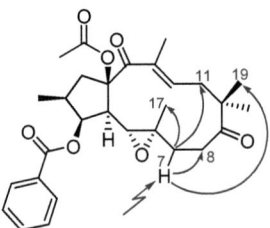

Eintrag	Signal bei	Schlussfolgerung
1	1.92–2.04 ppm 8-CH_2 (stark)	/
2	6.04–6.07 ppm 12-CH (stark)	/
3	1.08 ppm 19-CH_3 (schwach)	/
4	2.27 ppm Acetat-CH_3 (schwach)	/
5	8.09 ppm 2 × Aryl-CH (schwach)	/

Tab. 31: 1D-NOE-NMR Einstrahlung bei 3.39 ppm (5-CH).

Eintrag	Signal bei	Schlussfolgerung
1	1.92–2.04 ppm 8-CH_2 (stark)	/
2	2.42–2.55 ppm 11-CH_2 (schwach)	/
3	1.28 ppm 17-CH_3 (stark)	/
4	1.08 ppm 19-CH_3 (stark)	/

Tab. 32: 1D-NOE-NMR Einstrahlung bei 2.84–2.91 ppm (7-CH_2, 1H).

Eintrag	Signal bei	Schlussfolgerung
1	3.39 ppm 5-CH (stark)	/
2	2.42–2.55 ppm 11-CH_2 (stark)	/
3	1.04 ppm 18-CH_3 (stark)	/
4	1.08 ppm 19-CH_3 (stark)	/

Tab. 33: 1D-NOE-NMR Einstrahlung bei 6.04–6.07ppm (12-CH).

Eintrag	Signal bei	Schlussfolgerung
1	2.84–2.91 ppm 7-CH_2, 1H (stark)	/
2	2.42–2.55 ppm 11-CH_2 (stark)	/
3	1.04 ppm 18-CH_3 (stark)	/

Tab. 34: 1D-NOE-NMR Einstrahlung bei 1.28 ppm (17-CH_3).

Synthese von 3-*epi*-3-*O*-15-*O*-Dibenzoylcharaciol (284)

Zu einer Lösung von 3-*epi*-Characiol (**274**) (1 eq, 5 mg, 0.015 mmol) in CH$_2$Cl$_2$ (2 ml, 133 ml/mmol **274**) wurde Benzoesäureanhydrid (10 eq, 34 mg, 0.15 mmol) und ein Tropfen TMSOTf gegeben. Hierbei verfärbte sich die Lösung leicht rosa. Nach Rühren für eine Stunde bei Raumtemperatur wurde die Reaktion durch Zugabe von gesättigter, wässriger NaHCO$_3$-Lösung (2 ml, 133 ml/mmol **274**) beendet. Anschließend wurden die Phasen getrennt und die wässrige Phase viermal mit CH$_2$Cl$_2$ extrahiert. Dann wurden die vereinigten, organischen Phasen mit MgSO$_4$ getrocknet und die Lösemittel am Rotationsverdampfer entfernt. Säulenchromatographische Reinigung (Cyclohexan/ Ethylacetat 20/1 → 10/1) ergab 3-*epi*-3-*O*-15-*O*-Dibenzoylcharaciol (**284**) (5 mg, 61%) als ein farbloses, zähes Öl.

R_f (**284**) = 0.62 (Cyclohexan/ Ethylacetat 2/1); COSY-NMR-Experimente wurden zur Zuordnung der NMR-Signale gemäß der Jatrophan-Nummerierung durchgeführt. ^{1}H-NMR (400 MHz, CDCl$_3$, δ): 0.45 (s, 18- oder 19-C*H*$_3$), 1.06 (d, ^3J = 6.8 Hz, 16-C*H*$_3$), 1.06 (s, 18- oder 19-C*H*$_3$), 1.38 (s, 17-C*H*$_3$), 1.52 (dd, ^2J = 14.3 Hz, ^3J = 11.2 Hz, 1-C*H*$_2$, 1H^{Re}), 1.74 (s, 20-C*H*$_3$), 1.91–1.96 (m, 8-C*H*$_2$, 1H), 2.00–2.04 (m, 8-C*H*$_2$, 1H), 2.19–2.35 (m, 2-C*H* + 11-C*H*$_2$), 2.82–2.89 (m, 4-C*H* + 7-C*H*$_2$, 1H), 2.95–3.01 (m, 7-C*H*$_2$, 1H), 3.62 (dd, ^2J = 14.3 Hz, ^3J = 8.5 Hz, 1-C*H*$_2$, 1H^{Si}), 5.34 (dd, $^3J_1$ = $^3J_2$ = 9.8 Hz, 3-C*H*), 5.72 (d, ^3J = 10.5 Hz, 5-C*H*), 6.52 (dd, $^3J_1$ = $^3J_2$ = 5.2 Hz, 12-C*H*), 7.44 (dd, $^3J_1$ = $^3J_2$ = 7.6 Hz, 2 × C*H*$_{ar}$), 7.54–7.58 (m, 3 × C*H*$_{ar}$), 7.61–7.65 (m, C*H*$_{ar}$), 8.00 (d, ^3J = 7.5 Hz, 2 × C*H*$_{ar}$), 8.15 (d, ^3J = 7.0 Hz, 2 × C*H*$_{ar}$); HRMS (ESI) berechnet für C$_{34}$H$_{39}$O$_6$ ([M+H]$^+$): 543.2741; gefunden: 543.2737; M = 542.66 g/mol.[442]

Synthese von 3-*O*-15-*O*-Dibenzoylcharaciol (285)

Zu einer Lösung von 3-*O*-Benzoylcharaciol (**282**) (1 eq, 9 mg, 0.021 mmol) in Toluen (1.4 ml, 67 ml/mmol **282**) wurde Benzoesäureanhydrid (2.9 eq, 14 mg, 0.062 mmol) und ein Tropfen TMSOTf gegeben. Hierbei verfärbte sich die Lösung leicht rosa. Nach Rühren für 80 Minuten bei Raumtemperatur wurde die Reaktion durch Zugabe von gesättigter, wässriger NaHCO$_3$-Lösung (2 ml, 95 ml/mmol **282**) beendet. Anschließend wurden die Phasen getrennt und die wässrige Phase viermal mit CH$_2$Cl$_2$ extrahiert. Dann wurden die vereinigten, organischen Phasen mit MgSO$_4$ getrocknet und die Lösemittel am Rotationsverdampfer entfernt. Säulenchromatographische Reinigung (Cyclohexan/ Ethylacetat 20/1 → 10/1) ergab 3-*O*-15-*O*-Dibenzoylcharaciol (**285**) (7 mg, 62%) als ein farbloses, zähes Öl.

R_f (**285**) = 0.57 (Cyclohexan/ Ethylacetat 2/1); COSY-NMR-Experimente wurden zur Zuordnung der NMR-Signale gemäß der Jatrophan-Nummerierung durchgeführt. ^{1}H-NMR (400 MHz, CDCl$_3$, δ): 0.41 (s, 18- oder 19-C*H*$_3$), 0.97 (d, ^3J = 6.5 Hz, 16-C*H*$_3$), 1.06 (s, 18- oder 19-C*H*$_3$), 1.43 (s, 17-C*H*$_3$), 1.74 (s, 20-C*H*$_3$), 1.77 (dd, ^2J = 13.8 Hz, ^3J = 12.3 Hz, 1-C*H*$_2$, 1H^{Re}), 1.98–2.04 (m, 8-C*H*$_2$), 2.21 (dd, ^2J = 18.8 Hz, ^3J = 5.9 Hz, 11-C*H*$_2$, 1H), 2.30–2.44 (m, 2-C*H* + 11-C*H*$_2$, 1H), 2.81 (dd, $^3J_1$ = 3.6 Hz, $^3J_2$ = 10.4 Hz, 4-C*H*), 2.88–2.91 (m, 7-C*H*$_2$), 3.57 (dd, ^2J = 13.8 Hz, ^3J = 8.3 Hz, 1-C*H*$_2$, 1H^{Si}), 5.56 (dd, $^3J_1$ = $^3J_2$ = 3.6 Hz, 3-C*H*), 5.67 (d,

---

[442] Aufgrund der geringen Substanzmenge konnten für das Jatrophan **284** keine ^{13}C-NMR- und IR-Daten aufgenommen bzw. keine Elementaranalyse durchgeführt und kein Drehwert bestimmt werden.

$^3J = 10.4$ Hz, 5-CH), 6.51 (dd, $^3J_1 = {}^3J_2 = 5.9$ Hz, 12-CH), 7.28 (dd, $^3J_1 = {}^3J_2 = 7.8$ Hz, 2 × CH_{ar}), 7.52–7.56 (m, 3 × CH_{ar}), 7.63–7.67 (m, CH_{ar}), 8.03 (d, $^3J = 7.5$ Hz, 2 × CH_{ar}), 8.18 (d, $^3J = 7.5$ Hz, 2 × CH_{ar}); ^{13}C-NMR (101 MHz, CDCl$_3$, δ): 12.2 (CH$_3$), 14.0 (CH$_3$), 16.4 (CH$_3$), 23.0 (CH$_3$), 25.1 (CH$_3$), 27.0 (CH$_2$), 35.2 (CH$_2$), 39.2 (CH), 40.0 (CH$_2$), 46.8 (CH$_2$), 47.6 (C), 52.4 (CH), 81.9 (CH), 94.1 (C), 120.6 (CH), 128.5 (2 × CH), 128.6 (2 × CH), 129.6 (C), 129.9 (2 × CH), 130.0 (C), 130.5 (2 × CH), 133.1 (CH), 133.7 (CH), 135.9 (C), 139.7 (C), 140.2 (CH), 165.8 (C), 165.9 (C), 198.1 (C), 214.6 (C); HRMS (ESI) berechnet für C$_{34}$H$_{39}$O$_6$ ([M+H]$^+$): 543.2741; gefunden: 543.2737; M = 542.66 g/mol.[443]

Synthese von 3-*epi*-3-*O*-6-Chinolincarboxylcharaciol (286)

EDC•HCl (9.4 eq, 38 mg, 0.198 mmol) und DMAP (1.2 eq, 3 mg, 0.025 mmol) wurden in CH$_2$Cl$_2$ (1 ml, 48 ml/mmol **274**) gelöst und bei 0 °C mit Chinolin-6-carbonsäure (8.8 eq, 32 mg, 0.185 mmol) versetzt. Nach Rühren für fünf Minuten bei 0 °C wurde eine Lösung von 3-*epi*-Characiol (**274**) (1 eq, 7 mg, 0.021 mmol) in CH$_2$Cl$_2$ (2 ml, 95 ml/mmol **274**) hinzugefügt. Anschließend wurde für 17 Stunden bei Raumtemperatur gerührt. Der Abbruch der Reaktion erfolgte durch Zugabe von gesättigter, wässriger NH$_4$Cl-Lösung (2 ml, 95 ml/mmol **274**). Die Phasen wurden getrennt, die wässrige Phase viermal mit CH$_2$Cl$_2$ extrahiert und die vereinigten, organischen Phasen mit MgSO$_4$ getrocknet. Nach Einengung am Rotationsverdampfer und säulenchromatographischer Reinigung (Cyclohexan/ Ethylacetat 10/1 → 5/1 → 2/1) wurde 3-*epi*-3-*O*-6-Chinolincarboxylcharaciol (**286**) (10 mg, quant.) als ein farbloses Öl erhalten.

R$_f$ (**286**) = 0.17 (Cyclohexan/ Ethylacetat 2/1); COSY-NMR-Experimente wurden zur Zuordnung der ^{1}H-NMR-Signale gemäß der Jatrophan-Nummerierung durchgeführt. ^{1}H-NMR (400 MHz, CDCl$_3$, δ): 1.13 (s, 18- oder 19-CH_3), 1.16 (d, $^3J = 6.5$ Hz, 16-CH_3), 1.20 (s, 18- oder 19-CH_3), 1.31–1.37 (m, 1-CH_2, 1H^{Re}), 1.39 (s, 17-CH_3), 1.76 (s, 20-CH_3), 1.90–1.95 (m, 8-CH_2, 1H), 2.09–2.13 (m, 8-CH_2, 1H), 2.21–2.28 (m, 2-CH), 2.40–2.51 (m, OH + 11-CH_2), 2.73–2.77 (m, 4-CH), 2.84–2.91 (m, 7-CH_2), 3.33–3.38 (m, 1-CH_2, 1H^{Si}), 5.33–5.37 (m, 3-CH), 5.53 (d, $^3J = 10.3$ Hz, 5-CH), 7.00–7.05 (m, 12-CH), 7.47–7.53 (m, CH_{ar}), 8.15–8.20 (m, CH_{ar}), 8.24–8.29 (m, 2 × CH_{ar}), 8.52–8.57 (m, CH_{ar}), 8.99–9.04 (m, CH_{ar}); ^{13}C-NMR (101 MHz, CDCl$_3$, δ): 12.7 (CH$_3$), 16.3 (CH$_3$), 18.1 (CH$_3$), 24.2 (CH$_3$), 25.2 (CH$_3$), 34.2,

---

[443] Aufgrund der geringen Substanzmenge konnten für das Jatrophan **285** keine IR-Daten aufgenommen bzw. keine Elementaranalyse durchgeführt und kein Drehwert bestimmt werden.

34.8, 38.4, 40.4, 45.7, 48.1, 53.8, 84.7, 87.1, 121.9, 123.5, 127.5, 128.5, 129.3, 129.5, 131.1, 135.7, 139.2, 143.7, 152.3, 165.6 (C), 201.5 (C), 216.4 (C);[444] IR (KBr-Film, v): 3473 (m, br, OH), 2963 (m, C–H), 2926 (m, C–H), 1717 (s, C=O), 1651 (s, C=O), 1384 (s, CH_3), 1274 (s, C–O–C), 1189 (s), 1100 (s), 1018 (m), 732 (m, C=C–H) cm^{-1}; HRMS (ESI) berechnet für $C_{30}H_{36}O_5N$ ([M+H]$^+$): 490.2588; gefunden: 490.2575; M = 489.6 g/mol.[445]

Synthese von 3-*epi*-3-*O*-4-Biphenylcarboxylcharaciol (287)

EDC•HCl (9.4 eq, 38 mg, 0.198 mmol) und DMAP (2.3 eq, 6 mg, 0.049 mmol) wurden in CH_2Cl_2 (1 ml, 48 ml/mmol **274**) gelöst und bei 0 °C mit 4-Biphenylcarbonsäure (8.9 eq, 37 mg, 0.187 mmol) versetzt. Nach Rühren für fünf Minuten bei 0 °C wurde eine Lösung von 3-*epi*-Characiol (**274**) (1 eq, 7 mg, 0.021 mmol) in CH_2Cl_2 (2 ml, 95 ml/mmol **274**) hinzugefügt. Anschließend wurde für 19 Stunden bei Raumtemperatur gerührt. Der Abbruch der Reaktion erfolgte durch Zugabe von gesättigter, wässriger NH_4Cl-Lösung (2 ml, 95 ml/mmol **274**). Die Phasen wurden getrennt, die wässrige Phase viermal mit CH_2Cl_2 extrahiert und die vereinigten, organischen Phasen mit $MgSO_4$ getrocknet. Nach Einengung am Rotationsverdampfer und säulenchromatographischer Reinigung (Cyclohexan/ Ethylacetat 20/1 → 10/1) wurde 3-*epi*-3-*O*-4-Biphenylcarboxylcharaciol (**287**) (9 mg, 86%) als ein farbloses Öl erhalten.

R_f (**287**) = 0.61 (Cyclohexan/ Ethylacetat 2/1); COSY-NMR-Experimente wurden zur Zuordnung der ^{1}H-NMR-Signale gemäß der Jatrophan-Nummerierung durchgeführt. ^{1}H-NMR (400 MHz, CDCl$_3$, δ): 1.13 (s, 18- oder 19-CH_3), 1.14 (d, 16-CH_3), 1.20 (s, 18- oder 19-CH_3), 1.30 (dd, ^2J = 13.8 Hz, ^3J = 9.9 Hz, 1-CH_2, 1H^{Re}), 1.40 (s, 17-CH_3), 1.76 (s, 20-CH_3), 1.92–1.98 (m, 8-CH_2, 1H), 2.09–2.14 (m, 8-CH_2, 1H), 2.16–2.23 (m, 2-CH), 2.30 (s, br, OH), 2.42 (dd, ^2J = 17.8 Hz, ^3J = 5.9 Hz, 11-CH_2, 1H), 2.48 (dd, ^2J = 17.8 Hz, ^3J = 5.9 Hz, 11-CH_2, 1H), 2.71 (dd, $^3J_1$ = $^3J_2$ = 10.1 Hz, 4-CH), 2.84–2.92 (m, 7-CH_2), 3.32 (dd, ^2J = 13.8 Hz, ^3J = 9.2 Hz, 1-CH_2, 1H^{Si}), 5.30 (dd, $^3J_1$ = $^3J_2$ = 10.1 Hz, 3-CH), 5.51 (d, ^3J = 10.1 Hz, 5-CH), 7.00 (dd, $^3J_1$ = $^3J_2$ = 5.9 Hz, 12-CH), 7.39 (t, ^3J = 7.5 Hz, p-CH_{ar}), 7.46 (dd, $^3J_1$ = $^3J_2$ = 7.5 Hz, 2 × m-CH_{ar}), 7.60 (d, ^3J = 7.5 Hz, 2 × o-CH_{ar}), 7.64 (d, ^3J = 8.0 Hz, 2 × CH_{ar}), 8.05 (d, ^3J = 8.0 Hz, 2 × CH_{ar}); ^{13}C-NMR (101 MHz, CDCl$_3$, δ): 12.7 (CH$_3$), 16.3 (CH$_3$), 18.0 (CH$_3$),

---

[444] Aufgrund der geringen Menge können im ^{13}C-NMR-Spektrum für das Jatrophan **286** zwei Signale aus dem aromatischen bzw. olefinischen Bereich nicht erkannt werden.
[445] Aufgrund der geringen Substanzmenge konnten für das Jatrophan **286** keine Elementaranalyse durchgeführt und kein Drehwert bestimmt werden.

24.2 (CH$_3$), 25.2 (CH$_3$), 27.0, 34.8, 38.4, 40.4, 45.7, 48.1, 53.7, 84.1, 87.1, 123.5, 127.1 (2 × CH), 127.3 (2 × CH), 128.2, 129.0 (2 × CH), 129.2, 130.2 (2 × CH), 135.7, 139.2, 140.2, 143.6, 145.7, 166.0 (C), 201.5 (C), 215.3 (C); IR (KBr-Film, ν): 3474 (m, br, OH), 2962 (m, C–H), 2926 (m, C–H), 1716 (s, C=O), 1651 (s, C=O), 1384 (s, CH$_3$), 1275 (s, C–O–C), 1115 (s), 1021 (m), 784 (s, C=C–H) cm^{-1}; HRMS (ESI) berechnet für C$_{33}$H$_{39}$O$_5$ ([M+H]$^+$): 515.2792; gefunden: 515.2797; M = 514.65 g/mol.[446]

Synthese von 3-*epi*-3-*O*-Diphenylacetylcharaciol (288)

EDC•HCl (8.7 eq, 35 mg, 0.183 mmol) und DMAP (1.6 eq, 4 mg, 0.033 mmol) wurden in CH$_2$Cl$_2$ (1 ml, 48 ml/mmol **274**) gelöst und bei 0 °C mit Diphenylessigsäure (7.9 eq, 35 mg, 0.165 mmol) versetzt. Nach Rühren für fünf Minuten bei 0 °C wurde eine Lösung von 3-*epi*-Characiol (**274**) (1 eq, 7 mg, 0.021 mmol) in CH$_2$Cl$_2$ (2 ml, 95 ml/mmol **274**) hinzugefügt. Anschließend wurde für 16 Stunden bei Raumtemperatur gerührt. Der Abbruch der Reaktion erfolgte durch Zugabe von gesättigter, wässriger NH$_4$Cl-Lösung (2 ml, 95 ml/mmol **274**). Die Phasen wurden getrennt, die wässrige Phase viermal mit CH$_2$Cl$_2$ extrahiert und die vereinigten, organischen Phasen mit MgSO$_4$ getrocknet. Nach Einengen am Rotationsverdampfer und säulenchromatographischer Reinigung (Cyclohexan/ Ethylacetat 20/1 → 10/1) wurde 3-*epi*-3-*O*-Diphenylacetylcharaciol (**288**) (9 mg, 83%) als ein farbloses Öl erhalten.

R$_f$ (**288**) = 0.78 (Cyclohexan/ Ethylacetat 2/1); COSY-NMR-Experimente wurden zur Zuordnung der ^{1}H-NMR-Signale gemäß der Jatrophan-Nummerierung durchgeführt. ^{1}H-NMR (500 MHz, CDCl$_3$, δ): 0.99 (d, ^3J = 6.7 Hz, 16-C*H*$_3$), 1.09 (s, 18- oder 19-C*H*$_3$), 1.11 (s, 18- oder 19-C*H*$_3$), 1.16 (dd, ^2J = 14.0 Hz, ^3J = 9.7 Hz, 1-C*H*$_2$, 1H^{Re}), 1.18 (s, 17-C*H*$_3$), 1.69 (s, 20-C*H*$_3$), 1.82–1.90 (m, 8-C*H*$_2$, 1H), 1.97–2.04 (m, 2-C*H*), 2.06–2.14 (m, 8-C*H*$_2$, 1H), 2.37 (dd, ^2J = 17.8 Hz, ^3J = 5.9 Hz, 11-C*H*$_2$, 1H), 2.42–2.46 (m, 4-C*H* + 11-C*H*$_2$, 1H), 2.81–2.88 (m, 7-C*H*$_2$), 3.23 (dd, ^2J = 14.0 Hz, ^3J = 9.1 Hz, 1-C*H*$_2$, 1H^{Si}), 4.95 (s, br, O*H*), 5.06 (s, C*H*Ph$_2$), 5.10 (dd, $^3J_1$ = $^3J_2$ = 9.7 Hz, 3-C*H*), 5.38 (d, ^3J = 10.5 Hz, 5-C*H*), 6.91 (dd, $^3J_1$ = $^3J_2$ = 5.9 Hz, 12-C*H*), 7.21–7.30 (m, 10 × C*H*$_{ar}$); IR (KBr-Film, ν): 3468 (m, br, OH), 3029 (m, C–H), 2964 (m, C–H), 2926 (m, C–H), 1738 (s, C=O), 1708 (s, C=O), 1651 (s,

---

[446] Aufgrund der geringen Substanzmenge konnten für das Jatrophan **287** keine Elementaranalyse durchgeführt und kein Drehwert bestimmt werden.

C=O), 1385 (s, CH$_3$), 1193 (s, C–O–C), 1150 (s), 1074 (m), 700 (s, C=C–H) cm^{-1}; HRMS (ESI) berechnet für C$_{34}$H$_{41}$O$_5$ ([M+H]$^+$): 529.2949; gefunden: 529.2942; M = 528.68 g/mol.[447]

Synthese von 3-*epi*-3-*O*-Benzoylformylcharaciol (289)

274 → **289** (91%)

Benzoylameisensäure, EDC·HCl, DMAP, CH$_2$Cl$_2$, Rt, 19 h

EDC·HCl (7.5 eq, 30 mg, 0.156 mmol) und DMAP (1.2 eq, 3 mg, 0.025 mmol) wurden in CH$_2$Cl$_2$ (1 ml, 48 ml/mmol **274**) gelöst und bei 0 °C mit Benzoylameisensäure (7 eq, 22 mg, 0.146 mmol) versetzt. Nach Rühren für fünf Minuten bei 0 °C wurde eine Lösung von 3-*epi*-Characiol (**274**) (1 eq, 7 mg, 0.021 mmol) in CH$_2$Cl$_2$ (2 ml, 95 ml/mmol **274**) hinzugefügt. Anschließend wurde für 19 Stunden bei Raumtemperatur gerührt. Der Abbruch der Reaktion erfolgte durch Zugabe von gesättigter, wässriger NH$_4$Cl-Lösung (2 ml, 95 ml/mmol **274**). Die Phasen wurden getrennt, die wässrige Phase viermal mit CH$_2$Cl$_2$ extrahiert und die vereinigten, organischen Phasen mit MgSO$_4$ getrocknet. Nach Einengung am Rotationsverdampfer und säulenchromatographischer Reinigung (Cyclohexan/ Ethylacetat 20/1 → 10/1) wurde 3-*epi*-3-*O*-Benzoylformylcharaciol (**289**) (9 mg, 91%) als ein farbloses Öl erhalten.

R$_f$ (**289**) = 0.49 (Cyclohexan/ Ethylacetat 2/1); COSY-NMR-Experimente wurden zur Zuordnung der ^{1}H-NMR-Signale gemäß der Jatrophan-Nummerierung durchgeführt. ^{1}H-NMR (500 MHz, CDCl$_3$, δ): 1.14 (s, 18- oder 19-CH$_3$), 1.17 (d, ^3J = 6.6 Hz, 16-CH$_3$), 1.21 (s, 18- oder 19-CH$_3$), 1.26 (dd, ^2J = 14.0 Hz, ^3J = 9.5 Hz, 1-CH$_2$, 1H^{Re}), 1.34 (s, 17-CH$_3$), 1.72 (s, 20-CH$_3$), 1.99–2.04 (m, 8-CH$_2$, 1H), 2.09 (s, OH), 2.14–2.24 (m, 2-CH + 8-CH$_2$, 1H), 2.41 (dd, ^2J = 17.7 Hz, ^3J = 5.8 Hz, 11-CH$_2$, 1H), 2.48 (dd, ^2J = 17.7 Hz, ^3J = 5.8 Hz, 11-CH$_2$, 1H), 2.64 (dd, $^3J_1$ = $^3J_2$ = 10.4 Hz, 4-CH), 2.91 (dd, ^2J = ^3J = 12.9 Hz, 7-CH$_2$, 1H), 3.01 (dd, ^2J = ^3J = 12.9 Hz, 7-CH$_2$, 1H), 3.34 (dd, ^2J = 14.0 Hz, ^3J = 9.5 Hz, 1-CH$_2$, 1H^{Si}), 5.33 (dd, $^3J_1$ = $^3J_2$ = 10.4 Hz, 3-CH), 5.55 (d, ^3J = 10.4 Hz, 5-CH), 6.97 (dd, $^3J_1$ = $^3J_2$ = 5.8 Hz, 12-CH), 7.47 (dd, $^3J_1$ = $^3J_2$ = 7.5 Hz, 2 × *m*-CH), 7.63 (t, ^3J = 7.5 Hz, *p*-CH), 7.91 (d, ^3J = 7.5 Hz, 2 × *o*-CH); IR (KBr-Film, ν): 3473 (m, br, OH), 2960 (m, C–H), 2926 (m, C–H), 1738 (s, C=O), 1714 (s, C=O), 1693 (s, C=O), 1651 (s, C=O), 1384 (s, CH$_3$), 1202 (s, C–O–C), 1177

---

[447] Aufgrund der geringen Substanzmenge konnten für das Jatrophan **288** kein ^{13}C-NMR-Spektrum aufgenommen und keine Elementaranalyse durchgeführt und kein Drehwert bestimmt werden.

(s), 1115 (m), 1002 (s) cm^{-1}; HRMS (ESI) berechnet für $C_{28}H_{35}O_6$ ([M+H]$^+$): 467.2428; gefunden: 467.2424; M = 466.57 g/mol.[448]

Synthese von 3-Oxocharaciol (290)

```
      O                                              O
   HO                         IBX (268)           HO
                         CH₂Cl₂, DMSO, Rt, 18 h
                        ─────────────────────▶
   HO   H       O                                   O   H      O
        274                                            290 (59%)
```

Zu einer Lösung von 3-*epi*-Characiol (**274**) (1 eq, 17 mg, 0.051 mmol) in CH$_2$Cl$_2$ (1 ml, 20 ml/mmol **274**) und DMSO[449] (1 ml, 20 ml/mmol **274**) wurde bei Raumtemperatur IBX (**268**) (2 eq, 28 mg, 0.1 mmol) hinzugefügt. Nach Rühren für 18 Stunden bei Raumtemperatur wurde die Reaktion durch Zugabe von Wasser (2 ml, 40 ml/mmol **274**) abgebrochen. Die Phasen wurden getrennt, die wässrige Phase viermal mit CH$_2$Cl$_2$ extrahiert und die vereinigten, organischen Phasen mit MgSO$_4$ getrocknet. Nach Entfernung der Lösemittel am Rotationsverdampfer und Reinigung durch Säulenchromatographie (Cyclohexan/ Ethylacetat 20/1 → 10/1 → 5/1) wurde 3-Oxocharaciol (**290**) (10 mg, 59%) als ein farbloses Öl erhalten.

R_f (**290**) = 0.41 (Cyclohexan/ Ethylacetat 2/1); COSY-NMR-Experimente wurden zur Zuordnung der ^{1}H-NMR-Signale gemäß der Jatrophan-Nummerierung durchgeführt. ^{1}H-NMR (500 MHz, CDCl$_3$, δ): 1.14 (s, 18- oder 19-CH_3), 1.20 (s, 18- oder 19-CH_3), 1.26 (d, ^3J = 7.3 Hz, 16-CH_3), 1.31 (s, 17-CH_3), 1.59 (dd, ^2J = 14.3 Hz, ^3J = 2.3 Hz, 1-CH_2, 1H^{Re}), 1.75 (s, 20-CH_3), 1.99–2.02 (m, 8-CH_2, 1H), 2.11 (s, br, OH), 2.13–2.18 (m, 8-CH_2, 1H), 2.39 (dd, ^2J = 18.2 Hz, ^3J = 4.9 Hz, 11-CH_2, 1H), 2.50–2.59 (m, 2-CH + 11-CH_2, 1H), 2.83 (dd, ^2J = ^3J = 13.2 Hz, 7-CH_2, 1H), 3.00 (dd, ^2J = ^3J = 13.2 Hz, 7-CH_2, 1H), 3.06 (d, ^3J = 9.2 Hz, 4-CH), 3.39 (dd, ^2J = 14.3 Hz, ^3J = 11.1 Hz, 1-CH_2, 1H^{Si}), 5.32 (d, ^3J = 9.2 Hz, 5-CH), 7.02 (dd, $^3J_1$ = $^3J_2$ = 4.9 Hz, 12-CH); ^{13}C-NMR (126 MHz, CDCl$_3$, δ): 12.8 (CH$_3$), 16.5 (CH$_3$), 18.3 (CH$_3$), 24.3 (CH$_3$), 25.5 (CH$_3$), 34.2 (CH$_2$), 34.3 (CH$_2$), 39.1 (CH), 40.7 (CH$_2$), 41.0 (CH$_2$), 48.0 (C), 59.0 (CH), 88.8 (C), 120.2 (CH), 137.0 (C), 141.8 (C), 144.1 (CH), 201.2 (C), 214.9 (C), 218.1 (C); IR (KBr-Film, ν): 3454 (s, br, OH), 2962 (m, C–H), 2925 (m, C–H), 1748 (s, C=O), 1698 (s, C=O), 1633 (s, C=O), 1618 (s, C=C), 1384 (s, CH$_3$), 1245 (s), 1126 (m), 1073 (m) cm^{-1}; HRMS (ESI) berechnet für $C_{20}H_{29}O_4$ ([M+H]$^+$): 333.2060; gefunden: 333.2062; M = 332.43 g/mol.[450]

---

[448] Aufgrund der geringen Substanzmenge konnten für das Jatrophan **289** kein ^{13}C-NMR-Spektrum aufgenommen und keine Elementaranalyse durchgeführt und kein Drehwert bestimmt werden.
[449] Das hier eingesetzte CH$_2$Cl$_2$ und DMSO wurden nicht getrocknet.
[450] Aufgrund der geringen Substanzmenge konnten für das Jatrophan **290** keine Elementaranalyse durchgeführt und kein Drehwert bestimmt werden.

Synthese von 2-*O*-*p*-Methoxybenzyl-3-nitropyridin (302)[305]

301 → 302 (81%)

Reagenzien: *p*-MeO-BnOH, KOH, K$_2$CO$_3$, TDA (kat.), PhMe, Rt, 75 min

Zu einer Lösung von *p*-Methoxybenzylalkohol (1.5 eq, 3.85 g, 27.86 mmol) in Toluen (60 ml, 3 ml/mmol **301**) wurde bei Raumtemperatur frisch gemörsertes KOH (3.9 eq, 4.85 g, 73.47 mmol) und K$_2$CO$_3$ (1 eq, 2.66 g, 19.25 mmol) hinzugefügt. Anschließend wurde 2-Chlor-3-nitropyridin (**301**) (1 eq, 3 g, 18.92 mmol) und TDA (0.1 eq, 0.6 ml, 1.87 mmol) dazugegeben. Die rotbraune Lösung wurde für 75 Minuten bei Raumtemperatur gerührt, und durch Zugabe von Wasser (60 ml, 3 ml/mmol **301**) wurde die Reaktion beendet. Nach Trennung der Phasen und dreimaliger Extraktion der wässrigen Phase mit CH$_2$Cl$_2$ wurden die vereinigten, organischen Phasen mit MgSO$_4$ getrocknet. Die organischen Phasen wurden am Rotationsverdampfer eingeengt. Nachfolgende Reinigung durch Säulenchromatographie (Cyclohexan/ Ethylacetat 20/1 → 10/1) ergab das Produkt **302** (4 g, 81%) als einen gelborangenen Feststoff (Smp.: 77 °C; Lit.:[305] 75–77 °C).

R$_f$ (**302**) = 0.68 (Cyclohexan/ Ethylacetat 2/1); ^{1}H-NMR (400 MHz, CDCl$_3$, δ): 3.80 (s, 3H), 5.51 (s, 2H), 6.90 (d, ^3J = 8.8 Hz, 2H), 7.01 (dd, $^3J_1$ = 4.8 Hz, $^3J_2$ = 8.0 Hz, 1H), 7.44 (d, ^3J = 8.8 Hz, 2H), 8.23 (dd, ^3J = 8.0 Hz, ^4J = 1.5 Hz, 1H), 8.38 (dd, ^3J = 4.8 Hz, ^4J = 1.5 Hz, 1H), ^{13}C-NMR (101 MHz, CDCl$_3$, δ): 55.3 (CH$_3$), 68.7 (CH$_2$), 113.9 (2 × CH), 116.6 (CH), 128.0 (C), 129.5 (2 × CH), 134.1 (C), 135.0 (CH), 151.6 (CH), 156.0 (C), 159.5 (C); IR (KBr-Film, ν): 3081 (w, C–H), 2962 (w, C–H), 1607 (s, C=C), 1570 (s, C=C), 1522 (s, C=C), 1351 (s, CH$_3$), 1308 (s), 1249 (s, C–O–C), 999 (m), 824 (s, C=C–H), 763 (s, C=C–H) cm^{-1}; berechnet für C$_{13}$H$_{12}$N$_2$O$_4$: C, 60.00; H, 4.65; N, 10.76; gefunden: C, 60.2; H, 4.9; N, 10.6; M = 260.25 g/mol.

Synthese von 2-(*R*)-*O*-PMB-Pantolacton (300)

299 → 300 (95%)

Reagenzien: 2-OPMB-3-Nitropyridin (**302**), CSA (kat.), CH$_2$Cl$_2$, Rt, 19 h

Zu einer Lösung von (*D*)-Pantolacton (**299**) (1.1 eq, 1.65 g, 12.68 mmol) und 2-*O*-*p*-Methoxybenzyl-3-nitropyridin (**302**) (1 eq, 3.06 g, 11.76 mmol) in CH$_2$Cl$_2$ (80 ml, 6.8 ml/mmol **302**) wurde bei Raumtemperatur CSA (0.05 eq, 139 mg, 0.598 mmol) hinzugefügt und für 19 Stunden bei Raumtemperatur gerührt. Der Abbruch der Reaktion erfolgte durch Zugabe einer gesättigten, wässrigen NaHCO$_3$-Lösung (80 ml, 6.8 ml/mmol **302**). Nach Trennung der Phasen und dreimaliger Extraktion der wässrigen Phase mit CH$_2$Cl$_2$ wurden die vereinigten, organischen Phasen mit MgSO$_4$ getrocknet. Die organischen Phasen wurden am Rotationsverdampfer eingeengt. Säulenchromatographische Reinigung (Cyclohexan/ Ethylacetat 50/1 → 10/1) ergab 2-(*R*)-*O*-PMB-Pantolacton (**300**) (2.79 g, 95%) als einen farblosen Feststoff (Smp.: 69 °C).

R$_f$ (**300**) = 0.48 (Cyclohexan/ Ethylacetat 2/1); ^{1}H-NMR (400 MHz, CDCl$_3$, δ): 1.07 (s, 3H), 1.11 (s, 3H), 3.71 (s, 1H), 3.81 (s, 3H), 3.85 (d, ^2J = 8.7 Hz, 1H), 3.99 (d, ^2J = 8.7 Hz, 1H), 4.69 (d, ^2J = 11.6 Hz, 1H), 4.95 (d, ^2J = 11.6 Hz, 1H), 6.89 (d, ^3J = 8.5 Hz, 2H), 7.30 (d, ^3J = 8.5 Hz, 2H); ^{13}C-NMR (101 MHz, CDCl$_3$, δ): 19.1 (CH$_3$), 22.9 (CH$_3$), 40.1 (C), 55.0 (CH$_3$), 71.9 (CH$_2$), 76.0 (CH$_2$), 79.9 (CH), 113.6 (2 × CH), 129.1 (C), 129.5 (2 × CH), 159.2 (C), 175.3 (C); IR (KBr-Film, ν): 2963 (s, C–H), 2905 (s, C–H), 2838 (m, C–H), 1786 (s, C=O), 1613 (s, C=C), 1514 (s, C=C), 1465 (s, CH$_2$), 1302 (s), 1250 (s, C–O–C), 1174 (s), 1117 (s), 1033 (s), 1002 (s), 822 (s, C=C–H) cm^{-1}; berechnet für C$_{14}$H$_{18}$O$_4$: C, 67.18; H, 7.25; gefunden: C, 67.3; H, 7.4; $[\alpha]_D^{20}$ +94.8 (c 1.325, CHCl$_3$); M = 250.29 g/mol.

Synthese des Alkohols 304[309]

Zu einer Lösung des Lactons **300** (1 eq, 459 mg, 1.834 mmol) in Toluen (6.8 ml, 3.7 ml/mmol **300**) wurde bei −78 °C eine DIBAH-Lösung (1.2 eq, 2.2 ml, 1 M in CH$_2$Cl$_2$, 2.2 mmol) dazugetropft. Nach Rühren für zwei Stunden bei −78 °C wurde die Reaktion durch vorsichtige Zugabe von gesättigter, wässriger NH$_4$Cl-Lösung (8 ml, 4.4 ml/mmol **300**) abgebrochen. Nach Trennung der Phasen und viermaliger Extraktion der wässrigen Phase mit CH$_2$Cl$_2$ wurden die vereinigten, organischen Phasen mit MgSO$_4$ getrocknet. Die organischen Phasen wurden am Rotationsverdampfer eingeengt. Säulenchromatographische Reinigung (Cyclohexan/ Ethylacetat 10/1 → 5/1) ergab das Lactol **303** (426 mg, 92%) als ein farbloses Öl.

R$_f$ (Lactol **303**) = 0.36 (Cyclohexan/ Ethylacetat 2/1).

Zu einer Suspension von Ph$_3$PCH$_3$Br (5 eq, 3.02 g, 8.454 mmol) in THF (16 ml, 9.5 ml/mmol Lactol **303**) wurde bei 0 °C eine KO*t*-Bu-Lösung (4 eq, 4.1 ml, 20% in THF, 6.789 mmol) dazugetropft. Anschließend wurde die gelb-orangene Lösung für 20 Minuten bei 0 °C gerührt. Dann wurde das Lactol **303** (1 eq, 426 mg, 1.688 mmol) in THF (5 ml, 3 ml/mmol Lactol **303**) dazugegeben und für drei Stunden bei 0 °C gerührt. Der Abbruch der Reaktion erfolgte durch Zugabe von gesättigter, wässriger NH₄Cl-Lösung (20 ml, 12 ml/mmol Lactol **303**) bei 0 °C. Nach Trennung der Phasen und viermaliger Extraktion der wässrigen Phase mit CH_2Cl_2 wurden die vereinigten, organischen Phasen mit $MgSO_4$ getrocknet. Die organischen Phasen wurden am Rotationsverdampfer eingeengt. Säulenchromatographische Reinigung (Cyclohexan/ Ethylacetat 10/1 → 5/1) ergab den Alkohol **304** (384 mg, 91%) als ein farbloses Öl.

R_f (**304**) 0.57 (Cyclohexan/ Ethylacetat 2/1); ¹H-NMR (400 MHz, CDCl₃, δ): 0.87 (s, 3H), 0.88 (s, 3H), 2.94 (s, br, 1OH), 3.34 (d, ^2J = 10.8 Hz, 1H), 3.50 (d, ^2J = 10.8 Hz, 1H), 3.60 (d, ^3J = 8.3 Hz, 1H), 3.79 (s, 3H), 4.22 (d, ^2J = 11.5 Hz, 1H), 4.54 (d, ^2J = 11.5 Hz, 1H), 5.21–5.25 (m, 1H), 5.35–5.38 (m, 1H), 5.75–5.84 (m, 1H), 6.87 (d, ^3J = 8.5 Hz, 2H), 7.23 (d, ^3J = 8.5 Hz, 2H); ¹³C-NMR (101 MHz, CDCl₃, δ): 19.8 (CH₃), 22.6 (CH₃), 38.5 (C), 55.2 (CH₃), 70.0 (CH₂), 71.3 (CH₂), 87.7 (CH), 113.8 (2 × CH), 119.7 (CH₂), 129.5 (2 × CH), 130.1 (C), 135.1 (CH), 159.2 (C); IR (KBr-Film, ν): 3444 (s, br, OH), 2960 (s, C–H), 2872 (s, C–H), 1613 (s, C=C), 1514 (s, C=C), 1465 (s, CH₂), 1302 (s), 1248 (s, C–O–C), 1173 (s), 1036 (s), 929 (s, C=CH₂), 823 (s, C=C–H) cm⁻¹; $[\alpha]_D^{20}$ +43.5 (c 1.68, CHCl₃); Lit.:[309] +45.0, (c 1.04, CHCl₃); M = 250.33 g/mol.

Synthese des Aldehyds 305[309]

Eine Lösung des Alkohols **304** (1 eq, 2.36 g, 9.428 mmol) in CH_2Cl_2 (35 ml, 3.7 ml/mmol **304**) und DMSO[451] (35 ml, 3.7 ml/mmol **304**) wurde mit IBX (**268**) (1.9 eq, 5 g, 17.856 mmol) versetzt und anschließend für 18.5 Stunden bei Raumtemperatur gerührt. Der Abbruch der Reaktion erfolgte durch Zugabe von Wasser (70 ml, 7.4 ml/mmol **304**). Nach Trennung der Phasen und viermaliger Extraktion der wässrigen Phase mit CH_2Cl_2 wurden die vereinigten, organischen Phasen mit $MgSO_4$ getrocknet. Die organischen Phasen wurden eingeengt und das Rohprodukt durch Säulenchromatographie (Cyclohexan/ Ethylacetat 20/1) gereinigt. Der Aldehyd **305** (2.25 g, 96%) wurde als ein farbloses Öl erhalten.

R_f (**305**) 0.51 (Cyclohexan/ Ethylacetat 5/1); ¹H-NMR (400 MHz, CDCl₃, δ): 0.96 (s, 3H), 1.08 (s, 3H), 3.80 (s, 3H), 3.81 (d, ^3J = 7.5 Hz, 1H), 4.23 (d, ^2J = 11.7 Hz, 1H), 4.53 (d, ^2J = 11.7 Hz, 1H), 5.26–5.31 (m, 1H), 5.39–5.42 (m, 1H), 5.73 (ddd, $^3J_1$ = 7.5 Hz, $^3J_2$ = 10.3 Hz, $^3J_3$ = 17.7 Hz, 1H), 6.86 (d, ^3J = 8.8 Hz, 2H), 7.19 (d, ^3J = 8.8 Hz, 2H), 9.49 (s, 1H); ¹³C-NMR (101 MHz, CDCl₃, δ): 16.6 (CH₃), 19.6 (CH₃), 49.7 (C), 55.3 (CH₃), 69.9 (CH₂), 83.6 (CH), 113.7 (2 × CH), 120.7 (CH₂), 129.4 (2 × CH), 130.2 (C), 133.8 (CH), 159.2

---

[451] Das hier eingesetzte CH_2Cl_2 und DMSO wurden nicht getrocknet.

(C), 205.7 (CH); IR (KBr-Film, ν): 2976 (m, C–H), 2935 (m, C–H), 2837 (m, C–H), 1728 (s, C=O), 1613 (s, C=C), 1514 (s, C=C), 1466 (s, CH_2), 1385 (m, CH_3), 1248 (s, C–O–C), 1173 (m), 1070 (s), 1036 (s), 822 (m, C=C–H) cm^{-1}; $[\alpha]_D^{20}$ +33.8 (c 1.455, $CHCl_3$); Lit.:[309] +25.6, (c 0.7, $CHCl_3$); M = 248.32 g/mol.

Synthese des β-Hydroxyesters 310

Der Aldehyd **305** (1 eq, 1.67 g, 6.721 mmol) wurde in Toluen (38 ml, 5.65 ml/mmol **305**) gelöst und bei Raumtemperatur mit Bromessigsäuremethylester (3.9 eq, 2.5 ml, 26.31 mmol) und Zinkpulver (3.9 eq, 1.73 g, 26.46 mmol) versetzt. Anschließend wurde für 30 Minuten unter Rückfluss gerührt. Der Abbruch der Reaktion erfolgte bei Raumtemperatur durch Zugabe einer gesättigten, wässrigen NH_4Cl-Lösung (50 ml, 7.4 ml/mmol **305**). Nach Trennung der Phasen, viermaliger Extraktion der wässrigen Phase mit CH_2Cl_2 und Trocknung der vereinigten, organischen Phasen mit $MgSO_4$ wurden die Lösemittel am Rotationsverdampfer entfernt. Die Reinigung erfolgte durch Säulenchromatographie (Cyclohexan/ Ethylacetat 20/1 → 10/1 → 5/1) und ergab das Produkt **310** (1.865 g, 86%, 3/2-Mischung von C9-Diastereomeren[452]) als ein farbloses Öl.

R_f (**310**) 0.39 (Cyclohexan/ Ethylacetat 2/1); ^{1}H-NMR (400 MHz, $CDCl_3$, δ): (3/2-Mischung von C9-Diastereomeren) 0.74 (s, 3H^{Minder}), 0.83 (s, 3H^{Haupt}), 0.86 (s, 3H^{Haupt}), 0.94 (s, 3H^{Minder}), 2.27–2.42 (m, 2H^{Haupt} + 2H^{Minder}), 3.64–3.74 (m, 2H^{Haupt} + 2H^{Minder}), 3.66 (s, 3H^{Minder}), 3.67 (s, 3H^{Haupt}), 3.76 (s, 3H^{Haupt} + 3H^{Minder}), 4.00 (dd, $^3J_1$ = 3.5 Hz, $^3J_2$ = 8.5 Hz, 1H^{Minder}), 4.07 (dd, $^3J_1$ = 3.4 Hz, $^3J_2$ = 10.0 Hz, 1H^{Haupt}), 4.19 (d, ^2J = 11.4 Hz, 1H^{Haupt}), 4.20 (d, ^2J = 11.2 Hz, 1H^{Minder}), 4.49 (d, ^2J = 11.2 Hz, 1H^{Minder}), 4.50 (d, ^2J = 11.4 Hz, 1H^{Haupt}), 5.21–5.27 (m, 1H^{Haupt} + 1H^{Minder}), 5.33–5.39 (m, 1H^{Haupt} + 1H^{Minder}), 5.71–5.87 (m, 1H^{Haupt} + 1H^{Minder}), 6.82–6.85 (m, 2H^{Haupt} + 2H^{Minder}), 7.19–7.21 (m, 2H^{Haupt} + 2H^{Minder}); ^{13}C-NMR (101 MHz, $CDCl_3$, δ): (3/2-Mischung von C9-Diastereomeren) 16.5 (CH_3^{Minder}), 20.1 (CH_3^{Haupt}), 20.8 (CH_3^{Minder}), 20.9 (CH_3^{Haupt}), 36.8 (CH_2^{Minder}), 37.2 (CH_2^{Haupt}), 40.3 (C^{Haupt}), 40.7 (C^{Minder}), 51.6 (CH_3^{Haupt} + CH_3^{Minder}), 55.1 (CH_3^{Haupt} + CH_3^{Minder}), 69.9 (CH_2^{Minder}), 70.1 (CH_2^{Haupt}), 73.4 (CH^{Haupt}), 74.3 (CH^{Minder}), 86.9 (CH^{Haupt}), 87.2 (CH^{Minder}), 113.7 (2 × CH^{Minder}), 113.7 (2 × CH^{Haupt}), 119.9 (CH_2^{Minder}), 120.1 (CH_2^{Haupt}), 129.3 (2 × CH^{Minder}),

---

[452] Das Diastereomerenverhältnis wurde aus dem ^{1}H-NMR-Spektrum durch Integration der H-Atome bei 4.00 ppm und 4.07 ppm bestimmt.

129.5 (2 × CH^{Haupt}), 129.6 (C^{Haupt}), 130.0 (C^{Minder}), 134.4 (CH^{Haupt}), 134.7 (CH^{Minder}), 159.0 (C^{Minder}), 159.2 (C^{Haupt}), 173.2 (C^{Haupt}), 173.6 (C^{Minder}); IR (KBr-Film, v): 3493 (s, br, OH), 2968 (s, C–H), 2877 (s, C–H), 2838 (s, C–H), 1739 (s, C=O), 1613 (s, C=C), 1514 (s, C=C), 1438 (s, CH$_2$), 1385 (s, CH$_3$), 1302 (s), 1248 (s, C–O–C), 1174 (s), 1036 (s), 998 (s, C=CH$_2$), 823 (s, C=C–H) cm^{-1}; berechnet für C$_{18}$H$_{26}$O$_5$: C, 67.06; H, 8.13; gefunden: C, 66.9; H, 8.0; M = 322.4 g/mol.

Synthese des TES-Ethers 311

Zu einer Lösung des Alkohols **310** (1 eq, 2.11 g, 6.55 mmol) in CH$_2$Cl$_2$ (6.5 ml, 1 ml/mmol **310**) wurden Imidazol (3 eq, 1.35 g, 19.87 mmol) und TESCl (1.2 eq, 1.3 ml, 7.68 mmol) gegeben und anschließend für 22 Stunden bei Raumtemperatur gerührt. Nach Abbruch der Reaktion durch Zugabe einer gesättigten, wässrigen NH$_4$Cl-Lösung (10 ml, 1.5 ml/mmol **310**) wurden die Phasen getrennt und die wässrige Phase dreimal mit CH$_2$Cl$_2$ extrahiert. Die vereinigten, organischen Phasen wurden mit MgSO$_4$ getrocknet und am Rotationsverdampfer eingeengt. Nach Reinigung durch Säulenchromatographie (Cyclohexan/ Ethylacetat 100/1 → 50/1) wurde der TES-Ether **311** (2.37 g, 83%, 3/2-Mischung von C9-Diastereomeren[453]) als ein farbloses Öl erhalten.

R$_f$ (**311**) 0.56 (Cyclohexan/ Ethylacetat 5/1); ^{1}H-NMR (400 MHz, CDCl$_3$, δ): (3/2-Mischung von C9-Diastereomeren) 0.56–0.68 (m, 6H^{Haupt} + 6H^{Minder}), 0.78 (s, 3H^{Minder}), 0.84 (s, 3H^{Haupt}), 0.88 (s, 3H^{Haupt}), 0.94–0.98 (m, 9H^{Haupt} + 9H^{Minder} + 3H^{Minder}), 2.31–2.41 (m, 1H^{Haupt} + 1H^{Minder}), 2.53 (dd, ^2J = 16.2 Hz, ^3J = 2.5 Hz, 1H^{Minder}), 2.62 (dd, ^2J = 16.2 Hz, ^3J = 3.2 Hz, 1H^{Haupt}), 3.58 (d, ^3J = 8.0 Hz, 1H^{Minder}), 3.64 (s, 3H^{Haupt} + 3H^{Minder}), 3.67 (d, ^3J = 8.5 Hz, 1H^{Haupt}), 3.75 (s, 3H^{Minder}), 3.76 (s, 3H^{Haupt}), 4.18 (d, ^2J = 11.3 Hz, 1H^{Minder}), 4.19 (d, ^2J = 11.3 Hz, 1H^{Haupt}), 4.30 (dd, $^3J_1$ = 2.5 Hz, $^3J_2$ = 8.5 Hz, 1H^{Minder}), 4.34 (dd, $^3J_1$ = 3.2 Hz, $^3J_2$ = 8.2 Hz, 1H^{Haupt}), 4.48 (d, ^2J = 11.3 Hz, 1H^{Minder}), 4.50 (d, ^2J = 11.3 Hz, 1H^{Haupt}), 5.20 (dd, ^2J = 1.5 Hz, ^3J = 17.3 Hz, 1H^{Haupt} + 1H^{Minder}), 5.32 (dd, ^2J = 1.5 Hz, ^3J = 10.3 Hz, 1H^{Haupt} + 1H^{Minder}), 5.73–5.83 (m, 1H^{Haupt} + 1H^{Minder}), 6.83–6.86 (m, 2H^{Haupt} + 2H^{Minder}), 7.24 (d, ^3J = 8.3 Hz, 2H^{Haupt} + 2H^{Minder}); ^{13}C-NMR (101 MHz, CDCl$_3$, δ): (3/2-Mischung von C9-Diastereomeren) 5.3 (3 × CH$_2$^{Haupt} + 3 × CH$_2$^{Minder}), 6.9 (3 × CH$_3$^{Haupt} + 3 × CH$_3$^{Minder}), 18.5 (CH$_3$^{Haupt}), 19.5 (CH$_3$^{Haupt}), 19.9 (2 × CH$_3$^{Minder}), 38.5 (CH$_2$^{Minder}), 38.8 (CH$_2$^{Haupt}), 42.1

---

[453] Das Diastereomerenverhältnis wurde aus dem ^{1}H-NMR-Spektrum durch Integration der H-Atome bei 4.30 ppm und 4.34 ppm bestimmt.

(C^{Minder}), 42.3 (C^{Haupt}), 51.1 (CH_3^{Minder}), 51.2 (CH_3^{Haupt}), 54.9 (CH_3^{Haupt} + CH_3^{Minder}), 69.5 (CH_2^{Haupt}), 69.5 (CH_2^{Minder}), 73.3 (CH^{Haupt}), 74.1 (CH^{Minder}), 83.8 (CH^{Minder}), 84.4 (CH^{Haupt}), 113.4 (2 × CH^{Haupt} + 2 × CH^{Minder}), 118.8 (CH_2^{Minder}), 119.1 (CH_2^{Haupt}), 128.6 (2 × CH^{Haupt}), 129.3 (2 × CH^{Minder}), 130.5 (C^{Minder}), 131.0 (C^{Haupt}), 135.4 (CH^{Minder}), 135.6 (CH^{Haupt}), 158.7 (C^{Haupt}), 158.9 (C^{Minder}), 173.0 (C^{Haupt}), 173.2 (C^{Minder}); IR (KBr-Film, ν): 2953 (s, C–H), 2911 (s, C–H), 2876 (s, C–H), 2836 (m, C–H), 1740 (s, C=O), 1614 (s, C=C), 1514 (s, C=C), 1465 (s, CH_2), 1383 (s, CH_3), 1301 (s), 1248 (s, C–O–C), 1174 (s), 1091 (s), 1038 (s), 1005 (s, C=CH_2), 928 (s, C=CH_2), 739 (s) cm^{-1}; berechnet für $C_{24}H_{40}O_5Si$: C, 66.01; H, 9.23; gefunden: C, 66.0; H, 9.1; M = 436.66 g/mol.

Synthese des Phosphonats 298

Das Phosphonat $(EtO)_2P(O)Et$ (2 eq, 0.88 ml, 5.423 mmol) wurde in THF (14 ml, 5.2 ml/mmol **311**) gelöst und bei −78 °C mit *n*-BuLi (1.8 eq, 2.1 ml, 2.3 M in *n*-Hexan, 4.83 mmol) versetzt. Nach Rühren für 20 Minuten bei −78 °C wurde eine Lösung des Esters **311** (1 eq, 1.17 g, 2.675 mmol) in THF (6 ml, 2.2 ml/mmol **311**) dazugetropft und für weitere zehn Minuten bei −78 °C gerührt. Der Abbruch der Reaktion erfolgte durch Zugabe einer gesättigten, wässrigen NH_4Cl-Lösung (20 ml, 7.5 ml/mmol **311**). Nach Trennung der Phasen und viermaliger Extraktion der wässrigen Phase mit CH_2Cl_2 wurden die vereinigten, organischen Phasen mit $MgSO_4$ getrocknet und am Rotationsverdampfer eingeengt. Die Reinigung erfolgte durch Säulenchromatographie (Cyclohexan/ Ethylacetat 5/1 → 2/1) und ergab das Phosphonat **298** (1.15 g, 75%, Mischung von C6/C9-Diastereomeren) als ein leicht gelbes Öl.

R_f (**298**) 0.35 (Cyclohexan/ Ethylacetat 2/1); ^{1}H-NMR (400 MHz, $CDCl_3$, δ): (Mischung von C6/C9-Diastereomeren) 0.46–0.61 (m, 6H), 0.75–0.92 (m, 15H), 1.14–1.32 (m, 9H), 2.57–2.74 (m, 1H), 2.89–3.21 (m, 2H), 3.55–3.63 (m, 1H), 3.74 (s, 3H), 3.89–4.17 (m, 5H), 4.23–4.34 (m, 1H), 4.37–4.46 (m, 1H), 5.11–5.18 (m, 1H), 5.23–5.26 (m, 1H), 5.65–5.77 (m, 1H), 6.79–6.82 (m, 2H), 7.17–7.21 (m, 2H); ^{13}C-NMR (101 MHz, $CDCl_3$, δ): (Mischung von C6/C9-Diastereomeren)[454] 5.3 (3 × CH_2), 7.1 (3 × CH_3), 10.5 (CH_3, d, ^2J = 5.8 Hz), 16.3 (2 × CH_3), 19.0 (CH_3), 19.4 (CH_3), 42.2 (C), 47.1 (CH, d, ^1J = 126.8 Hz), 48.4 (CH_2), 55.1 (CH_3), 62.3 (2 × CH_2, d, ^2J = 6.8 Hz), 69.5 (CH_2), 70.9 (CH), 84.6 (CH), 113.5 (2 × CH),

---

[454] Aufgrund der Komplexität des Spektrums werden hier nicht die Signale aller vier Diastereomere, sondern nur die des Hauptmengendiastereomers angegeben.

119.0 (CH_2), 128.7 (2 × CH), 131.2 (C), 135.8 (CH), 158.7 (C), 203.9 (C, d, $^2J = 4.4$ Hz); ^{31}P-NMR (81 MHz, $CDCl_3$, δ): 23.91 (s);[455] IR (KBr-Film, ν): 2955 (s, C–H), 2910 (s, C–H), 2876 (s, C–H), 2837 (m, C–H), 1717 (s, C=O), 1613 (s, C=C), 1514 (s, C=C), 1458 (s, CH_2), 1383 (s, CH_3), 1301 (s, P=O), 1248 (s, C–O–C), 1172 (s), 1031 (s, P–O–C), 964 (s, $C=CH_2$), 806 (s, C=C–H), 736 (s) cm^{-1}; berechnet für $C_{29}H_{51}O_7PSi$: C, 61.02; H, 9.01; gefunden: C, 61.0; H, 9.1; M = 570.77 g/mol.

Synthese des Acetals 321

Das Diol **248** (1 eq, 2.24 g, 8.552 mmol) wurde in CH_2Cl_2 (9 ml, 1.1 ml/mmol **248**) gelöst und anschließend mit *p*-Anisaldehyddimethylacetal (1.2 eq, 1.8 ml, 10.55 mmol) und PPTS (0.1 eq, 215 mg, 0.856 mmol) versetzt. Danach wurde für 23.5 Stunden bei Raumtemperatur gerührt. Der Abbruch der Reaktion erfolgte durch Zugabe von gesättigter, wässriger $NaHCO_3$-Lösung (9 ml, 1.1 ml/mmol **248**). Anschließend wurden die Phasen getrennt, die wässrige Phase dreimal mit CH_2Cl_2 extrahiert und die vereinigten, organischen Phasen mit $MgSO_4$ getrocknet. Nach säulenchromatographischer Reinigung (Cyclohexan/ Ethylacetat 100/1) wurde das Acetal **321** (3.24 g, 93%, 3/2-Mischung von C14'-Diastereomeren[456]) als ein farbloses Öl erhalten.

R_f (**321**) = 0.65 (Cyclohexan/ Ethylacetat 5/1); ^{1}H-NMR (400 MHz, $CDCl_3$, δ): (3/2-Mischung von C14'-Diastereomeren) 0.05 (s, 3H^{Minder}), 0.06 (s, 3H^{Haupt}), 0.08 (s, 3H^{Minder}), 0.09 (s, 3H^{Haupt}), 0.92 (s, 9H^{Minder}), 0.92 (s, 9H^{Haupt}), 1.12 (d, $^3J = 6.3$ Hz, 3H^{Haupt}), 1.16 (d, $^3J = 7.0$ Hz, 3H^{Minder}), 1.69–1.83 (m, 1H^{Haupt} + 1H^{Minder}), 1.87–1.99 (m, 1H^{Haupt} + 1H^{Minder}), 2.15–2.28 (m, 1H^{Haupt} + 1H^{Minder}), 2.29 (dd, $J_1 = J_2 = 7.0$ Hz, 1H^{Minder}), 2.38 (dd, $J_1 = J_2 = 9.3$ Hz, 1H^{Haupt}), 3.71 (dd, $^3J_1 = ^3J_2 = 8.5$ Hz, 1H^{Haupt}), 3.78–3.83 (m, 1H^{Minder} + 1H^{Minder}), 3.80 (s, 3H^{Haupt}), 3.81 (s, 3H^{Minder}), 3.86 (d, $^2J = 8.4$ Hz, 1H^{Haupt}), 3.94 (d, $^2J = 7.5$ Hz, 1H^{Minder}), 4.05 (d, $^2J = 8.4$ Hz, 1H^{Haupt}), 5.14–5.27 (m, 2H^{Haupt} + 2H^{Minder}), 5.65 (s, 1H^{Haupt}), 5.73 (s, 1H^{Minder}), 5.91–6.01 (m, 1H^{Haupt} + 1H^{Minder}), 6.91–6.94 (m, 2H^{Haupt} + 2H^{Minder}), 7.41–7.45 (m, 2H^{Haupt} + 2H^{Minder}); ^{13}C-NMR (101 MHz, $CDCl_3$, δ): (3/2-Mischung von C14'-Diastereomeren) –4.1 (CH_3^{Haupt} + CH_3^{Minder}), –3.5 (CH_3^{Minder}), –3.4 (CH_3^{Haupt}), 18.0

---

[455] Dies ist das Signal für das/die Hauptmengendiastereomer(e). Es sind noch zwei weitere kleinere Signale bei 24.06 ppm und bei 24.14 ppm zu erkennen.
[456] Das Diastereomerenverhältnis wurde aus dem ^{1}H-NMR-Spektrum durch Integration der H-Atome bei 5.65 ppm und 5.73 ppm bestimmt.

(C^{Haupt} + C^{Minder}), 18.1 (CH_3^{Haupt}), 19.3 (CH_3^{Minder}), 25.9 (3 × CH_3^{Haupt} + 3 × CH_3^{Minder}), 39.9 (CH^{Minder}), 40.1 (CH^{Haupt}), 43.0 (CH_2^{Minder}), 45.1 (CH_2^{Haupt}), 55.2 (CH_3^{Haupt} + CH_3^{Minder}), 60.2 (CH^{Minder}), 61.1 (CH^{Haupt}), 73.3 (CH_2^{Minder}), 75.8 (CH_2^{Haupt}), 82.8 (CH^{Haupt}), 83.3 (CH^{Minder}), 85.6 (C^{Haupt}), 86.9 (C^{Minder}), 102.7 (CH^{Minder}), 104.8 (CH^{Haupt}), 113.7 (2 × CH^{Minder}), 113.7 (2 × CH^{Haupt}), 118.8 (CH_2^{Minder}), 119.1 (CH_2^{Haupt}), 128.2 (2 × CH^{Haupt}), 128.4 (2 × CH^{Minder}), 129.8 (C^{Haupt}), 129.9 (C^{Minder}), 135.4 (CH^{Minder}), 136.0 (CH^{Haupt}), 160.5 (C^{Haupt} + C^{Minder}); IR (KBr-Film, ν): 2956 (s, C–H), 2857 (s, C–H), 1615 (s, C=C), 1518 (s, C=C), 1463 (s, CH_2), 1390 (s, CH_3), 1250 (s, C–O–C), 1170 (s), 1122 (s), 1070 (s), 1036 (s), 1006 (s), 874 (s), 835 (s, C=C–H), 776 (s) cm^{-1}; berechnet für $C_{23}H_{36}O_4Si$: C, 68.27; H, 8.97; gefunden: C, 68.2; H, 9.0; M = 404.62 g/mol.

Synthese des Aldehyds 319

Zu einer Lösung des Alkens **321** (1 eq, 1.31 g, 3.247 mmol) in CH_2Cl_2 (10 ml, 3.1 ml/mmol **321**) und Methanol (10 ml, 3.1 ml/mmol **321**) wurde eine Spatelspitze Sudanrot B (**250**) gegeben, worauf sich die Lösung himbeerrot färbte. Danach wurde auf −78 °C abgekühlt und solange Ozon (I = 0.5 A) eingeleitet, bis sich die Lösung entfärbte. Anschließend wurde der Reaktionskolben für fünf Minuten mit Argon gespült. Nach Zugabe von PPh_3 (3 eq, 2.57 g, 9.8 mmol) bei −78 °C wurde auf Raumtemperatur erwärmt und für 21 Stunden gerührt. Die Lösemittel wurden entfernt und säulenchromatischer Reinigung (Cyclohexan → Cyclohexan/ Ethylacetat 100/1 → 50/1) ergab den Aldehyd **319** (1.18 g, 89%, 3/2-Mischung von C14'-Diastereomeren[457]) als ein farbloses Öl.

R_f (**319**) = 0.76 (Cyclohexan/ Ethylacetat 5/1); ^{1}H-NMR (400 MHz, $CDCl_3$, δ): (3/2-Mischung von C14'-Diastereomeren) 0.01 (s, $3H^{Minder}$), 0.02 (s, $3H^{Haupt}$), 0.08 (s, $3H^{Minder}$), 0.09 (s, $3H^{Haupt}$), 0.86 (s, $9H^{Minder}$), 0.87 (s, $9H^{Haupt}$), 1.11 (d, ^3J = 6.3 Hz, $3H^{Haupt}$), 1.14 (d, ^3J = 6.8 Hz, $3H^{Minder}$), 1.68–1.75 (m, $1H^{Haupt}$ + $1H^{Minder}$), 1.76–1.82 (m, $1H^{Haupt}$), 1.84–1.94 (m, $1H^{Minder}$), 2.14–2.19 (m, $1H^{Haupt}$ + $1H^{Minder}$), 2.64 (dd, $^3J_1$ = 3.6 Hz, $^3J_2$ = 7.7 Hz, $1H^{Haupt}$), 2.73 (dd, $^3J_1$ = 3.0 Hz, $^3J_2$ = 7.0 Hz, $1H^{Minder}$), 3.78 (s, $3H^{Haupt}$ + $3H^{Minder}$), 3.92 (d, ^2J = 8.4 Hz, $1H^{Minder}$), 4.00 (d, ^2J = 8.6 Hz, $1H^{Haupt}$), 4.13 (d, ^2J = 8.6 Hz, $1H^{Haupt}$), 4.21 (d, ^2J = 8.4 Hz, $1H^{Minder}$), 4.25 (dd, $^3J_1$ = $^3J_2$ = 7.7 Hz, $1H^{Haupt}$), 4.31 (dd, $^3J_1$ = $^3J_2$ = 7.0 Hz, $1H^{Minder}$), 5.69 (s,

---

[457] Das Diastereomerenverhältnis wurde aus dem ^{1}H-NMR-Spektrum durch Integration der H-Atome bei 5.69 ppm und 5.75 ppm bestimmt.

1H^{Haupt}), 5.75 (s, 1H^{Minder}), 6.87–6.90 (m, 2H^{Haupt} + 2H^{Minder}), 7.32–7.36 (m, 2H^{Haupt} + 2H^{Minder}), 9.77 (d, ^3J = 3.0 Hz, 1H^{Minder}), 9.81 (d, ^3J = 3.6 Hz, 1H^{Haupt}); ^{13}C-NMR (101 MHz, CDCl$_3$, δ): (3/2-Mischung von C14'-Diastereomeren) −4.5 (CH$_3^{Haupt}$ + 2 × CH$_3^{Minder}$), −4.4 (CH$_3^{Haupt}$), 17.1 (CH$_3^{Haupt}$), 17.8 (C^{Haupt} + C^{Minder}), 18.1 (CH$_3^{Minder}$), 25.7 (3 × CH$_3^{Haupt}$ + 3 × CH$_3^{Minder}$), 40.5 (CH^{Minder}), 40.6 (CH^{Haupt}), 43.1 (CH$_2^{Minder}$), 45.2 (CH$_2^{Haupt}$), 55.2 (CH$_3^{Haupt}$ + CH$_3^{Minder}$), 66.4 (CH^{Haupt}), 66.6 (CH^{Minder}), 75.8 (CH$_2^{Minder}$), 77.2 (CH$_2^{Haupt}$), 78.0 (CH^{Haupt}), 78.3 (CH^{Minder}), 85.8 (C^{Haupt}), 87.2 (C^{Minder}), 103.5 (CH^{Minder}), 104.6 (CH^{Haupt}), 113.7 (2 × CH^{Haupt} + 2 × CH^{Minder}), 128.0 (2 × CH^{Minder}), 128.1 (2 × CH^{Haupt}), 129.1 (C^{Minder}), 129.3 (C^{Haupt}), 160.5 (C^{Minder}), 160.5 (C^{Haupt}), 201.1 (CH^{Haupt}), 201.5 (CH^{Minder}); IR (KBr-Film, ν): 2956 (s, C–H), 2857 (s, C–H), 1721 (s, C=O), 1615 (s, C=C), 1518 (s, C=C), 1463 (s, CH$_2$), 1390 (s, CH$_3$), 1251 (s, C–O–C), 1171 (s), 1074 (s), 1035 (s), 870 (s), 836 (s, C=C–H), 778 (s) cm^{-1}; berechnet für C$_{22}$H$_{34}$O$_5$Si: C, 64.99; H, 8.43; gefunden: C, 64.9; H, 8.5; M = 406.59 g/mol.

Synthese des Weinreb-Amids 325

Zu einer Lösung des Esters **311** (1 eq, 327 mg, 0.749 mmol) in THF (6 ml, 8 ml/mmol **311**) wurden bei 0 °C MeO(Me)NH·HCl (3.3 eq, 243 mg, 2.49 mmol) und *i*-PrMgCl (6.6 eq, 2.5 ml, 2 M in THF, 5 mmol) gegeben und anschließend für eine Stunde bei Raumtemperatur gerührt. Nach Abbruch der Reaktion durch Zugabe einer gesättigten, wässrigen NH$_4$Cl-Lösung (6 ml, 8 ml/mmol **311**) wurden die Phasen getrennt und die wässrige Phase viermal mit CH$_2$Cl$_2$ extrahiert. Die vereinigten, organischen Phasen wurden mit MgSO$_4$ getrocknet und am Rotationsverdampfer eingeengt. Nach Reinigung durch Säulenchromatographie (Cyclohexan/ Ethylacetat 20/1 → 10/1) wurde das Weinreb-Amid **325** (296 mg, 85%, 3/2-Mischung von C9-Diastereomeren[458]) als ein farbloses Öl erhalten.

R$_f$ (**325**) 0.43 (Cyclohexan/ Ethylacetat 5/1); ^{1}H-NMR (400 MHz, CDCl$_3$, δ): (3/2-Mischung von C9-Diastereomeren) 0.50–0.65 (m, 6H^{Haupt} + 6H^{Minder}), 0.79–0.93 (m, 15H^{Haupt} + 15H^{Minder}), 2.48–2.55 (m, 1H^{Haupt} + 1H^{Minder}), 2.61–2.67 (m, 1H^{Haupt} + 1H^{Minder}), 3.12 (s, 3H^{Haupt} + 3H^{Minder}), 3.48 (s, 3H^{Minder}), 3.59 (s, 3H^{Haupt}), 3.64 (d, ^3J = 8.5 Hz, 1H^{Haupt}), 3.65 (d, ^3J = 7.3 Hz, 1H^{Minder}), 3.75 (s, 3H^{Minder}), 3.76 (s, 3H^{Haupt}), 4.16 (d, ^2J = 11.3 Hz, 1H^{Haupt}), 4.17 (d, ^2J = 11.4 Hz, 1H^{Minder}), 4.31 (dd, $^3J_1$ = 2.5 Hz, $^3J_2$ = 8.5 Hz, 1H^{Minder}), 4.36 (dd,

---

[458] Das Diastereomerenverhältnis wurde aus dem ^{1}H-NMR-Spektrum durch Integration der H-Atome bei 4.31 ppm und 4.36 ppm bestimmt.

$^3J_1 = 3.3$ Hz, $^3J_2 = 7.8$ Hz, 1H^{Haupt}), 4.45 (d, $^2J = 11.4$ Hz, 1H^{Minder}), 4.46 (d, $^2J = 11.3$ Hz, 1H^{Haupt}), 5.14–5.20 (m, 1H^{Haupt} + 1H^{Minder}), 5.27–5.30 (m, 1H^{Haupt} + 1H^{Minder}), 5.71–5.82 (m, 1H^{Haupt} + 1H^{Minder}), 6.80–6.83 (m, 2H^{Haupt} + 2H^{Minder}), 7.21–7.25 (m, 2H^{Haupt} + 2H^{Minder}); ^{13}C-NMR (101 MHz, CDCl$_3$, δ): (3/2-Mischung von C9-Diastereomeren) 5.3 (3 × CH$_2$^{Haupt} + 3 × CH$_2$^{Minder}), 7.2 (3 × CH$_3$^{Haupt} + 3 × CH$_3$^{Minder}), 19.1 (CH$_3$^{Haupt}), 20.0 (CH$_3$^{Haupt}), 20.1 (CH$_3$^{Minder}), 21.2 (CH$_3$^{Minder}), 32.2 (CH$_3$^{Haupt} + CH$_3$^{Minder}), 35.8 (C^{Haupt} + C^{Minder}), 42.1 (CH$_2$^{Minder}), 42.5 (CH$_2$^{Haupt}), 55.2 (CH$_3$^{Haupt} + CH$_3$^{Minder}), 61.0 (CH$_3$^{Minder}), 61.1 (CH$_3$^{Haupt}), 69.6 (CH$_2$^{Haupt}), 69.7 (CH$_2$^{Minder}), 72.9 (CH^{Haupt}), 73.9 (CH^{Minder}), 84.0 (CH^{Minder}), 84.9 (CH^{Haupt}), 113.5 (2 × CH^{Haupt} + 2 × CH^{Minder}), 118.6 (CH$_2$^{Minder}), 118.9 (CH$_2$^{Haupt}), 128.7 (2 × CH^{Haupt}), 129.3 (2 × CH^{Minder}), 131.0 (C^{Minder}), 131.4 (C^{Haupt}), 135.7 (CH^{Minder}), 135.9 (CH^{Haupt}), 158.7 (C^{Haupt}), 158.9 (C^{Minder}), 173.3 (C^{Haupt}), 173.5 (C^{Minder}); IR (KBr-Film, ν): 2956 (s, C–H), 2910 (s, C–H), 2875 (s, C–H), 1667 (s, C=O), 1614 (m, C=C), 1514 (s, C=C), 1464 (s, CH$_2$), 1385 (s, CH$_3$), 1248 (s, C–O–C), 1173 (m), 1087 (s), 1005 (s, C–CH$_2$), 928 (m, C–CH$_2$), 739 (s) cm^{-1}; berechnet für C$_{25}$H$_{43}$NO$_5$Si: C, 64.48; H, 9.31; N, 3.01; gefunden: C, 64.6; H, 8.9; N, 3.1; M = 465.7 g/mol.

Synthese des Ethylketons 326

325 → 326 (90%) dr (C9) = 3/2

Das Weinreb-Amid **325** (1 eq, 296 mg, 0.636 mmol) wurde in THF (3 ml, 4.7 ml/mmol **325**) gelöst und bei Raumtemperatur mit EtMgBr (1.6 eq, 1 ml, 1 M in THF, 1 mmol) versetzt. Nach Rühren für eine Stunde bei Raumtemperatur wurde die Reaktion durch Zugabe einer gesättigten, wässrigen NH$_4$Cl-Lösung (3 ml, 4.7 ml/mmol **325**) abgebrochen. Die Phasen wurden getrennt, die wässrige Phase dreimal mit CH$_2$Cl$_2$ extrahiert und die vereinigten, organischen Phasen mit MgSO$_4$ getrocknet. Nach Entfernung der Lösemittel wurde das Rohprodukt durch Säulenchromatographie (Cyclohexan/ Ethylacetat 100/1 → 50/1) gereinigt und ergab das Ethylketon **326** (248 mg, 90%, 3/2-Mischung von C9-Diastereomeren[459]) als ein farbloses Öl.

R$_f$ (**326**) 0.73 (Cyclohexan/ Ethylacetat 5/1); ^{1}H-NMR (400 MHz, CDCl$_3$, δ): (3/2-Mischung von C9-Diastereomeren) 0.52–0.64 (m, 6H^{Haupt} + 6H^{Minder}), 0.76 (s, 3H^{Minder}), 0.82 (s, 3H^{Haupt}), 0.85 (s, 3H^{Haupt}), 0.90 (s, 3H^{Minder}), 0.91–0.95 (m, 9H^{Haupt} + 9H^{Minder}), 1.00 (t, $^3J = 7.3$ Hz, 3H^{Minder}), 1.02 (t, $^3J = 7.3$ Hz, 3H^{Haupt}), 2.26–2.38 (m, 2H^{Haupt} + 2H^{Minder}),

---

[459] Das Diastereomerenverhältnis wurde aus dem ^{1}H-NMR-Spektrum durch Integration der H-Atome bei 4.34 ppm und 4.39 ppm bestimmt.

2.48–2.68 (m, 2H^{Haupt} + 2H^{Minder}), 3.57 (d, ^3J = 7.8 Hz, 1H^{Minder}), 3.63 (d, ^3J = 8.5 Hz, 1H^{Haupt}), 3.77 (s, 3H^{Minder}), 3.77 (s, 3H^{Haupt}), 4.15 (d, ^2J = 11.7 Hz, 1H^{Minder}), 4.16 (d, ^2J = 11.3 Hz, 1H^{Haupt}), 4.34 (dd, $^3J_1$ = $^3J_2$ = 5.3 Hz, 1H^{Minder}), 4.39 (dd, $^3J_1$ = 3.1 Hz, $^3J_2$ = 7.4 Hz, 1H^{Haupt}), 4.46 (d, ^2J = 11.7 Hz, 1H^{Minder}), 4.48 (d, ^2J = 11.3 Hz, 1H^{Haupt}), 5.14–5.21 (m, 1H^{Haupt} + 1H^{Minder}), 5.29–5.33 (m, 1H^{Haupt} + 1H^{Minder}), 5.71–5.81 (m, 1H^{Haupt} + 1H^{Minder}), 6.82–6.86 (m, 2H^{Haupt} + 2H^{Minder}), 7.21–7.24 (m, 2H^{Haupt} + 2H^{Minder}); ^{13}C-NMR (101 MHz, CDCl$_3$, δ): (3/2-Mischung von C9-Diastereomeren) 5.3 (3 × CH$_2$^{Haupt} + 3 × CH$_2$^{Minder}), 7.1 (3 × CH$_3$^{Haupt} + 3 × CH$_3$^{Minder}), 7.5 (CH$_3$^{Haupt} + CH$_3$^{Minder}), 18.7 (CH$_3$^{Haupt}), 20.0 (CH$_3$^{Haupt} + CH$_3$^{Minder}), 20.4 (CH$_3$^{Minder}), 36.9 (CH$_2$^{Haupt} + CH$_2$^{Minder}), 41.9 (C^{Minder}), 42.2 (C^{Haupt}), 46.3 (CH$_2$^{Minder}), 46.7 (CH$_2$^{Haupt}), 55.1 (CH$_3$^{Haupt} + CH$_3$^{Minder}), 69.5 (CH$_2$^{Haupt} + CH$_2$^{Minder}), 71.9 (CH^{Haupt}), 72.6 (CH^{Minder}), 83.8 (CH^{Minder}), 84.8 (CH^{Haupt}), 113.5 (2 × CH^{Haupt} + 2 × CH^{Minder}), 118.8 (CH$_2$^{Minder}), 118.9 (CH$_2$^{Haupt}), 128.7 (2 × CH^{Haupt}), 129.5 (2 × CH^{Minder}), 130.7 (C^{Minder}), 131.2 (C^{Haupt}), 135.5 (CH^{Minder}), 135.8 (CH^{Haupt}), 158.8 (C^{Haupt}), 158.9 (C^{Minder}), 209.8 (C^{Haupt}), 210.1 (C^{Minder}); IR (KBr-Film, ν): 2955 (s, C–H), 2910 (s, C–H), 2876 (s, C–H), 1717 (s, C=O), 1613 (m, C=C), 1514 (s, C=C), 1461 (m, CH$_2$), 1379 (m, CH$_3$), 1248 (s, C–O–C), 1090 (s), 1039 (s), 1011 (s), 740 (s) cm^{-1}; HRMS (ESI) berechnet für C$_{25}$H$_{43}$O$_4$Si ([M+H]$^+$): 435.2925; gefunden: 435.2923; M = 434.68 g/mol.[460]

Synthese des Tetrahydrofurans 328

Eine Lösung des Ethylketons **326** (1 eq, 30 mg, 0.069 mmol) und NBS (1.1 eq, 14 mg, 0.079 mmol) in CCl$_4$ (1 ml, 14.5 ml/mmol **326**) wurde für drei Tage bei Raumtemperatur gerührt. Der Abbruch der Reaktion erfolgte durch Zugabe einer gesättigten, wässrigen NH$_4$Cl-Lösung (1 ml, 14.5 ml/mmol **326**). Nach Trennung der Phasen und dreimaliger Extraktion der wässrigen Phase mit CH$_2$Cl$_2$ wurden die vereinigten, organischen Phasen mit MgSO$_4$ getrocknet und im Vakuum eingeengt. Die Reinigung erfolgte durch Säulenchromatographie (Cyclohexan/ Ethylacetat 10/1) und ergab das Tetrahydrofuran **328** (15 mg, 54%) als ein leicht gelbes Öl.

R$_f$ (**328**) 0.26 (Cyclohexan/ Ethylacetat 5/1); COSY- und NOESY-NMR-Experimente wurden zur Zuordnung der NMR-Signale gemäß der Jatrophan-Nummerierung durchgeführt. ^{1}H-NMR (400 MHz, CDCl$_3$, δ): 1.00 (s, 18-CH_3), 1.02 (t, ^3J = 7.3 Hz, 17-CH_3), 1.09 (s,

---

[460] Für das Ethylketon **326** konnte keine stimmige Elementaranalyse erhalten werden: berechnet für C$_{25}$H$_{42}$O$_4$Si: C, 69.08; H, 9.74; gefunden: C, 68.5; H, 9.9.

19-CH_3), 2.36 (dd, ^2J = 15.6 Hz, ^3J = 3.5 Hz, 8-CH_2, 1H), 2.40–2.48 (m, 6-CH_2), 2.74 (dd, ^2J = 15.6 Hz, ^3J = 9.4 Hz, 8-CH_2, 1H), 3.40 (dd, ^2J = 9.8 Hz, ^3J = 6.0 Hz, 12'-CH_2, 1H), 3.54 (dd, ^2J = 9.8 Hz, ^3J = 7.9 Hz, 12'-CH_2, 1H), 3.66 (d, ^3J = 5.3 Hz, 11-CH), 3.82 (s, OCH_3), 4.04 (dd, $^3J_1$ = 3.5 Hz, $^3J_2$ = 9.4 Hz, 9-CH), 4.31–4.35 (m, 12-CH), 4.52–4.59 (m, OCH_2Ar), 6.90 (d, ^3J = 8.7 Hz, 2 × CH_{ar}), 7.28 (d, ^3J = 8.7 Hz, 2 × CH_{ar}); ^{13}C-NMR (101 MHz, CDCl$_3$, δ): 7.7 (CH$_3$), 17.9 (CH$_3$), 26.8 (CH$_3$), 30.7 (CH$_2$), 37.5 (CH$_2$), 45.1 (CH$_2$), 45.5 (C), 55.4 (CH$_3$), 74.9 (CH$_2$), 80.5 (CH), 83.5 (CH), 86.8 (CH), 113.9 (2 × CH), 129.5 (2 × CH), 130.2 (C), 159.4 (C), 210.6 (C); IR (KBr-Film, ν): 2969 (m, C–H), 2936 (m, C–H), 1714 (s, C=O), 1613 (m, C=C), 1514 (s, C=C), 1463 (m, CH$_2$), 1249 (s, C–O–C), 1114 (m), 1080 (s), 1031 (s) cm^{-1}; HRMS (ESI) berechnet für C$_{19}$H$_{27}$^{79}BrO$_4$Na ([M+Na]$^+$): 421.0985; gefunden: 421.0983; M = 399.32 g/mol.

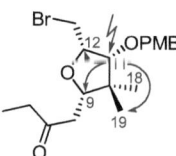

Eintrag	Signal bei	Schlussfolgerung
1	1.09 ppm 19-CH_3 (stark)	11-CH und 19-CH_3 sind *cis*
2	1.00 ppm 18-CH_3 (schwach)	11-CH und 18-CH_3 sind *trans*
3	4.31–4.35 ppm 12-CH (stark)	11-CH und 12-CH sind *cis*
4	4.04 ppm 9-CH (mittel)	11-CH und 9-CH sind *cis*

Tab. 35: 1D-NOE-NMR Einstrahlung bei 3.66 ppm (11-CH).

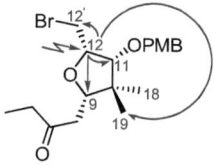

Eintrag	Signal bei	Schlussfolgerung
1	1.09 ppm 19-CH_3 (stark)	12-CH und 19-CH_3 sind *cis*
2	1.00 ppm 18-CH_3 (schwach)	12-CH und 18-CH_3 sind *trans*
3	3.66 ppm 11-CH (stark)	12-CH und 11-CH sind *cis*
4	4.04 ppm 9-CH (mittel)	12-CH und 9-CH sind *cis*
5	3.40 und 3.54 ppm 12'-CH_2 (stark)	/

Tab. 36: 1D-NOE-NMR Einstrahlung bei 4.31–4.35 ppm (12-CH).

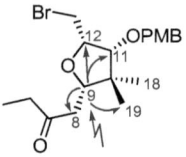

Eintrag	Signal bei	Schlussfolgerung
1	1.09 ppm 19-CH_3 (stark)	9-CH und 19-CH_3 sind *cis*
2	1.00 ppm 18-CH_3 (schwach)	9-CH und 18-CH_3 sind *trans*
3	3.66 ppm 11-CH (mittel)	9-CH und 11-CH sind *cis*
4	4.31–4.35 ppm 12-CH (mittel)	9-CH und 12-CH sind *cis*
5	2.36 und 2.74 ppm 8-CH_2 (stark)	/

Tab. 37: 1D-NOE-NMR Einstrahlung bei 4.04 ppm (9-CH).

Synthese des Tetrahydrofurans 331

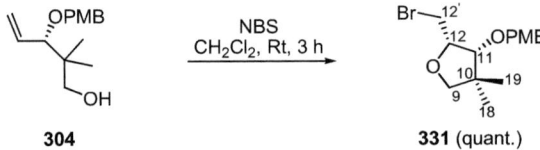

Eine Lösung des Alkohols **304** (1 eq, 52 mg, 0.208 mmol) und NBS (1.1 eq, 41 mg, 0.23 mmol) in CH$_2$Cl$_2$ (1 ml, 4.8 ml/mmol **304**) wurde für drei Stunden bei Raumtemperatur gerührt. Der Abbruch der Reaktion erfolgte durch Zugabe einer gesättigten, wässrigen NH$_4$Cl-Lösung (1 ml, 4.8 ml/mmol **304**). Nach Trennung der Phasen und dreimaliger Extraktion der wässrigen Phase mit CH$_2$Cl$_2$ wurden die vereinigten, organischen Phasen mit MgSO$_4$ getrocknet und im Vakuum eingeengt. Die Reinigung erfolgte durch Säulenchromatographie (Cyclohexan/ Ethylacetat 50/1 → 20/1) und ergab das Tetrahydrofuran **331** (69 mg, quant.) als ein farbloses Öl.

R_f 0.49 (**331**) (Cyclohexan/ Ethylacetat 2/1); COSY- und NOESY-NMR-Experimente wurden zur Zuordnung der NMR-Signale gemäß der Jatrophan-Nummerierung durchgeführt. ^{1}H-NMR (400 MHz, CDCl$_3$, δ): 1.10 (s, 19-CH_3), 1.14 (s, 18-CH_3), 3.44 (dd, ^2J = 9.5 Hz, ^3J = 6.3 Hz, 12'-CH_2, 1H), 3.49 (d, ^2J = 7.8 Hz, 9-CH_2, 1H), 3.56 (dd, ^2J = 9.5 Hz, ^3J = 7.9 Hz, 12'-CH_2, 1H), 3.60 (d, ^3J = 4.3 Hz, 11-CH, 1H), 3.69 (d, ^2J = 7.8 Hz, 9-CH_2, 1H), 3.81 (s, OCH_3), 4.41 (ddd, $^3J_1$ = 4.3 Hz, $^3J_2$ = 6.3 Hz, $^3J_3$ = 7.9 Hz, 12-CH), 4.54 (d, ^2J = 10.5 Hz, OCH_2Ar, 1H), 4.59 (d, ^2J = 10.5 Hz, OCH_2Ar, 1H), 6.90 (d, ^3J = 8.8 Hz, 2 × CH_{ar}), 7.31 (d, ^3J = 8.8 Hz, 2 × CH_{ar}); ^{13}C-NMR (101 MHz, CDCl$_3$, δ): 19.4 (CH$_3$), 25.5 (CH$_3$), 30.6 (CH$_2$), 44.4 (C), 55.3 (CH$_3$), 74.6 (CH$_2$), 78.5 (CH$_2$), 82.0 (CH), 85.9 (CH), 113.8 (2 × CH), 129.7 (2 × CH), 130.1 (C), 159.4 (C); IR (KBr-Film, v): 2960 (s, C–H), 2932 (s, C–H), 2871 (s, C–H), 2836 (m, C–H), 1613 (s, C=C), 1514 (s, C=C), 1466 (s, CH$_2$), 1249 (s,

C–O–C), 1058 (s), 1033 (s), 819 (s, C=C–H) cm^{-1}; berechnet für $C_{15}H_{21}O_3Br$: C, 54.72; H, 6.43; gefunden: C, 54.7; H, 6.4; $[\alpha]_D^{20}$ −37.3 (c 1.32, $CHCl_3$); M = 329.23 g/mol.

Eintrag	Signal bei	Schlussfolgerung
1	1.10 ppm 19-CH_3 (stark)	12-CH und 19-CH_3 sind *cis*
2	3.60 ppm 11-CH_3 (stark)	12-CH und 11-CH sind *cis*

Tab. 38: 1D-NOE-NMR Einstrahlung bei 4.41 ppm (12-CH).

Synthese der β-Ketoesters 332

Eine Lösung des Alkohols **310** (1 eq, 387 mg, 1.2 mmol) in CH_2Cl_2 (3 ml, 2.5 ml/mmol **310**) und DMSO[461] (3 ml, 2.5 ml/mmol **310**) wurde mit IBX (**268**) (1.9 eq, 655 mg, 2.339 mmol) versetzt und anschließend für 20 Stunden bei Raumtemperatur gerührt. Der Abbruch der Reaktion erfolgte durch Zugabe von Wasser (6 ml, 5 ml/mmol **310**). Nach Trennung der Phasen und dreimaliger Extraktion der wässrigen Phase mit CH_2Cl_2 wurden die vereinigten, organischen Phasen mit $MgSO_4$ getrocknet. Die organischen Phasen wurden eingeengt und das Rohprodukt durch Säulenchromatographie (Cyclohexan/ Ethylacetat 20/1 → 10/1) gereinigt. Der β-Ketoester **332** (366 mg, 95%) wurde als ein gelbliches Öl erhalten.

R_f (**332**) 0.62 (Cyclohexan/ Ethylacetat 2/1); ^{1}H-NMR (400 MHz, $CDCl_3$, δ): 1.05 (s, 3H), 1.13 (s, 3H), 3.51 (d, ^2J = 16.2 Hz, 1H), 3.57 (d, ^2J = 16.2 Hz, 1H), 3.68 (s, 3H), 3.77 (s, 3H), 3.81 (d, ^3J = 8.1 Hz, 1H), 4.18 (d, ^2J = 11.4 Hz, 1H), 4.45 (d, ^2J = 11.4 Hz, 1H), 5.27 (dd, ^2J = 1.7 Hz, ^3J = 17.2 Hz, 1H), 5.38 (dd, ^2J = 1.7 Hz, ^3J = 10.4 Hz, 1H), 5.68 (ddd, $^3J_1$ = 8.1 Hz, $^3J_2$ = 10.4 Hz, $^3J_3$ = 17.2 Hz, 1H), 6.84 (d, ^3J = 8.4 Hz, 2H), 7.19 (d, ^3J = 8.4 Hz, 2H); ^{13}C-NMR (101 MHz, $CDCl_3$, δ): 18.7 (CH_3), 22.0 (CH_3), 46.0 (CH_2), 51.6 (C), 52.0 (CH_3), 55.1 (CH_3), 70.1 (CH_2), 85.2 (CH), 113.6 (2 × CH), 120.7 (CH_2), 129.4 (2 × CH), 129.9 (C), 133.8 (CH), 159.1 (C), 168.3 (C), 207.3 (C);[462] IR (KBr-Film, v): 2952 (s, C–H), 2872 (m, C–H), 2838 (m, C–H), 1750 (s, C=O), 1709 (s, C=O), 1613 (s, C=C),

---

[461] Das hier eingesetzte CH_2Cl_2 und DMSO wurden nicht getrocknet.
[462] Im ^{1}H- und ^{13}C-NMR-Spektrum sind noch Signale von mindestens einer weiteren Verbindung zu erkennen. Evt. handelt es sich hierbei um das Enoltautomer des β-Ketoesters **332**.

1514 (s, C=C), 1438 (s, CH_2), 1303 (s), 1249 (s, C–O–C), 1174 (s), 1067 (s), 1034 (s), 936 (m, C=CH_2), 830 (m, C=C–H) cm^{-1}; $[\alpha]_D^{20}$ +12.0 (c 1.435, $CHCl_3$); M = 320.38 g/mol.[463]

Synthese von 3-(Triphenylphosphoranyliden)-2-butanon (337)[342]

Zu einer Suspension von Ph_3PEtBr (2 eq, 2 g, 5.387 mmol) in THF (6 ml, 2.3 ml/mmol **341**) wurde *n*-BuLi (2.1 eq, 2.44 ml, 2.3 M in *n*-Hexan, 5.612 mmol) gegeben. Die rot-orange Lösung wurde für 30 Minuten bei Raumtemperatur gerührt, bevor frisch destilliertes Acetylchlorid (**341**) (1 eq, 0.19 ml, 2.662 mmol) in THF (3 ml, 1.1 ml/mmol **341**) dazugetropft wurde. Hierbei fiel ein farbloser Feststoff aus. Nach Rühren für vier Stunden bei Raumtemperatur wurde die Reaktion durch Zugabe von Wasser (10 ml, 3.8 ml/mmol **341**) abgebrochen. Hierbei löste sich der farblose Feststoff. Anschließend wurden die Phasen getrennt und die wässrige Phase viermal mit Et_2O extrahiert. Die vereinigten, organischen Phasen wurden mit $MgSO_4$ getrocknet und am Rotationsverdampfer eingeengt. Nach Umkristallisation aus Ethylacetat wurde das Produkt **337** (463 mg, 52%) als ein leicht gelber Feststoff (Smp.: 168 °C, Lit.:[342c] 169–170 °C, Lit.:[342d] 186–188 °C) erhalten.

^{1}H-NMR (400 MHz, $CDCl_3$, δ): 1.65 (d, ^3J = 15.6 Hz, 3H), 2.13 (s, 3H), 7.41–7.45 (m, 6H), 7.48–7.52 (m, 3H), 7.55–7.60 (m, 6H); ^{13}C-NMR (101 MHz, $CDCl_3$, δ): 14.3 (CH_3, d, ^2J = 13.1 Hz), 25.3 (CH_3, d, ^3J = 10.2 Hz), 127.8 (3 × C, d, ^1J = 89.9 Hz), 128.6 (6 × CH, d, ^2J = 12.1 Hz), 131.4 (3 × CH, d, ^4J = 2.9 Hz), 133.5 (6 × CH, d, ^3J = 9.7 Hz), 188.3 (C, d, ^2J = 4.9 Hz);[464] ^{31}P-NMR (81 MHz, $CDCl_3$, δ): 23.80 (s); IR (KBr-Film, ν): 3056 (w, C–H), 1712 (w), 1514 (m, C=O), 1483 (m), 1437 (s), 1193 (s), 1119 (s), 751 (m, C=C–H), 721 (s), 694 (s, C=C–H) cm^{-1}; M = 332.38 g/mol.

Synthese der Carbonsäure 342

Zu einer Lösung des Aldehyds **305** (1 eq, 208 mg, 0.838 mmol) in *t*-Butanol (8 ml, 9.5 ml/mmol **305**) und THF (4 ml, 4.8 ml/mmol **305**) wurde 2-Methylbuten (5 eq, 0.45 ml,

---

[463] Für den β-Ketoester **332** konnte keine stimmige Elementaranalyse erhalten werden: berechnet für $C_{18}H_{24}O_5$: C, 67.48; H, 7.55; gefunden: C, 66.5; H, 7.4.
[464] Das Signal des C3-Atoms in direkter Nachbarschaft zum P-Atom ist nicht zu erkennen.

4.235 mmol) und eine Lösung von KH_2PO_4 (5 eq, 576 mg, 4.232 mmol) und $NaClO_2$ (1.3 eq, 101 mg, 1.116 mmol) in Wasser (6 ml, 7.2 ml/mmol **305**) bei Raumtemperatur hinzugefügt. Nach Rühren für vier Stunden bei Raumtemperatur wurde die Reaktion durch Zugabe einer gesättigten, wässrigen NH_4Cl-Lösung (10 ml, 12 ml/mmol **305**) beendet. Anschließend wurden die Phasen getrennt, die wässrige Phase sechsmal mit CH_2Cl_2 extrahiert und die vereinigten, organischen Phasen mit $MgSO_4$ getrocknet und am Rotationsverdampfer eingeengt. Nach Reinigung durch Säulenchromatographie (Cyclohexan/ Ethylacetat 20/1 → 10/1) wurde die Carbonsäure **342** (209 mg, 94%) als ein farbloses Öl erhalten.

R_f (**342**) 0.45 (Cyclohexan/ Ethylacetat 2/1); ^{1}H-NMR (400 MHz, $CDCl_3$, δ): 1.16 (s, 3H), 1.22 (s, 3H), 3.78 (s, 3H), 3.97 (d, ^3J = 8.0 Hz, 1H), 4.30 (d, ^2J = 11.3 Hz, 1H), 4.56 (d, ^2J = 11.3 Hz, 1H), 5.32 (dd, ^2J = 1.3 Hz, ^3J = 17.2 Hz, 1H), 5.40 (dd, ^2J = 1.3 Hz, ^3J = 10.3 Hz, 1H), 5.77 (ddd, $^3J_1$ = 8.0 Hz, $^3J_2$ = 10.3 Hz, $^3J_3$ = 17.2 Hz, 1H), 6.85 (d, ^3J = 8.6 Hz, 2H), 7.22 (d, ^3J = 8.6 Hz, 2H), 11.45 (s, br, 1OH); ^{13}C-NMR (101 MHz, $CDCl_3$, δ): 19.4 (CH_3), 22.3 (CH_3), 46.7 (C), 55.2 (CH_3), 70.3 (CH_2), 84.5 (CH), 113.7 (2 × CH), 120.7 (CH_2), 129.3 (2 × CH), 130.2 (C), 134.0 (CH), 159.0 (C), 182.7 (C); IR (KBr-Film, ν): 3400–2900 (m, br, OH), 3076 (s, C–H), 2981 (s, C–H), 2837 (s, C–H), 1705 (s, C=O), 1613 (s, C=C), 1514 (s, C=C), 1471 (s, CH_2), 1248 (s, C–O–C), 1174 (s), 1071 (s), 1036 (s), 934 (s, $C=CH_2$), 822 (s, C=C–H) cm^{-1}; berechnet für $C_{15}H_{20}O_4$: C, 68.16; H, 7.63; gefunden: C, 68.1; H, 7.9; $[\alpha]_D^{20}$ +15.9 (c 1.39, $CHCl_3$); M = 264.32 g/mol.

Synthese des Phosphorans 349[352]

Zu einer Suspension von PPh_3 (1 eq, 3.03 g, 11.55 mmol) in Wasser (13 ml, 1.1 ml/mmol PPh_3) wurde (±)-2-Brompropionsäuremethylester (**348**) (1.1 eq, 1.4 ml, 12.55 mmol) gegeben. Nach Rühren für 24 Stunden bei 70 °C wurde aus dem heterogenen Gemisch eine weiße homogene Phase. Anschließend wurde auf Raumtemperatur abgekühlt und CH_2Cl_2 (5 ml, 0.4 ml/mmol PPh_3) hinzugefügt. Unter Rühren wurde eine Lösung von NaOH (1 eq, 465 mg, 11.63 mmol) in Wasser (5 ml, 0.4 ml/mmol PPh_3) dazugetropft und für fünf Minuten gerührt. Hierbei fiel ein gelber Feststoff aus, der sich wieder in der CH_2Cl_2-Phase löste. Anschließend wurden die Phasen getrennt und die wässrige Phase viermal mit CH_2Cl_2 extrahiert. Die vereinigten, organischen Phasen wurden mit $MgSO_4$ getrocknet und am Rotationsverdampfer eingeengt. Nach Trocknen am Feinvakuum (5•10^{-2} mbar) für zwei Stunden wurde das Produkt **349** (3.9 g, 97%) als ein gelber Feststoff (Smp.: 147–149 °C,

Lit.:[352a] 152–153 °C, Lit.:[352b] 152–154.5 °C, Lit.:[352c+d] 151–153 °C, Lit.:[352f] 144–147 °C, Lit.:[352g] 153–156 °C, Lit.:[352h] 147–149 °C) erhalten.

^{1}H-NMR (400 MHz, CDCl$_3$, δ): (3/2-Mischung von Rotameren)[465,466] 1.58 (d, ^3J = 14.4 Hz, 3H^{Minder}), 1.60 (d, ^3J = 13.6 Hz, 3H^{Haupt}), 3.11 (s, 3H^{Haupt}), 3.58 (s, 3H^{Minder}), 7.37–7.62 (m, 15H^{Haupt} + 15H^{Minder}); ^{13}C-NMR (101 MHz, CDCl$_3$, δ): (3/2-Mischung von Rotameren) 12.2 (CH$_3$^{Minder}, d, ^2J = 11.2 Hz), 13.0 (CH$_3$^{Haupt}, d, ^2J = 13.1 Hz), 31.9 (C^{Haupt}, d, ^1J = 119.5 Hz), 32.4 (C^{Minder}, d, ^1J = 127.3 Hz), 48.8 (CH$_3$^{Haupt}), 49.9 (CH$_3$^{Minder}, d, ^4J = 1.9 Hz), 127.5 (3 × C^{Minder}, d, ^1J = 90.9 Hz), 128.1 (3 × C^{Haupt}, d, ^1J = 90.4 Hz), 128.4 (6 × CH^{Haupt}, d, ^2J = 12.1 Hz), 128.5 (6 × CH^{Minder}, d, ^2J = 12.1 Hz,), 131.5–131.6 (3 × CH^{Haupt} + 3 × CH^{Minder}, m), 133.4 (6 × CH^{Haupt}, d, ^3J = 9.7 Hz), 133.5 (6 × CH^{Minder}, d, ^3J = 9.7 Hz), 170.7 (C^{Haupt}, d, ^2J = 13.6 Hz), 171.4 (C^{Minder}, d, ^2J = 18.5 Hz); ^{31}P-NMR (81 MHz, CDCl$_3$, δ): 22.96 (s^{Minder}), 23.17 (s^{Haupt}); IR (KBr-Film, ν): 3056 (m, C–H), 2940 (m, C–H), 1601 (s, C=O), 1483 (m), 1436 (s), 1312 (s), 1102 (s), 745 (s, C=C–H), 694 (s, C=C–H), 518 (s) cm^{-1}; M = 348.37 g/mol.

Synthese des Esters 351

In einem Druckgefäßrohr wurde eine Lösung des Aldehyds **319** (1 eq, 453 mg, 1.114 mmol) und des Phosphorans **349** (5.1 eq, 1.98 g, 5.684 mmol) in 1,2-Dichlorethan (8 ml, 7.2 ml/mmol **319**) für zwei Stunden bei 110 °C gerührt. Anschließend wurde das Lösungsmittel am Rotationsverdampfer entfernt und das Rohprodukt durch Säulenchromatographie (Cyclohexan/ Ethylacetat 100/1 → 50/1 → 20/1) gereinigt. Der Ester **351** (492 mg, 93%, 3/2-Mischung von C14'-Diastereomeren[467]) wurde als ein farbloser Feststoff (Smp.: 89 °C) erhalten.

R_f (**351**) = 0.51 (Cyclohexan/ Ethylacetat 5/1); ^{1}H-NMR (500 MHz, CDCl$_3$, δ): (3/2-Mischung von C14'-Diastereomeren) –0.09 (s, 3H^{Haupt}), –0.07 (s, 3H^{Minder}), 0.02 (s, 3H^{Haupt}), 0.04 (s, 3H^{Minder}), 0.84 (s, 9H^{Haupt}), 0.85 (s, 9H^{Minder}), 1.10 (d, ^3J = 6.7 Hz, 3H^{Minder}), 1.13 (d,

---

[465] Bestmann, H. J.; Joachim, G.; Lengyel, I.; Oth, J. F. M.; Merényi, R.; Weitkamp, H. *Tetrahedron Lett.* **1966**, *7*, 3355–3358.
[466] Das Rotamerenverhältnis wurde aus dem ^{1}H-NMR-Spektrum durch Integration der H-Atome bei 3.11 ppm und 3.58 ppm bestimmt.
[467] Das Diastereomerenverhältnis wurde aus dem ^{1}H-NMR-Spektrum durch Integration der H-Atome bei 5.58 ppm und 5.69 ppm bestimmt.

^3J = 6.9 Hz, 3H^{Haupt}), 1.73–1.80 (m, 1H^{Haupt} + 1H^{Minder}), 1.84–1.92 (m, 1H^{Minder}), 1.91 (s, 3H^{Haupt}), 1.94 (s, 3H^{Minder}), 1.95–2.03 (m, 1H^{Haupt}), 2.24 (dd, ^2J = 14.0 Hz, ^3J = 10.3 Hz, 1H^{Haupt}), 2.31 (dd, ^2J = 13.9 Hz, ^3J = 8.7 Hz, 1H^{Minder}), 2.74 (dd, $^3J_1$ = 9.3 Hz, $^3J_2$ = 10.7 Hz, 1H^{Minder}), 2.85 (dd, $^3J_1$ = 9.4 Hz, $^3J_2$ = 10.5 Hz, 1H^{Haupt}), 3.73–3.86 (m, 1H^{Haupt} + 1H^{Minder} + 1H^{Haupt} + 1H^{Minder} + 1H^{Haupt}), 3.76 (s, 3H^{Minder}), 3.77 (s, 3H^{Haupt}), 3.79 (s, 3H^{Minder}), 3.80 (s, 3H^{Haupt}), 4.03 (d, ^2J = 8.4 Hz, 1H^{Minder}), 5.58 (s, 1H^{Minder}), 5.69 (s, 1H^{Haupt}), 6.89 (d, ^3J = 8.6 Hz, 2H^{Haupt}), 6.90 (d, ^3J = 8.7 Hz, 2H^{Minder}), 6.94 (d, ^3J = 10.7 Hz, 1H^{Minder}), 6.99 (d, ^3J = 10.5 Hz, 1H^{Haupt}), 7.38 (d, ^3J = 8.7 Hz, 2H^{Minder}), 7.40 (d, ^3J = 8.6 Hz, 2H^{Haupt}); ^{13}C-NMR (125 MHz, CDCl$_3$, δ): (3/2-Mischung von C14'-Diastereomeren) −4.4 (CH$_3^{Haupt}$ + CH$_3^{Minder}$), −4.2 (CH$_3^{Haupt}$), −4.1 (CH$_3^{Minder}$), 13.1 (CH$_3^{Haupt}$), 13.2 (CH$_3^{Minder}$), 17.8 (C^{Haupt}), 17.8 (C^{Minder}), 18.2 (CH$_3^{Minder}$), 19.2 (CH$_3^{Haupt}$), 25.7 (3 × CH$_3^{Haupt}$ + 3 × CH$_3^{Minder}$), 40.4 (CH^{Haupt}), 40.6 (CH^{Minder}), 43.3 (CH$_2^{Haupt}$), 45.0 (CH$_2^{Minder}$), 51.7 (CH^{Haupt}), 51.8 (CH^{Minder}), 55.1 (CH$_3^{Haupt}$), 55.2 (CH$_3^{Haupt}$ + CH$_3^{Minder}$), 55.5 (CH$_3^{Minder}$), 73.8 (CH$_2^{Haupt}$), 75.6 (CH$_2^{Minder}$), 83.5 (CH^{Minder}), 84.0 (CH^{Haupt}), 86.8 (C^{Minder}), 87.6 (C^{Haupt}), 103.1 (CH^{Haupt}), 104.8 (CH^{Minder}), 113.7 (2 × CH^{Haupt}), 113.8 (2 × CH^{Minder}), 128.2 (2 × CH^{Minder}), 128.5 (2 × CH^{Haupt}), 129.5 (C^{Haupt}), 129.8 (C^{Minder}), 130.2 (C^{Haupt}), 130.5 (C^{Minder}), 139.6 (CH^{Minder}), 139.7 (CH^{Haupt}), 160.5 (C^{Minder}), 160.6 (C^{Haupt}), 168.1 (C^{Haupt}), 168.2 (C^{Minder}); IR (KBr-Film, ν): 2955 (s, C–H), 2930 (s, C–H), 2857 (s, C–H), 1716 (s, C=O), 1615 (s, C=C), 1518 (s, C=C), 1436 (s, CH$_2$), 1389 (s, CH$_3$), 1251 (s, C–O–C), 1116 (s), 1071 (s), 1036 (s), 870 (s), 837 (s, C=C–H), 776 (s) cm^{-1}; berechnet für C$_{26}$H$_{40}$O$_6$Si: C, 65.51; H, 8.46; gefunden: C, 65.3; H, 8.3; M = 476.68 g/mol.

Synthese des Alkohols 359

305 → MeMgBr, THF, −78 °C, 30 min → 359 (87%) dr (C9) = 1/1

Der Aldehyd **305** (1 eq, 789 mg, 3.177 mmol) wurde in THF (9 ml, 2.8 ml/mmol **305**) gelöst und bei −78 °C mit MeMgBr (1.3 eq, 4 ml, 1 M in THF, 4 mmol) versetzt. Nach Rühren für 30 Minuten bei −78 °C wurde die Reaktion durch Zugabe einer gesättigten, wässrigen NH$_4$Cl-Lösung (9 ml, 2.8 ml/mmol **305**) abgebrochen. Die Phasen wurden getrennt, die wässrige Phase viermal mit CH$_2$Cl$_2$ extrahiert und die vereinigten, organischen Phasen mit MgSO$_4$ getrocknet. Nach Entfernung der Lösemittel wurde das Rohprodukt durch Säulenchromatographie (Cyclohexan/ Ethylacetat 20/1 → 10/1) gereinigt und ergab den Alkohol **359** (728 mg, 87%, 1/1-Mischung von C9-Diastereomeren[468]) als ein farbloses Öl.

R_f (**359**) = 0.54 (Cyclohexan/ Ethylacetat 2/1); ^{1}H-NMR (400 MHz, CDCl$_3$, δ): (1/1-Mischung von C9-Diastereomeren) 0.67 (s, 3H), 0.81 (s, 3H), 0.85 (s, 3H), 0.91 (s, 3H), 1.03 (d, ^3J = 6.5 Hz, 3H), 1.04 (d, ^3J = 6.3 Hz, 3H), 3.60–3.71 (m, 2 + 2H), 3.73 (s, 3 + 3H), 3.82 (s, br, 1 + 1OH), 4.19 (d, ^2J = 11.1 Hz, 1H), 4.21 (d, ^2J = 11.1 Hz, 1H), 4.51 (d, ^2J = 11.1 Hz, 1 + 1H), 5.18–5.24 (m, 1 + 1H), 5.32–5.35 (m, 1 + 1H), 5.72–5.85 (m, 1 + 1H), 6.83 (d, ^3J = 8.1 Hz, 2 + 2H), 7.20 (d, ^3J = 8.1 Hz, 1 + 1H), 7.21 (d, ^3J = 8.1 Hz, 1 + 1H); ^{13}C-NMR (101 MHz, CDCl$_3$, δ): 14.2 (CH$_3$), 17.4 (CH$_3$), 17.4 (CH$_3$), 19.8 (CH$_3$), 21.4 (CH$_3$), 21.5 (CH$_3$), 40.5 (C), 40.7 (C), 55.0 (CH$_3$ + CH$_3$), 69.8 (CH$_2$), 70.0 (CH$_2$), 72.4 (CH), 74.5 (CH), 87.5 (CH), 89.1 (CH), 113.6 (2 × CH), 113.6 (2 × CH), 119.5 (CH$_2$), 119.7 (CH$_2$), 129.3 (2 × CH), 129.4 (2 × CH), 129.7 (C), 129.8 (C), 134.6 (CH), 134.8 (CH), 159.0 (C), 159.1 (C); IR (KBr-Film, ν): 3473 (s, br, OH), 2971 (s, C–H), 2876 (s, C–H), 2836 (s, C–H), 1613 (s, C=C), 1514 (s, C=C), 1467 (s, CH$_2$), 1302 (s), 1248 (s, C–O–C), 1174 (s), 1036 (s), 1009 (s, C=CH$_2$), 928 (s, C=CH$_2$), 821 (s, C=C–H) cm^{-1}; berechnet für C$_{16}$H$_{24}$O$_3$: C, 72.69; H, 9.15; gefunden: C, 73.0; H, 9.1; M = 264.36 g/mol.

Synthese des Ketons 356

359 → **356** (93%)
IBX (**268**), CH$_2$Cl$_2$, DMSO, Rt, 20 h

Eine Lösung des Alkohols **359** (1 eq, 480 mg, 1.816 mmol) in CH$_2$Cl$_2$ (4.5 ml, 2.5 ml/mmol **359**) und DMSO[469] (4.5 ml, 2.5 ml/mmol **359**) wurde mit IBX (**268**) (1.6 eq, 805 mg, 2.875 mmol) versetzt und anschließend für 20 Stunden bei Raumtemperatur gerührt. Der Abbruch der Reaktion erfolgte durch Zugabe von Wasser (9 ml, 5 ml/mmol **359**). Nach Trennung der Phasen und dreimaliger Extraktion der wässrigen Phase mit CH$_2$Cl$_2$ wurden die vereinigten, organischen Phasen mit MgSO$_4$ getrocknet. Die organischen Phasen wurden eingeengt und das Rohprodukt durch Säulenchromatographie (Cyclohexan/ Ethylacetat 50/1 → 20/1) gereinigt. Das Keton **356** (445 mg, 93%) wurde als ein farbloses Öl erhalten.

R_f (**356**) = 0.41 (Cyclohexan/ Ethylacetat 5/1); ^{1}H-NMR (400 MHz, CDCl$_3$, δ): 1.00 (s, 3H), 1.12 (s, 3H), 2.06 (s, 3H), 3.76 (s, 3H), 3.90 (d, ^3J = 8.3 Hz, 1H), 4.18 (d, ^2J = 11.4 Hz, 1H), 4.46 (d, ^2J = 11.4 Hz, 1H), 5.27 (dd, ^2J = 1.1 Hz, ^3J = 17.3 Hz, 1H), 5.36 (dd, ^2J = 1.1 Hz, ^3J = 10.4 Hz, 1H), 5.69 (ddd, $^3J_1$ = 8.3 Hz, $^3J_2$ = 10.4 Hz, $^3J_3$ = 17.3 Hz, 1H), 6.83 (d, ^3J = 8.7 Hz, 2H), 7.16 (d, ^3J = 8.7 Hz, 2H); ^{13}C-NMR (101 MHz, CDCl$_3$, δ): 18.8 (CH$_3$), 22.0

---

[468] Das Diastereomerenverhältnis wurde aus dem ^{1}H-NMR-Spektrum durch Integration der H-Atome bei 0.67 ppm und 0.81 ppm bestimmt.
[469] Das hier eingesetzte CH$_2$Cl$_2$ und DMSO wurden nicht getrocknet.

(CH$_3$), 26.3 (CH$_3$), 51.3 (C), 55.1 (CH$_3$), 69.9 (CH$_2$), 85.0 (CH), 113.5 (2 × CH), 120.1 (CH$_2$), 129.2 (2 × CH), 130.2 (C), 134.3 (CH), 159.0 (C), 212.6 (C); IR (KBr-Film, ν): 2977 (s, C–H), 2871 (m, C–H), 2837 (m, C–H), 1706 (s, C=O), 1613 (s, C=C), 1514 (s, C=C), 1466 (s, CH$_2$), 1384 (s, CH$_3$), 1249 (s, C–O–C), 1036 (s), 820 (s, C=C–H) cm^{-1}; berechnet für C$_{16}$H$_{22}$O$_3$: C, 73.25; H, 8.45; gefunden: C, 73.2; H, 8.4; $[\alpha]_D^{20}$ +6.0 (c 1.465, CHCl$_3$); M = 262.34 g/mol.

Synthese des α-Bromketons 358

356

1) DIPEA
TMSOTf
CH$_2$Cl$_2$, 0 °C, 1 h
2) NBS
NaHCO$_3$
THF, –78 °C, 2 h

358 (74%, 2 Stufen)

Zu einer Lösung des Ketons **356** (1 eq, 120 mg, 0.457 mmol) in CH$_2$Cl$_2$ (6 ml, 13 ml/mmol **356**) wurden bei 0 °C DIPEA (3 eq, 0.23 ml, 1.392 mmol) und TMSOTf (2 eq, 0.17 ml, 0.937 mmol) hinzugefügt. Nach Rühren für eine Stunde bei 0 °C wurde die Reaktion durch Zugabe einer gesättigten, wässrigen NaHCO$_3$-Lösung (6 ml, 13 ml/mmol **356**) und Cyclohexan (6 ml, 13 ml/mmol **356**) abgebrochen. Die Phasen wurden getrennt, die wässrige Phase dreimal mit Cyclohexan extrahiert und die vereinigten, organischen Phasen mit MgSO$_4$ getrocknet. Anschließend wurden die organischen Phasen eingeengt und das Rohprodukt ohne weitere Aufreinigung im nächsten Schritt eingesetzt.

R$_f$ (Silylenolether) = 0.72 (Cyclohexan/ Ethylacetat 5/1).

Zu einer Lösung des rohen Silylenolethers (1 eq, 0.457 mmol) in THF (6 ml, 13 ml/mmol **356**) wurde bei –78 °C NaHCO$_3$ (1.2 eq, 47 mg, 0.559 mmol) und NBS (1.05 eq, 85 mg, 0.478 mmol) gegeben und für zwei Stunden bei –78 °C gerührt. Der Abbruch der Reaktion erfolgte durch Zugabe einer gesättigten, wässrigen NaHCO$_3$-Lösung (6 ml, 13 ml/mmol **356**). Nach Trennung der Phasen, dreimaliger Extraktion der wässrigen Phase mit CH$_2$Cl$_2$, Trocknen der vereinigten, organischen Phasen mit MgSO$_4$ und Einengung am Rotationsverdampfer wurde das Rohprodukt durch Säulenchromatographie (Cyclohexan/ Ethylacetat 100/1) gereinigt. Das α-Bromketon **358** (116 mg, 74% über zwei Stufen) wurde als ein farbloses Öl erhalten.

R$_f$ (**358**) = 0.51 (Cyclohexan/ Ethylacetat 5/1); ^{1}H-NMR (500 MHz, CDCl$_3$, δ): 1.12 (s, 3 H), 1.21 (s, 3H), 3.80 (s, 3H), 3.81 (d, 1H), 4.15 (d, ^2J = 14.5 Hz, 1H), 4.17 (d, ^2J = 11.3 Hz, 1H), 4.20 (d, ^2J = 14.5 Hz, 1H), 4.47 (d, ^2J = 11.3 Hz, 1H), 5.29 (dd, ^2J = 1.0 Hz, ^3J = 17.4 Hz, 1H), 5.41 (dd, ^2J = 1.0 Hz, ^3J = 10.4 Hz, 1H), 5.68 (ddd, $^3J_1$ = 8.0 Hz,

$^3J_2 = 10.4$ Hz, $^3J_3 = 17.4$ Hz, 1H), 6.86 (d, $^3J = 8.5$ Hz, 2H), 7.16 (d, $^3J = 8.5$ Hz, 2H); ^{13}C-NMR (126 MHz, CDCl$_3$, δ): 19.2 (CH$_3$), 22.9 (CH$_3$), 35.0 (CH$_2$), 51.4 (C), 55.3 (CH$_3$), 70.4 (CH$_2$), 85.9 (CH), 113.9 (2 × CH), 121.0 (CH$_2$), 129.6 (2 × CH), 129.9 (C), 133.7 (CH), 159.3 (C), 205.1 (C); IR (KBr-Film, ν): 2972 (m, C–H), 2938 (m, C–H), 2870 (m, C–H), 1721 (s, C=O), 1613 (s, C=C), 1514 (s, C=C), 1466 (s, CH$_2$), 1384 (s, CH$_3$), 1249 (s, C–O–C), 1066 (s), 1036 (s) cm^{-1}; berechnet für C$_{16}$H$_{21}$BrO$_3$: C, 56.32; H, 6.20; gefunden: C, 56.3; H, 6.3; $[\alpha]_D^{20}$ +21.0 (c 1.455, CHCl$_3$); M = 341.24 g/mol.

Synthese der Carbonsäure 360

Zu einer Lösung des Esters **351** (1 eq, 90 mg, 0.198 mmol) in Et$_2$O (1.2 ml, 6 ml/mmol **351**) wurde KOSiMe$_3$ (4 eq, 104 mg, 0.77 mmol) gegeben und für 22 Stunden bei Raumtemperatur gerührt. Anschließend wurde eine gesättigte, wässrige NH$_4$Cl-Lösung (2 ml, 10 ml/mmol **351**) hinzugefügt und vorsichtig mit wässriger HCl (1 M) bis pH = 5 angesäuert. Nach Trennung der Phasen, fünfmaliger Extraktion der wässrigen Phase mit CH$_2$Cl$_2$, Trocknen der vereinigten, organischen Phasen mit MgSO$_4$ und Einengen am Rotationsverdampfer wurde das Rohprodukt durch Säulenchromatographie (Cyclohexan/ Ethylacetat 10/1 → 5/1) gereinigt. Die Säure **360** (74 mg, 85%, 3/2-Mischung von C14'-Diastereomeren[470]) wurde als ein farbloser Feststoff (Smp.: 60 °C) erhalten.

R$_f$ (**360**) = 0.83 (Cyclohexan/ Ethylacetat 1/1); ^{1}H-NMR (500 MHz, CDCl$_3$, δ): (3/2-Mischung von C14'-Diastereomeren) −0.06 (s, 3H[Haupt]), −0.04 (s, 3H[Minder]), 0.03 (s, 3H[Haupt]), 0.05 (s, 3H[Minder]), 0.85 (s, 9H[Haupt]), 0.86 (s, 9H[Minder]), 1.11 (d, $^3J = 6.1$ Hz, 3H[Minder]), 1.14 (d, $^3J = 7.1$ Hz, 3H[Haupt]), 1.75–1.82 (m, 1H[Haupt] + 1H[Minder]), 1.85–1.92 (m, 1H[Minder]), 1.92 (s, 3H[Haupt]), 1.96 (s, 3H[Minder]), 1.99–2.06 (m, 1H[Haupt]), 2.27 (dd, $^2J = 14.0$ Hz, $^3J = 10.3$ Hz, 1H[Haupt]), 2.33 (dd, $^2J = 13.8$ Hz, $^3J = 8.8$ Hz, 1H[Minder]), 2.78 (dd, $^3J_1 = 9.4$ Hz, $^3J_2 = 10.7$ Hz, 1H[Minder]), 2.89 (dd, $^3J_1 = 9.4$ Hz, $^3J_2 = 10.5$ Hz, 1H[Haupt]), 3.75–3.89 (m, 1H[Haupt] + 1H[Minder] + 1H[Haupt] + 1H[Minder] + 1H[Haupt]), 3.77 (s, 3H[Haupt]), 3.81 (s, 3H[Minder]), 4.06 (d, $^2J = 8.4$ Hz, 1H[Minder]), 5.60 (s, 1H[Minder]), 5.71 (s, 1H[Haupt]), 6.90 (d, $^3J = 8.7$ Hz, 2H[Haupt]), 6.90 (d, $^3J = 8.6$ Hz, 2H[Minder]), 7.11 (d, $^3J = 10.7$ Hz, 1H[Minder]), 7.17 (d, $^3J = 10.5$ Hz, 1H[Haupt]), 7.39 (d, $^3J = 8.6$ Hz, 2H[Minder]), 7.41 (d, $^3J = 8.7$ Hz, 2H[Haupt]), 11.98 (s, br, OH[Haupt] + OH[Minder]);

---

[470] Das Diastereomerenverhältnis wurde aus dem ^{1}H-NMR-Spektrum durch Integration der H-Atome bei 5.60 ppm und 5.71 ppm bestimmt.

^{13}C-NMR (126 MHz, CDCl$_3$, δ): (3/2-Mischung von C14'-Diastereomeren) −4.3 (CH$_3$^{Haupt} + CH$_3$^{Minder}), −4.1 (CH$_3$^{Haupt}), −4.0 (CH$_3$^{Minder}), 12.8 (CH$_3$^{Haupt}), 12.9 (CH$_3$^{Minder}), 17.9 (C^{Haupt}), 18.0 (C^{Minder}), 18.3 (CH$_3$^{Minder}), 19.2 (CH$_3$^{Haupt}), 25.8 (3 × CH$_3$^{Haupt} + 3 × CH$_3$^{Minder}), 40.6 (CH^{Haupt}), 40.7 (CH^{Minder}), 43.5 (CH$_2$^{Haupt}), 45.1 (CH$_2$^{Minder}), 55.3 (CH$_3$^{Haupt}), 55.4 (CH$_3$^{Minder}), 55.4 (CH^{Haupt}), 55.9 (CH^{Minder}), 73.9 (CH$_2$^{Haupt}), 75.7 (CH$_2$^{Minder}), 83.5 (CH^{Minder}), 84.1 (CH^{Haupt}), 87.0 (C^{Minder}), 87.8 (C^{Haupt}), 103.3 (CH^{Haupt}), 105.0 (CH^{Minder}), 113.9 (2 × CH^{Minder}), 113.9 (2 × CH^{Haupt}), 128.3 (2 × CH^{Minder}), 128.6 (2 × CH^{Haupt}), 129.3 (C^{Minder}), 129.8 (C^{Haupt}), 129.8 (C^{Haupt}), 130.2 (C^{Minder}), 142.3 (CH^{Minder}), 142.6 (CH^{Haupt}), 160.6 (C^{Minder}), 160.7 (C^{Haupt}), 173.1 (C^{Minder}), 173.1 (C^{Haupt}); IR (KBr-Film, v): 3200−2600 (w, br, OH), 2956 (s, C−H), 2930 (s, C−H), 2857 (s, C−H), 1688 (s, C=O), 1615 (m, C=C), 1518 (m, C=C), 1251 (s, C−O−C), 1117 (s), 1072 (s), 1036 (s), 870 (s), 836 (s, C=C−H), 776 (s) cm$^{−1}$; berechnet für C$_{25}$H$_{38}$O$_6$Si: C, 64.90; H, 8.28; gefunden: C, 64.9; H, 8.3; M = 462.65 g/mol.

Synthese des Weinreb-Amids 361

Zu einer Lösung des Esters **351** (1 eq, 48 mg, 0.101 mmol) in THF (2 ml, 20 ml/mmol **351**) wurden bei 0 °C MeO(Me)NH•HCl (3 eq, 30 mg, 0.308 mmol) und *i*-PrMgCl (6.1 eq, 0.31 ml, 2 M in THF, 0.62 mmol) gegeben und anschließend für eine Stunde bei 0 °C gerührt. Nach Abbruch der Reaktion durch Zugabe einer gesättigten, wässrigen NH$_4$Cl-Lösung (2 ml, 20 ml/mmol **351**) wurden die Phasen getrennt und die wässrige Phase viermal mit CH$_2$Cl$_2$ extrahiert. Die vereinigten, organischen Phasen wurden mit MgSO$_4$ getrocknet und am Rotationsverdampfer eingeengt. Nach Reinigung durch Säulenchromatographie (Cyclohexan/ Ethylacetat 10/1 → 5/1) wurde das Weinreb-Amid **361** (36 mg, 70%, 3/2-Mischung von C14'-Diastereomeren[471]) als ein farbloses Öl erhalten.

R_f (**361**) = 0.83 (Cyclohexan/ Ethylacetat 1/1); ^{1}H-NMR (500 MHz, CDCl$_3$, δ): (3/2-Mischung von C14'-Diastereomeren) 0.03 (s, 3H^{Haupt}), 0.04 (s, 3H^{Minder}), 0.04 (s, 3H^{Haupt}), 0.04 (s, 3H^{Minder}), 0.87 (s, 9H^{Haupt} + 9H^{Minder}), 1.09 (d, ^3J = 6.5 Hz, 3H^{Haupt}), 1.13 (d, ^3J = 6.9 Hz, 3H^{Minder}), 1.70−1.75 (m, 1H^{Haupt} + 1H^{Minder}), 1.82−1.88 (m, 1H^{Minder}), 1.90 (d, ^4J = 1.3 Hz, 3H^{Minder}), 1.95 (d, ^4J = 1.3 Hz, 3H^{Haupt}), 1.93−2.00 (m, 1H^{Haupt}), 2.23 (dd, ^2J = 14.0 Hz, ^3J = 9.9 Hz, 1H^{Minder}), 2.27 (dd, ^2J = 13.8 Hz, ^3J = 8.3 Hz, 1H^{Haupt}), 2.70 (dd,

---

[471] Das Diastereomerenverhältnis wurde aus dem ^{1}H-NMR-Spektrum durch Integration der H-Atome bei 5.65 ppm und 5.70 ppm bestimmt.

$^3J_1 = 8.4$ Hz, $^3J_2 = 10.4$ Hz, 1H^{Haupt}), 2.81 (dd, $^3J_1 = 8.6$ Hz, $^3J_2 = 10.5$ Hz, 1H^{Minder}), 3.14 (s, 3H^{Minder}), 3.25 (s, 3H^{Haupt}), 3.50 (s, 3H^{Minder}), 3.65 (s, 3H^{Haupt}), 3.71 (dd, $^3J_1 = {^3J_2} = 8.4$ Hz, 1H^{Haupt}), 3.79–3.86 (m, 1H^{Minder} + 1H^{Haupt} + 1H^{Minder} + 1H^{Minder}), 3.80 (s, 3H^{Haupt}), 3.80 (s, 3H^{Minder}), 4.05 (d, $^2J = 8.4$ Hz, 1H^{Haupt}), 5.65 (s, 1H^{Haupt}), 5.70 (s, 1H^{Minder}), 5.99 (dd, $^3J = 10.5$ Hz, $^4J = 1.3$ Hz, 1H^{Minder}), 6.02 (dd, $^3J = 10.4$ Hz, $^4J = 1.3$ Hz, 1H^{Haupt}), 6.87 (d, $^3J = 8.7$ Hz, 2H^{Minder}), 6.88 (d, $^3J = 8.7$ Hz, 2H^{Haupt}), 7.35 (d, $^3J = 8.7$ Hz, 2H^{Haupt}), 7.37 (d, $^3J = 8.7$ Hz, 2H^{Minder}); ^{13}C-NMR (126 MHz, CDCl$_3$, δ): (3/2-Mischung von C14'-Diastereomeren) –4.3 (CH$_3^{Haupt}$ + CH$_3^{Minder}$), –4.1 (CH$_3^{Minder}$), –4.1 (CH$_3^{Haupt}$), 14.7 (CH$_3^{Minder}$), 14.9 (CH$_3^{Haupt}$), 17.9 (C^{Haupt} + C^{Minder}), 18.5 (CH$_3^{Haupt}$), 19.5 (CH$_3^{Minder}$), 25.9 (3 × CH$_3^{Haupt}$ + 3 × CH$_3^{Minder}$), 33.8 (CH^{Haupt}), 34.0 (CH^{Minder}), 40.4 (CH^{Minder}), 40.5 (CH^{Haupt}), 43.1 (CH$_2^{Minder}$), 45.0 (CH$_2^{Haupt}$), 53.9 (CH$_3^{Minder}$), 54.6 (CH$_3^{Haupt}$), 55.4 (CH$_3^{Haupt}$ + CH$_3^{Minder}$), 60.9 (CH$_3^{Minder}$), 61.1 (CH$_3^{Haupt}$), 73.7 (CH$_2^{Minder}$), 75.8 (CH$_2^{Haupt}$), 83.7 (CH^{Haupt}), 84.0 (CH^{Minder}), 87.1 (C^{Haupt}), 87.8 (C^{Minder}), 102.5 (CH^{Minder}), 104.7 (CH^{Haupt}), 113.7 (2 × CH^{Minder}), 113.8 (2 × CH^{Haupt}), 128.1 (2 × CH^{Haupt}), 128.2 (2 × CH^{Minder}), 129.7 (C^{Minder}), 130.0 (C^{Haupt}), 130.7 (CH^{Minder}), 131.9 (CH^{Haupt}), 133.6 (C^{Haupt}), 134.0 (C^{Minder}), 160.4 (C^{Minder}), 160.5 (C^{Haupt}), 172.2 (C^{Minder}), 172.4 (C^{Haupt}); IR (KBr-Film, v): 2955 (s, C–H), 2930 (s, C–H), 2856 (s, C–H), 1644 (s, C=O), 1616 (s, C=C), 1518 (s, C=C), 1383 (s, CH$_3$), 1250 (s, C–O–C), 1117 (s), 1071 (s), 1035 (s), 836 (s, C=C–H), 777 (s) cm^{-1}; berechnet für C$_{27}$H$_{43}$NO$_6$Si: C, 64.12; H, 8.57; N, 2.77 gefunden: C, 64.3; H, 8.4; N, 2.7; M = 505.72 g/mol.

Synthese des Allylalkohols 362

Zu einer Lösung des Esters **351** (1 eq, 158 mg, 0.331 mmol) in THF (2 ml, 6 ml/mmol **351**) wurde bei 0 °C LiAlH$_4$ (2 eq, 25 mg, 0.659 mmol) gegeben. Anschließend wurde für 15 Minuten bei 0 °C gerührt. Danach wurde bei 0 °C durch vorsichtige Zugabe von gesättigter, wässriger NH$_4$Cl-Lösung (2 ml, 6 ml/mmol **351**) die Reaktion beendet. Nach Trennung der Phasen, fünffacher Extraktion der wässrigen Phase mit CH$_2$Cl$_2$, Trocknen der vereinigten, organischen Phasen mit MgSO$_4$ und Einengung am Rotationsverdampfer wurde das Rohprodukt durch Säulenchromatographie (Cyclohexan/ Ethylacetat 10/1 → 5/1) gereinigt.

Der Allylalkohol **362** (132 mg, 89%, 3/2-Mischung von C14'-Diastereomeren[472]) wurde als ein farbloser Feststoff (Smp.: 66 °C) erhalten.

R_f (**362**) = 0.38 (Cyclohexan/ Ethylacetat 2/1); ^{1}H-NMR (400 MHz, CDCl$_3$, δ): (3/2-Mischung von C14'-Diastereomeren) –0.06 (s, 3H^{Minder}), –0.05 (s, 3H^{Haupt}), 0.02 (s, 3H^{Minder}), 0.03 (s, 3H^{Haupt}), 0.85 (s, 9H^{Minder}), 0.85 (s, 9H^{Haupt}), 1.08 (d, ^3J = 6.7 Hz, 3H^{Haupt}), 1.11 (d, ^3J = 6.8 Hz, 3H^{Minder}), 1.57 (s, br, OH^{Minder}), 1.66 (s, br, OH^{Haupt}), 1.67–1.74 (m, 1H^{Haupt} + 1H^{Minder}), 1.70 (s, 3H^{Minder}), 1.73 (s, 3H^{Haupt}), 1.75–1.86 (m, 1H^{Haupt}), 1.86–1.96 (m, 1H^{Minder}), 2.20 (dd, ^2J = 14.1 Hz, ^3J = 10.2 Hz, 1H^{Minder}), 2.28 (dd, ^2J = 13.5 Hz, ^3J = 8.5 Hz, 1H^{Haupt}), 2.60 (dd, $^3J_1$ = $^3J_2$ = 9.1 Hz, 1H^{Haupt}), 2.72 (dd, $^3J_1$ = $^3J_2$ = 9.8 Hz, 1H^{Minder}), 3.63 (dd, $^3J_1$ = $^3J_2$ = 9.1 Hz, 1H^{Haupt}), 3.69–3.84 (m, 1H^{Minder} + 1H^{Haupt} + 2H^{Minder}), 3.80 (s, 3H^{Haupt} + 3H^{Minder}), 4.02–4.05 (m, 1H^{Haupt} + 2H^{Haupt} + 2H^{Minder}), 5.57–5.59 (m, 1H^{Haupt} + 1H^{Haupt} + 1H^{Minder}), 5.71 (s, 1H^{Minder}), 6.89 (d, ^3J = 8.8 Hz, 2H^{Haupt} + 2H^{Minder}), 7.38 (d, ^3J = 8.8 Hz, 2H^{Haupt}), 7.39 (d, ^3J = 8.8 Hz, 2H^{Minder}); ^{13}C-NMR (101 MHz, CDCl$_3$, δ): (3/2-Mischung von C14'-Diastereomeren) –4.2 (CH$_3^{Haupt}$ + CH$_3^{Minder}$), –4.0 (CH$_3^{Minder}$), –4.0 (CH$_3^{Haupt}$), 14.3 (CH$_3^{Minder}$), 14.4 (CH$_3^{Haupt}$), 17.9 (CH$_3^{Minder}$), 18.3 (CH$_3^{Haupt}$), 19.3 (C^{Haupt} + C^{Minder}), 25.8 (3 × CH$_3^{Haupt}$ + 3 × CH$_3^{Minder}$), 40.0 (CH^{Minder}), 40.2 (CH^{Haupt}), 43.2 (CH$_2^{Minder}$), 45.2 (CH$_2^{Haupt}$), 53.4 (CH^{Minder}), 54.1 (CH^{Haupt}), 55.3 (CH$_3^{Haupt}$ + CH$_3^{Minder}$), 68.9 (CH$_2^{Haupt}$), 68.9 (CH$_2^{Minder}$), 73.7 (CH$_2^{Minder}$), 75.7 (CH$_2^{Haupt}$), 83.6 (CH^{Haupt}), 84.2 (CH^{Minder}), 86.5 (C^{Haupt}), 87.5 (C^{Minder}), 102.7 (CH^{Minder}), 104.8 (CH^{Haupt}), 113.7 (2 × CH^{Minder}), 113.8 (2 × CH^{Haupt}), 123.0 (CH^{Minder}), 123.1 (CH^{Haupt}), 128.3 (2 × CH^{Haupt}), 128.3 (2 × CH^{Minder}), 129.9 (C^{Haupt}), 129.9 (C^{Minder}), 138.3 (C^{Minder}), 138.5 (C^{Haupt}), 160.5 (C^{Minder}), 160.5 (C^{Haupt}); IR (KBr-Film, ν): 3282 (m, br, OH), 2955 (s, C–H), 2928 (s, C–H), 2856 (s, C–H), 1616 (s, C=C), 1518 (s, C=C), 1390 (s, CH$_3$), 1250 (s, C–O–C), 1121 (s), 1073 (s), 1038 (s), 1011 (s), 884 (s), 837 (s, C=C–H), 777 (s) cm^{-1}; berechnet für C$_{25}$H$_{40}$O$_5$Si: C, 66.92; H, 8.99; gefunden: C, 66.9; H, 9.2; M = 448.67 g/mol.

Synthese des Aldehyds 357

Eine Lösung des Allylalkohols **362** (1 eq, 132 mg, 0.294 mmol) in CH$_2$Cl$_2$ (1 ml, 3.4 ml/mmol **362**) und DMSO[473] (1 ml, 3.4 ml/mmol **362**) wurde mit IBX (**268**) (2 eq,

---

[472] Das Diastereomerenverhältnis wurde aus dem ^{1}H-NMR-Spektrum durch Integration der H-Atome bei 2.60 ppm und 2.72 ppm bestimmt.

165 mg, 0.589 mmol) versetzt und anschließend für zwei Stunden bei Raumtemperatur gerührt. Der Abbruch der Reaktion erfolgte durch Zugabe von Wasser (4 ml, 13.6 ml/mmol **362**). Nach Trennung der Phasen und dreimaliger Extraktion der wässrigen Phase mit CH_2Cl_2 wurden die vereinigten, organischen Phasen mit $MgSO_4$ getrocknet. Die organischen Phasen wurden eingeengt und das Rohprodukt durch Säulenchromatographie (Cyclohexan/ Ethylacetat 50/1 → 20/1) gereinigt. Der Aldehyd **357** (121 mg, 92%, 3/2-Mischung von C14'-Diastereomeren[474]) wurde als ein farbloses Öl erhalten.

R_f (**357**) = 0.74 (Cyclohexan/ Ethylacetat 2/1); ^{1}H-NMR (400 MHz, $CDCl_3$, δ): (3/2-Mischung von C14'-Diastereomeren) −0.14 (s, 3H^{Minder}), −0.12 (s, 3H^{Haupt}), 0.01 (s, 3H^{Minder}), 0.03 (s, 3H^{Haupt}), 0.82 (s, 9H^{Minder}), 0.83 (s, 9H^{Haupt}), 1.11 (d, ^3J = 6.8 Hz, 3H^{Haupt}), 1.14 (d, ^3J = 7.4 Hz, 3H^{Minder}), 1.75−1.83 (m, 1H^{Haupt} + 1H^{Minder}), 1.80 (s, 3H^{Minder}), 1.84 (s, 3H^{Haupt}), 1.87−1.97 (m, 1H^{Haupt}), 1.98−2.08 (m, 1H^{Minder}), 2.29 (dd, ^2J = 13.8 Hz, ^3J = 10.1 Hz, 1H^{Minder}), 2.34 (dd, ^2J = 13.7 Hz, ^3J = 8.4 Hz, 1H^{Haupt}), 2.94 (dd, $^3J_1$ = 9.0 Hz, $^3J_2$ = 10.6 Hz, 1H^{Haupt}), 3.04 (dd, $^3J_1$ = 9.2 Hz, $^3J_2$ = 10.5 Hz, 1H^{Minder}), 3.72 (d, ^2J = 8.6 Hz, 1H^{Haupt}), 3.79−3.89 (m, 1H^{Haupt} + 1H^{Minder} + 2H^{Minder}), 3.80 (s, 3H^{Haupt} + 3H^{Minder}), 4.09 (d, ^2J = 8.6 Hz, 1H^{Haupt}), 5.55 (s, 1H^{Haupt}), 5.73 (s, 1H^{Minder}), 6.64 (d, ^3J = 10.5 Hz, 1H^{Minder}), 6.68 (d, ^3J = 10.6 Hz, 1H^{Haupt}), 6.89 (d, ^3J = 8.5 Hz, 2H^{Minder}), 6.90 (d, ^3J = 8.5 Hz, 2H^{Haupt}), 7.33 (d, ^3J = 8.5 Hz, 2H^{Minder}), 7.37 (d, ^3J = 8.5 Hz, 2H^{Haupt}), 9.43 (s, 1H^{Minder}), 9.52 (s, 1H^{Haupt}); ^{13}C-NMR (101 MHz, $CDCl_3$, δ): (3/2-Mischung von C14'-Diastereomeren) −4.2 (CH_3^{Haupt} + CH_3^{Minder}), −4.0 (CH_3^{Minder}), −3.9 (CH_3^{Haupt}), 9.9 (CH_3^{Minder}), 10.0 (CH_3^{Haupt}), 17.7 (C^{Minder}), 17.8 (C^{Haupt}), 18.1 (CH_3^{Haupt}), 19.1 (CH_3^{Minder}), 25.7 (3 × CH_3^{Haupt} + 3 × CH_3^{Minder}), 40.6 (CH^{Minder}), 40.9 (CH^{Haupt}), 43.3 (CH_2^{Minder}), 45.3 (CH_2^{Haupt}), 55.3 (CH^{Minder}), 55.3 (CH_3^{Haupt} + CH_3^{Minder}), 55.5 (CH^{Haupt}), 74.1 (CH_2^{Minder}), 76.0 (CH_2^{Haupt}), 83.5 (CH^{Haupt}), 84.1 (CH^{Minder}), 86.7 (C^{Haupt}), 87.6 (C^{Minder}), 103.0 (CH^{Minder}), 105.0 (CH^{Haupt}), 113.8 (2 × CH^{Minder}), 113.8 (2 × CH^{Haupt}), 128.1 (2 × CH^{Minder}), 128.2 (2 × CH^{Haupt}), 129.2 (C^{Minder}), 129.4 (C^{Haupt}), 141.6 (C^{Minder}), 141.9 (C^{Haupt}), 151.5 (CH^{Haupt}), 151.7 (CH^{Minder}), 160.6 (C^{Minder}), 160.6 (C^{Haupt}), 195.0 (CH^{Haupt}), 195.1 (CH^{Minder}); IR (KBr-Film, ν): 2956 (s, C–H), 2930 (s, C–H), 2857 (s, C–H), 1690 (s, C=O), 1615 (s, C=C), 1518 (s, C=C), 1463 (s, CH_2), 1389 (s, CH_3), 1251 (s, C–O–C), 1113 (s), 1071 (s), 1035 (s), 868 (s), 837 (s, C=C–H), 776 (s) cm^{-1}; berechnet für $C_{25}H_{38}O_5Si$: C, 67.23; H, 8.58; gefunden: C, 67.0; H, 8.4; M = 446.65 g/mol.

---

[473] Das hier eingesetzte CH_2Cl_2 und DMSO wurden nicht getrocknet.
[474] Das Diastereomerenverhältnis wurde aus dem ^{1}H-NMR-Spektrum durch Integration der H-Atome bei 5.55 ppm und 5.73 ppm bestimmt.

Synthese der Allylalkohole 355a und 355b

Zu einer Lösung von i-Pr$_2$NH (4 eq, 0.4 ml, 2.846 mmol) in THF (2 ml, 2.8 ml/mmol **357**) wurde bei −78 °C n-BuLi (4 eq, 1.3 ml, 2.2 M in n-Hexan, 2.86 mmol) gegeben und für 15 Minuten bei −78 °C gerührt. Anschließend wurde das Keton **356** (4 eq, 758 mg, 2.889 mmol) in THF (2 ml, 2.8 ml/mmol **357**) dazugegeben und für eine weitere Stunde bei 78 °C gerührt. Nach Zugabe des Aldehyds **357** (1 eq, 321 mg, 0.719 mmol) in THF (2 ml, 2.8 ml/mmol **357**) und Rühren für zwei Stunden bei −78 °C wurde die Reaktion durch Zugabe von gesättigter, wässriger NH$_4$Cl-Lösung (6 ml, 8.3 ml/mmol **357**) bei −78 °C abgebrochen. Die Phasen wurden getrennt, die wässrige Phase viermal mit CH$_2$Cl$_2$ extrahiert und die vereinigten, organischen Phasen mit MgSO$_4$ getrocknet. Nach Einengung am Rotationsverdampfer und Reinigung durch Säulenchromatographie (Cyclohexan/ Ethylacetat 20/1 → 10/1) wurden die beiden Allylalkohole **355a** (247 mg, 48%, 3/2-Mischung von C14'-Diastereomeren[475]) und **355b** (244 mg, 48%, 3/2-Mischung von C14'-Diastereomeren[476]) als farblose Öle erhalten.

R_f (**355a**) = 0.63 (Cyclohexan/ Ethylacetat 2/1); COSY-NMR-Experimente wurden zur Zuordnung der ^{1}H-NMR-Signale gemäß der Jatrophan-Nummerierung durchgeführt. ^{1}H-NMR (400 MHz, CDCl$_3$, δ): (3/2-Mischung von C14'-Diastereomeren) −0.03 (s, TBS-CH_3^{Minder}), −0.02 (s, TBS-CH_3^{Haupt}), 0.03 (s, TBS-CH_3^{Minder}), 0.04 (s, TBS-CH_3^{Haupt}), 0.86 (s, TBS-3 × CH_3^{Minder}), 0.87 (s, TBS-3 × CH_3^{Haupt}), 1.03 (s, 18- oder 19-CH_3^{Minder}), 1.06 (s, 18- oder 19-CH_3^{Haupt}), 1.08 (d, ^3J = 6.7 Hz, 16-CH_3^{Haupt}), 1.12 (d, ^3J = 7.0 Hz, 16-CH_3^{Minder}), 1.14 (s, 18- oder 19-CH_3^{Minder}), 1.15 (s, 18- oder 19-CH_3^{Haupt}), 1.65 (s, 17-CH_3^{Minder}), 1.67–1.74 (m, 1-CH_2^{Haupt}, 1H^{Re} + 1-CH_2^{Minder}, 1H^{Re}), 1.68 (s, 17-CH_3^{Haupt}), 1.77–1.87 (m, 2-CH^{Haupt}), 1.87–1.99 (m, 2-CH^{Minder}), 2.20 (dd, ^2J = 13.8 Hz, ^3J = 9.9 Hz, 1-CH_2^{Minder}, 1H^{Si}), 2.28 (dd, ^2J = 13.6 Hz, ^3J = 8.4 Hz, 1-CH_2^{Haupt}, 1H^{Si}), 2.56–2.65 (m, 4-CH^{Haupt} + 4-CH^{Minder}), 2.68–2.81 (m, 8-CH_2^{Haupt} + 8-CH_2^{Minder}), 3.03 (s, br, OH^{Minder}), 3.64 (dd, $^3J_1$ = $^3J_2$ = 8.4 Hz, 3-CH^{Haupt}),

---

[475] Das Diastereomerenverhältnis wurde aus dem ^{1}H-NMR-Spektrum durch Integration der H-Atome bei 2.20 ppm und 2.28 ppm bestimmt.
[476] Das Diastereomerenverhältnis wurde aus dem ^{1}H-NMR-Spektrum durch Integration der H-Atome bei 2.20 ppm und 2.28 ppm bestimmt.

3.71–3.83 (m, 3-CH^{Minder} + 14-CH_2^{Haupt}, 1H + 14-CH_2^{Minder} + OH^{Haupt}), 3.76 (s, OCH_3^{Haupt} + OCH_3^{Minder}), 3.77 (s, OCH_3^{Minder}), 3.79 (s, OCH_3^{Haupt}), 3.84 (d, ^3J = 7.7 Hz, 11-CH^{Minder}), 3.89 (d, ^3J = 8.0 Hz, 11-CH^{Haupt}), 4.02 (d, ^2J = 8.0 Hz, 14-CH_2^{Haupt}, 1H), 4.15 (d, ^2J = 11.2 Hz, OCH_2Ar^{Minder}, 1H), 4.17 (d, ^2J = 11.2 Hz, OCH_2Ar^{Haupt}, 1H), 4.42 (d, ^2J = 11.2 Hz, OCH_2Ar^{Minder}, 1H), 4.45 (d, ^2J = 11.2 Hz, OCH_2Ar^{Haupt}, 1H), 4.50–4.52 (m, 7-CH^{Haupt} + 7-CH^{Minder}), 5.25–5.30 (m, 12'-CH_2^{Haupt}, 1H + 12'-CH_2^{Minder}, 1H), 5.33–5.43 (m, 12'-CH_2^{Haupt}, 1H + 12'-CH_2^{Minder}, 1H), 5.57 (s, 14'-CH^{Minder}), 5.60–5.62 (m, 5-CH^{Haupt} + 5-CH^{Minder}), 5.65–5.75 (m, 12-CH^{Haupt} + 12-CH^{Minder}), 5.71 (s, 14'-CH^{Haupt}), 6.81–6.89 (m, PMP-2 × CH^{Haupt} + PMP-2 × CH^{Minder} + PMB-2 × CH^{Haupt} + PMB-2 × CH^{Minder}), 7.17 (d, ^3J = 8.8 Hz, PMP- oder PMB-2 × CH^{Minder}), 7.18 (d, ^3J = 8.8 Hz, PMP- oder PMB-2 × CH^{Haupt}), 7.37 (d, ^3J = 8.3 Hz, PMP- oder PMB-2 × CH^{Haupt}), 7.42 (d, ^3J = 8.8 Hz, PMP- oder PMB-2 × CH^{Minder}); ^{13}C-NMR (101 MHz, CDCl$_3$, δ): (3/2-Mischung von C14'-Diastereomeren) –4.2 (CH$_3^{Haupt}$ + CH$_3^{Minder}$), –3.9 (CH$_3^{Minder}$), –3.8 (CH$_3^{Haupt}$), 13.1 (CH$_3^{Haupt}$), 13.2 (CH$_3^{Minder}$), 17.9 (C^{Minder}), 17.9 (C^{Haupt}), 18.4 (CH$_3^{Haupt}$), 18.8 (CH$_3^{Minder}$), 18.9 (CH$_3^{Haupt}$), 19.4 (CH$_3^{Minder}$), 22.0 (CH$_3^{Minder}$), 22.1 (CH$_3^{Haupt}$), 25.9 (3 × CH$_3^{Haupt}$ + 3 × CH$_3^{Minder}$), 40.1 (CH^{Minder}), 40.2 (CH^{Haupt}), 43.1 (CH$_2^{Minder}$), 44.2 (CH$_2^{Haupt}$), 44.4 (CH$_2^{Minder}$), 45.1 (CH$_2^{Haupt}$), 51.5 (C^{Minder}), 51.6 (C^{Haupt}), 53.2 (CH^{Minder}), 54.2 (CH^{Haupt}), 55.2 (CH$_3^{Haupt}$ + CH$_3^{Minder}$), 55.2 (CH$_3^{Minder}$), 55.3 (CH$_3^{Haupt}$), 70.2 (CH$_2^{Haupt}$ + CH$_2^{Minder}$), 72.5 (CH^{Minder}), 72.7 (CH^{Haupt}), 73.6 (CH$_2^{Minder}$), 75.8 (CH$_2^{Haupt}$), 83.7 (CH^{Haupt}), 84.2 (CH^{Minder}), 85.4 (CH^{Minder}), 85.5 (CH^{Haupt}), 86.7 (C^{Haupt}), 87.7 (C^{Minder}), 102.7 (CH^{Minder}), 104.7 (CH^{Haupt}), 113.7 (2 × CH^{Minder}), 113.7 (2 × CH^{Haupt}), 113.7 (2 × CH^{Haupt}), 113.7 (2 × CH^{Minder}), 120.3 (CH$_2^{Minder}$), 120.4 (CH$_2^{Haupt}$), 122.8 (CH^{Minder}), 123.3 (CH^{Haupt}), 128.3 (2 × CH^{Haupt}), 128.5 (2 × CH^{Minder}), 129.3 (2 × CH^{Haupt}), 129.4 (2 × CH^{Minder}), 129.8 (2 × C^{Minder}), 130.1 (2 × C^{Haupt}), 134.2 (CH^{Haupt}), 134.3 (CH^{Minder}), 139.3 (C^{Minder}), 139.4 (C^{Haupt}), 159.0 (C^{Minder}), 159.1 (C^{Haupt}), 160.4 (C^{Minder}), 160.5 (C^{Haupt}), 215.6 (C^{Haupt}), 215.9 (C^{Minder}); IR (KBr-Film, ν): 3516 (w, br, OH), 2955 (s, C–H), 2930 (s, C–H), 2856 (s, C–H), 1698 (s, C=O), 1614 (s, C=C), 1515 (s, C=C), 1464 (s, CH$_2$), 1385 (s, CH$_3$), 1249 (s, C–O–C), 1113 (s), 1072 (s), 1036 (s), 836 (s, C=C–H), 734 (s) cm^{-1}; berechnet für C$_{41}$H$_{60}$O$_8$Si: C, 69.46; H, 8.53; gefunden: C, 69.6; H, 8.6; M = 709 g/mol. R$_f$ (**355b**) = 0.57 (Cyclohexan/ Ethylacetat 2/1); COSY-NMR-Experimente wurden zur Zuordnung der ^{1}H-NMR-Signale gemäß der Jatrophan-Nummerierung durchgeführt. ^{1}H-NMR (400 MHz, CDCl$_3$, δ): (3/2-Mischung von C14'-Diastereomeren) –0.10 (s, TBS-CH_3^{Minder}), –0.07 (s, TBS-CH_3^{Haupt}), 0.00 (s, TBS-CH_3^{Minder}), 0.02 (s, TBS-CH_3^{Haupt}), 0.85 (s, TBS-3 × CH_3^{Minder}), 0.86 (s, TBS-3 × CH_3^{Haupt}), 1.02 (s, 18- oder 19-CH_3^{Minder}), 1.03 (s, 18- oder 19-CH_3^{Haupt}), 1.08 (d, ^3J = 6.4 Hz, 16-CH_3^{Haupt}), 1.11 (d, ^3J = 6.8 Hz, 16-CH_3^{Minder}), 1.15 (s, 18- oder 19-CH_3^{Minder}), 1.16 (s, 18- oder 19-CH_3^{Haupt}), 1.64 (s, 17-CH_3^{Minder}), 1.65 (s, 17-CH_3^{Haupt}), 1.68–1.75 (m, 1-CH_2^{Haupt}, 1H^{Re} + 1-CH_2^{Minder}, 1H^{Re}), 1.77–1.86 (m, 2-CH^{Haupt}),

1.88–1.96 (m, 2-CH^{Minder}), 2.20 (dd, ^2J = 13.9 Hz, ^3J = 9.9 Hz, 1-CH_2^{Minder}, 1H^{Si}), 2.28 (dd, ^2J = 13.5 Hz, ^3J = 8.4 Hz, 1-CH_2^{Haupt}, 1H^{Si}), 2.56–2.79 (m, 4-CH^{Haupt} + 4-CH^{Minder} + 8-CH_2^{Haupt} + 8-CH_2^{Minder}), 3.31 (s, br, OH^{Minder}), 3.44 (s, br, OH^{Haupt}), 3.62 (dd, $^3J_1$ = $^3J_2$ = 8.4 Hz, 3-CH^{Haupt}), 3.69 (dd, $^3J_1$ = $^3J_2$ = 8.2 Hz, 3-CH^{Minder}), 3.75–3.85 (m, 14- oder OCH_2Ar^{Haupt}, 1H + 14- oder OCH_2Ar^{Minder}, 1H), 3.74 (s, OCH_3^{Minder}), 3.74 (s, OCH_3^{Haupt}), 3.78 (s, OCH_3^{Minder}), 3.79 (s, OCH_3^{Haupt}), 3.90 (d, ^3J = 8.2 Hz, 11-CH^{Haupt}), 3.91 (d, ^3J = 8.2 Hz, 11-CH^{Minder}), 4.02 (d, ^2J = 8.0 Hz, 14-CH_2Ar^{Haupt}, 1H), 4.11–4.21 (m, 14- oder OCH_2Ar^{Haupt}, 1H + 14- oder OCH_2Ar^{Minder}, 1H + 14- oder OCH_2Ar^{Minder}, 1H), 4.43–4.49 (m, 7-CH^{Haupt} + 7-CH^{Minder} + 14- oder OCH_2Ar^{Haupt}, 1H + 14- oder OCH_2Ar^{Minder}, 1H), 5.27–5.31 (m, 12'-CH_2^{Haupt}, 1H + 12'-CH_2^{Minder}, 1H), 5.38–5.41 (m, 12'-CH_2^{Haupt}, 1H + 12'-CH_2^{Minder}, 1H), 5.58 (s, 14'-CH^{Haupt}), 5.61–5.64 (m, 5-CH^{Haupt} + 5-CH^{Minder}), 5.67–5.76 (m, 12-CH^{Haupt} + 12-CH^{Minder}), 5.72 (s, 14'-CH^{Minder}), 6.78–6.89 (m, PMP-2 × CH^{Haupt} + PMP-2 × CH^{Minder} + PMB-2 × CH^{Haupt} + PMB-2 × CH^{Minder}), 7.15 (d, ^3J = 8.7 Hz, PMP- oder PMB-2 × CH^{Minder}), 7.17 (d, ^3J = 8.5 Hz, PMP- oder PMB-2 × CH^{Haupt}), 7.38 (d, ^3J = 8.7 Hz, PMP- oder PMB-2 × CH^{Haupt}), 7.42 (d, ^3J = 8.4 Hz, PMP- oder PMB-2 × CH^{Minder}); ^{13}C-NMR (101 MHz, CDCl$_3$, δ): (3/2-Mischung von C14'-Diastereomeren) −4.2 (CH$_3^{\text{Minder}}$), −4.1 (CH$_3^{\text{Haupt}}$), −4.0 (CH$_3^{\text{Minder}}$), −3.9 (CH$_3^{\text{Haupt}}$), 12.8 (CH$_3^{\text{Minder}}$), 12.9 (CH$_3^{\text{Haupt}}$), 17.9 (C^{Minder}), 17.9 (C^{Haupt}), 18.5 (CH$_3^{\text{Haupt}}$), 18.6 (CH$_3^{\text{Minder}}$), 18.6 (CH$_3^{\text{Haupt}}$), 19.5 (CH$_3^{\text{Minder}}$), 22.2 (CH$_3^{\text{Minder}}$), 22.2 (CH$_3^{\text{Haupt}}$), 25.9 (3 × CH$_3^{\text{Haupt}}$ + 3 × CH$_3^{\text{Minder}}$), 40.1 (CH^{Minder}), 40.2 (CH^{Haupt}), 43.2 (CH$_2^{\text{Minder}}$), 43.8 (CH$_2^{\text{Haupt}}$), 44.1 (CH$_2^{\text{Minder}}$), 45.3 (CH$_2^{\text{Haupt}}$), 51.5 (C^{Minder}), 51.5 (C^{Haupt}), 53.1 (CH^{Minder}), 54.1 (CH^{Haupt}), 55.2 (CH$_3^{\text{Haupt}}$ + CH$_3^{\text{Minder}}$), 55.3 (CH$_3^{\text{Minder}}$), 55.3 (CH$_3^{\text{Haupt}}$), 70.3 (CH$_2^{\text{Haupt}}$), 70.3 (CH$_2^{\text{Minder}}$), 73.1 (CH^{Minder}), 73.2 (CH^{Haupt}), 73.3 (CH$_2^{\text{Minder}}$), 75.6 (CH$_2^{\text{Haupt}}$), 83.7 (CH^{Haupt}), 84.3 (CH^{Minder}), 85.6 (CH^{Haupt} + CH^{Minder}), 86.7 (C^{Haupt}), 87.7 (C^{Minder}), 102.8 (CH^{Minder}), 104.8 (CH^{Haupt}), 113.7 (2 × CH^{Minder}), 113.7 (2 × CH^{Haupt} + 2 × CH^{Haupt} + 2 × CH^{Minder}), 120.5 (CH$_2^{\text{Minder}}$), 120.6 (CH$_2^{\text{Haupt}}$), 123.3 (CH^{Minder}), 123.6 (CH^{Haupt}), 128.3 (2 × CH^{Haupt}), 128.5 (2 × CH^{Minder}), 129.5 (2 × CH^{Haupt}), 129.5 (2 × CH^{Minder}), 129.8 (C^{Haupt}), 130.0 (C^{Haupt}), 130.0 (C^{Minder}), 130.1 (C^{Minder}), 134.1 (CH^{Haupt}), 134.2 (CH^{Minder}), 139.1 (C^{Minder}), 139.3 (C^{Haupt}), 159.1 (C^{Minder}), 159.1 (C^{Haupt}), 160.5 (C^{Haupt} + C^{Minder}), 216.8 (C^{Minder}), 216.8 (C^{Haupt}); IR (KBr-Film, ν): 3516 (w, br, OH), 2955 (s, C–H), 2930 (s, C–H), 2856 (s, C–H), 1698 (s, C=O), 1614 (s, C=C), 1515 (s, C=C), 1464 (s, CH$_2$), 1385 (s, CH$_3$), 1249 (s, C–O–C), 1113 (s), 1072 (s), 1036 (s), 836 (s, C=C–H), 734 (s) cm^{-1}; berechnet für C$_{41}$H$_{60}$O$_8$Si: C, 69.46; H, 8.53; gefunden: C, 69.7; H, 8.6; M = 709 g/mol.

Synthese des β-Ketoenols 373

355a und 355b

IBX (**268**)
CH$_2$Cl$_2$, DMSO, Rt, 3 h

373 (78%)
dr (C14') = 3/2
Enol/Keton = 6/1

Eine Lösung der Allylalkohole **355a** und **355b** (1 eq, 674 mg, 0.951 mmol) in CH$_2$Cl$_2$ (4 ml, 4.2 ml/mmol **355**) und DMSO[477] (4 ml, 4.2 ml/mmol **355**) wurde mit IBX (**268**) (1.5 eq, 410 mg, 1.464 mmol) versetzt und anschließend für drei Stunden bei Raumtemperatur gerührt. Der Abbruch der Reaktion erfolgte durch Zugabe von Wasser (8 ml, 8.4 ml/mmol **355**). Nach Trennung der Phasen und dreimaliger Extraktion der wässrigen Phase mit CH$_2$Cl$_2$ wurden die vereinigten, organischen Phasen mit MgSO$_4$ getrocknet. Die organischen Phasen wurden eingeengt und das Rohprodukt durch Säulenchromatographie (Cyclohexan/ Ethylacetat 20/1 → 10/1) gereinigt. Das β-Ketoenol **373** (525 mg, 78%, 3/2-Mischung von C14'-Diastereomeren,[478] 6/1-Enol/Keton-Gemisch[479]) wurde als ein farbloses Öl erhalten.

R_f (**373**) = 0.53 (Cyclohexan/ Ethylacetat 5/1); ^{1}H-NMR (400 MHz, CDCl$_3$, δ): (3/2-Mischung von C14'-Diastereomeren) −0.11 (s, 3H^{Minder}), −0.09 (s, 3H^{Haupt}), 0.02 (s, 3H^{Minder}), 0.03 (s, 3H^{Haupt}), 0.83 (s, 9H^{Haupt}), 0.84 (s, 9H^{Minder}), 1.10 (s, 3H^{Haupt}), 1.11 (s, 3H^{Minder}), 1.11 (d, 3H^{Haupt}), 1.14 (d, ^3J = 6.8 Hz, 3H^{Minder}), 1.21 (s, 3H^{Haupt} + 3H^{Minder}), 1.74−1.84 (m, 1H^{Haupt} + 1H^{Minder}), 1.87 (s, 3H^{Minder}), 1.90 (s, 3H^{Haupt}), 1.97−2.03 (m, 1H^{Haupt} + 1H^{Minder}), 2.27 (dd, ^2J = 14.1 Hz, ^3J = 10.3 Hz, 1H^{Minder}), 2.34 (dd, ^2J = 13.8 Hz, ^3J = 8.5 Hz, 1H^{Haupt}), 2.79 (dd, $^3J_1$ = 9.6 Hz, $^3J_2$ = 10.6 Hz, 1H^{Minder}), 2.93 (dd, $^3J_1$ = 9.3 Hz, $^3J_2$ = 10.3 Hz, 1H^{Haupt}), 3.74−3.85 (m, 1H^{Haupt} + 1H^{Minder} + 1H^{Minder}), 3.76 (s, 3H^{Minder}), 3.77 (s, 3H^{Haupt}), 3.77 (s, 3H^{Haupt}), 3.80 (s, 3H^{Minder}), 3.88 (d, ^2J = 8.3 Hz, 1H^{Haupt} + 1H^{Minder}), 3.96 (d, ^3J = 7.3 Hz, 1H^{Minder}), 3.97 (d, ^3J = 7.8 Hz, 1H^{Haupt}), 4.06 (d, ^2J = 8.3 Hz, 1H^{Haupt}), 4.24 (d, ^2J = 11.2 Hz, 1H^{Haupt} + 1H^{Minder}), 4.50 (d, ^2J = 11.2 Hz, 1H^{Haupt} + 1H^{Minder}), 5.25−5.30 (m, 1H^{Haupt} + 1H^{Minder}), 5.32−5.35 (m, 1H^{Haupt} + 1H^{Minder}), 5.55 (s, 1H^{Minder}), 5.70 (s, 1H^{Haupt}), 5.70−5.79 (m, 1H^{Haupt} + 1H^{Minder}), 5.77−5.91 (m, 1H^{Haupt} + 1H^{Minder} + 2H^{Haupt} + 2H^{Minder} + 2H^{Haupt} + 2H^{Minder}), 5.95 (s, 1H^{Minder}), 5.96 (s, 1H^{Haupt}), 7.16 (d, ^3J = 8.5 Hz, 2H^{Haupt} + 2H^{Minder}), 7.36 (d, ^3J = 8.5 Hz, 2H^{Haupt}), 7.40 (d, ^3J = 8.5 Hz, 2H^{Minder}), 16.07 (s, OH^{Minder}), 16.13 (s, OH^{Haupt});

---

[477] Das hier eingesetzte CH$_2$Cl$_2$ und DMSO wurden nicht getrocknet.
[478] Das Diastereomerenverhältnis wurde aus dem ^{1}H-NMR-Spektrum durch Integration der H-Atome bei 2.79 ppm und 2.93 ppm bestimmt.
[479] Das Enol/Keton-Verhältnis wurde aus dem ^{1}H-NMR-Spektrum durch Integration und Vergleich der H-Atome bei 2.79 ppm und 2.93 ppm sowie 16.07 ppm und 16.13 ppm bestimmt. Es sind nur die Signale der Enol-Form angegeben.

^{13}C-NMR (101 MHz, CDCl$_3$, δ): (3/2-Mischung von C14'-Diastereomeren) −4.3 (CH$_3$^{Haupt} + CH$_3$^{Minder}), −4.1 (CH$_3$^{Minder}), −4.1 (CH$_3$^{Haupt}), 12.7 (CH$_3$^{Minder}), 12.9 (CH$_3$^{Haupt}), 17.8 (C^{Minder}), 17.9 (C^{Haupt}), 18.2 (CH$_3$^{Minder}), 19.3 (CH$_3$^{Haupt}), 20.2 (CH$_3$^{Haupt}), 20.2 (CH$_3$^{Minder}), 22.3 (CH$_3$^{Haupt} + CH$_3$^{Minder}), 25.8 (3 × CH$_3$^{Minder}), 25.8 (3 × CH$_3$^{Haupt}), 40.5 (CH^{Haupt}), 40.6 (CH^{Minder}), 43.5 (CH$_2$^{Minder}), 45.2 (CH$_2$^{Haupt}), 47.8 (C^{Minder}), 47.9 (C^{Haupt}), 55.0 (CH^{Minder}), 55.2 (CH$_3$^{Haupt} + CH$_3$^{Minder}), 55.3 (CH$_3$^{Minder}), 55.4 (CH$_3$^{Haupt}), 55.6 (CH^{Haupt}), 70.4 (CH$_2$^{Haupt}), 70.4 (CH$_2$^{Minder}), 73.7 (CH$_2$^{Minder}), 75.7 (CH$_2$^{Haupt}), 83.6 (CH^{Haupt}), 84.2 (CH^{Minder}), 84.6 (CH^{Minder}), 84.7 (CH^{Haupt}), 86.9 (C^{Minder}), 87.7 (C^{Haupt}), 93.7 (CH^{Minder}), 94.0 (CH^{Haupt}), 103.1 (CH^{Minder}), 105.0 (CH^{Haupt}), 113.6 (2 × CH^{Haupt} + 2 × CH^{Minder}), 113.8 (2 × CH^{Minder}), 113.9 (2 × CH^{Haupt}), 119.6 (CH$_2$^{Haupt}), 119.6 (CH$_2$^{Minder}), 128.3 (2 × CH^{Haupt}), 128.6 (2 × CH^{Minder}), 129.2 (2 × CH^{Minder}), 129.3 (2 × CH^{Haupt}), 129.4 (C^{Minder}), 129.6 (C^{Haupt}), 130.6 (C^{Haupt}), 130.6 (C^{Minder}), 134.7 (CH^{Minder}), 134.7 (CH^{Haupt}), 134.9 (C^{Minder}), 135.0 (C^{Haupt}), 135.7 (CH^{Minder}), 135.8 (CH^{Haupt}), 159.0 (C^{Haupt} + C^{Minder}), 160.6 (C^{Minder}), 160.6 (C^{Haupt}), 183.6 (C^{Haupt}), 183.8 (C^{Minder}), 201.5 (C^{Minder}), 201.7 (C^{Haupt}); IR (KBr-Film, ν): 3477 (w, br, OH), 2956 (s, C−H), 2930 (s, C−H), 2857 (s, C−H), 1642 (m, C=C), 1614 (s, C=C), 1587 (s, C=O), 1515 (s, C=C), 1464 (s, CH$_2$), 1384 (s, CH$_3$), 1250 (s, C−O−C), 1112 (s), 1071 (s), 1036 (s), 836 (s, C=C−H), 734 (s) cm$^{−1}$; berechnet für C$_{41}$H$_{58}$O$_8$Si: C, 69.65; H, 8.27; gefunden: C, 69.9; H, 8.4; M = 706.98 g/mol.

Synthese des Diolenols 374

Das Acetal **373** (1 eq, 450 mg, 0.637 mmol) wurde in Acetonitril (5 ml, 7.8 ml/mmol **373**) gelöst und mit La(NO$_3$)$_3$•6H$_2$O (1.5 eq, 430 mg, 0.993 mmol) versetzt. Anschließend wurde für 30 Minuten bei 50 °C gerührt. Nach Zugabe einer gesättigten, wässrigen NH$_4$Cl-Lösung (5 ml, 7.8 ml/mmol **373**) und Verdünnen mit CH$_2$Cl$_2$ wurden die Phasen getrennt, die wässrige Phase fünfmal mit CH$_2$Cl$_2$ extrahiert und die vereinigten, organischen Phasen mit MgSO$_4$ getrocknet und am Rotationsverdampfer eingeengt. Das Diolenol **374** (263 mg, 70%, 6/1-Enol/Keton-Gemisch[480]) wurde nach säulenchromatographischer Reinigung (Cyclohexan/ Ethylacetat 10/1 → 5/1) als ein farbloses Öl erhalten.

---

[480] Das Enol/Keton-Verhältnis wurde aus dem ^{1}H-NMR-Spektrum durch Integration und Vergleich der H-Atome bei 2.68 ppm und 5.86 ppm bestimmt. Es sind nur die Signale der Enol-Form angegeben.

R_f (**374**) = 0.76 (Cyclohexan/ Ethylacetat 1/1); COSY-, HSQC- und HMBC-NMR-Experimente wurden zur Zuordnung der NMR-Signale gemäß der Jatrophan-Nummerierung durchgeführt. ^{1}H-NMR (400 MHz, CDCl$_3$, δ): −0.10 (s, TBS-CH_3), 0.03 (s, TBS-CH_3), 0.82 (s, TBS-3 × CH_3), 1.08 (s, 18- oder 19-CH_3), 1.09 (d, ^3J = 6.7 Hz, 16-CH_3), 1.18 (s, 18- oder 19-CH_3), 1.36 (dd, ^2J = 14.0 Hz, ^3J = 9.7 Hz, 1-CH_2, 1H^{Re}), 1.80 (s, 17-CH_3), 1.82−1.91 (m, 2-CH), 2.04 (s, br, 2 × OH), 2.19 (dd, ^2J = 14.0 Hz, ^3J = 9.1 Hz, 1-CH_2, 1H^{Si}), 2.68 (dd, $^3J_1$ = 8.8 Hz, $^3J_2$ = 10.5 Hz, 4-CH), 3.45 (d, ^2J = 13.5 Hz, 14-CH_2, 1H), 3.48 (d, ^2J = 13.5 Hz, 14-CH_2, 1H), 3.79 (s, OCH_3), 3.79 (dd, $^3J_1$ = $^3J_2$ = 8.8 Hz, 3-CH), 3.91 (d, ^3J = 7.8 Hz, 11-CH), 4.21 (d, ^2J = 11.9 Hz, OCH_2Ar, 1H), 4.49 (d, ^2J = 11.9 Hz, OCH_2Ar, 1H), 5.26 (dd, ^2J = 1.1 Hz, ^3J = 17.1 Hz, 12'-CH_2, 1H), 5.33 (dd, ^2J = 1.1 Hz, ^3J = 10.7 Hz, 12'-CH_2, 1H), 5.72 (ddd, $^3J_1$ = 7.8 Hz, $^3J_2$ = 10.7 Hz, $^3J_3$ = 17.1 Hz, 12-CH), 5.86 (s, 8-CH), 6.67 (d, ^3J = 10.5 Hz, 5-CH), 6.82 (d, ^2J = 8.5 Hz, PMB-2 × CH), 7.15 (d, ^2J = 8.5 Hz, PMB-2 × CH), 16.00 (s, OH); ^{13}C-NMR (101 MHz, CDCl$_3$, δ): −4.2 (TBS-CH$_3$), −4.1 (TBS-CH$_3$), 12.9 (17-CH$_3$), 17.9 (TBS-C), 18.5 (16-CH$_3$), 19.9 (18- oder 19-CH$_3$), 22.4 (18- oder 19-CH$_3$), 25.8 (TBS-3 × CH$_3$), 40.5 (2-CH), 42.4 (1-CH$_2$), 48.0 (10-C), 54.6 (4-CH), 55.4 (OCH$_3$), 70.1 (14-CH$_2$), 70.3 (OCH$_2$Ar), 80.5 (15-C), 84.0 (3-CH), 84.6 (11-CH), 94.1 (8-CH), 113.7 (PMB-2 × CH), 119.8 (12'-CH$_2$), 129.3 (PMB-2 × CH), 130.7 (PMB-C), 134.6 (12-CH), 134.7 (6-C), 136.3 (5-CH), 158.9 (PMB-C), 182.6 (7-C), 202.6 (9-C); IR (KBr-Film, ν): 3446 (m, br, OH), 2955 (s, C−H), 2930 (s, C−H), 2857 (s, C−H), 1641 (m, C=C), 1613 (s, C=C), 1586 (s, C=O), 1514 (s, C=C), 1463 (s, CH$_2$), 1384 (s, CH$_3$), 1249 (s, C−O−C), 1112 (s), 1038 (s), 836 (s, C=C−H), 776 (s) cm$^{−1}$; HRMS (ESI) berechnet für C$_{33}$H$_{53}$O$_7$Si ([M+H]$^+$): 589.3556; gefunden: 589.3551; $[\alpha]_D^{20}$ −82.5 (c 0.24, CHCl$_3$); M = 588.85 g/mol.[481]

Synthese des Aldehyds 375

Eine Lösung des Diolenols **374** (1 eq, 239 mg, 0.406 mmol) in CH$_2$Cl$_2$ (2 ml, 5 ml/mmol **374**) und DMSO[482] (2 ml, 5 ml/mmol **374**) wurde mit IBX (**268**) (2 eq, 228 mg, 0.814 mmol) versetzt und anschließend für drei Stunden bei Raumtemperatur gerührt. Der Abbruch der Reaktion erfolgte durch Zugabe von Wasser (4 ml, 10 ml/mmol **374**). Nach Trennung der

---

[481] Für das Diolenol **374** konnte keine stimmige Elementaranalyse erhalten werden: berechnet für C$_{33}$H$_{52}$O$_7$Si: C, 67.31; H, 8.90; gefunden: C, 65.0; H, 8.9.
[482] Das hier eingesetzte CH$_2$Cl$_2$ und DMSO wurden nicht getrocknet.

Phasen und dreimaliger Extraktion der wässrigen Phase mit CH_2Cl_2 wurden die vereinigten, organischen Phasen mit $MgSO_4$ getrocknet. Die organischen Phasen wurden eingeengt und das Rohprodukt durch Säulenchromatographie (Cyclohexan/ Ethylacetat 10/1 → 5/1) gereinigt. Der Aldehyd **375** (178 mg, 75%, 6/1-Enol/Keton-Gemisch[483]) sowie nicht umgesetztes Edukt **374** (24 mg, 10%) wurde als farblose Öle erhalten.

R_f (**375**) = 0.65 (Cyclohexan/ Ethylacetat 2/1); ^{1}H-NMR (400 MHz, $CDCl_3$, δ): −0.08 (s, 3H), 0.06 (s, 3H), 0.83 (s, 9H), 1.07 (s, 3H), 1.16 (d, 3H), 11.7 (s, 3H), 1.45 (dd, ^2J = 14.5 Hz, ^3J = 8.8 Hz, 1H), 1.73 (s, 3H), 1.94–2.07 (m, 1H), 2.51 (dd, ^2J = 14.5 Hz, ^3J = 10.0 Hz, 1H), 3.04 (dd, $^3J_1$ = 9.1 Hz, $^3J_2$ = 9.9 Hz, 1H), 3.35 (s, br, OH), 3.79 (s, 3H), 3.90–3.95 (m, 2H), 4.21 (d, ^2J = 12.0 Hz, 1H), 4.48 (d, ^2J = 12.0 Hz, 1H), 5.23–5.27 (m, 1H), 5.32 (dd, ^2J = 1.4 Hz, ^3J = 10.3 Hz, 1H), 5.71 (ddd, $^3J_1$ = 7.8 Hz, $^3J_2$ = 10.3 Hz, $^3J_3$ = 17.6 Hz, 1H), 5.85 (s, 1H), 5.54 (d, ^3J = 9.9 Hz, 1H), 6.82 (d, ^2J = 8.4 Hz, 2H), 7.15 (d, ^2J = 8.4 Hz, 2H), 9.43 (s, 1H), 15.93 (s, OH); ^{13}C-NMR (101 MHz, $CDCl_3$, δ): −4.2 (CH_3), −4.0 (CH_3), 12.9 (CH_3), 17.9 (C), 18.5 (CH_3), 20.1 (CH_3), 22.3 (CH_3), 25.8 (3 × CH_3), 40.2 (CH_2), 40.9 (CH), 48.0 (C), 52.7 (CH), 55.3 (CH_3), 70.3 (CH_2), 83.9 (CH), 84.6 (CH), 84.7 (C), 94.1 (CH), 113.6 (2 × CH), 119.8 (CH_2), 129.3 (2 × CH), 130.6 (C), 133.0 (CH), 134.6 (CH), 135.5 (C), 159.0 (C), 182.2 (C), 200.3 (CH), 202.6 (C); IR (KBr-Film, ν): 3466 (m, br, OH), 2956 (s, C–H), 2930 (s, C–H), 2857 (s, C–H), 1726 (s, C=O), 1643 (s, C=C), 1613 (s, C=C), 1586 (s, C=O), 1514 (s, C=C), 1383 (s, CH_3), 1249 (s, C–O–C), 1113 (s), 837 (s, C=C–H), 777 (s) cm^{-1}; HRMS (ESI) berechnet für $C_{33}H_{51}O_7Si$ ([M+H]$^+$): 587.3397; gefunden: 587.3397; $[α]_D^{20}$ −79.9 (c 1.45, $CHCl_3$); M = 586.83 g/mol.

Synthese des Diketons 377

2-Brompropen (3.8 eq, 0.08 ml, 0.899 mmol) in THF (2 ml, 8.5 ml/mmol **375**) wurde bei −78 °C mit einer *t*-BuLi-Lösung (7.6 eq, 1.2 ml, 1.5 M in Pentan, 1.8 mmol) versetzt. Die gelbe Lösung wurde für 15 Minuten bei dieser Temperatur gerührt. Anschließend wurde der Aldehyd **375** (1 eq, 138 mg, 0.235 mmol) in THF (2 ml, 8.5 ml/mmol **375**) hinzugefügt und für 30 Minuten bei −78 °C gerührt. Der Abbruch der Reaktion erfolgte durch Zugabe von ge-

---

[483] Das Enol/Keton-Verhältnis wurde aus dem ^{1}H-NMR-Spektrum durch Integration und Vergleich der H-Atome bei 2.51 ppm und 5.85 ppm bestimmt. Es sind nur die Signale der Enol-Form angegeben.

sättigter, wässriger NH₄Cl-Lösung (4 ml, 17 ml/mmol **375**) bei –78 °C. Nach Trennung der Phasen, viermaliger Extraktion der wässrigen Phase mit CH₂Cl₂ und Trocknen der vereinigten, organischen Phasen mit MgSO₄ wurden die Lösemittel am Rotationsverdampfer entfernt. Säulenchromatographische Reinigung (Cyclohexan/ Ethylacetat 10/1 → 5/1) ergab das Diolenol **376** (77 mg, 52%) als ein farbloses Öl.

R_f (**376**) = 0.45 (Cyclohexan/ Ethylacetat 2/1).

Eine Lösung des Diolenols **376** (1 eq, 104 mg, 0.165 mmol) in CH₂Cl₂ (1 ml, 6 ml/mmol **376**) und DMSO[484] (1 ml, 6 ml/mmol **376**) wurde mit IBX (**268**) (2.1 eq, 96 mg, 0.343 mmol) versetzt und anschließend für zwei Stunden bei Raumtemperatur gerührt. Der Abbruch der Reaktion erfolgte durch Zugabe von Wasser (2 ml, 12 ml/mmol **376**). Nach Trennung der Phasen und dreimaliger Extraktion der wässrigen Phase mit CH₂Cl₂ wurden die vereinigten, organischen Phasen mit MgSO₄ getrocknet. Die organischen Phasen wurden eingeengt und das Rohprodukt durch Säulenchromatographie (Cyclohexan/ Ethylacetat 50/1 → 20/1) gereinigt. Das Diketon **377** (48 mg, 46%, 6/1-Enol/Keton-Gemisch[485]) wurde als ein farbloses Öl erhalten.

R_f (**377**) = 0.49 (Cyclohexan/ Ethylacetat 2/1); ¹H-NMR (400 MHz, CDCl₃, δ): –0.09 (s, 3H), 0.06 (s, 3H), 0.83 (s, 9H), 1.07 (s, 3H), 1.16 (d, ^3J = 6.5 Hz, 3H), 1.18 (s, 3H), 1.60–1.64 (m, 1H), 1.69 (s, 3H), 1.92 (s, 3H), 2.07–2.19 (m, 1H), 2.78 (dd, ^2J = 14.7 Hz, ^3J = 9.9 Hz, 1H), 3.34 (dd, $^3J_1$ = $^3J_2$ = 9.9 Hz, 1H), 3.79 (s, 3H), 3.89–3.96 (m, 2H), 4.03 (s, br, OH), 4.22 (d, ^2J = 11.4 Hz, 1H), 4.48 (d, ^2J = 11.4 Hz, 1H), 5.22–5.27 (m, 1H), 5.31 (dd, ^2J = 1.4 Hz, ^3J = 10.0 Hz, 1H), 5.71 (ddd, $^3J_1$ = 7.8 Hz, $^3J_2$ = 10.0 Hz, $^3J_3$ = 17.4 Hz, 1H), 5.87 (s, 1H), 5.94 (d, ^2J = 0.9 Hz, 1H), 6.11 (d, ^2J = 0.9 Hz, 1H), 5.56 (d, ^3J = 9.9 Hz, 1H), 6.83 (d, ^2J = 8.3 Hz, 2H), 7.15 (d, ^2J = 8.3 Hz, 2H), 16.01 (s, OH); ¹³C-NMR (101 MHz, CDCl₃, δ): –4.2 (CH₃), –4.0 (CH₃), 12.8 (CH₃), 17.9 (C), 18.3 (CH₃), 20.1 (CH₃), 20.2 (CH₃), 22.2 (CH₃), 25.8 (3 × CH₃), 40.9 (CH), 45.3 (CH₂), 47.8 (C), 55.3 (CH₃), 57.6 (CH), 70.4 (CH₂), 83.7 (CH), 84.7 (CH), 84.9 (C), 94.0 (CH), 113.7 (2 × CH), 119.6 (CH₂), 126.1 (CH₂), 129.2 (2 × CH), 130.6 (C), 134.5 (CH), 134.7 (CH), 135.6 (C), 139.9 (C), 159.0 (C), 183.3 (C), 201.7 (C), 203.4 (C); IR (KBr-Film, ν): 3450 (m, br, OH), 2956 (s, C–H), 2930 (s, C–H), 2857 (s, C–H), 1656 (s, C=O), 1612 (s, C=C), 1586 (s, C=O), 1514 (s, C=C), 1463 (s, CH₂), 1383 (s, CH₃), 1249 (s, C–O–C), 1116 (s), 1038 (s), 836 (s, C=C–H), 777 (s), 734 (s) cm⁻¹; HRMS (ESI) berechnet für C₃₆H₅₅O₇Si ([M+H]⁺): 627.3712; gefunden: 627.3711; $[\alpha]_D^{20}$ –83.5 (c 0.945, CHCl₃); M = 626.9 g/mol.

---

[484] Das hier eingesetzte CH₂Cl₂ und DMSO wurden nicht getrocknet.
[485] Das Enol/Keton-Verhältnis wurde aus dem ¹H-NMR-Spektrum durch Integration und Vergleich der H-Atome bei 2.78 ppm und 5.87 ppm bestimmt. Es sind nur die Signale der Enol-Form angegeben.

Synthese des Diolenols 381

377 → (HF·Pyridin, THF, Rt, 2 h 15 min) → **381** (43%) Enol/Keton = 6/1

Der TBS-Ether **377** (1 eq, 40 mg, 0.064 mmol) wurde in einem Polyethylen-Gefäß in THF (2 ml, 31 ml/mmol **377**) gelöst und bei 0 °C mit einer HF·Pyridin-Lösung (0.4 ml, 65–70%, 6 ml/mmol **377**) versetzt. Nach Rühren für zwei Stunden und 15 Minuten bei Raumtemperatur wurde die Reaktion durch Zugabe von gesättigter, wässriger NaHCO$_3$-Lösung (2 ml, 31 ml/mmol **377**) bei 0 °C abgebrochen. Die Phasen wurden getrennt, die wässrige Phase fünfmal mit CH$_2$Cl$_2$ extrahiert und die vereinigten, organischen Phasen mit MgSO$_4$ getrocknet. Nach Entfernen der Lösemittel am Rotationsverdampfer und Reinigung durch Säulenchromatographie (Cyclohexan/ Ethylacetat 10/1 → 5/1) wurde das Diolenol **381** (14 mg, 43%, 6/1-Enol/Keton-Gemisch[486]) in Form eines farblosen Öls erhalten.

R_f (**381**) = 0.38 (Cyclohexan/ Ethylacetat 2/1); ^{1}H-NMR (400 MHz, CDCl$_3$, δ): 1.06 (s, 3H), 1.17 (s, 3H), 1.22 (d, ^3J = 6.0 Hz, 3H), 1.63–1.69 (m, 1H), 1.73 (s, 3H), 19.3 (s, 3H), 2.08–2.20 (m, 1H), 2.29 (s, br, OH), 2.81 (dd, ^2J = 14.8 Hz, ^3J = 10.0 Hz, 1H), 3.35 (dd, $^3J_1$ = $^3J_2$ = 9.8 Hz, 1H), 3.79 (s, 3H), 3.86–3.93 (m, 2H), 4.03 (s, br, OH), 4.20 (d, ^2J = 11.7 Hz, 1H), 4.50 (d, ^2J = 11.7 Hz, 1H), 5.24–5.29 (m, 1H), 5.34 (dd, ^2J = 1.3 Hz, ^3J = 10.3 Hz, 1H), 5.72 (ddd, $^3J_1$ = 7.7 Hz, $^3J_2$ = 10.3 Hz, $^3J_3$ = 17.8 Hz, 1H), 5.82 (s, 1H), 5.94 (d, ^2J = 1.3 Hz, 1H), 6.09 (d, ^2J = 1.3 Hz, 1H), 5.54 (d, ^3J = 9.8 Hz, 1H), 6.81 (d, ^2J = 8.5 Hz, 2H), 7.14 (d, ^2J = 8.5 Hz, 2H), 16.07 (s, OH); ^{13}C-NMR (101 MHz, CDCl$_3$, δ): 13.0 (CH$_3$), 18.2 (CH$_3$), 19.7 (CH$_3$), 20.0 (CH$_3$), 22.6 (CH$_3$), 39.9 (CH), 45.6 (CH$_2$), 47.9 (C), 55.4 (CH$_3$), 57.2 (CH), 70.2 (CH$_2$), 83.2 (CH), 84.7 (CH), 84.9 (C), 94.1 (CH), 113.6 (2 × CH), 119.9 (CH$_2$), 126.2 (CH$_2$), 129.4 (2 × CH), 130.7 (C), 133.1 (CH), 134.5 (CH), 136.1 (C), 139.9 (C), 158.8 (C), 182.6 (C), 202.7 (C), 203.3 (C); IR (KBr-Film, ν): 3444 (s, br, OH), 2958 (s, C–H), 2930 (s, C–H), 2871 (s, C–H), 1651 (s, C=O), 1612 (s, C=C), 1586 (s, C=O), 1514 (s, C=C), 1456 (s, CH$_2$), 1384 (s, CH$_3$), 1248 (s, C–O–C), 1109 (s), 1071 (s), 1035 (s), 733 (m) cm^{-1}; HRMS (ESI) berechnet für C$_{30}$H$_{41}$O$_7$ ([M+H]$^+$): 513.2847; gefunden: 513.2840; $[\alpha]_D^{20}$ –66.6 (c 0.65, CHCl$_3$); M = 512.63 g/mol.

---

[486] Das Enol/Keton-Verhältnis wurde aus dem ^{1}H-NMR-Spektrum durch Integration und Vergleich der H-Atome bei 2.81 ppm und 5.82 ppm bestimmt. Es sind nur die Signale der Enol-Form angegeben.

Synthese des Benzoesäureesters 382

381 → (PPh₃, BzOH, DIAD, THF, 0 °C, 3 h) → **382** (71%) Enol/Keton = 6/1

Das Diolenol **381** (1 eq, 13 mg, 0.025 mmol) wurde in THF (1.6 ml, 64 ml/mmol **381**) gelöst und anschließend bei 0 °C mit PPh₃ (3.9 eq, 26 mg, 0.099 mmol), Benzoesäure (3.9 eq, 12 mg, 0.098 mmol) und DIAD (3.8 eq, 0.02 ml, 0.095 mmol) versetzt. Nach Rühren für drei Stunden bei 0 °C wurde die Reaktion durch Zugabe von gesättigter, wässriger NH₄Cl-Lösung (2 ml, 80 ml/mmol **381**) bei 0 °C abgebrochen. Die Phasen wurden getrennt, und die wässrige Phase wurde viermal mit CH₂Cl₂ extrahiert. Anschließend wurden die vereinigten, organischen Phasen mit MgSO₄ getrocknet und die Lösemittel am Rotationsverdampfer entfernt. Nach säulenchromatographischer Reinigung (Cyclohexan/ Ethylacetat 20/1) wurde das Produkt **382** (11 mg, 71%, 6/1-Enol/Keton-Gemisch[487]) als ein farbloses Öl erhalten.

R_f (**382**) = 0.52 (Cyclohexan/ Ethylacetat 2/1); ¹H-NMR (400 MHz, CDCl₃, δ): 0.91 (s, 3H), 1.01 (s, 3H), 1.11 (d, ^3J = 7.0 Hz, 3H), 1.78 (s, 3H), 1.95 (s, 3H), 2.04 (dd, ^2J = 14.3 Hz, ^3J = 10.8 Hz, 1H), 2.46–2.57 (m, 1H), 2.75 (dd, ^2J = 14.3 Hz, ^3J = 8.9 Hz, 1H), 3.45 (s, br, OH), 3.74–3.79 (m, 1H), 3.78 (s, 3H), 3.84 (d, ^3J = 7.5 Hz, 1H), 4.15 (d, ^2J = 11.3 Hz, 1H), 4.42 (d, ^2J = 11.3 Hz, 1H), 5.16–5.20 (m, 1H), 5.25 (dd, ^2J = 1.5 Hz, ^3J = 10.2 Hz, 1H), 5.58–5.67 (m, 2H), 5.72 (s, 1H), 5.90 (d, ^2J = 0.8 Hz, 1H), 6.14 (d, ^2J = 0.8 Hz, 1H), 5.58 (d, ^3J = 9.8 Hz, 1H), 6.81 (d, ^2J = 8.5 Hz, 2H), 7.11 (d, ^2J = 8.5 Hz, 2H), 7.45 (dd, $^3J_1$ = $^3J_2$ = 7.5 Hz, 2H), 7.57 (t, ^3J = 7.5 Hz, 1H), 8.11 (d, ^3J = 7.5 Hz, 2H), 15.80 (s, OH); ¹³C-NMR (101 MHz, CDCl₃, δ): 13.0 (CH₃), 14.5 (CH₃), 19.9 (CH₃), 20.0 (CH₃), 22.0 (CH₃), 38.7 (CH), 47.6 (C), 48.1 (CH₂), 51.8 (CH), 55.3 (CH₃), 70.4 (CH₂), 80.8 (CH), 84.5 (CH), 88.4 (C), 94.1 (CH), 113.6 (2 × CH), 119.6 (CH₂), 126.3 (CH₂), 128.7 (2 × CH), 129.3 (2 × CH), 129.8 (2 × CH), 129.9 (C), 130.0 (CH), 130.6 (C), 133.3 (CH), 134.6 (CH), 135.8 (C), 140.6 (C), 159.0 (C), 166.1 (C), 183.7 (C), 201.2 (C), 203.7 (C); IR (KBr-Film, ν): 3467 (m, br, OH), 2971 (m, C–H), 2931 (m, C–H), 1717 (s, C=O), 1667 (m, C=O), 1613 (s, C=C), 1585 (s, C=O), 1514 (s, C=C), 1453 (s, CH₂), 1383 (m, CH₃), 1272 (s), 1249 (s, C–O–C), 1111 (s), 1070 (s), 713 (s) cm⁻¹; HRMS (ESI) berechnet für C₃₇H₄₅O₈ ([M+H]⁺): 617.3109; gefunden: 617.3107; $[\alpha]_D^{20}$ +93.5 (c 0.55, CHCl₃); M = 616.74 g/mol.

---

[487] Das Enol/Keton-Verhältnis wurde aus dem ¹H-NMR-Spektrum durch Integration und Vergleich der H-Atome bei 2.75 ppm und 5.72 ppm bestimmt. Es sind nur die Signale der Enol-Form angegeben.

Synthese des Diols 383

362 → (1) NaH, TBAI (kat.), PMBCl, THF, DMSO, Rt, 15 h; 2) La(NO$_3$)$_3$·6H$_2$O, MeCN, Rt, 105 min) → **383** (45%, 2 Stufen)

Zu einer Lösung des Allylalkohols **362** (1 eq, 3024 mg, 6.74 mmol) in THF (30 ml, 4.5 ml/mmol **362**) und DMSO (15 ml, 2.2 ml/mmol **362**) wurde bei 0 °C NaH (2 eq, 538 mg, 60%ig in Mineralöl, 13.45 mmol) hinzugefügt und für zehn Minuten bei 0 °C gerührt. Anschließend wurde TBAI (0.05 eq, 126 mg, 0.341 mmol) und PMBCl (2 eq, 1.85 ml, 13.58 mmol) dazugegeben. Nach Rühren für 15 Stunden bei Raumtemperatur wurde die Reaktion durch Zugabe von gesättigter, wässriger NH$_4$Cl-Losung (30 ml, 4.5 ml/mmol **362**) beendet. Die Phasen wurden getrennt, und die wässrige Phase wurde dreimal mit CH$_2$Cl$_2$ extrahiert. Nach Trocknen der vereinigten, organischen Phasen mit MgSO$_4$ und Einengung am Rotationsverdampfer wurde das Produkt durch Säulenchromatographie (Cyclohexan/ Ethylacetat 100/1 → 20/1) gereinigt. Der PMB-Ether wurde als ein farbloses Öl erhalten.

R$_f$ (PMB-Ether) = 0.83 (Cyclohexan/ Ethylacetat 1/1).

Der PMB-Ether wurde in Acetonitril (34 ml, 5 ml/mmol **362**) gelöst und mit La(NO$_3$)$_3$·6H$_2$O (1.1 eq, 3.1 g, 7.159 mmol) versetzt. Anschließend wurde für 105 Minuten bei Raumtemperatur gerührt. Nach Zugabe einer gesättigten, wässrigen NH$_4$Cl-Lösung (34 ml, 5 ml/mmol **362**) und Verdünnen mit CH$_2$Cl$_2$ wurden die Phasen getrennt, die wässrige Phase fünfmal mit CH$_2$Cl$_2$ extrahiert und die vereinigten, organischen Phasen mit MgSO$_4$ getrocknet und am Rotationsverdampfer eingeengt. Das Diol **383** (1382 mg, 45% über zwei Stufen) wurde nach säulenchromatographischer Reinigung (Cyclohexan/ Ethylacetat 10/1 → 2/1) als ein farbloses Öl erhalten.

R$_f$ (**383**) = 0.42 (Cyclohexan/ Ethylacetat 1/1); ^{1}H-NMR (400 MHz, CDCl$_3$, δ): −0.07 (s, 3H), 0.02 (s, 3H), 0.83 (s, 9H), 1.05 (d, ^3J = 6.4 Hz, 3H), 1.27 (dd, ^2J = 13.9 Hz, ^3J = 9.6 Hz, 1H), 1.67 (s, 3H), 1.72–1.83 (m, 1H), 2.13 (dd, ^2J = 13.9 Hz, ^3J = 8.7 Hz, 1H), 2.20 (s, br, 2 × OH), 2.48 (dd, $^3J_1$ = 8.9 Hz, $^3J_2$ = 10.1 Hz, 1H), 3.35 (d, ^2J = 10.8 Hz, 1H), 3.41 (d, ^2J = 10.8 Hz, 1H), 3.63 (dd, $^3J_1$ = $^3J_2$ = 8.9 Hz, 1H), 3.80 (s, 3H), 3.88 (d, ^2J = 14.0 Hz, 1H), 3.91 (d, ^2J = 14.0 Hz, 1H), 4.39 (d, ^2J = 13.5 Hz, 1H), 4.42 (d, ^2J = 13.5 Hz, 1H), 5.47 (d, ^3J = 10.1 Hz, 1H), 6.87 (d, ^3J = 8.3 Hz, 2H), 7.25 (d, ^3J = 8.3 Hz, 2H); ^{13}C-NMR (101 MHz, CDCl$_3$, δ): −4.1 (CH$_3$), −4.0 (CH$_3$), 14.8 (CH$_3$), 18.0 (C), 18.5 (CH$_3$), 25.9 (3 × CH$_3$), 40.0 (CH), 41.8 (CH$_2$), 53.3 (CH), 55.3 (CH$_3$), 70.2 (CH$_2$), 71.9 (CH$_2$), 75.8 (CH$_2$), 79.6 (C), 84.1 (CH), 113.8 (2 × CH), 125.5 (CH), 129.4 (2 × CH), 130.5 (C), 136.9 (C), 159.2 (C); IR (KBr-

Film, v): 3434 (m, br, OH), 2955 (s, C–H), 2929 (s, C–H), 2856 (s, C–H), 1613 (m, C=C), 1514 (s, C=C), 1463 (m, CH_2), 1384 (m, CH_3), 1250 (s, C–O–C), 1117 (s), 1039 (s), 837 (s, C=C–H), 775 (s) cm^{-1}; berechnet für $C_{25}H_{42}O_5Si$: C, 66.62; H, 9.39; gefunden: C, 66.3; H, 9.8; $[\alpha]_D^{20}$ –23.6 (c 1.295, $CHCl_3$); M = 450.68 g/mol.

Synthese des Diols 384

1) IBX (**268**)
CH_2Cl_2, DMSO, Rt, 2.5 h
2) $H_2C=C(Me)Br$
t-BuLi
THF, –78 °C, 30 min

383

384 (29%, 2 Stufen)
dr (C14) = 7/1

Eine Lösung des Diols **383** (1 eq, 745 mg, 1.653 mmol) in CH_2Cl_2 (7 ml, 4.2 ml/mmol **383**) und DMSO[488] (7 ml, 4.2 ml/mmol **383**) wurde mit IBX (**268**) (1.5 eq, 693 mg, 2.475 mmol) versetzt und anschließend für 2.5 Stunden bei Raumtemperatur gerührt. Der Abbruch der Reaktion erfolgte durch Zugabe von Wasser (15 ml, 9.1 ml/mmol **383**). Nach Trennung der Phasen und dreimaliger Extraktion der wässrigen Phase mit CH_2Cl_2 wurden die vereinigten, organischen Phasen mit $MgSO_4$ getrocknet. Die organischen Phasen wurden eingeengt und das Rohprodukt durch Säulenchromatographie (Cyclohexan/ Ethylacetat 50/1 → 20/1 → 10/1) gereinigt. Der Aldehyd (369 mg, 50%) wurde als ein farbloses Öl erhalten.

R_f (Aldehyd) = 0.57 (Cyclohexan/ Ethylacetat 2/1).

2-Brompropen (2 eq, 0.12 ml, 1.349 mmol) in THF (2 ml, 3 ml/mmol Aldehyd) wurde bei –78 °C mit einer t-BuLi-Lösung (4 eq, 1.8 ml, 1.5 M in Pentan, 2.7 mmol) versetzt. Die gelbe Lösung wurde für 15 Minuten bei dieser Temperatur gerührt. Anschließend wurde der Aldehyd (1 eq, 298 mg, 0.664 mmol) in THF (2 ml, 3 ml/mmol Aldehyd) hinzugefügt und für 30 Minuten bei –78 °C gerührt. Der Abbruch der Reaktion erfolgte durch Zugabe von gesättigter, wässriger NH_4Cl-Lösung (4 ml, 6 ml/mmol Aldehyd) bei –78 °C. Nach Trennung der Phasen, viermaliger Extraktion der wässrigen Phase mit CH_2Cl_2 und Trocknen der vereinigten, organischen Phasen mit $MgSO_4$ wurden die Lösemittel am Rotationsverdampfer entfernt. Säulenchromatographische Reinigung (Cyclohexan/ Ethylacetat 20/1 → 10/1) ergab das Diol **384** (186 mg, 57%, 7/1-Mischung von C14-Diastereomeren[489]) als ein farbloses Öl.

R_f (**384**) = 0.53 (Cyclohexan/ Ethylacetat 2/1); ^{1}H-NMR (400 MHz, $CDCl_3$, δ)[490]: –0.07 (s, 3H), 0.02 (s, 3H), 0.84 (s, 9H), 1.07 (d, ^3J = 6.8 Hz, 3H), 1.22 (dd, ^2J = 14.2 Hz, ^3J = 8.3 Hz,

---

[488] Das hier eingesetzte CH_2Cl_2 und DMSO wurden nicht getrocknet.
[489] Das Diastereomerenverhältnis wurde aus dem ^{1}H-NMR-Spektrum durch Integration der H-Atome bei 5.49 ppm und 5.58 ppm bestimmt.
[490] Es sind nur die Signale des Hauptmengendiastereomers angegeben.

1H), 1.73 (s, 3H), 1.76–1.89 (m, 1H), 1.80 (s, 3H), 2.18 (dd, ^2J = 14.2 Hz, ^3J = 9.8 Hz, 1H), 2.68 (dd, $^3J_1$ = 8.5 Hz, $^3J_2$ = 10.2 Hz, 1H), 3.64 (dd, $^3J_1$ = $^3J_2$ = 8.5 Hz, 1H), 3.80 (s, 3H), 3.87 (d, ^2J = 12.2 Hz, 1H), 3.93 (d, ^2J = 12.2 Hz, 1H), 4.04 (s, 1H), 4.38 (d, ^2J = 11.6 Hz, 1H), 4.43 (d, ^2J = 11.6 Hz, 1H), 4.93–4.98 (m, 2H), 5.58 (d, ^3J = 10.2 Hz, 1H), 6.88 (d, ^3J = 8.9 Hz, 2H), 7.26 (d, ^3J = 8.9 Hz, 2H);[491] ^{13}C-NMR (101 MHz, CDCl$_3$, δ): –4.2 (CH$_3$), –4.0 (CH$_3$), 15.0 (CH$_3$), 18.0 (C), 19.2 (CH$_3$), 19.3 (CH$_3$), 25.9 (3 × CH$_3$), 39.9 (CH), 41.1 (CH$_2$), 55.3 (CH$_3$), 55.9 (CH), 71.7 (CH$_2$), 75.8 (CH$_2$), 81.5 (CH), 82.6 (C), 84.4 (CH), 113.8 (2 × CH), 115.4 (CH$_2$), 125.8 (CH), 129.3 (2 × CH), 130.6 (C), 136.7 (C), 144.5 (C), 159.2 (C); IR (KBr-Film, ν): 3458 (m, br, OH), 2955 (s, C–H), 2929 (s, C–H), 2856 (s, C–H), 1613 (m, C=C), 1514 (s, C=C), 1462 (m, CH$_2$), 1384 (m, CH$_3$), 1249 (s, C–O–C), 1112 (s), 1037 (s), 836 (s, C=C–H), 775 (s) cm^{-1}; berechnet für C$_{28}$H$_{46}$O$_5$Si: C, 68.53; H, 9.45; gefunden: C, 68.1; H, 9.3; M = 490.75 g/mol.

Synthese des Ketons 385

Eine Lösung des Diols **384** (1 eq, 172 mg, 0.351 mmol) in CH$_2$Cl$_2$ (2 ml, 5.7 ml/mmol **384**) und DMSO[492] (2 ml, 5.7 ml/mmol **384**) wurde mit IBX (**268**) (1.5 eq, 147 mg, 0.525 mmol) versetzt und anschließend für 75 Minuten bei Raumtemperatur gerührt. Der Abbruch der Reaktion erfolgte durch Zugabe von Wasser (4 ml, 11.4 ml/mmol **384**). Nach Trennung der Phasen und viermaliger Extraktion der wässrigen Phase mit CH$_2$Cl$_2$ wurden die vereinigten, organischen Phasen mit MgSO$_4$ getrocknet. Die organischen Phasen wurden eingeengt und das Rohprodukt durch Säulenchromatographie (Cyclohexan/ Ethylacetat 50/1 → 20/1 → 10/1) gereinigt. Das Keton **385** (97 mg, 57%) wurde als ein farbloses Öl erhalten.

R$_f$ (**385**) = 0.72 (Cyclohexan/ Ethylacetat 2/1); ^{1}H-NMR (400 MHz, CDCl$_3$, δ): –0.05 (s, 3H), 0.05 (s, 3H), 0.85 (s, 9H), 1.14 (d, ^3J = 6.7 Hz, 3H), 1.53 (s, 3H), 1.57 (dd, ^2J = 14.6 Hz, ^3J = 9.6 Hz, 1H), 1.93 (s, 3H), 2.04–2.16 (m, 1H), 2.78 (dd, ^2J = 14.6 Hz, ^3J = 10.1 Hz, 1H), 3.21 (dd, $^3J_1$ = $^3J_2$ = 9.9 Hz, 1H), 3.78–3.82 (m, 2H), 3.80 (s, 3H), 3.88 (d, ^2J = 12.0 Hz, 1H), 4.03 (s, br, OH), 4.27 (d, ^2J = 11.4 Hz, 1H), 4.34 (d, ^2J = 11.4 Hz, 1H), 5.40 (d, ^3J = 9.9 Hz, 1H), 5.92 (d, ^2J = 1.0 Hz, 1H), 6.10 (d, ^2J = 1.0 Hz, 1H), 6.87 (d, ^3J = 8.5 Hz, 2H), 7.24 (d, ^3J = 8.5 Hz, 2H); ^{13}C-NMR (101 MHz, CDCl$_3$, δ): –4.1 (CH$_3$), –3.9 (CH$_3$), 14.5 (CH$_3$), 18.0 (C), 18.4 (CH$_3$), 20.1 (CH$_3$), 25.9 (3 × CH$_3$), 40.5 (CH), 44.8 (CH$_2$), 55.3 (CH$_3$), 56.9 (CH),

---

[491] Die Signale der beiden OH-Gruppen sind nicht zu erkennen.
[492] Das hier eingesetzte CH$_2$Cl$_2$ und DMSO wurden nicht getrocknet.

70.9 (CH$_2$), 75.5 (CH$_2$), 83.7 (CH), 84.6 (C), 113.8 (2 × CH), 123.9 (CH), 125.8 (CH$_2$), 129.3 (2 × CH), 130.6 (C), 136.9 (C), 140.0 (C), 159.1 (C), 204.1 (C); IR (KBr-Film, ν): 3457 (m, br, OH), 2955 (s, C–H), 2929 (s, C–H), 2856 (s, C–H), 1656 (s, C=O), 1613 (s, C=C), 1514 (s, C=C), 1462 (s, CH$_2$), 1374 (s, CH$_3$), 1249 (s, C–O–C), 1119 (s), 1075 (s), 1039 (s), 868 (s), 837 (s, C=C–H), 776 (s) cm^{-1}; berechnet für C$_{28}$H$_{44}$O$_5$Si: C, 68.81; H, 9.07; gefunden: C, 68.6; H, 9.1; $[\alpha]_D^{20}$ +22.7 (c 0.855, CHCl$_3$); M = 488.73 g/mol.

Synthese des Diols 386

Der TBS-Ether **385** (1 eq, 141 mg, 0.288 mmol) wurde in einem Polyethylen-Gefäß in THF (2 ml, 6.9 ml/mmol **385**) gelöst und bei 0 °C mit einer HF•Pyridin-Lösung (0.86 ml, 65–70%, 3 ml/mmol **385**) versetzt. Nach Rühren für eine Stunde bei Raumtemperatur wurde die Reaktion durch Zugabe von gesättigter, wässriger NaHCO$_3$-Lösung (2 ml, 6.9 ml/mmol **385**) bei 0 °C abgebrochen. Die Phasen wurden getrennt, die wässrige Phase fünfmal mit CH$_2$Cl$_2$ extrahiert und die vereinigten, organischen Phasen mit MgSO$_4$ getrocknet. Nach Entfernen der Lösemittel am Rotationsverdampfer und Reinigung durch Säulenchromatographie (Cyclohexan/ Ethylacetat 5/1 → 2/1) wurde das Diol **386** (50 mg, 46%) in Form eines farblosen Öls erhalten.

R$_f$ (**386**) = 0.39 (Cyclohexan/ Ethylacetat 1/1); ^{1}H-NMR (400 MHz, CDCl$_3$, δ): 1.16 (d, ^3J = 6.5 Hz, 3H), 1.55–1.61 (m, 1H), 1.57 (s, 3H), 1.91 (s, 3H), 2.02–2.14 (m, 1H), 2.50 (s, br, OH), 2.77 (dd, ^2J = 14.6 Hz, ^3J = 10.1 Hz, 1H), 3.16 (dd, $^3J_1$ = $^3J_2$ = 9.7 Hz, 1H), 3.69 (dd, $^3J_1$ = $^3J_2$ = 9.7 Hz, 1H), 3.79 (s, 3H), 3.81 (d, ^2J = 11.8 Hz, 1H), 3.86 (d, ^2J = 11.8 Hz, 1H), 4.01 (s, br, OH), 4.31–4.37 (m, 2H), 5.41 (d, ^3J = 9.7 Hz, 1H), 5.89 (d, ^2J = 1.1 Hz, 1H), 6.07 (d, ^2J = 1.1 Hz, 1H), 6.86 (d, ^3J = 8.4 Hz, 2H), 7.23 (d, ^3J = 8.4 Hz, 2H); ^{13}C-NMR (101 MHz, CDCl$_3$, δ): 14.9 (CH$_3$), 18.2 (CH$_3$), 20.0 (CH$_3$), 39.4 (CH), 45.2 (CH$_2$), 55.3 (CH$_3$), 56.6 (CH), 71.4 (CH$_2$), 75.5 (CH$_2$), 82.8 (CH), 84.5 (C), 113.8 (2 × CH), 123.3 (CH), 125.9 (CH$_2$), 129.5 (2 × CH), 130.3 (C), 137.8 (C), 139.9 (C), 159.2 (C), 203.9 (C); IR (KBr-Film, ν): 3433 (s, br, OH), 2956 (s, C–H), 2928 (s, C–H), 2868 (s, C–H), 1655 (s, C=O), 1613 (s, C=C), 1514 (s, C=C), 1456 (s, CH$_2$), 1372 (s, CH$_3$), 1303 (s), 1249 (s, C–O–C), 1108 (s), 1074 (s), 1036 (s), 822 (m, C=C–H), 733 (m) cm^{-1}; berechnet für C$_{22}$H$_{30}$O$_5$: C, 70.56; H, 8.07; gefunden: C, 70.3; H, 8.2; $[\alpha]_D^{20}$ +15.7 (c 0.935, CHCl$_3$); M = 374.47 g/mol.

Synthese des Benzoesäureesters 387

Das Diol **386** (1 eq, 49 mg, 0.131 mmol) wurde in THF (2 ml, 15 ml/mmol **386**) gelöst und anschließend bei 0 °C mit PPh$_3$ (2 eq, 69 mg, 0.263 mmol), Benzoesäure (2 eq, 32 mg, 0.262 mmol) und DIAD (2.1 eq, 0.06 ml, 0.284 mmol) versetzt. Nach Rühren für 3.5 Stunden bei 0 °C wurde die Reaktion durch Zugabe von gesättigter, wässriger NH$_4$Cl-Lösung (2 ml, 15 ml/mmol **386**) bei 0 °C abgebrochen. Die Phasen wurden getrennt, und die wässrige Phase wurde dreimal mit CH$_2$Cl$_2$ extrahiert. Anschließend wurden die vereinigten, organischen Phasen mit MgSO$_4$ getrocknet und die Lösemittel am Rotationsverdampfer entfernt. Nach säulenchromatographischer Reinigung (Cyclohexan/ Ethylacetat 20/1) wurde der Benzoesäureester **387** (51 mg, 81%) als ein farbloses Öl erhalten.

R$_f$ (**387**) = 0.53 (Cyclohexan/ Ethylacetat 2/1); ^{1}H-NMR (400 MHz, CDCl$_3$, δ): 1.08 (d, ^3J = 7.2 Hz, 3H), 1.63 (s, 3H), 1.95 (s, 3H), 2.00 (dd, ^2J = 14.2 Hz, ^3J = 10.9 Hz, 1H), 2.43–2.54 (m, 1H), 2.71 (dd, ^2J = 14.2 Hz, ^3J = 9.0 Hz, 1H), 3.46 (s, br, OH), 3.67 (dd, $^3J_1$ = 3.8 Hz, $^3J_2$ = 9.0 Hz, 1H), 3.75 (s, 3H), 3.76–3.80 (m, 2H), 4.18 (d, ^2J = 11.6 Hz, 1H), 4.24 (d, ^2J = 11.6 Hz, 1H), 5.48 (d, ^3J = 9.0 Hz, 1H), 5.66 (dd, $^3J_1$ = $^3J_2$ = 3.8 Hz, 1H), 5.86 (d, ^2J = 0.8 Hz, 1H), 6.10 (d, ^2J = 0.8 Hz, 1H), 6.71 (d, ^3J = 8.5 Hz, 2H), 7.08 (d, ^3J = 8.5 Hz, 2H), 7.47 (dd, $^3J_1$ = $^3J_2$ = 7.5 Hz, 2H), 7.59 (t, ^3J = 7.5 Hz, 1H), 8.12 (d, ^3J = 7.5 Hz, 2H); ^{13}C-NMR (101 MHz, CDCl$_3$, δ): 14.5 (CH$_3$), 14.9 (CH$_3$), 20.0 (CH$_3$), 38.5 (CH), 47.8 (CH$_2$), 51.3 (CH), 55.3 (CH$_3$), 70.7 (CH$_2$), 75.1 (CH$_2$), 80.9 (CH), 87.9 (C), 113.7 (2 × CH), 119.6 (CH), 125.6 (CH$_2$), 128.6 (2 × CH), 129.4 (2 × CH), 129.9 (2 × CH), 130.2 (C), 130.4 (C), 133.1 (CH), 137.5 (C), 140.9 (C), 159.0 (C), 166.1 (C), 204.5 (C); IR (KBr-Film, ν): 3470 (w, br, OH), 2962 (w, C–H), 2931 (w, C–H), 1716 (s, C=O), 1667 (m, C=O), 1613 (m, C=C), 1513 (s, C=C), 1452 (m, CH$_2$), 1275 (s), 1249 (s, C–O–C), 1114 (s), 1971 (s), 1036 (s), 714 (s) cm^{-1}; berechnet für C$_{29}$H$_{34}$O$_6$: C, 72.78; H, 7.16; gefunden: C, 72.4; H, 7.2; $[α]_D^{20}$ +83.3 (c 0.917, CHCl$_3$); M = 478.58 g/mol.

Synthese des Diacetats 388

387 → **388 (49%)**
Reagents: Ac$_2$O, TMSOTf (kat.), CH$_2$Cl$_2$, Rt, 10 min

Zu einer Lösung des Alkohols **387** (1 eq, 51 mg, 0.107 mmol) in CH$_2$Cl$_2$ (1 ml, 9.3 ml/mmol **387**) wurde Essigsäureanhydrid (4 eq, 0.04 ml, 0.426 mmol) und ein Tropfen TMSOTf gegeben. Hierbei verfärbte sich die Lösung gelb. Nach Rühren für zehn Minuten bei Raumtemperatur wurde die Reaktion durch Zugabe von gesättigter, wässriger NaHCO$_3$-Lösung (2 ml, 18.7 ml/mmol **387**) beendet. Anschließend wurden die Phasen getrennt und die wässrige Phase viermal mit CH$_2$Cl$_2$ extrahiert. Dann wurden die vereinigten, organischen Phasen mit MgSO$_4$ getrocknet und die Lösemittel am Rotationsverdampfer entfernt. Säulenchromatographische Reinigung (Cyclohexan/ Ethylacetat 20/1) ergab das Diacetat **388** (23 mg, 49%) als ein farbloses Öl.

R_f (**388**) = 0.55 (Cyclohexan/ Ethylacetat 2/1); ^{1}H-NMR (400 MHz, CDCl$_3$, δ): 1.01 (d, ^3J = 6.7 Hz, 3H), 1.59 (s, 3H), 1.87 (s, 6H), 1.97 (dd, ^2J = ^3J = 13.5 Hz, 1H), 2.05 (s, 3H), 2.32–2.44 (m, 1H), 2.96 (dd, ^2J = 13.5 Hz, ^3J = 7.6 Hz, 1H), 3.48–3.58 (m, 1H), 4.34 (d, ^2J = 12.9 Hz, 1H), 4.38 (d, ^2J = 12.9 Hz, 1H), 5.54–5.60 (m, 3H), 5.71 (d, ^2J = 0.6 Hz, 1H), 7.47 (dd, $^3J_1$ = $^3J_2$ = 7.3 Hz, 2H), 7.60 (t, ^3J = 7.3 Hz, 1H), 8.06 (d, ^3J = 7.3 Hz, 2H); ^{13}C-NMR (101 MHz, CDCl$_3$, δ): 13.8 (CH$_3$), 14.7 (CH$_3$), 19.1 (CH$_3$), 20.7 (CH$_3$), 21.5 (CH$_3$), 37.8 (CH), 46.4 (CH$_2$), 49.8 (CH), 69.1 (CH$_2$), 80.8 (CH), 92.1 (C), 121.0 (CH), 121.8 (CH$_2$), 128.5 (2 × CH), 129.6 (2 × CH), 130.2 (C), 133.2 (CH), 135.3 (C), 141.6 (C), 165.7 (C), 170.5 (C), 170.6 (C), 201.7 (C); IR (KBr-Film, ν): 2965 (w, C–H), 2932 (w, C–H), 1739 (s, C=O), 1722 (s, C=O), 1681 (s, C=O), 1453 (m, CH$_2$), 1371 (s, CH$_3$), 1272 (s, C–O–C), 1243 (s, C–O–C), 1113 (s), 1026 (m), 713 (s) cm^{-1}; HRMS (ESI) berechnet für C$_{25}$H$_{31}$O$_7$ ([M+H]$^+$): 443.2064; gefunden: 443.2065; $[\alpha]_D^{20}$ +72.3 (c 1.15, CHCl$_3$); M = 442.5 g/mol.

Synthese des Allylalkohols 389

388 → **389 (89%)**
Reagents: K$_2$CO$_3$, MeOH, Rt, 75 min

Zu einer Lösung des Diacetats **388** (1 eq, 6 mg, 0.014 mmol) in Methanol (1 ml, 72 ml/mmol **388**) wurde bei Raumtemperatur K$_2$CO$_3$ (1.5 eq, 3 mg, 0.022 mmol) gegeben und für 75 Minuten bei Raumtemperatur gerührt. Nach Zugabe von gesättigter, wässriger NH$_4$Cl-Lösung (2 ml, 144 ml/mmol **388**) und Verdünnung mit CH$_2$Cl$_2$ (2 ml, 144 ml/mmol **388**) wurden die Phasen getrennt und die wässrige Phase dreimal mit CH$_2$Cl$_2$ extrahiert. Anschließend wurden die vereinigten, organischen Phasen mit MgSO$_4$ getrocknet und die Lösemittel am Rotationsverdampfer entfernt. Der Allylalkohol **389** (5 mg, 89%) wurde nach säulenchromatographischer Reinigung (Cyclohexan/ Ethylacetat 10/1 → 5/1) in Form eines farblosen Öls erhalten.

R$_f$ (**389**) = 0.33 (Cyclohexan/ Ethylacetat 1/1); COSY- und NOESY-NMR-Experimente wurden zur Zuordnung der NMR-Signale gemäß der Jatrophan-Nummerierung durchgeführt. ^{1}H-NMR (400 MHz, CDCl$_3$, δ): 1.02 (d, ^3J = 7.2 Hz, 16-CH_3), 1.55 (s, br, OH), 1.61 (s, 17-CH_3), 1.87 (s, Acetat-CH_3), 1.97 (dd, ^2J = ^3J = 13.0 Hz, 1-CH_2, 1H^{Re}), 2.05 (s, 20-CH_3), 2.32–2.45 (m, 2-CH), 2.99 (dd, ^2J = 13.0 Hz, ^3J = 7.9 Hz, 1-CH_2, 1H^{Si}), 3.49–3.57 (m, 4-CH), 3.88–3.94 (m, 7-CH_2), 5.53–5.58 (m, 3-CH + 5-CH + 13'-CH_2, 1H), 5.72 (d, ^2J = 0.8 Hz, 13'-CH_2, 1H), 7.48 (dd, $^3J_1$ = $^3J_2$ = 7.5 Hz, m-Bz-2H), 7.60 (t, ^3J = 7.5 Hz, p-Bz-1H), 8.06 (d, ^3J = 7.5 Hz, o-Bz-2H); ^{13}C-NMR (101 MHz, CDCl$_3$, δ): 13.8 (CH$_3$), 14.5 (CH$_3$), 19.1 (CH$_3$), 21.6 (CH$_3$), 37.9 (CH), 46.6 (CH$_2$), 50.1 (CH), 68.4 (CH$_2$), 81.4 (CH), 92.3 (C), 118.0 (CH), 121.7 (CH$_2$), 128.6 (2 × CH), 129.6 (2 × CH), 130.2 (C), 133.2 (CH), 140.2 (C), 141.7 (C), 166.1 (C), 170.6 (C), 203.2 (C); IR (KBr-Film, ν): 3469 (s, br, OH), 2963 (w, C–H), 2931 (w, C–H), 2876 (w, C–H), 1720 (s, C=O), 1679 (s, C=O), 1453 (m, CH$_2$), 1371 (m, CH$_3$), 1274 (s), 1246 (s, C–O–C), 1117 (s), 1026 (m), 713 (s) cm^{-1}; HRMS (ESI) berechnet für C$_{23}$H$_{29}$O$_6$ ([M+H]$^+$): 401.1959; gefunden: 401.1960; $[\alpha]_D^{20}$ +79.8 (c 0.55, CHCl$_3$); M = 400.46 g/mol.

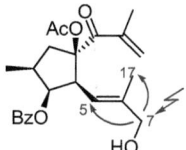

Eintrag	Signal bei	Schlussfolgerung
1	1.61 ppm 17-CH_3 (mittel)	/
2	5.57 ppm 5-CH (stark)	(5E)

Tab. 39: 1D-NOE-NMR Einstrahlung bei 3.88–3.94 ppm (7-CH_2).

Synthese des Aldehyds 390

Reaction scheme: 389 → (IBX (268), CH₂Cl₂, DMSO, Rt, 2 h) → 390 (90%)

Eine Lösung des Allylalkohols **389** (1 eq, 10 mg, 0.025 mmol) in CH_2Cl_2 (1 ml, 40 ml/mmol **389**) und DMSO[493] (1 ml, 40 ml/mmol **389**) wurde mit IBX (**268**) (2.4 eq, 17 mg, 0.061 mmol) versetzt und anschließend für zwei Stunden bei Raumtemperatur gerührt. Der Abbruch der Reaktion erfolgte durch Zugabe von Wasser (2 ml, 80 ml/mmol **389**). Nach Trennung der Phasen und dreimaliger Extraktion der wässrigen Phase mit CH_2Cl_2 wurden die vereinigten, organischen Phasen mit $MgSO_4$ getrocknet. Die organischen Phasen wurden eingeengt und das Rohprodukt durch Säulenchromatographie (Cyclohexan/ Ethylacetat 20/1 → 10/1 → 5/1) gereinigt. Der Aldehyd **390** (9 mg, 90%) wurde als ein farbloses Öl erhalten.

R_f (**390**) = 0.52 (Cyclohexan/ Ethylacetat 2/1); ^{1}H-NMR (400 MHz, $CDCl_3$, δ): 1.06 (d, ^3J = 7.0 Hz, 3H), 1.74 (s, 3H), 1.88 (s, 3H), 2.06 (s, 3H), 2.13 (dd, ^2J = ^3J = 13.4 Hz, 1H), 2.40–2.51 (m, 1H), 2.95 (dd, ^2J = 13.4 Hz, ^3J = 7.5 Hz, 1H), 3.94 (dd, $^3J_1$ = 4.4 Hz, $^3J_2$ = 9.9 Hz, 1H), 5.59 (d, ^2J = 0.8 Hz, 1H), 5.63 (d, ^2J = 0.8 Hz, 1H), 5.66 (dd, $^3J_1$ = $^3J_2$ = 4.4 Hz, 1H), 6.48 (d, ^3J = 9.9 Hz, 1H), 7.49 (dd, $^3J_1$ = $^3J_2$ = 7.7 Hz, 2H), 7.62 (t, ^3J = 7.7 Hz, 1H), 8.05 (d, ^3J = 7.7 Hz, 2H), 9.30 (s, 1H); ^{13}C-NMR (101 MHz, $CDCl_3$, δ): 9.9 (CH_3), 13.7 (CH_3), 19.1 (CH_3), 21.5 (CH_3), 38.0 (CH), 46.0 (CH_2), 49.9 (CH), 80.2 (CH), 91.9 (C), 121.7 (CH_2), 128.7 (2 × CH), 129.6 (2 × CH), 129.7 (C), 133.5 (CH), 141.6 (C), 142.6 (C), 145.4 (CH), 165.6 (C), 170.3 (C), 194.4 (CH), 200.3 (C); IR (KBr-Film, ν): 2964 (w, C–H), 2931 (w, C–H), 1739 (s, C=O), 1721 (s, C=O), 1689 (s, C=O), 1643 (w), 1453 (m), 1371 (m, CH_3), 1271 (s), 1240 (s, C–O–C), 1111 (s), 1070 (m), 1026 (m), 713 (s) cm^{-1}; HRMS (ESI) berechnet für $C_{23}H_{27}O_6$ ($[M+H]^+$): 399.1802; gefunden: 399.1802; $[\alpha]_D^{20}$ +180.9 (c 0.45, $CHCl_3$); M = 398.45 g/mol.

---

[493] Das hier eingesetzte CH_2Cl_2 und DMSO wurden nicht getrocknet.

Synthese des Allylalkohols 391

[Reaction scheme: Compound 390 (with AcO, BzO, aldehyde groups) + Compound 356 (OPMB ketone) → Compound 391 under conditions: i-Pr$_2$NH, n-BuLi, THF, −78 °C, 15 min; Keton 356, −78 °C, 2 h; Aldehyd 390, −78 °C, 3 h. Yield: 391 (54%), dr (C7) = 4/3]

Zu einer Lösung von i-Pr$_2$NH (6.3 eq, 0.02 ml, 0.142 mmol) in THF (1 ml, 44 ml/mmol **390**) wurde bei −78 °C n-BuLi (6.3 eq, 0.06 ml, 2.4 M in n-Hexan, 0.144 mmol) gegeben und für 15 Minuten bei −78 °C gerührt. Anschließend wurde das Keton **356** (6.7 eq, 40 mg, 0.152 mmol) in THF (1 ml, 44 ml/mmol **390**) dazugegeben und für zwei Stunden bei −78 °C gerührt. Nach Zugabe des Aldehyds **390** (1 eq, 9 mg, 0.023 mmol) in THF (1.6 ml, 71 ml/mmol **390**) und Rühren für drei Stunden bei −78 °C wurde die Reaktion durch Zugabe von gesättigter, wässriger NH$_4$Cl-Lösung (5 ml, 221 ml/mmol **390**) bei −78 °C abgebrochen. Die Phasen wurden getrennt, die wässrige Phase viermal mit CH$_2$Cl$_2$ extrahiert und die vereinigten, organischen Phasen mit MgSO$_4$ getrocknet. Nach Einengung am Rotationsverdampfer und Reinigung durch Säulenchromatographie (Cyclohexan/ Ethylacetat 20/1 → 10/1 → 5/1) wurde der Allylalkohol **391** (8 mg, 54%, 4/3-Mischung von C7-Diastereomeren[494]) als ein farbloses Öl erhalten.

R_f (**391**) = 0.42 (Cyclohexan/ Ethylacetat 2/1); COSY-NMR-Experimente wurden zur Zuordnung der NMR-Signale gemäß der Jatrophan-Nummerierung durchgeführt. ^{1}H-NMR (400 MHz, CDCl$_3$, δ): (4/3-Mischung von C7-Diastereomeren) 0.86 (s, 18- oder 19-CH_3^{Haupt}), 0.88 (s, 18- oder 19-CH_3^{Minder}), 1.00 (s, 18- oder 19-CH_3^{Minder}), 1.01 (s, 18- oder 19-CH_3^{Haupt}), 1.00–1.03 (m, 16-CH_3^{Haupt} + 16-CH_3^{Minder}), 1.50 (s, 17-CH_3^{Haupt} + 17-CH_3^{Minder}), 1.86 (s, Acetat-CH_3^{Haupt} + Acetat-CH_3^{Minder}), 1.89–1.99 (m, 1-CH_2^{Haupt}, 1H^{Re} + 1-CH_2^{Minder}, 1H^{Re}), 2.02 (s, 20-CH_3^{Minder}), 2.04 (s, 20-CH_3^{Haupt}), 2.33–2.50 (m, 2-CH^{Haupt} + 2-CH^{Minder} + 8-CH_2^{Haupt} + 8-CH_2^{Minder}), 2.92 (dd, ^2J = 12.9 Hz, ^3J = 7.4 Hz, 1-CH_2^{Minder}, 1H^{Si}), 3.01 (dd, ^2J = 13.5 Hz, ^3J = 7.2 Hz, 1-CH_2^{Haupt}, 1H^{Si}), 3.39–3.48 (m, 4-CH^{Haupt}), 3.51–3.59 (m, 4-CH^{Minder}), 3.77–3.82 (m, 11-CH^{Haupt} + 11-CH^{Minder}), 3.79 (s, OCH_3^{Haupt} + OCH_3^{Minder}), 4.14 (d, ^2J = 11.4 Hz, OCH_2Ar^{Haupt}, 1H + OCH_2Ar^{Minder}, 1H), 4.26 (dd, $^3J_1$ = 1.4 Hz, $^3J_2$ = 9.0 Hz, 7-CH^{Minder}), 4.31 (dd, $^3J_1$ = 3.3 Hz, $^3J_2$ = 8.1 Hz, 7-CH^{Haupt}), 4.40 (d, ^2J = 11.4 Hz, OCH_2Ar^{Haupt}, 1H), 4.41 (d, ^2J = 11.4 Hz, OCH_2Ar^{Minder}, 1H), 5.22–5.27 (m, 12'-CH_2^{Haupt}, 1H

---

[494] Das Diastereomerenverhältnis wurde aus dem ^{1}H-NMR-Spektrum durch Integration der H-Atome bei 2.92 ppm und 3.01 ppm bestimmt.

+ 12'-CH_2^{Minder}, 1H), 5.33–5.37 (m, 12'-CH_2^{Haupt}, 1H + 12'-CH_2^{Minder}, 1H), 5.51–5.68 (m, 3-CH^{Haupt} + 3-CH^{Minder} + 5-CH^{Haupt} + 5-CH^{Minder} + 12-CH^{Haupt} + 12-CH^{Minder} + 13'-CH_2^{Haupt}, 1H + 13'-CH_2^{Minder}, 1H), 5.73 (d, $^2J = 0.8$ Hz, 13'-CH_2^{Minder}, 1H), 5.76 (d, $^2J = 0.8$ Hz, 13'-CH_2^{Haupt}, 1H), 6.82 (d, $^3J = 8.5$ Hz, PMB-2 × CH^{Minder}), 6.83 (d, $^3J = 8.5$ Hz, PMB-2 × CH^{Haupt}), 7.13 (d, $^3J = 8.5$ Hz, PMB-2 × CH^{Haupt} + PMB-2 × CH^{Minder}), 7.40–7.46 (m, m-Bz-2H^{Haupt} + m-Bz-2H^{Minder}), 7.54–7.59 (m, p-Bz-1H^{Haupt} + p-Bz-1H^{Minder}), 8.01 (d, $^3J = 7.6$ Hz, o-Bz-2H^{Haupt}), 8.05 (d, $^3J = 7.3$ Hz, o-Bz-2H^{Minder});[495] IR (KBr-Film, ν): 3470 (w, br, OH), 2968 (w, C–H), 2933 (w, C–H), 1736 (s, C=O), 1718 (s, C=O), 1682 (m, C=O), 1514 (m, C=C), 1273 (s), 1247 (s, C–O–C), 1113 (m), 1070 (m), 1037 (m), 713 (m) cm^{-1}; HRMS (ESI) berechnet für C$_{39}$H$_{49}$O$_9$ ([M+H]$^+$): 661.3371; gefunden: 661.3370; M = 660.79 g/mol.

---

[495] Das Signal der OH-Gruppe ist nicht zu erkennen.

# 8
Abkürzungsverzeichnis

α:	Drehwert	CDI:	N,N'-Carbonyldiimidazol
A:	Ampere	cm:	Zentimeter (10^{-2} m)
Å:	Ångström (10^{-10} m)	cmim:	1-Cetyl-3-methylimidazolium
Abb.:	Abbildung(en)	COSY:	Correlated Spectroscopy
ABC:	ATP-Binding-Cassette	cp:	Cyclopentadienyl
Ac:	Acetyl	CsA:	Cyclosporin A
acac:	Acetylacetonat	CSA:	Camphersulfonsäure
Acetal.:	Acetalisierung	Cy:	Cyclohexyl
AK:	Arbeitskreis	d:	Dublett oder Tag(e)
Ang:	Angloyl	D:	Natrium-D-Linie (λ = 589 nm)
APT:	Attached Proton Spectrum Test	DBPO:	Dibenzoylperoxid
ar:	Aryl	DBU:	1,8-Diazabicyclo[5.4.0]undec-7-en
atm:	Physikalische Atmosphäre (1 atm = 1013 mbar)	DC:	Dünnschichtchromatographie
ATP:	Adenosintriphosphat	DCC:	N,N'-Dicyclohexylcarbodiimid
B:	Base	DDQ:	2,3-Dichlor-5,6-dicyanochinon
9-BBN:	9-Borabicyclo[3.3.1]nonan	DEPT:	Distortionless Enhancement by Polarization Transfer
BCRP:	Breast Cancer Resistance Protein	DHP:	Dihydropyran
BH:	protonierte Base	DIAD:	Diisopropylazodicarboxylat
Bn:	Benzyl	DIBAH:	Diisobutylaluminiumhydrid
Boc:	tert-Butyloxycarbonyl	DIPEA:	Diisopropylethylamin
BOM:	Benzyloxymethyl	dm:	Dezimeter (10^{-1} m)
box:	Bisoxazolin	DMAP:	N,N-Dimethyl-4-aminopyridin
br:	breit	DMF:	N,N-Dimethylformamid
BSA:	Bis(trimethylsilyl)acetamid	DMSO:	Dimethylsulfoxid
Bu:	Butyl	dppf:	1,1'-Bis(diphenylphosphin)-ferrocen
Bz:	Benzoyl		
bzgl.:	bezüglich	dr:	Diastereomerenverhältnis
bzw.:	beziehungsweise	Dr.:	Doktor
c:	Konzentration	E.:	*Euphorbia*
°C:	Grad Celsius	Ed.:	Editor(en)
ca.:	circa	EDC:	N-(3-Dimethylaminopropyl)-N'-ethylcarbodiimid
CAN:	Cer-(IV)-ammoniumnitrat		
CBS:	Corey–Bakshi–Shibata	ee:	Enantiomerenüberschuss

EE:	1-Ethoxyethyl	**Kap.:**	Kapitel
EI:	Elektronenstoß-Ionisation	**kat.:**	katalytisch
El.:	Eliminierung	**Kat.:**	Katalysator
eq:	Äquivalent(e)	**kDa:**	Kilodalton (10^3 g/mol)
ESI:	Elektrospray Ionisation	**kg:**	Kilogramm (10^3 g)
Et:	Ethyl	**kJ:**	Kilojoule (10^3 J)
et al.:	und Mitarbeiter	**konz.:**	konzentriert
etc.:	et cetera	**kV:**	Kilovolt (10^3 V)
evt.:	eventuell	**l:**	Liter oder Länge
Fig.:	Figure	**LDA:**	Lithiumdiisopropylamid
FT:	Fourier-Transformation	**LiDBB:**	Lithium-4,4'-di(*tert*-butyl)-
g:	Gramm		biphenylid
(g):	gasförmig	**LogP:**	Octanol-Wasser-Verteilungs-
GmbH:	Gesellschaft mit beschränkter		koeffizient
	Haftung	**LR:**	Low Resolution
h:	Stunde(n)	**LRP:**	Lung Resistance Protein
ΔH:	Dissoziationsenergie	**m:**	Multiplett oder mittel
^{Haupt}:	Hauptmengendiastereomer	*m*:	meta
HMBC:	Heteronuclear Multiple Bond	**M:**	molar (in mol/l) oder Molmasse
	Coherence	**mbar:**	Millibar (10^{-3} bar)
HMDS:	Hexamethyldisilizid	***m*-CPBA:**	*meta*-Chlorperbenzoesäure
HR:	High Resolution	**MDR:**	Multidrug Resistance
HSQC:	Heteronuclear Single Quantum	**Me:**	Methyl
	Coherence	**mg:**	Milligramm (10^{-3} g)
HWE:	Horner–Wadsworth–Emmons	**MHz:**	Megahertz (10^6 Hz)
HYTRA:	2-Hydroxy-1,2,2-triphenyl-	**min:**	Minuten
	ethylacetat	^{Minder}:	Mindermengendiastereomer
Hz:	Hertz	**ml:**	Milliliter (10^{-3} l)
i:	iso oder ipso	**mm:**	Millimeter (10^{-3} m)
I:	Stromstärke	**mmol:**	Millimol (10^{-3} mol)
IBX:	2-Iodoxybenzoesäure	**MOM:**	Methoxymethyl
Ipc:	Diisopinocampheylboran	**MRP:**	Multidrug Resistance
IR:	Infrarot-Spektroskopie		associated Protein
J:	Joule	**Ms:**	Mesyl
J:	Kopplungskonstante		

MS:	Massenspektrometrie	**PPTS:**	Pyridinium-*para*-toluensulfonat
MXR:	Mitoxantrone Resistance Protein	**Pr:**	Propyl
		Prof.:	Professor
µg:	Mikrogramm (10^{-6} g)	**Prop.:**	Propionyl
µl:	Mikroliter (10^{-6} l)	**Py:**	Pyridin
µm:	Mikrometer (10^{-6} m)	**q:**	Quartett
µM:	Mikromolar (10^{-6} mol/l)	**quant.:**	quantitativ
***n*:**	normal	**R:**	allgemein Rest oder Reagenz
NBD:	Nucleotid-Bindungs-Domäne	**RCM:**	Ring Closing Metathesis
NBS:	*N*-Bromsuccinimid	**R$_f$:**	Retentionswert
NCS:	*N*-Chlorsuccinimid	**Red.:**	Reduktion
NHK:	Nozaki–Hiyama–Kishi	**rer. nat.:**	rerum naturalium
Nic:	Nicotinoyl	**Rt:**	Raumtemperatur
NIS:	*N*-Iodsuccinimid	**s:**	Singulett oder stark oder siehe
nm:	Nanometer (10^{-9} m)	**S.:**	Seite
NMO:	*N*-Methylmorpholin-*N*-oxid	**Sdp.:**	Siedepunkt
NMR:	Nuclear Magnetic Resonance	**SEM:**	2-(Trimethylsilyl)ethoxymethyl
NOE:	Nuclear Overhauser Effect	**Smp.:**	Schmelzpunkt
Nu:	Nucleophil	**s.o.:**	siehe oben
***o*:**	ortho	**SPS:**	Solvent Purification System
OTf:	Triflat	**t:**	Triplett oder Zeit
Ox.:	Oxidation	***t*:**	tertiär
***p*:**	para	**Tab.:**	Tabelle
PCC:	Pyridiniumchlorchromat	**TASF:**	Tris(dimethylamino)sulfonium-difluortrimethylsilicat
PDC:	Pyridiniumdichromat		
Pg:	Protecting group	**TBACl:**	Tetra-*n*-butylammoniumchlorid
P-gp:	P-Glycoprotein	**TBAF:**	Tetra-*n*-butylammoniumfluorid
pH:	pondus Hydrogenii	**TBAI:**	Tetra-*n*-butylammoniumiodid
Ph:	Phenyl	**TBS:**	*t*-Butyldimethylsilyl
Piv:	Pivaloyl	**TDA:**	Tris(3,6-dioxaheptyl)amin
PMB:	Paramethoxybenzyl	**TEMPO:**	2,2,6,6-Tetramethylpiperidin-*N*-oxid
PMB-B.:	PMB-Bundle		
PMP:	Paramethoxyphenyl	***tert.*:**	tertiär
ppm:	parts per million	**TES:**	Triethylsilyl
		TFA:	Trifluoressigsäure

Th:	Thexyl
THF:	Tetrahydrofuran
THP:	Tetrahydropyranyl
Tig:	Tigloyl
TIPS:	Triisopropylsilyl
TM:	Transmembrane Domäne
TMG:	N,N,N',N'-Tetramethylguanidin
TMS:	Trimethylsilyl
TPS:	*tert*-Butyldiphenylsilyl
Ts:	Tosyl
TU:	Technische Universität
u.a.:	unter anderem
UV:	ultraviolett
Vol:	Volumen
***vs.*:**	versus
w:	schwach
z.B.:	zum Beispiel

Die VDM Verlagsservicegesellschaft sucht für wissenschaftliche Verlage abgeschlossene und herausragende

Dissertationen, Habilitationen, Diplomarbeiten, Master Theses, Magisterarbeiten usw.

für die kostenlose Publikation als Fachbuch.

Sie verfügen über eine Arbeit, die hohen inhaltlichen und formalen Ansprüchen genügt, und haben Interesse an einer honorarvergüteten Publikation?

Dann senden Sie bitte erste Informationen über sich und Ihre Arbeit per Email an *info@vdm-vsg.de*.

Sie erhalten kurzfristig unser Feedback!

VDM Verlagsservicegesellschaft mbH
Dudweiler Landstr. 99　　　　　　Telefon　+49 681 3720 174
D - 66123 Saarbrücken　　　　　　Fax　　　+49 681 3720 1749
www.vdm-vsg.de

Die VDM Verlagsservicegesellschaft mbH vertritt

Printed by Books on Demand GmbH, Norderstedt / Germany